博碩文化

博碩文化

博碩文化

# 敏捷大師精選

*Michael de la Maza、Cherie Silas*

Best Agile Articles of 2018

林哲逸、敏捷大師群組　翻譯

# 敏捷大師精選

作　　者：Michael de la Maza、Cherie Silas
譯　　者：林哲逸、敏捷大師群組
責任編輯：盧國鳳

董 事 長：陳來勝
總 編 輯：陳錦輝

出　　版：博碩文化股份有限公司
地　　址：221 新北市汐止區新台五路一段112號10樓A棟
　　　　　電話(02) 2696-2869 傳真(02) 2696-2867
發　　行：博碩文化股份有限公司
郵撥帳號：17484299　戶名：博碩文化股份有限公司
博碩網站：http://www.drmaster.com.tw
讀者服務信箱：dr26962869@gmail.com
訂購服務專線：(02) 2696-2869 分機 238、519
（週一至週五 09:30 ～ 12:00；13:30 ～ 17:00）

版　　次：2020 年 2 月初版一刷

建 議 零 售 價：新台幣 750 元
Ｉ Ｓ Ｂ Ｎ：978-986-434-460-4
法律顧問：鳴權法律事務所 陳曉鳴律師

*本書如有破損或裝訂錯誤，請寄回本公司更換*

**國家圖書館出版品預行編目資料**

敏捷大師精選 / Michael de la Maza, Cherie Silas編
著；林哲逸，敏捷大師群組翻譯. -- 新北市：博碩文化，
2020.02
　面；　公分
譯自：Best agile articles of 2018

ISBN 978-986-434-460-4(平裝)

1.軟體研發 2.電腦程式設計 3.文集

312.07　　　　　　　　　　　　　108021142

Printed in Taiwan

博 碩 粉 絲 團

歡迎團體訂購，另有優惠，請洽服務專線
(02) 2696-2869 分機 238、519

# 推薦序

「敏捷」（Agile）在這幾年已經成為商場上必備的詞彙，從公司組織的「員工」、「經理人」到「管理階層」，或多或少都聽過「敏捷」，也看過公司有一群人，每天時間一到就圍在一起。「敏捷」最早是軟體產品開發的秘密武器，如今則運用在整個團隊和公司組織的運行、創新，與轉型上面。「敏捷」已經成為一個閃避不開的風景，朝著守舊的企業席捲而來。它是一個打破傳統管理的**新領導思維**，一個顛覆墨守成規的**創新心態**，一個用一半的時間做兩倍事情的**新工作方法**。

然而我們依然看見，團隊或組織為了完成所有的需求或者功能，必須長時間的加班，並盲目地相信「一開始的那個完美計畫」不可能有錯。一個幾百億的專案，超出預算兩倍以上，比原先估計的時間多了兩倍以上，卻依然失敗。為什麼？是我們不夠聰明嗎？是我們不夠努力嗎？當然不是。

「敏捷」當中最多人採用的是 Scrum，很多人們關起來自己試著去做，但是沒有人指導。有人上了兩天的課，但真正做的時候，一堆問題沒人知道，或是問了一知半解的人，得到**似是而非**的答案。最後的結論是「這個敏捷不適合我們」，或者把 Scrum 改成了跟原本完全不同的東西。

筆者教過、指導過、做過、看過許多案例。唯有走出去，才能看到**目前的潮流**；唯有走出去，才能學到**最新的知識**；唯有走出去，才能**與其他大師一同對話**。這次，我們把敏捷大師們請到大家面前。筆者有幸擔任《敏捷大師精選》英文原著提名委員會（Nominating Committee）的一員，跟著國外的其他敏捷大師們一同詳閱許多作品，再從中嚴選近八十篇的大師作品。在一個很偶然的機會下，了解到博碩文化對於國內「敏捷」的推廣不遺餘力，很自然地，我們決定將這本書翻譯成中文，讓更多的讀者可以看到「敏捷」的全貌。

這本書不一樣的地方在於，市面上有一些翻譯的中文書，可能針對「敏捷」當中的一部分加以闡述，但是「敏捷」的範圍很廣，從公司文化、組織變革、團隊運行，到專業教練、敏捷人資……等等。有時候一本書只講到「敏捷」的一部分，但是這一本《敏捷大師精選》幾乎所有「敏捷」的題目都討論到了，每一篇文章都值得大家細細品味，可以在公司組織內部的讀書分享會中討論，如果有興趣，再從中更深入來研究。

筆者希望公司組織能夠更**開放**，讓所有人都感受到心理上的安全感。大家更**專注**，一次完成一件事情就好。**承諾**把事情有趣的完成，而不是做得很忙。**尊重**對方和自己，明白你對面的那個人是完整、獨特且不同的個體。並且有**勇氣**改變自己影響別人，面對艱難的挑戰和風險。希望這本《敏捷大師精選》能夠提供許多不一樣的觀點和想法。

非常感謝**敏捷大師群組**（http://www.agilegrandmaster.com）的所有成員每個星期無私無利無賓主的參與。感謝博碩文化陳錦輝總編輯的堅持和專業的盧國鳳編輯團隊。

我們只能改變我們自己，讓我們從這本《敏捷大師精選》開始，也許一些事情會變得不一樣。群龍無首，大家都可以是敏捷大師，不是嗎？

*Andrew Lin*

**Andrew Lin 安竹林**

全球華人地區第一位
由 Jeff Sutherland（Scrum 的發明人和共同創造者），Scrum Inc.
親自訓練認證的 LST（Licensed Scrum Trainer）

# 譯者簡介與致謝

本書的翻譯是由「**譯者林哲逸**」與「**敏捷大師群組**」協力完成的。林先生主要負責 **59** 篇譯稿，而「敏捷大師群組」則翻譯了 **20** 篇譯稿。「敏捷大師群組」一共有 3 組團隊：「**守**」、「**破**」、「**離**」，團隊成員的名字則羅列如下（其中一位選擇匿名）。非常感謝這些翻譯們的大力協助：

「守」隊：林樹熙、葉承宇、蘇家郁

「破」隊：Sarah Lin、洪琪真、陳勉修、林士智、邱文淇、楊學智、土可帆

「離」隊：楊進中、王慕恩、游清圳、康卉榛、陳韋郡、蘇裕翔、劉兆恭

此外，也要感謝 Fiery Mind Design 的設計師 Christopher Kyle Wilson 授權並提供「原文書封面」給博碩使用。也謝謝原文書的排版設計師 Matt Kirilov 授權並提供「高解析度的封面檔案」給博碩。Matt 也是本書提名委員會（Nominating Committee）的成員之一，在第 531 頁有他的簡介。

# 編輯序

《敏捷大師精選》和已經出版的其他「名家名著」不太一樣，從許多方面來看，它的組成是很「特別」的。本書一共收錄 79 篇來自不同作者、不同主題和不同觀點的文章；這些文章是由一個 20 人的提名委員會所篩選的；經 19 位翻譯之手，加上編輯我的編譯、校潤、統籌，才成為了讀者你手中的這本「精選集／輯」。

本書集結來自世界各地的敏捷大師，整合了前一年度的優質文章，讀者可以將本書當成一本「（與大師們）互動的書」。例如：某篇文章可以成為一次讀書會或工作坊的討論題材；某篇文章可以打發 10 到 20 分鐘的通勤時間；多篇文章可以陪你度過一個下午的咖啡時刻。讀者們可以針對該篇文章的想法、註解、延伸閱讀、推薦書籍、線上資源等等，再做更進一步的辯論，或更深入的研讀。

原文書的目錄架構及排版方式，並沒有特別為這 79 篇文章編號或分類。我將每篇文章都依次加上**編號**，並將文章粗略分為以下幾個**主題關鍵字**，方便讀者探索。讀者若對某篇文章的標題特別有興趣、或想特別關注某個主題，可以選擇不按順序跳著閱讀，並不會影響理解。

博碩文化　名家名著編輯小組　盧國鳳

※ 小提醒：某些文章可能涵蓋了多項關鍵字。

| 主題關鍵字 | 文章編號 |
|---|---|
| 人才管理／組織管理／領導團隊／敏捷領導力（Agile Leadership） | 2，3，6，7，11，15，16，20，21，24，26，29，34，36，42，45，46，50，51，54，61，63，67，68，69，76 |
| 心理安全感／職場文化／溝通／自我覺察 | 1，13，16，26，27，29，32，33，38，45，51，53，54，55，64，66，72，75，76，78，79 |
| 敏捷力（Agility）／敏捷化（Being Agile） | 14，37，38，39，52，60，62，63，64，65，66，67，68，69，71，73，75，76 |
| Scrum ／ Scrum Master ／衝刺（Sprint） | 9，15，17，24，26，37，41，46，47，48，49，50，52，57，61，70，77 |
| 時間管理／自我管理／專案管理 | 5，16，20，23，24，26，30，35，40，46，50，51，70，77，78，79 |
| 來挑戰中長篇的閱讀吧 | 16，18，26，42，45，46，55，65，66，72，79 |
| 教練指導方法（Coaching）／教練式領導（Coaching Leadership） | 5，16，18，27，52，56，62，70 |
| 組織結構（Structure） | 14，19，31，35，36，42，45 |
| 組織文化（Culture） | 4，16，42，58，59，60，75 |
| 估算與預測 | 2，10，17，25，43，49 |
| DevOps | 54，63，64，65，66 |
| 敏捷的小幽默／小遊戲 | 8，27，54，57，74 |
| 市場研究／變革管理 | 12，36，42，46，70，73 |
| 精實經濟學（Lean Economics）／精實（Lean） | 22，23，37 |
| 會議 | 7，61，79 |
| WIP（Work In Process） | 22，44，61 |
| 財務 | 17，36，46 |

# 前言

很高興能為各位讀者帶來這本《敏捷大師精選（*Best Agile Articles of 2018*）》。我們之所以想要出版這本書，是在仔細讀過每年發表的許多文章之後，精挑細選出一系列高品質的文章，將它們集結成冊，讓讀者們只需一書在手，就能獲得關於「敏捷社群」（agile community）的最新知識和經驗。我們的目的是雙重的。首先，我們明白讀者在尋找「想法」和「答案」時，往往會感覺茫然，不知該何去何從。光是點擊滑鼠鍵，即可獲得成千上萬個部落格、影音、書籍和其他資源等搜尋結果。要瀏覽並過濾這些資訊，可謂工程浩大。因此，我們認為這本書可以提供一些幫助。其次，我們想替「在這個領域中做了許多好事、並提供許多有用資源的人們」提高能見度。我們希望這本書能讓這些「大師」與「你」（即他們書寫的讀者對象）交流互動。我們的意圖是讓這本書成為「敏捷社群」提供給「敏捷社群」的一項服務：這是我們的責任，也是我們的奉獻。秉持這樣的理念，我們召集了一群「志願者」來完成這項工作，成就了你手上的這本書。本書中的文章是透過以下的方式篩選的：

- 一個由 20 人所組成的提名委員會，他們所處的專業領域與身懷的技術知識，皆與「敏捷」息息相關。

- 敏捷社群。2019 年初開始徵求提名「候選文章」，而敏捷社群提名了數十篇文章。

這些文章本身涵蓋了各式各樣的主題，包括組織結構（organizational structure）、文化（culture）和敏捷領導力（agile leadership）。幾乎每個人都能從中得到一些啟發。本書是這系列的第二本。讀者可以在 Amazon 上取得第一本書《*Best Agile Articles of 2017*》的 PDF。

非常感謝整個敏捷社群的大力參與。若你也想參加日後的出版，請透過以下的 email 與我們聯絡。

原文書的共同編輯

**Michael de la Maza, CEC**

麥可‧德拉‧馬薩

michael.delamaza@gmail.com

美國加州舊金山


原文書的共同編輯

**Cherie Silas, CEC**

雪莉‧西拉斯

cheriesilas@tandemcoachingacademy.com

美國德州達拉斯

# 目　錄

# 1

# 勇氣
# 如何建立安全感

作者：*Marsha Acker*

發布於：2018 年 2 月 28 日

研究顯示，團隊效率的首要貢獻因素是**心理安全感**（psychological safety）。Amy Edmondson[1] 等學者的研究和 Google 的 Project Aristotle[2] 都指出，打造一個能讓團隊成員感覺安心的工作環境，是非常重要的，讓他們在承擔風險的同時，也願意在彼此的面前表現脆弱。

---

1　Amy C. Edmondson 的簡歷：https://www.hbs.edu/faculty/Pages/profile.aspx?facId=6451&facInfo=pub
2　Google 知名的亞里斯多德專案：https://rework.withgoogle.com/print/guides/5721312655835136/

# 讓所有人的聲音都被聽見！

領導者（就是你！）能夠使用**引導**（facilitation）和**教練式指導**（coaching）等技能，來創造環境，讓所有的聲音都能被聽見、讓人們擁有安全感，並在不用擔心懲罰的情況下承擔風險。有了領導階層的指引和協助，「打造一個安全空間」便成為團隊中每個人集體努力的成果。

雖然「心理安全感」是我們團隊努力的目標，但這並不是每個團隊目前都擁有的。所以我經常被問到，在缺乏安全感的環境下可以做些什麼。我的回應是鼓勵領導者邁出第一步。

**身為領導者，我們是否能夠：**

- 自在地應對「不自在的環境」？
- 冒風險為他人服務？
- 說出「需要說的事情」，即使它會令人感到害怕？
- 找出我們真實的聲音，以幫助別人看到「我們看見的東西」？

# 說出你所看見的「正在發生的事情」

你能為團隊做的最有力的事情之一，就是以道德中立的方式說出**你看到的情況**。例如，可以只是簡單的一句：『我對我們的方向感到困惑。』其他例子也可能包括：

- 『我注意到我們這三個星期以來，一直在談論這個話題，而且我們一直無法做出決定。』
- 『我不確定你要我做什麼；我需要你的協助。』
- 『我有一些想要貢獻的東西，但我想知道它們在這裡是否有價值。』

# 旁觀的言論行為

David Kantor 稱這類行為是**旁觀者**（bystand）的言論行為。這是在對話中採取的一種言語表達行為，用來連接「互斥的想法」，或用來說出「正在發生的事情」。它可以是一種強大的言語行為，能引起對話中的轉變（shift），但在團隊溝通中，往往沒有充分利用它或不常使用它。

旁觀言論並不是為了倡導你的解決方案、造成挑釁、做出批判性陳述、人身攻擊或告訴別人他們的行為是「錯誤」的。它只是以一種「不帶批評的方式」說出你所看到的或你正在經歷的內容。

身為一位領導者，當你能在不帶批評的情況下，形塑你的觀察言論時，你便為團隊建立了一個安全空間，讓團隊能夠與你一起推動對話的進行。起初雖然可能會感覺不舒適，但是你的勇氣表現將成為「培養團隊文化」的重要第一步，而在這種文化中，各式各樣的意見都能被聽見和被認可。

## 這裡有一些反思問題，可以幫助你採取行動，來創造安全感：

- 你是否曾經有過一股衝動，想要說某件事超過 3 次？在這裡我提供一個通則，即「尋找行為模式」而非立即做出反應。所以要注意當下發生了什麼事情，並從中尋找模式。

- 你的意圖是什麼？是為了自己，還是為了服務團隊？兩者可能都很有價值，但要弄清楚是哪一種。

- 如果你說出來，會有什麼風險？有時候，我們會想像比「實際可能發生的情況」還要更「糟糕」的結果，進而產生恐懼。在回答這個問題時，要對自己誠實。

- 若你保持沉默，會有什麼風險？朝整體概況來看，你或這個團隊可能會失去什麼樣的機會？

## 輪到你了！

今天你會需要在哪裡展現**勇氣**呢？總是要有人先跨出第一步。

如果不是你，那會是誰呢？

\*\*\*

## 作者簡介：Marsha Acker

**Marsha Acker** 是一位領導力和團隊的教練，她用她的熱情與專業知識，幫助領導者和團隊確認並突破「那些妨礙他們的預期表現、並使他們陷入困境的模式」。Marsha 於 2005 年成立了 TeamCatapult，這是一間傳授「教練指導技能」與「變革領導能力」的公司。她在設計和引導「組織變革計畫」這方面，擁有 20 多年的經驗；她也認為，「引導」（facilitation）和「教練式指導」（coaching）是 21 世紀領導者必須具備的核心技能。她曾擔任定義「ICAgile Coaching」和「Enterprise Coaching」學習目標的 Track Chair（主編）。

Marsha 擁有以下的認證：

- CPF（Certified Professional Facilitator）
- CPCC（Certified Professional Co-Active Coach）
- PCC（Professional Certified Coach）
- Organizational and Relationship Coach（Center for Right Relationship）
- Dialogix - Certified Structural Dynamics Interventionist（調停者）

# 2

# 為什麼你的敏捷團隊
不擅長估算？

作者：*Heidi Araya*

發布於：2018 年 5 月 19 日

我接到非常多關於**估算**（estimation）和**預測**（forecasting）的電話。人們總是問我：『該怎麼做，才能讓團隊進行更好的估算？我們的預測一直都不準確！』、『我們最大的痛點是可預測性（predictability）！』和『是否有更好的工具，可以讓我們的敏捷專案和計畫顯示**更實際、更真實的預測**呢？』

（為了避免獲得像是「交付價值而不是關注輸出」這種最顯而易見的評論，讓我們假設我們得到了一些有效的回饋，並確認這能解決客戶端的需求。）

當我詢問他們「問題是什麼」時，他們開始描述各式各樣的情境……

- 我們有幾個團隊，正在做同一項專案，但在任何特定的時間點，每個團隊卻只有**一部分的人**在進行這項專案。

- 一個團隊負責所有的**後端**任務，另一個團隊則負責所有的**前端**任務。不過，UX 設計師並沒有被包括在估算之中，這是因為他們的作品是先備條件（prerequisite），卻又時常需要修改它們。

- 正在進行專案的某些人，只被**部分地分配了**（partially allocated）某些職務、責任或時間。

- 團隊經常被正式環境的問題或其他職責**打斷**。

- 團隊以**全職投入**的情況來進行估算，但其實他們有**許多專案**正在進行。

- 團隊被要求為「全新的、高優先順序的專案」進行估算，並以此取代了之前進行估算的專案（很顯然地這將使之前的估算和預測**完全作廢**，但所有人卻都選擇性地遺忘了這些優先順序的改變）。

- 團隊**不穩定**；人們時常來來回回地協助其他事項，甚至有承包人員徹底離開了專案。

- 團隊在衝刺（Sprint）中有**依賴**關係，但他們卻必須挑選故事和任務來「呈現進展」，而非「閒閒沒事」或「**先釐清該如何協助移除該項阻礙**」。

- 這個團隊正在進行一項全新的專案，而以前**從來沒有**做過這種工作。

- 「架構願景」或「該完成的工作」並不明確，而團隊在**缺乏清晰度**的情況下，很難進行估算。

- 團隊從客戶端或產品負責人那裡得到的回饋，會改變未來的工作，但管理階層仍然保持**原先的預測**。

- 團隊正努力達到管理階層預先指定的日期，並盡其所能地快速工作，然而這卻損害了**程式碼的品質**（又或者是程式碼本來就已經很糟糕了），但他們的估算沒有考慮到他們必須要跨越的**技術債**泥坑。

- 更糟糕的是，在某些案例中，管理者不希望重新設置或建立完全專注、自主，或任務導向的團隊（因為這將中斷現有團隊的速度），這只是為了維持「控制」的錯覺，或

追逐每個人都渴望的**虛幻的可預測性**。（我必須要問，為什麼**個別團隊的速度**會比向**客戶交付價值**還更重要呢？）

請記住，估算並非**承諾**（commitment），而預測也並非**計畫**（plan）。有些人甚至大力提倡「傳統的估算」是不必要的。我想指出的是：即使你**只**衡量那些故事的生產量或數量，如果你不知道在特定的時間範圍內，應該處理如 100 個故事當中的「**哪一個故事**」，**同樣的問題**依然會出現。

因此，如果這些問題存在，我們該如何建立成功的團隊，使那些估算和預測（無論好或壞）真正變得**有意義**？

## 為什麼敏捷有效…以及如何改進？

無論你決定如何進行（假設你仍然認同**實踐**是有價值的），估算確實假定人們理解「以敏捷方式工作的價值」：

- 小的、可測量的故事和任務，必須經過測試、完成，並展現實際進度（這將大幅**降低**未來發現有些東西故障的風險）。

- 一個跨職能、能夠協作並實際擁有一項成品的**團隊**，而非獨立工作、不考慮其成品如何與他人互動的**人們**。

- 一個能夠在週期的結尾交出**可用成品**的團隊；或一個能夠**可靠地**衡量生產量和循環時間的團隊。

- 一個能夠指出障礙、並使它們**及時**被解決的團隊（例如：環境無法使用，而團隊無法自行解決此問題）。

- 根據進度和回饋進行**檢查**和**調整**的能力，這可能會相應地改變預測。

- 人們將工作時間**全心投入**到團隊之中，或者至少在工作進行的時候，沒有太多瓶頸。

- 無論何時，人們都專注在減少「進行中的工作項目」的**數量**。

- **自動化測試**和**單元測試**、類似於**正式**的環境，和經常性**部署**的能力。

- 估算也假設團隊是積極主動的，想要做正確的事情，且他們擁有足夠的信任，能在不**被微管理**的情況下完成工作。

因此，在能夠處理任何關於**故事點數、故事分解**或**其他相關事物**的「預測問題」或「可察覺的團隊問題」之前，我們必須專注處理手中更大的問題：這個問題通常是組織不夠了解「敏捷為什麼有用」的**原則**。

顯然沒有工具可以「解決」這個問題。「我們的工作方式」（the way we work）才是問題所在。讓我們解決這個問題吧，讓預測不那麼痛苦！

從**人員分配**的角度來看，敏捷解決了許多「計畫驅動開發」沒有考量到的問題，即**人類不是機器**。在情境切換、過度分配人員，以及在不了解整體目標或願景的情況下分配人員完成任務，在這些過程中，我們會**失去**許多東西。這些事情也會影響到預測工作的能力。**敏捷**解決了這些問題，並建立人們樂於工作的環境，部分原因是他們可以擁有成果、完成工作、交付客戶想要的東西，並為組織的使命做出貢獻[1]。

## 真實聲明

事實上，**強迫**（Forcing）團隊以特定的方式工作並非「敏捷」。請讓團隊自己制定「他們應該如何工作」的方式。你的規範越多，你能從他們身上獲得的實際上就越少，他們的參與和投入也會跟著降低。嘗試給他們一個結果，讓他們決定「應該如何到達那裡」。關於如何做到這一點，有很多的指引。

- 相關的背景資料，請參考 Martin Fowler 的文章《*The State of Agile Software in 2018*》[2]
- 也可以參考 Daniel Mezick[3] 的文章《*Agile Industrial Complex*》[4]

想知道在「不強迫任何人」的情況下，該如何讓人們開始投入「敏捷」，這裡有一些小技巧：

- https://ronjeffries.com/articles/018-01ff/imposition/

---

1　也可以參閱本文作者另一篇關於「要快樂？還是要有績效？」的文章《Should we Focus on Business Performance...
　　or Happy Employees?》：https://www.linkedin.com/pulse/happy-people-vs-getting-stuff-done-heidi-araya/
2　https://martinfowler.com/articles/agile-aus-2018.html
3　https://www.linkedin.com/in/danielmezick/
4　http://newtechusa.net/aic/

- www.OpenSpaceAgility.com
- https://www.agendashift.com/

*\*\*\**

# 3

# 為什麼我的團隊不負責任？

作者：*Heidi Araya*

發布於：2018 年 7 月 18 日

經理、VP 和高層都問我：『敏捷中的這種「使自己和彼此負責任的做法」是行不通的。我的團隊沒有交付，他們對此也漠不關心！我該如何追究他們的責任，甚至讓他們對此負責呢？』

首先，雖然人們經常互換地使用這些詞彙，但當責（accountability）和負責（responsibility）根本不是同一件事。

當責是指制定、維持以及管理協議和期望（即承擔責任）。負責則是一種責任意識／自我負責的感覺（feeling of ownership）。根據 Chris Avery 的說法 [1]，他花了數年的時間思考（和

---

1 請參閱 Christopher Avery 的文章《The Difference Between Accountability and Responsibility》：http://www.christopheravery.com/blog/the-difference-between-accountability-and-responsibility/

撰寫）這兩個詞彙之間的差異，這句話可能有助於澄清這一點：

> 如果你有一位經理，他並不清楚你要對哪些事情承擔責任（accountable），那麼你可能需要負責（responsibility）找出答案。

多數人的意思是，他們希望團隊和成員對產品的品質負責。讓我們重新審視敏捷團隊（特別是 Scrum 團隊）對於「負責任」的想法吧。為了交付產品，Scrum 團隊應該擁有團隊內部所需的一切。根據 Scrum 指南：

> 開發團隊由一群專業人士組成，他們可以在每次衝刺（Sprint）結束時，交付潛在可發布的「完成」產品的增量（Increment of "Done" product）。「完成」產品的增量必須在衝刺檢視／審查（Sprint Review）會議上呈現。只有開發團隊的成員可以建立產品增量。

你會發現，如果團隊對事物沒有控制權，甚至沒有自主的權力，他們可能不願意對此結果承擔責任（taking responsibility），遑論要求他們為結果負責了（being held accountable for it）。如果團隊沒有部署的環境，比如說，「這個使用者故事」跟「客戶要的結果」無法聯想在一起，如此一來，在完成這個使用者故事之前，工作將會在不同的團隊之間切換。在這種情況下，責任（responsibility）的概念不見了，甚至連當責（accountability）的概念都不復存在。

換句話說：當責是外在的（extrinsic）；責任感是內在的（intrinsic）。

## 完成的定義是什麼？它與當責有什麼關係？

> 當一個產品待辦事項或者增量被描述為「完成」時，每個人都必須了解什麼是「完成」之定義。雖然這會隨著 Scrum 團隊的不同而有很大的差異，但成員們必須對什麼是工作「完成」達成共識，如此才能確保透明性。這就是 Scrum 團隊對「完成」之定義，並用它來評估產品增量上的工作是否完成。
>
> — Scrum 指南，2017 年 11 月

若我們的使用者故事不是面對客戶的（customer facing），而只是人們分頭工作的一些任務，『喔，好吧，我已經完成我的工作了。』於是我們認為接下來的工作，例如：實作商業邏輯、UI 或部署到環境之中，這些通通都是其他人的責任。我們也因此不在乎整體的品質。我們不再考慮「這與客戶體驗是息息相關的」，我們也不再把它們視為「我們要解決的

問題」。在 Scrum 中，當我們想到增量（increments）的時候，我們會認為，這是在衝刺中完成的「經過測試的、面對客戶的功能」。這就是「計畫導向」或「瀑布式」規劃的整體問題。大部分前端和後端工作的整合都進行得很晚，所以測試都是擠在最後一刻……沒有人能對「功能正常與否」負起「責任」、也沒有人從客戶的角度來關心。我們必須弄清楚「完成」對業務的真正意義是什麼，並確保每個人都了解它。

## 承諾和責任

此外，Scrum 指南的說明如下：

> 當 Scrum 團隊體現和活化『承擔、勇氣、專注、開放和尊重』這五種價值觀時，Scrum 的三根支柱：透明性（transparency）、檢視性（inspection）、調適性（adaptation）就會出現，並幫助大家建立信任感。

這如何在企業中發揮作用呢，尤其是「承諾」（commitment）這項詞彙？如果團隊只能擁有其中的一小部分，他們就無法為交付客戶品質和價值「許下承諾」或「擔起責任」。

美國社會心理學家 Douglas McGregor 在其著作《The Human Side of the Business》當中，提出了著名的 X 理論和 Y 理論（Theory X and Theory Y）。他認為，管理者相信「X 理論人」是確實存在的：這類人被認為只是「索取者」（takers），如果沒有金錢或獎勵等外在動機，他們一點都不想要工作。因此，「X 理論管理者」認為所有的行動都應該追溯到「負責任的個人」。這種信念讓每個人要嘛因為「正面的結果」而獲得獎勵、要嘛因為「負面的結果」而遭受斥責。

這樣的問題在於，就算不考慮「可怕的刻板印象」，現今的商業的確比「以往的任何時候」都還要依賴他人來完成工作。我們不只是「閱讀長篇大論的需求文件」，然後獨自交付很棒的可用軟體。現在肯定不是這樣工作的。我們每天都依賴著他人……我們的團隊成員、產品負責人、設置和維護我們合作工具的人員，甚至是銷售人員。我們依賴他們，好讓我們可以持續交付優質的產品。

在團隊能夠掌控的情況下，讓他們做出色的工作，使他們有投入的感覺，也讓團隊覺得做事就是要有「承諾」及「責任感」。

# 我該如何幫助我的團隊產生責任感呢？

- 如果團隊正在進行 Scrum，且團隊也理解「為什麼 Scrum 有用」和「我們該怎麼做」等基礎知識，在這樣的情況下，每個人都詳細閱讀 Scrum 指南了嗎？如果還沒有做這件事，請閱讀並理解它。

- 有沒有人與團隊討論「完成」對他們以及對業務來說，究竟意味著什麼？如果還沒有做這件事，請與團隊交談，一起討論對「完成」的共識。

- 有沒有人對團隊「應該完成的任務」設定「期望」（expectations）呢？請與團隊討論。

- 團隊是否有明確的目標和宗旨？如果沒有，請與團隊一起收集並將其寫在每個人都可以參考的頁面上。

- 團隊是兩兩結對工作？一群人一起工作？會分享知識嗎？還是「每個人都只為了自己」？透過建立「需要協作的工作」來改變這一點，你可能會對「行為的變化」感到驚訝。

- 你所建立的團隊，是依靠自身的能力來「取得成功」的嗎？好奇嗎？請詢問他們是否已擁有「取得成功」所需要的東西，並了解是什麼在阻撓他們。

- 當團隊說他們需要先取得「一些東西」才能有最好的表現時，這個「障礙」（impediment）是否已經被排除了呢（當然，在合理的範圍內）？各個團隊之間的「主題」（themes），其重要性是否都得到了提升？組織所面臨的「障礙」是否已被排除？如果沒有，請找出原因，將這些「障礙」排除，然後，啟動組織的「障礙 Backlog」。

- 團隊是否舉行了有價值的回顧會議，並得到了可行的結論？如果沒有，請「混合其他形式」或「邀請其他客座引導者進行回顧」，看看你是否可以從每個團隊之中各得到一件「最重要的事情」，然後開始工作。

- 是否允許他們進行「交叉訓練」？並了解團隊中缺少了哪些技能組合？或者他們被告知『不，這是別人的工作』？如果還沒有人想到這一點，請向團隊詢問他們需要什麼，才能取得成功。

- 最後，您是否留出時間讓您的團隊進行檢查和調整……並改善自己和公司？如果沒有，請特別空出一個時段，例如：每次 Sprint 中的半天時間，或訂定一個「每月改善日」，專心使其成為整體上更好的工作場所。

人們有很多機會，能在工作中得到快樂，並同時感到負責。

至於我的責任感？我覺得，我有責任在今天跟大家分享這些資訊，替團隊創造一個更美好的世界。

# 真實聲明

事實上，強迫（Forcing）團隊以特定的方式工作並非「敏捷」。請讓團隊自己制定「他們應該如何工作」的方式。你的規範越多，你能從他們身上獲得的實際上就越少，他們的參與和投入也會跟著降低。嘗試給他們一個結果，讓他們決定「應該如何到達那裡」。關於如何做到這一點，有很多的指引。

- 相關的背景資料，請參考 Martin Fowler 的文章《*The State of Agile Software in 2018*》[2]
- 也可以參考 Daniel Mezick[3] 的文章《*Agile Industrial Complex*》[4]

想知道在「不強迫任何人」的情況下，該如何讓人們開始投入「敏捷」，這裡有一些小技巧：

- https://ronjeffries.com/articles/018-01ff/imposition/
- www.OpenSpaceAgility.com
- https://www.agendashift.com/

***

---

2　https://martinfowler.com/articles/agile-aus-2018.html
3　https://www.linkedin.com/in/danielmezick/
4　http://newtechusa.net/aic/

## 作者簡介：Heidi Araya

**Heidi Araya** 與領導者和公司合作，幫助解決敏捷和數位轉型、團隊合作、組織設計和戰略執行等方面的挑戰。Heidi 在科技領域擁有超過 20 年的經驗，服務過各種產業，亦扮演不同的角色。Heidi 為她的工作帶來了務實的方法。她與領導者和團隊合作，與敬業的員工一起建立了更積極、更有效及更有彈性的團隊。她熱衷於幫助組織善用員工的創意和創新能力。

Heidi 目前是位於馬里蘭州的網絡安全公司 Tenable 的敏捷轉型總監。她也是 Open Leadership Network 的共同創辦人和顧問委員會成員。她在全球的活動和會議上進行培訓和演講，並在 Coaching Agile Journeys（www.coachingagilejourneys.com）上與 Agilists 共同主持了一個熱門的虛擬聚會系列。她的推特帳號：https://twitter.com/HeidiAraya；她的 LinkedIn：https://www.linkedin.com/in/heidiaraya/。

# 4

# 與 Edgar Schein 對話：回答 3 個關於文化的常見問題

作者：*Aga Bajer*

發布於：2018 年 7 月 31 日

我們都知道，**文化**（culture）有能力「驅動」和「改變」我們團隊和組織中所發生的一切。商業成果、服務和產品、與客戶和供應商的關係、人們的思考方式、他們分享的故事、他們進行工作和彼此互動的方式…所有這些以及更多的事物，都深受文化的影響。

但文化往往就像一塊**濕肥皂**，太滑溜而難以掌握。要駕馭它的力量，我們首先需要了解它的性質和動態。

**Edgar Schein** 是世界上最著名的文化先驅之一，也是幫助我們理解組織和團隊文化的不二人選。

在 Ed 九十歲生日過後不久，我有幸採訪了他。

從一開始就非常清楚，儘管 Ed 正式邁入了九十歲的高齡，但他並不打算放慢腳步。他正準備完成他的新書《*Humble Leadership*》[1]，同時也正為他與兒子 Peter Schein 共同創辦的新創公司感到興奮不已。

我們的對話是 CultureLab[2] 播客系列的一部分；在這個系列中，我採訪了領導力思想家、文化專家、企業家和文化變革推動者，來幫助聽眾駕馭文化的力量。

Ed 和我討論了許多關於文化的常見問題，你可以在這裡 [3] 收聽完整的專訪。

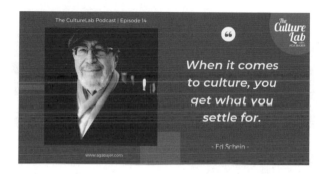

當涉及文化時，我們會得到我們所妥協的。 ── Ed Schein

而在這篇文章中，我挑選了我們在專訪中談論的 **3 個關於文化的常見問題：**

- 文化是如何產生的 [4]？

- 真有可能改變文化 [5] 嗎？

---

1 Schein, E. (2018). Humble Leadership: The Power of Relationships, Openness, and Trust (The Humble Leadership Series). Oakland: Berrett-Koehler Publishers.

2 The CultureLab with Aga Bajer 的播客首頁：https://www.agabajer.com/podcast

3 歡迎收聽 Episode 14, SHAPING CULTURE with Ed Schein：https://www.agabajer.com/podcast-list/59-ed-schein-on-culturelab

4 請參閱 Edgar Schein 在 Human Synergistics International 上的文章《So You Want to Create a Culture?》：https://www.humansynergistics.com/blog/constructive-culture-blog/details/constructive-culture/2017/07/18/so-you-want-to-create-a-culture

5 請參閱本文作者另一篇文章《Can You Really Change Culture?》：https://www.agabajer.com/blog/68-pick-just-one

■ 誰[6]應該為文化和文化變革負責？

# 1. 文化是如何產生的？

一個公司的創立，同時也是其文化的創立。

無論創辦人本身對**創造文化**是否有意識（或有意為之），文化都會在她建立商業運營的那一刻**誕生**。

正是創辦人的「價值觀」、「生活準則」、「她的經營方式」以及「她所做的決策」塑造了企業的文化。

如果創辦人是友好且善解人意的，那麼公司文化中，很可能會相當重視人本思想；如果創辦人是好鬥且控制欲強的，那麼公司文化就會重視地位和階級，並優先考慮獲勝；如果創辦人善於分析，那麼公司文化將著重於資料驅動的決策（data-driven decisions）。

人們總是在觀察創辦人，觀察她如何思考、她相信什麼、她如何應對，並從中推斷出文化。

一家新創企業在成立初期越是成功，其企業文化就越是強大。

原因很簡單。正如 Ed 在專訪中所言：『文化是**一個群體**從它的**歷史**中所學到的一切，而正是這些事物使它得以**生存和興旺**……無論是什麼樣的**價值觀**和**規範**，只要它們能讓這個群體得以**生存**並**管理**其內部事務，它們就是**這個群體的文化**。』

## 總結：

公司是建立在創辦人的形象之上的，而文化總是反映了創辦人如何建立和管理他們的企業。因此，**文化就是創辦人的影子。**

# 2. 真有可能改變文化嗎？

我發現，在回答這個問題時，若把文化視為一個有生命的實體（entity），是很有幫助的。

---

6　請參閱本文作者另一篇文章《10 Things Great Leaders Do to Shape Culture》：https://www.agabajer.com/blog/11-10-things-great-leaders-do-to-shape-culture

就像其他生物一樣，文化天生就善於**求生**和**自我保護**。

這就是為什麼「改變一個現有的文化」會如此艱難的其中一個原因。每一次試圖改造文化，通常都會遭遇強烈的反抗，來自文化本身。畢竟，從文化的角度來看，這似乎是一個生死攸關的問題，而「文化變革推動者」聽起來就像是「文化刺客」！在訪談中，Ed 提到文化是一種複雜的、多面向的實體，由許多元素組成。不可能、也沒有必要同時影響它們全部。

因此，我們的目標絕不該是改變或徹底革新整個文化。反之，我們應該嘗試**辨認**，文化中的**哪些方面**，可能**有助於**（或**妨礙**）組織生存和發展的**能力**，並將重點放在這些方面之上。

而我們越能**具體地**指出我們需要解決哪些問題或挑戰，來幫助企業發展繁榮，就越容易確定文化的哪些方面需要改變。

就我個人而言，我更喜歡談論文化的演化（evolution），而不是文化的改變（change）。這有兩個原因。

首先，「改變」或「轉型」（transformation）意味著有一個我們應該駛向的**終點**。然而，只要內外環境不斷變化，文化也需要不斷變化。**文化的演化是沒有終點的。**

其次，我們應該發揮文化的力量。而文化真正擅長的正是持續演化。演化是文化生存機制中一個不可分割的一部分。

因此，以下是邁向**成功文化演化**的幾個步驟：

1. 要非常清楚「你想在你的事業中實現什麼」。
2. 辨識出**關鍵文化助力**和**關鍵文化阻力**，讓你順利達到期望的商業結果。
3. 制定一個計畫來保護、加強和頌揚那些已經**有助於**你商業目標的文化面向。
4. 辨識出你需要什麼，才能**改善**那些目前**阻礙**你實現商業目標的文化面向。
5. 隨著你文化和事業的演進，請重複以上的流程。

## 總結：

無論我們是否對它做些什麼，文化都會自己照顧自己。它不想改變，但它會的，且會為了生存而不斷演化。文化工程只有與「真實的商業需求」或「需要解決的特定問題」相互連結時，才有可能成功。只有同時關注保護文化的正向元素，並演變那些為了商業發展而必須改

變的元素，演化才有可能發生。沒有結局，只有持續的演進。

## 3. 誰應該為文化和文化變革負責？

有意地演化一種文化，可能會涉及公司結構、商業模式及各種支援系統的變更。

然而，Ed 在專訪中強調，沒有什麼比領導者的所為（或不為）還更能展現他或她想要培養的文化。

現代組織最大的問題之一，就是當領導者公開宣布需要的改變時，例如：『我們需要採用更參與式的領導風格』，**他們並未言行一致**，甚至不要求他們的員工為期望的行為負責。

> 只有當你試圖改變文化時，你才能真正理解它。 — Ed Schein

他們試圖把企業文化的責任「委派」給人力資源部門，甚至是外部顧問，而當事情沒有按計畫進行時，他們又會感到不悅。

但是，沒有擺脫它的方法，正如 Ed 所言：『文化是領導者自身的工作，因為她正是從**她自己的行為、她獎勵了什麼、她關注了什麼**之中創造出文化的人』。若你是一位領導者，而你想在團隊或組織中看到更多的團隊合作，你可能需要每週詢問你的團隊成員，他們做了什麼來改善協作。也許可以考慮導入「協作獎勵」，並設立「團隊目標」。如果協作充斥在你組織團隊、設定目標、評估績效、獎勵和提拔團隊成員的方式之中，那麼你將不可避免地看到更多的協作。

同樣的道理也適用於你所能容忍的，而這也會塑造文化。正如 Ed 所說，『**當涉及文化時，我們會得到我們所妥協的。**』

## 總結：

領導者最終是負責塑造組織文化的人；文化是由他們**做什麼、不做什麼**，以及他們選擇**容忍**什麼所形成的。為了讓企業文化朝著理想的方向發展，領導者需要每天採取行動、談論他們的期望、言行一致，並願意在必要時做出艱難的決定。

我希望這篇文章能對揭開文化的神秘面紗做出一點貢獻，讓人們更容易理解它，不被它的複雜度給淹沒。只有當我們開始理解文化的時候，我們才有機會駕馭它不可思議的力量，並開

始創造更好的環境，讓人們可以做出最好的成果。

***

## 作者簡介：Aga Bajer

**Aga Bajer** 是 Aga Bajer Culture Strategy Consulting 的總經理（MD）。

Aga 與世界各地的公司合作，幫助它們制定強大的文化演化戰略（culture evolution strategy），以推動績效和業務成果。

她是《*Building and Sustaining a Coaching Culture*》一書的合著者（https://www.amazon. co.uk/Building-Sustaining-Coaching-Culture-Clutterbuck/dp/1843983761）。

Aga 也是 The CultureLab with Aga Bajer（最受歡迎的文化播客之一）的創辦者和主持人。

她工作的核心問題是：『我們如何利用文化的力量，來創造一個**能讓人們盡其所能地工作**的世界？』

Aga 融合了她身為領導者、顧問、教練、研究員和企業家的**經驗**，以及她那永不停息的**好奇心**：她總是不停探索，在組織和社會變革中，什麼是有效的、什麼是無效的。

她與許多大型組織的資深領導階層一起工作，包括希爾頓酒店及度假村、花旗銀行、豐田、保時捷、葛蘭素史克（GlaxoSmithKline）、AstraZeneca、Leo Pharma、Wargaming、賽諾菲（Sanofi）、Amdocs、SAP、Heineken、歐洲專利局（European Patent Office）等。

她的網站：http://www.agabajer.com/，讀者可以關注 #HandleOnCulture 或訂閱 Aga 的電子報：CultureLab Insider（https://goo.gl/AUUbJz）。

# 5

# 專注：它是一隻獨角獸嗎？

作者：*Zsolt Berend* 和 *Tony Caink*

發布於：2018 年 12 月 11 日

一個人要保持**專注**（Focus）已經夠困難了，在一個才華橫溢的團隊之中，又更加艱難。為什麼會這麼難呢？

. . .

Gloria Mark 在加州大學爾灣分校主持的研究報告，提出了一個讓人驚訝的數據：切換到一項新任務之後，平均需要 **23 分 15 秒**的時間，才能重新集中注意力[1]。因此，讓我們想像一下，在一個平常的工作日當中，我們不只要進行一次工作事項的切換、而是要進行很多次工作事項的切換（這對許多人來說，應該非常熟悉吧）：這樣的成本其實高到無法忽略，但我們仍然持續切換工作事項，試圖執行多重任務。

我們究竟為什麼要這麼做呢？

令人震驚的是，神經學家認為，我們的大腦實際上是與我們作對的：它獎勵了錯誤的行為。

這些研究指出，多任務處理（multitasking）是由多巴胺成癮回饋循環（dopamine-addiction feedback loop）提供支援的，這個機制能夠在我們**失去專注**的同時，有效地**獎勵**大腦。Daniel J. Levitin 撰寫了關於「我們的大腦」天生就偏好「新奇事物」的文章[2]，換句話說，

---

1　請參閱文章《Worker, Interrupted: The Cost of Task Switching》：https://www.fastcompany.com/944128/worker-interrupted-cost-task-switching

2　請參閱文章《Why the modern world is bad for your brain》：https://www.theguardian.com/science/2015/jan/18/modern-world-bad-for-brain-daniel-j-levitin-organized-mind-information-overload

我們的注意力很容易被新事物分散。這也被稱為**閃亮新奇事物症候群**（bright shiny object syndrome）。

...

我在里奇蒙公園（Richmond Park）的日出時分拍攝了這張照片。如果你從未來過、或從未聽說這個公園，它是數百隻宏偉鹿群自由生活的家。於是我在那裡見證了，一隻美麗的雄鹿在吃草的時候，因為一顆冉冉上升至地平線上的閃亮太陽（G2 類型恆星），而迅速拋棄了牠的美食。好消息是，我們人類並不孤單，原來雄鹿也患有「閃亮新奇事物症候群」呢！（笑）

照片版權所有：Zsolt Berend

在當今的企業文化中，我們也受困於所謂的「**繁忙陷阱**」（busy trap）。我們讚美「**忙碌**」：當你關心你的同事『你最近好嗎』、『工作如何啊』，你可能會得到『很忙啊』、『超級忙』等答案；而我們的預設回答則是『忙碌是好的』、『忙碌是一個好的挑戰』[3]。這是 19 世紀泰勒主義（Taylorism）[4] 所遺留下來的思想，即「忙碌」與「生產力」之間存在著線性且直接的關聯；不幸的是，這種關聯仍被應用於現今知識工作者的世界。值得一提的是，《鳳凰專案》[5] 中清楚描述了「等待時間」（wait time）與「利用率」（utilization）

---

3　請參閱文章《The 'Busy' Trap》：https://opinionator.blogs.nytimes.com/2012/06/30/the-busy-trap/

4　Scientific Management（科學管理）有時也被稱為 Taylorism（泰勒主義）；「泰勒」這兩個字取自其創始人 Frederick Winslow Taylor（腓德烈・溫斯羅・泰勒）的姓氏。想了解更多資訊，請參考：https://en.wikipedia.org/wiki/Scientific_management

5　書籍《The Phoenix Project》：https://www.amazon.co.uk/Phoenix-Project-Devops-Helping-Business/dp/1942788290/

的相關性。也就是說，當「利用率」（即忙碌程度）超過 **80%** 時，「等待時間」將會一飛沖天。

. . .

# 駭入大腦，獎勵正確的行為吧

那麼，我們該如何駭入我們的大腦，幫助自己和團隊對抗「只有忙碌的每一日」，並將它轉變為「充滿生產力的每一天」呢？

## 1. 停止美化忙碌、避免忙碌陷阱

### ◆ 了解你的生理節律（biorhythms）

注意你的生理節律[6]（時間生物學，chronobiology）。保持「專注」與「閒置」之間的平衡，例如：前者 90 分鐘，搭配後者 20 分鐘。在這個閒置時間內，你可以和 Tony 喝杯咖啡，想想「專注」是否真是一隻獨角獸；或者在放空的時候，做點白日夢，就像當年的利奧·西拉德（Leo Szilard）一樣：1933 年 9 月 12 日，當他從大英博物館走下台階來到路上的那一刻，號誌燈剛好變成了綠燈；就在那一瞬間，他發現了「核能連鎖反應」[7]……而之後的故事，全都寫在歷史書裡面了。

你可以將「不間斷、深度工作」的「時段」，定義為團隊章程的一部分，並加入一些商定的團隊信號，例如：戴上頭戴式耳機。Carl Newport 在他的著作《*Deep Work*》[8] 當中，列舉了許多富有創意的實務作法。

---

6　請參考文章《Manage Your Energy, Not Your Time》：https://hbr.org/2007/10/manage-your-energy-not-your-time

7　請參閱文章《The Traffic Light》：https://nucleardreams.wordpress.com/2007/11/05/the-traffic-light/。（**編輯注**：在這篇文章中，撰文者描述了一則關於物理學家／核能專家 Leo Szilard 的小故事。1933 年 9 月 12 日，一個潮濕陰鬱的大蕭條早晨，Leo 在倫敦南安普敦街（Southampton Row）、焦躁不安地等著要過馬路。他經常在走路時思考。紅燈轉換成綠燈時，他走下了台階，來到路口……就是這一瞬間，他想出了核分裂連鎖反應原理。也就是說，Leo 的理論開啟了核子武器／核能發電的可能性；而一切追本溯源，這個路口的紅綠燈可謂「意義深長」呢。）

8　http://www.calnewport.com/books/deep-work/

#### ◆ 給予寬裕的時間（slack time）

加入一些喘息的時間，不僅可以防止過多的（過高的）利用率所造成的問題，還能給予發揮創意和創新的空間。Tom DeMarco 在他的著作《*Slack: Getting Past Burnout, Busywork, and the Myth of Total Efficiency*》[9] 當中就曾指出，是企業扼殺了創新。

## 2. 安裝透明度

將團隊正在處理的工作通通「視覺化」，並使用簡單的看板 [10]。

#### ◆ 回顧看板

專注於「工作的進展」，而非「個人的完成事項」。詢問為什麼某個項目被卡在看板上、你能幫助誰、可以跟誰一起工作，並成群結隊地將該項目移到「完成」。Alistair Cockburn 很恰當地將「產品開發」定義為「**合作遊戲**」（cooperative game）[11]。

#### ◆ 「停止」開始於 ...

有限度地引入「**在製品**」（work in progress，**WIP**），讓自己和團隊能夠保持專注。

當準備帶入新工作的時候，透過決策樹的方式，先詢問幾個問題：『我應該開始這個使用者故事嗎？』、『這個使用者故事有價值（客戶想要它）』、『這個使用者故事足夠清楚，可以開工了（Ready）』，以及『這個系統擁有（我們擁有）足夠的負載量』。如果有任何一個答案為『否』，則只需說『不』。將「開始」停止。

#### ◆ ... 而「開始」則結束於

只要完成工作，你就會得到兩個獎勵：「把事情做完」和「謝謝」。傳達你的結果（無論是正面還是負面）意味著其他人會認可你的工作，從而產生更多正向回饋。讚揚和認可同事的工作，也會增加你的多巴胺喔！

---

9　https://www.amazon.co.uk/Slack-Getting-Burnout-Busywork-Efficiency/dp/0767907698

10　https://en.wikipedia.org/wiki/Kanban_board

11　https://www.infoq.com/news/agile-software-cockburn-book-2ed/

Dominica DeGrandis 在她的著作《*Making Work Visible: Exposing Time Theft to Optimize Work & Flow*》[12] 中，談到「在製品」（WIP）過多的問題，即在還沒有完成工作項目或是只完成一部分的時候，此時若開始新的項目，對流程來說，只會造成負面的影響。

## 3. 在團隊層級設定目標

建立團隊層級目標，而不是個人目標。拒絕對「團隊目標」沒有貢獻的工作。尋求「持續與專注」所帶來的極大獎勵（正向回饋），而不是空洞的獎賞。用心體會當你的專案完成時，那個感覺有多棒。密西根大學教授們的一項研究發現[13]，以**結果**為導向的專注方式，將促使人們完成工作。

## 4. 安裝學習

用「評估措施」來明確說明「業務目標」和「成果」，建立在學習能力之中。領先指標所提供的回饋，可以協助解讀「你是否正在交付正確的東西」，並幫助你保持專注。這就是所謂的「**建立－評估－學習循環**」（build-measure-learn cycle）。

...

你要建立一個能夠獎勵「進步」和「真正獎賞」的系統呢？還是你要讓「閃亮新奇事物症候群」摧毀你的生產力？

***

---

12 https://www.infoq.com/articles/making-work-visible-book-review-interview-dominica-degrandis/

13 請參考文章《Science Discovers Why Some People Are Motivated to Succeed While Others Aren't》：https://www.entrepreneur.com/article/306204

## 作者簡介：Zsolt Berend 和 Tony Caink

**Zsolt Berend** 是一位企業敏捷教練，他在不同產業的領域當中（主要是醫療保健、電信和金融服務），擔任過實踐者、教練和培訓師等角色，而他在應用「敏捷／精實方法」的工作原則與實踐這方面，擁有 15 年的豐富實戰經驗。

**Tony Caink** 是一位 Transparency Installer（透明度的安裝者），幫助團隊理解他們的工作，並針對流程與休閒娛樂進行優化。他最近剛接下一項令他興奮的任務，離開了服務 5 年的一家英國頂尖銀行，轉職到一家一級顧問公司建立新的氣象與規則。這只不過是他近 20 年來，專注於「讓敏捷成為世界主流」的職涯中，最新的一步。他的家族座右銘是「讓 1970 年的精神不滅」；他最喜歡的就是與他的 12 歲小孩進行「關於泰勒主義有多麼邪惡」的哲學辯論。

# 6

# 自組織團隊需要領導者嗎？

作者：*Tricia Broderick*

發布於：2018 年 5 月 27 日

上週我解釋了我的團隊演化定義[1]，其中也包含了自組織團隊（self-organizing teams）。因此今天我將專注討論類似這樣的問題：『**自組織團隊需要管理者（高階主管、Scrum Master、功能部門經理、團隊領導人、專案經理等等）嗎？**』

首先，我要強調的是，我並不打算討論管理者（manager）和領導者（leader）之間的差別。**管理者也應當是領導者**。糟糕的管理者並不能代表「管理者」這個角色。而把所有的管理者都貼上「糟糕」的標籤……呃，好啦，我只是對人們有更高的期待。

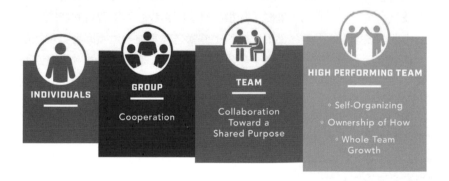

---

1 請參考本文作者的另一篇文章，關於「是什麼構成了一支團隊？」：http://www.leadtotheedge.com/what-makes-a-team/

- **領導個體（Leading Individuals）**：當你有一些個體時，領導者通常會花費許多時間在：協調；建立能力（培訓）；在人們之間建立關係／信任。

- **領導團體（Leading Groups）**：當你有一個團體時，領導者通常會花費許多時間在：為合作提供一個共同的目標；建立能力（培訓）；建立關係和信任；消除壁壘／穀倉（透過超越合作來增加協作需求）。例如：將「產品待辦清單項目」改為「完整價值」，並讓開發人員結對工作（前端和後端開發人員）。

- **領導團隊（Leading Teams）**：當你有一個團隊時，領導者通常會花費許多時間在：表揚合作；建立自信（輔導）；建立關係和信任；排除單點故障（包括他們自己）以開始促進共同的責任意識（shared ownership）。例如：對一個傳統上只由 1 至 2 人負責的領域，進行跨職能的專業培訓。

- **領導自組織的團隊（Leading Self-Organizing Teams）**：當你有一個自組織的團隊時，領導者通常無事可做。開玩笑的啦。那太荒謬了。然而，**角色**已經改變了。在此之前，（內容知識的）培訓和輔導是很常見的。現在，教練式指導和引導則應該是普遍的。之前，你幫助了能力和信心的部分，現在，你透過不斷提升他們的知識、成果、技能和團隊合作，來**支援**（贊助／指導／引導）他們。當他們將自己推出舒適圈時，可能還需要某種新能力的訓練。關鍵是現在領導者能夠透過**教導**、**參與**和**鼓勵**他們的團隊，來投資自己和彼此，並交付價值，進而分享責任意識。

老實說，當我回想幫助不同的團隊實現「自組織」時，**個體和團體**是最容易的（一旦我學會培訓和輔導技能之後）。一開始，**團隊**工作很困難，因為我必須學習新的技能，來盡可能減少和／或防止我削弱團隊的力量。然而，**自組織團隊**是我身為一位領導者到現在**最具收穫和挑戰性**的。結果讓我大吃一驚。「驕傲」和「團隊滿足感」是壓倒性的。來自四面八方的好評令人震驚。

那麼，是什麼如此具有挑戰性呢？身為領導者，我必須和他們一起去審視、去適應、去面對未知。我不知道他們接下來會面臨什麼樣的挑戰；若我不承擔責任，我又該如何支援他們呢？作為一位領導者，我領導的每一個自組織團隊，對我來說都意味著**未知**的新領域，這令人同時感到驚奇與恐懼。

他們需要有人無時無刻領導他們嗎？絕對不是。事實上，如果你是這麼做的，代表你沒有一個自組織的團隊。他們沒有「領導者」也不會有事嗎？簡單地說，這永遠不會發生，因為總有人會填補這個角色，不管是不是被指派的。

這是件壞事嗎？不一定，但如果擔任領導者角色的人**沒有**領導的技能，就可能導致團隊內部的問題，從而在他們的旅程中將他們往後推。比如說，一個團隊宣稱他們不需要 Scrum Master，但是團隊中卻有人承擔了**這些責任**，也就是說，他們有一位領導者，無論他們是否指派了這個職位。

『但是 Tricia，有時候會有許多人這樣做耶。』根據我的經驗，一開始是這樣的沒錯，但很快就會有一個人成為「不是被指派的」那一位**實際**領導者。如果**去除**頭銜／職位有幫助的話，那就這樣做吧。但請不要假裝「領導」沒有發生，或假設永遠不需要這個角色。

就我所見，當這個問題出現時，大多是來自這樣的情境：團隊想要發展成「自組織」，但是領導者**沒有**能夠協助實現它的能力。最簡單直覺的反應就是「擺脫經理」。

反之，我想加入的組職，是願意「投入」並「協助」人們學習**超越團隊領導**所需技能的組織；如此一來，我們的客戶會贏、我們的組織會贏、我們的團隊會贏、而個人也會贏。對我來說，這聽起來是個更好的長期解決方案。

**你在領導「自組織團隊」這方面，有什麼樣的經歷呢？**

\*\*\*

## 作者簡介：Tricia Broderick

**Tricia Broderick** 是 Agile for All 的校長（Principle），她在軟體開發方面有超過 20 年的經驗，並熱衷於引導高績效的環境。她在組織各個層級的領導能力，為團隊奠定了基礎，讓團隊可以從「超過一年的產品週期」轉移至「可行的、每天交付的品質價值」。Tricia 公開分享她的親身經歷，鼓勵人們透過不斷的反思和成長，來達到新的高度。作為 Agile For All 團隊的校長和 Agile Alliance 的董事會成員，她致力於在工作場所做出改變。她是一位傑出的領導者、教練、導師、引導者、培訓師，也是全國會議上受歡迎的演講者。更多資訊，請至：www.agileforall.com 和 www.leadtotheedge.com。

# 7

# 預設值的力量：你的組織如何自動做出最棒的決策

作者：*Tim Casasola*

發布於：2018 年 12 月 21 日

照片版權所有：Rima Kruciene（https://unsplash.com/@rimakruciene）

**第一個問題。**你醒來之後，做的第一件事情是什麼？

你會檢查手機嗎？看新聞？喝一杯咖啡？還是沖澡？

**第二個問題。**你必須告訴自己「去做那件事」嗎？還是不假思索地去做？

我猜你是不假思索地就做了這件事，因為我們醒來之後的行為幾乎都是自動發生的。我們想都沒想就開始滑手機、看新聞、泡咖啡，或去洗澡。

這些自發性的行為就是我們的**預設值**（defaults）。

33

# 預設值的力量

多數人聽到「預設值」的時候，首先想到的是我們軟體或設備中預先選擇的設定。Microsoft Word 的預設字型是 Calibri、字型大小 11。建築物的溫控器預設值為華氏 72 度。iPhone 上的預設應用程式包括天氣、健康、日曆、聯絡人和股票。除非我們更改設定，否則一切都是「預設值」說了算。

**重點來了**：人類也有預設值。我們的「預設值」是那些幾乎自動發生的預設行為和習慣。

我們的預設行為較大程度是受到數位（digital）和物理（physical）環境的影響，其程度甚至是遠遠大於我們自身的意志力、決心和良心的。而如果我們不對「我們希望自己做的行為和習慣」做出有意識的選擇（也就是說，**如果我們不去設定自己的預設值**），那麼，我們的**環境**將替我們設定它們。

以 Eric J. Johnson 和 Daniel Goldstein 在 2003 年的研究[1]為例。他們比較了「有**選擇性加入**器官捐贈政策的國家」和「有**選擇性退出**政策的國家」。有「選擇性加入政策」的國家會問：『你願意參與器官捐贈登記嗎？』而有「選擇性退出政策」的國家則會問：『**你想拒絕參與器官捐贈登記嗎？**』在「選擇性退出」的國家，**同意**捐贈器官的人數，比「選擇性加入」的國家**高出了 80%**。

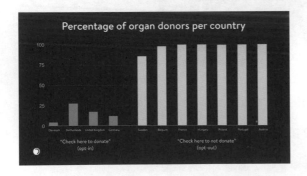

另一個例子來自 Vanguard 的研究[2]。從 401(k) 計畫的參與率來看，他們發現，92% 的雇員

---

1 http://science.sciencemag.org/content/302/5649/1338

2 https://pressroom.vanguard.com/nonindexed/HAS18_062018.pdf

參加了「選擇性退出」的 401(k) 計畫，而 57% 的雇員則參加了「選擇性加入」的計畫。

政策制定者和經濟學家發現，「預設值」讓人們更容易做出「他們想要、但不見得能堅持到底」的決定。他們也知道，「預設值」讓人們在做出不想要的決定時，會比較困難。

## 現在，如果我們把「預設值的力量」應用到我們的組織之中，會發生什麼事呢？

在大型組織中，這些事情可能很常見⋯⋯

- 請示更資深的人員，讓他們允許你做決定。
- 在每次會議中都打開電腦回覆 email。
- 建立一個徹底的策略或審批流程，以防止未來發生錯誤。
- 向資深人員提案一個想法時，要做冗長且全面的準備。
- Email 其他人來尋找你要的文件。

我們不去挑戰這些慣例、規則和行為，因為這是現狀。**事情本來就是如此。**

但是，如果你的團隊不斷去挑戰組織中那些對他們**沒有幫助**的預設值，會發生什麼事呢[3]？

如果每個團隊都向組織的其他成員**開放**他們正在實驗的預設值，結果會怎樣呢？

如果你的組織**有意識地**設計它的環境，以便推動人們做出他們想要的正確決策，結果又是如何呢？

不斷嘗試「新的預設值」是一個過程。在（我之前的公司）The Ready，我們將這個過程想像成一個**改變循環**（Change Loop）：一個引發「持續改變」的 3 步驟持續模式。

---

3　請參閱 Aaron Dignan 的文章《The OS Canvas: How to rebuild your organization from the ground up》：https://medium.com/the-ready/the-os-canvas-8253ac249f53

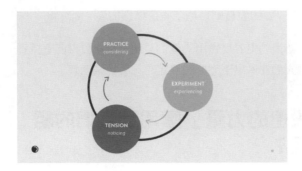

「改變循環」的第 1 個步驟是發現**張力**（tensions），即團隊／組織在盡力做好它的任務時所遇到的阻礙。然後思考並列出一些能夠解決這些張力的預設值（或**實踐**，practices）。再從這個預設值列表中，選擇一到兩個實踐來進行**實驗**（experiment）。然後你又回到發現張力的階段，並重複這個循環。

這種「改變循環」挑戰了一個「典型組織」在試圖改變時，所做的「典型的大而華麗的行動」。例如：重組組織結構、宣布一個全新的策略、重塑整個品牌形象，或聘請新的執行長。然而，只嘗試「大動作改革」就相當於人生當中連一公里也沒跑過，卻報名參加馬拉松。這是注定會失敗的努力。

「改變循環」也挑戰了「組織轉型有一個最終狀態」的這個概念。『我們只需要在今年執行這四個階段，瞧，我們就徹底改變囉！』但以最優秀的職業運動員為例。最優秀的職業運動員在完成一定的階段後，並不會認為自己已經「轉變」了。他們不斷地練習、學習和進步，因為每一次進步都會增加他們「想要更進步」的動力。我瞭解到，同樣的道理也適用於優秀的組織：他們不斷地學習、改進他們的預設值，並不斷演化。而這種**持續的學習和演化**的狀態，才是真正的**轉型**（transformation）。

## 我們看過的一些預設值，它們在團隊中得到了不錯的成果

現在我們已經瞭解「預設值」的力量了。以下是在我們合作過的團隊中，我所見過擁有不錯成果的 3 種預設值。要知道沒有預設值是完美的；沒有預設值可以讓團隊、個人或組織變得完美無缺。預設值只不過是為我們提供了一種**朝著我們所追求的標準**前進並不斷改進的方法。

## 1. 將「定期員工會議」改變為「行動會議」。

多數團隊會每週或每兩週召開一次「員工會議」。這個會議常常會有某些傾向：經理向團隊分享近況更新，最終主導了大部分的會議；有一個預先設定的議程（通常由領導者設定），而對話可能往任何方向發展——腦力激盪、問題解決，或做出戰略決策等等。

我瞭解到，如果「每週例會」有足夠的空間讓團隊成員得到他們需要的東西，來推動他們的工作發展，那麼「每週例會」就會很有成效。這就是為什麼我們提倡，那些想讓他們的「每週例會」更好的「團隊」，可以嘗試「行動會議」（Action Meeting）。「行動會議」的設計理念是建立對團隊專案狀態的共同理解、討論最重要的障礙和機會，並確認團隊的下一步（以及負責各個下一步的人）。你可以在我們的另一篇文章中，閱讀更多關於「行動會議」的深入討論[4]。

「行動會議」有一個學習曲線，即使對於那些渴望改變他們開會方式的團隊也是如此。它比一般的會議更注重流程。但是團隊在第一次到第三次的嘗試之後，他們開始感受到「行動會議」所帶來的正面影響：提升「參與度」、減少來回追蹤「可交付的成果」、因為重要議題已被解決而減少會議，甚至是建立更好的關係。

## 2. 把你所有的內部通訊從 email 轉移到透明、非同步的通訊工具。

你也知道 email 有時會讓你很痛苦。某人在重要的交談中沒有被寄送副本，然後現在這個人需要瞭解狀況。秘密對話管道（Backchannel conversations）的發生，導致團隊沒有共識。文件的更新版本總是會消失。而即便你每天大部分的時間都花在收發 email 上，你收件匣裡的 email 數量卻似乎從來沒有減少過。

在 The Ready 將內部通訊從 email 轉移到透明、非同步的通訊工具（如 Slack 或 Microsoft Teams）之後，我們看到團隊經歷了一些正向的轉變。這種轉變可以幫助團隊立即體驗**預設開放**是什麼樣子：讓開放的通訊和工作成為預設行為。沒有一種通訊工具是完美的，但那些設計用來提高透明度的工具，可以讓團隊立即體驗**以開放的方式工作**是什麼樣子。

---

4　請參閱 Sam Spurlin 的文章《How to host the best meeting of the week》：
https://medium.com/the-ready/how-to-facilitate-the-best-meeting-your-team-will-have-this-week-763f31b6d7d

舉例說明，我們其中一個客戶的實驗團隊，開始了一項讓組織中的通訊和資訊共享更加透明的任務。他們被稱作「資訊交流團隊」。「資訊交流團隊」與其他兩個實驗團隊同意做一個簡短的實驗：使用 **Slack** 取代 email，來進行與團隊工作有關的所有通訊。

所有三個團隊都立即看到了好處：更聚焦的對話、更輕鬆的協調，和透明的對話。「資訊交流團隊」感受到這個轉變的好處如此之大，以至於想邀請整個組織把所有的內部通訊都從 email 轉移到 Slack。哇。

因此，團隊向組織提出了這個建議：『我們想做一個有**時限**的實驗，即把所有的內部通訊都轉移到 Slack。我們認為，透過這樣做，資訊和通訊在我們的組織中將更加**透明**。』

「轉移到 Slack」導致了許多重要的變化。圍繞著組織轉型的努力，形成了一個充滿活力的社群和持續的對話。一個**成員回饋頻道**（member-feedback channel）被建立起來了，任何人都可以分享他們從客戶那裡聽到的回饋。一些「想要根據客戶回饋來解決問題的團隊」自行誕生了。高級領導團隊甚至公開了他們的頻道，如此一來，組織中的任何人都可以閱讀他們的對話、提出問題，並參與進來。

組織知道他們不是為了「嘗試」才嘗試一種新工具。他們很清楚，這提供了一種使**公開透明的工作**成為預設值的方式。

# 3. 在每次會議結束時，進行輪流總結。

養成「反思、學習和改善」習慣的最簡單方法之一，就是**輪流總結**（Closing Rounds）。你要做的是：在每次會議結束前抽出 5 到 10 分鐘，針對一個特定的主題，讓每個人輪流分享他們的答案。例如：

- 『關於今天的會議，你注意到了什麼？你學到了什麼？』
- 『有什麼是順利的？有什麼是我們能夠做得更好的？』
- 『你今天最大的收穫是什麼？』

多數善意的團隊都希望花更多的時間來回顧。但是當團隊變得忙碌時，回顧通常會被擺在最後。這就是「輪流總結」如此強大的原因：這是一個讓團隊進行足夠回顧、直到回顧成為一種常規的簡單方法。而在每次會議上都這麼做，甚至可以讓團隊在沒有察覺的情況下持續改進。

## 從現在開始，你就是一名選擇設計師

既然你已經瞭解了預設值的強大，你就正式成為了一名選擇設計師（choice designer）。作為一名選擇設計師，你必須**觀察**你的團隊和組織目前的預設值、**挑戰**那些沒有意義的預設值、**質疑**那些尚有改進空間的部分，並**阻止**不想要的行為。最重要的是，你必須不斷地尋找能夠讓你、你的團隊和你的組織更容易做出最佳決策的方法。

我們的環境或許為我們做了一些選擇。但我們有能力設計它，讓我們自己、我們的團隊和我們的組織更容易做出更棒的決策。

\*\*\*

## 作者簡介：Tim Casasola

**Tim Casasola** 是一名顧問，他協助組織、團隊和個人在新的工作範式（paradigm）中取得成功。他曾在 The Ready 擔任組織轉型顧問；在 The Ready，他協助了嘉信理財（Charles Schwab）、通用電氣（GE）和 Dropbox 等公司，以更具適應性和更有意義的方式工作。他在 Medium 上撰寫關於組織與個人改變的交會點：https://medium.com/@timcasasola；他也每週發送一份名為 The Jump 的電子報：https://thejump.substack.com/。Tim 目前在紐約工作。他的網站：timcasasola.com。

# 8

# 披頭四歌曲中的
10 個敏捷小秘訣

作者：*Mike Cohn*

發布於：2018 年 2 月 6 日

披頭四的歌曲中，包含了許多敏捷小秘訣。

最近在打掃我的居家辦公室時，我決定來聆聽所有披頭四（The Beatles）的專輯。我決定從 1963 年發行的「**Please, Please Me**」開始，然後一路聽到 1970 年代的「**Let It Be**」。我的目標是在「**Get Back**」結束前完成打掃。在這個過程中，我意識到，在這些披頭四的音樂當中，包含了許多我熟知的敏捷。以下是我從披頭四的音樂中學到的 10 件重要的事。

## 10. 一週八天（Eight Days a Week）

在這首歌中，John Lennon（約翰藍儂）唱給一個女孩子聽：『**噢！寶貝，一週八天，除了愛我什麼都不要。**』當然，一週並沒有八天，所以 John 實際上唱的是有關於「超時」（overtime）這件事。從此之中我學到了，在大多數的情況下，最好要避免超時，可當「正常上下班」並不足以展現我的在乎程度時，偶爾超時是必要的。

## 9. 別讓我失望（Don't Let Me Down）

在這首歌中，John 想像了一個敏捷產品的使用者（或顧客）的輪廓。且他提醒我們，目標是『**別讓我失望**』。為了確保我們能夠取悅顧客，我們的敏捷團隊必須專注於「交付價值」。

## 8. 一起來（Come Together）

團隊交付「價值」給他的客戶及使用者的最佳方式之一，就是與客戶／使用者合作。讓披頭四用這首歌鼓勵團隊與他們的利害關係人，『**一起來**』做出最棒的產品吧。John 特別譴責「只想著自己要的」卻忽略「使用者需求」的產品開發者。他稱呼這些開發者為「小丑」（jokers），並這樣唱著歌：『**就當個小丑吧，他只做他開心的事情。**』然而最佳的敏捷團隊並不會有「只做自己喜歡做的」小丑。

## 7. 明天無法預知（Tomorrow Never Knows）

敏捷常見的一句話『你還不需要它』（You ain't gonna need it）常被縮寫／簡稱為 **YAGNI**。這是指為「非立即的需求」做設計的困難。在出現 YAGNI 的說法以前，John 警告我們『**明天無法預知**』，表示我們應該只為「當下的需求」做設計。

## 6. 我們可以一起解決問題（We Can Work it Out）

這首由 John Lennon 與 Paul McCartney（保羅麥卡尼）共同創作的歌曲，建議團隊及利害關係人在問題發生時，只要一起合作，『**我們可以一起解決問題。**』

『**我得一直講到講不下去為止嗎？**』這句歌詞，提醒團隊「程式碼能平息爭辯」。開發它、發布它並觀察顧客們如何看待它，這是相當重要的，而不是一直用講的，講到講不下去為止。

經由告誡團隊『**只有時間會證明我是對或錯**』，John 與 Paul 主張團隊應建立「最小可行性產品」（minimum viable product），來了解現實狀況能否做到符合期望。

# 5. 我是海象（I Am the Walrus）

在這首歌中，John 正在唱的，就是我們常聽到的那句「吃自己的狗糧」（eating your own dog food）。這裡的意思是，如果可能的話，團隊成員應該使用他們正在開發的產品。這意味著開發人員不僅僅是開發人員，同時也是使用者。換言之，正如 John 所唱，『**我是他，就像你是他，就像你是我，我們一起。**』

# 4. 生命中的一天（A Day in the Life）

在這首動人的曲子裡，披頭四警告說，只有藉由觀察使用者『**醒來、起床、慢吞吞地梳頭**』，敏捷的團隊成員才能真正理解他們的使用者行為。為了開發完全滿足使用者需求的產品，敏捷團隊需要離開辦公室，去研究使用者生命中的一天。

# 3. 在我朋友的小小幫助下（With a Little Help from My Friends）

每日站會是敏捷團隊中最常見的做法之一。在這些會議期間，鼓勵團隊成員提出他們面臨的任何障礙，並向團隊中的其他人尋求幫助。那些在敏捷團隊工作的人，很快就能學會他們可以『**在（他們）朋友的小小幫助下**』勉強過關。

# 2. 愛是非賣品（Can't Buy Me Love）

在披頭四的第四首冠軍單曲，Paul McCartney 提醒敏捷團隊，有些東西是金錢無法買到的。許多粉絲聽到 Paul 唱歌，『**我不太在意錢，金錢不能幫我買到愛**』，就認為他指的是女人的愛。

然而，敏捷團隊理解他要唱的是，關於使用者對團隊產品的愛。Paul 勸告團隊，要開發高品質的軟體。他知道，即使是一個低品質的版本，也會讓客戶不再喜歡產品；在劣質產品的身上投資再多的錢，也買不回使用者的愛。

# 1. 變得更好（Getting Better）

即使已是最好的敏捷團隊，也可以變得更好。所有最好的敏捷團隊都追求持續改進。Paul 知道這一點並撰寫了這首歌，以鼓勵團隊始終『**變得更好，一直不斷地變得更好。**』

現在你知道了：我從披頭四的歌曲中學到的 10 件事。

難怪他們被稱為**最佳四人組**（the Fab Four）。超越了偉大的音樂和偉大的歌詞，我敢打賭，如果他們決定集中心思去做，他們會交出許多驚人的產品。

\*\*\*

# 9

# Scrum Master 需要牢記在心的 10 句小叮嚀

作者：*Mike Cohn*

發布於：2018 年 5 月 22 日

想要成為一位優秀的 Scrum Master 嗎？這些是我曾提供或接受過的
10 句小叮嚀。

你想成為一位優秀的 Scrum Master 嗎？

我希望如此。（當然，除非你是產品負責人或其他的角色！）我當了 20 多年的 Scrum
Master，在那段期間，我給了許多建議，也收集了許多建議。我把它們濃縮成 10 項最棒的
建議，供你參考。

# 1. 永遠不要在沒有諮詢團隊之前，就替團隊承諾任何事情

身為 Scrum Master，你沒有權力代表團隊接受變更請求（無論有多麼小）。即使你非常肯定團隊能夠滿足這項要求，你也該說：『在我們同意之前，我需要先告知團隊這件事。』

當然，在沒有和團隊成員討論之前，不要替團隊**承諾**最後期限、交付物（deliverables）或任何其他事情。你或許不需要和整個團隊溝通；許多團隊會允許部分或每位成員在沒有全體會議的情況下說：『是的，我們可以做到。』但這仍然是他們的決定，不是你的。

# 2. 記住，你的存在是為了讓團隊有好的形象

成為一位 Scrum Master，並不是為了讓自己看起來很棒。當團隊有良好的形象時，你的形象也會提升。而當他們做了很棒的工作時，自然會有良好的形象。

當團隊之外的人開始懷疑是否需要你的時候，你就知道你做得很棒了。的確，當你的老闆開始懷疑你的用處時，這可能會令人感到膽寒。但優秀的老闆能夠明白，你的技能和專業知識會讓你**看起來似乎沒什麼用**，可實際上你卻是**不可或缺**的。

請相信你的經理人能夠理解「看起來沒什麼用」和「真的沒什麼用」之間的區別。

# 3. 不要用敏捷規則手冊把團隊打得頭破血流

Scrum 和敏捷都沒有規則手冊（儘管有些人嘗試過建立一本）。

如果你的產品有使用者，則可以考慮撰寫使用者故事。但故事並非敏捷所需。如果有人需要知道你何時才能交付：請進行**估算**（estimate）。如果沒有人問，也許就別做了。若你認為衝刺結束時才進行「審查會議」會來不及收集回饋的話，請在建置每個功能時進行逐項的審查。

敏捷化就是實踐創造「敏捷力」的那些**原則**和**價值**。若你忠於這些，你就不會走偏太多，不管別人怎麼說。

## 4. 沒有什麼是永遠的，所以實驗你的流程吧

實踐敏捷原則的一部分是實驗你的流程（process）。鼓勵團隊嘗試新事物。

你的團隊喜歡為期兩週的衝刺，並認為它們的進行非常順利？太好了。現在讓他們嘗試一週或三週的衝刺，然後觀察結果。實驗可能不會總是受到歡迎，但它們是確保你繼續發現**新的、更好的工作方式**的最佳方法。

## 5. 確保團隊成員和利害關係人將彼此視為夥伴

團隊成員和業務面的利害關係人都為產品開發活動帶來了重要的觀點。因此，雙方都需要得到同等的重視。

當任何一方認為需要**忍受**另外一方時，那麼整個組織就會遭殃。開發團隊需要理解利害關係人帶來的獨特視角。利害關係人則需要尊重開發團隊，包括傾聽開發人員說明「某個最後期限是不可能的」。

## 6. 保護團隊，包括任何超出你想像的方式

也許最常見的敏捷建議是，Scrum Master 需要**保護**團隊，不要受到「要求過高的產品負責人或利害關係人」的傷害。這是個好建議。有時產品負責人就是要求太多、太頻繁、太咄咄逼人了。這迫使團隊抄捷徑，通常是**品質**的捷徑，未來將使專案深受其害。

所以一個好的 Scrum Master 會保護團隊避免這種情況。

但你不常聽到的是，一個好的 Scrum Master 也應該保護團隊，不要陷入**自我滿足**的迷思。好的敏捷團隊會不斷尋求改進。其他團隊（也許是無意識地）在認為他們已經有了足夠的進步之後，會選擇安頓下來。而他們也可能比使用敏捷之前還要更快、更好。但即使是最棒的團隊，往往也有可以**再變得更好**的空間。

優秀的 Scrum Master 會保護團隊，讓他們不會覺得自己「再也沒什麼可學了」。

## 7. 將失敗從你的詞彙表中移除

我時不時會拜訪一些團隊，總會有某個團隊，他們會把一次衝刺稱之為**失敗的衝刺**（failed sprint）。通常這代表團隊沒有交付他們規劃的所有內容。我幾乎不認為這是失敗，尤其是當團隊完成了大部分規劃的項目、或當他們熟練地處理了緊急情況的時候。

當一個籃球選手將球射向籃框並得分時，這叫做「投籃得分」。當球員沒投進時，這叫做「投籃得分嘗試」。不是一次失敗。而是一次**嘗試**。

優秀的 Scrum Master 會幫助團隊調整思維，讓他們認同那些沒有達到預期的衝刺和功能是**嘗試**，而非失敗。

## 8. 經常表揚，但要真誠

有一天，我告訴我那正值青春期的女兒，我為她感到驕傲。她的神情亮了起來。我不該為此感到驚訝。誰不想聽別人說他們為自己感到驕傲呢？

但是她的反應讓我意識到，我一定不常告訴她這些話。我以為這就相當於告訴她一些顯而易見的事情，例如：『妳很高。』但我瞭解到這並非如此。

永遠不要給予虛假的讚美。沒人想聽這個。但是當你的團隊成員做得很好的時候，請讓他們知道。很有可能，他們並不常聽到這些**真心的讚美**。

## 9. 鼓勵團隊接手你的工作

一個剛接觸敏捷的團隊，在很大程度上會非常**依賴**他們的 Scrum Master 或教練。團隊可能不知道如何將每日的 Scrum 會議控制在 15 分鐘之內。或者他們可能不理解重疊工作或跨職能團隊的重要性。

一個缺乏經驗的運動團隊也是如此。剛學會踢足球的小孩，需要教練教導他們一切。我女兒6 歲的時候，在整場比賽中，她們的教練都會在場外邊跑邊喊：『踢了就跑！』因為如果他不這麼做，小球員們就會忘記。即使他大吼大叫的同時，偶爾也會有孩子們坐在草地上發楞。

讓我們比較「小球員的教練」和「世界盃球隊的教練」吧。在一支世界盃球隊裡，球員們已經學會了「做什麼」。即使教練在訓練時遲到了，球員們也會知道今天要從什麼訓練開始。世界盃教練不需要提醒球員踢球和奔跑。但世界盃球隊永遠不會說「他們根本不需要教練」。

無論敏捷團隊有多好，我仍然認為他們可以從 Scrum Master 或教練身上獲益。但是好的敏捷團隊會自己**承擔**一些相對簡單明確的指導任務，這也是他們「精通**產品開發所需技能**的旅程」的一部分。

# 10. 閉上嘴巴，並仔細聆聽

有時你能做的最好指導或輔導，就是**保持沉默**，讓團隊自己找出答案。

這可能很難。當你看到你的團隊正努力搞清楚該怎麼做時，你很自然地就會想跳進去提供建議。但是，如果你太輕易地去解決問題，甚至只是提供建議，團隊成員們只會學到**等待**你為他們解決所有問題。

我不想暗示「你永遠不能提供建議」。你是個聰明人。如果不是，你就不會是你現在扮演的角色。但成為一位優秀的 Scrum Master 的一部分，就是幫助團隊學習**如何自行解決問題**。如果你解決了團隊成員面臨的每一個問題，他們就沒有機會自己學習了。

＊＊＊

# 10

# 為什麼敏捷團隊應該在
# 兩個不同的層面上進行估算？

作者：*Mike Cohn*

發布於：2018 年 9 月 11 日

對「產品待辦清單」和「衝刺待辦清單」進行估算是很有幫助的。但這是基於不同的原因，以及使用了不同的單位。

在敏捷團隊（特別是 Scrum 團隊）之中，估算他們的**產品待辦清單**（Product Backlog）和**衝刺待辦清單**（Sprint Backlog）是很常見的。在本文中，我將探討：

■ 為什麼估算「產品待辦清單」和「衝刺待辦清單」是有用的，即使它看起來有點多餘？

■ 為什麼團隊應該使用不同的單位（units）來估算這兩種清單？

■ 團隊什麼時候應該進行估算？

■ 是否所有的團隊都應該進行估算？

如果你剛接觸敏捷，或者需要一些關於「這兩種清單是什麼」的快速回顧，你可以觀看這兩部關於產品待辦清單[1]和衝刺待辦清單[2]的影片。

## 為什麼你應該針對「產品待辦清單」和「衝刺待辦清單」進行估算？

針對「產品待辦清單」和「衝刺待辦清單」進行估算是很有幫助的，因為估算將用於不同的原因。

## 估算產品待辦清單的原因

估算「產品待辦清單」（Product Backlog）有 **3** 個主要原因。**首先**，它允許團隊及其產品負責人對於**何時能夠交付多少內容**進行長期預測。它允許團隊回答如下的問題：

- 你們能在 3 個月內交付多少？
- 何時可以交付某一組「產品待辦清單項目」呢？

**其次**，它能協助產品負責人制定優先順序決策。「產品待辦清單項目」的**優先順序**應該依據預期收益和成本來設定。常一個「產品待辦清單項目」被估算為 3 個故事點（天數，或任何你使用的單位），其優先順序通常會比估算為 100 的項目還高。

如果你說事情並非如此，那就代表你永遠只會點酒單上最好的酒，或駕駛最好的車，不論價格是多少。1945 年的極品佳釀「木桐酒莊紅葡萄酒」（Chateau Mouton-Rothschild），有人想喝嗎？

大多數的我們，包括敏捷專案中的產品負責人，都無法以這種方式做決定。在排列工作的優先順序時，我們考量「產品待辦清單項目」的**開發成本**。對大多數的項目而言，「涉及多少工作量」的估算是「成本」中最大的一部分。

---

1　請參閱作者官網上另一篇關於 Scrum Product Backlog 的影片和文章：https://www.mountaingoatsoftware.com/agile/scrum/scrum-tools/product-backlog

2　請參閱作者官網上另一篇關於 Sprint Backlog 的影片和文章：https://www.mountaingoatsoftware.com/agile/scrum/scrum-tools/sprint-backlog

估算「產品待辦清單項目」的**第 3 個原因**是，團隊成員會透過思考這些項目，直到足以做出估算，進而對這些項目有更透徹的理解。這意味著在開發該功能時，會遭遇更少的驚喜。

## 估算衝刺待辦清單的原因

現在讓我們來看看，為什麼團隊也應該估算「衝刺待辦清單」（Sprint Backlog）吧。估算「衝刺待辦清單」有兩個原因。**首先**是它幫助團隊決定要在「衝刺」中納入多少工作。

透過將「產品待辦清單項目」拆解成小的、離散的任務，然後在「衝刺計畫」期間，粗略地估算它們，如此一來，團隊可以充分估算**工作負載**。這增加了團隊「完成他們所承諾的一切」的可能性。

**其次**，在「衝刺計畫」期間確定任務並對其進行估算，可以幫助團隊成員充分**協調**他們的工作。比如說，如果「衝刺待辦清單項目」沒有被估算，團隊可能不會注意到工作的關鍵路徑，又或者設計師在接下來的迭代中將會是最忙碌的。

## 為什麼要用不同的單位來估算？

因為這兩個不同清單的估算，在 Scrum 團隊中有著**不同的目的**，所以它們應該使用**不同的單位**。

特別重要的是，團隊必須能夠快速估算「產品待辦清單項目」。

為了理解為什麼，請設想一個老闆要求團隊估算的情境：團隊何時才能交付由「使用者故事[3]形式」所組成的「40 個產品待辦清單項目」呢？

這可能是一個完全合理的要求。也許老闆想要知道，若專案所需的時間太長，是否需要**額外聘請**團隊成員？又或許，只有在**可於特定日期之前合理完成**的前提下，老闆才會啟動專案。

若團隊將每個「使用者故事」拆解成「任務」，以此來回答老闆的問題，就像經常在「衝刺計畫」中所做的那樣，並對每個「任務」進行估算，那麼用於估算的**時間**將十分可觀。

如果我們假設每個「使用者故事」平均需要 **15 分鐘**的討論和估算（這在「衝刺計畫」很常

---

3　請參閱作者另一篇簡述「什麼是 User Stories」的文章：https://www.mountaingoatsoftware.com/agile/user-stories

見），那麼估算 40 個「使用者故事」，將需要全體團隊努力 600 分鐘（或 **10 個小時**）。

反之，如果團隊可以針對「產品待辦清單項目」本身進行更高層級但同樣準確的估算，那麼通常可以更快速地建立這些估算。我建議團隊為每個「產品待辦清單項目」設定**平均 3 到 4 分鐘**的目標時間。在這種情況下，估算 40 個「使用者故事」，將不超過 160 分鐘（**約 2 個半小時**）。

最好的方法是：讓團隊以**故事點**[4]為單位，來估算「**產品待辦清單項目**」；讓團隊以**小時**為單位，來估算「**衝刺待辦清單任務**」。

這很有效，因為「故事點」是一種更**抽象**的度量方法，讓具有不同專長的個人可以對其達成共識。就如同即使我們每個人的腳板可能是不同的長度，你我也可以就「一英尺」的長度達成共識。也就是說，具有不同技能的敏捷團隊成員，也可以同意「這個使用者故事」所花費的時間是「那個使用者故事」的兩倍。

不過，在「衝刺」層級，「故事點」就沒那麼有用了。還記得在「衝刺計畫」時，團隊的目標是決定在「衝刺」中納入多少工作吧？這對於像是「故事點」這樣的抽象單位來說，是很困難的。而使用「小時」就容易多了。

以「小時」為單位對「衝刺待辦清單」進行估算是可行的，因為「衝刺」通常比整個「產品待辦清單」包含更少的項目，這代表它不會花費那麼長的時間。再加上，一個典型的衝刺任務將由一個人獨立完成。在許多情況下，「由**誰**去做」是很清楚的。這些因素使得以「小時」為單位估算「衝刺待辦清單」是可行的。

## 何時估算產品待辦清單

很明顯的，「衝刺待辦清單項目」應該作為「衝刺計畫會議」[5]的一部分，在建立「衝刺待辦清單」時進行估算。但團隊應該在什麼時候估算它的「產品待辦清單項目」呢？

---

4　請參閱作者另一篇簡述「Story Points 有何好處」的文章：https://www.mountaingoatsoftware.com/blog/the-main-benefit-of-story-points

5　請參閱作者另一篇關於「Sprint Planning Meeting」的文章：https://www.mountaingoatsoftware.com/agile/scrum/meetings/sprint-planning-meeting

我建議在兩個不同的時間點估算「產品待辦清單項目」。**首先**，在舉辦故事寫作工作坊後的一至兩天內進行估算。

我建議產品負責人（大約）**每季度**為他們的團隊召開一次這樣的會議。目標是找出那些為了達成某些**大於一個衝刺計畫**所需的**使用者故事**。找出那些「產品待辦清單項目」可能需要 2 到 4 小時（每一季）。估算它們則需再 1 至 2 個多小時。

團隊應該估算「產品待辦清單項目」的**第二個時間點**是每衝刺一次，若在上一次衝刺之後又添加了新的「產品待辦清單項目」的話。這可以在任何時候進行，但應該在衝刺中**相對較晚**的時候，以便將隨後**出現新故事的機率**降至最低。最常見的情況是在團隊的「產品待辦清單精煉會議」（Product Backlog Refinement Meeting）之中，或在 Daily Scrum 每日例會之後立刻進行（此時每個人的工作都已被打斷並且都會出席）。

# 為什麼不在衝刺計畫時估算產品待辦清單呢？

在「衝刺計畫會議」（Sprint Planning Meeting）的一開始就估算「產品待辦清單項目」似乎是個好主意。然而，這有兩個大問題。

**首先**，對於產品負責人來說，在確定優先順序時考量這些估算已經**太晚了**。

還記得團隊估算其「產品待辦清單項目」的根本原因之一，就是為了讓產品負責人能夠排列優先順序。如果產品負責人直到衝刺計畫開始時才拿到估算，那麼認為產品負責人能夠在排列優先順序時**充分考量**這些估算是不現實的。

**其次**，在「衝刺計畫會議」開始時估算「產品待辦清單項目」的團隊，往往會花費更長的時間進行估算。

我懷疑這是因為團隊成員即將執行更詳細的「衝刺計畫」。當他們有了這樣的想法，對更多細節的需求常常會滲透到估算「產品待辦清單」的工作之中，使它比我的目標（每項 3 到 4 分鐘）花費更長的時間。

依據以上這些原因，若要估算「任何需要估算的**新產品待辦清單項目**」，請嘗試在「衝刺計畫」**之外**的時間、並在衝刺中**相對較晚**的時間點進行，如此一來，大多數（如果不是全部）的新使用者故事都已經被確定下來了。

## 所有團隊都應該估算嗎？

我已經證明，估算「產品待辦清單」和「衝刺待辦清單」都有充分的理由。我也主張這些估算應該使用**不同的單位**（「故事點」和「小時」），並且應該在**不同的時間點**進行估算。

但是這些主張適用於每個敏捷團隊嗎？或是有一些不需要估算其中一個或兩個清單的團隊？

我將在週四的每週小技巧中，分享我對這件事的想法。如果你還沒有參與，你可以註冊[6]並接收我在每週四提供的「關於成功敏捷化的簡單小技巧」。

## 你的經驗是什麼呢？

你的團隊又是如何估算「產品待辦清單」和「衝刺待辦清單」的呢？你們使用同樣的單位嗎？你們什麼時候進行估算？歡迎到我部落格文章下方的討論區中，分享你的經驗。

※※※

---

6　請參考作者官網上的 Concise Tips from Mike Cohn to Help You Succeed with Agile：https://www.mountaingoatsoftware.com/email-tips

## 作者簡介：Mike Cohn

**Mike Cohn** 專門幫助公司「採用」和「改進」他們對敏捷流程和技術的使用，來建立極高績效的團隊。他的著作有《*User Stories Applied for Agile Software Development*》、《*Agile Estimating and Planning*》、《*Succeeding with Agile*》 及 Better User Stories 影音課程（https://www.betteruserstories.com/）。Mike 是 Agile Alliance 和 Scrum Alliance 的創始成員，讀者可以透過 hello@mountaingoatsoftware.com 聯繫他。如果你想在敏捷上取得成功，你也可以讓 Mike 每週 email 一則小訣竅給你喔。

# 11

# 組織轉型期間，敏捷領導者應該謹記在心的 3 個原則

作者：*Eric Cottrell*

發布於：2018 年 11 月 9 日

與過去的領導者相比，今日的敏捷領導者，在領導本質截然不同的團隊時，已掌握了更完備的技能和技術。對敏捷組織而言，過去「自上而下的階層」以及「獨自決策的時代」，已經與軟碟（floppy disk）一起被淘汰了，成為現代商業中過時且廢棄的概念。若不遵循敏捷商業開發原則，領導者們仍能具有影響力，但那些**擁抱敏捷方法**的人，則可以獲得更大的成功、改善客戶體驗並大幅增進員工的敬業態度。

現代的敏捷領導者將自己視為**催化劑**，注入團隊與組織敏捷化的過程之中，協助他們加速並提高效率。在這個過程中，強大的領導者仍會各自展現紮實的情境領導以及個人的領導技能，與此同時，他們更接納了全新的關鍵特質，並展現出**前瞻性**的特徵，使他們與眾不同。

# 現代敏捷領導者們的正途

敏捷的商業領導者們依循著以下的關鍵原則。

## 1. 整體性優化（Optimizing the whole）

領導者們常常無法完全體會，他們個人能為整個組織帶來多大的改變（而這樣的想法是可以被理解的）。他們能夠帶來超乎想像的正面影響力。但很難避免的是，他們傾向在既有框架內思考，只想到為他們工作並直接向他們報告的那些人（畢竟麻煩通常已經夠多了）。但是這種觀點大大地限制了他們在組織中的巨大影響力。現代領導者不僅僅是在其管轄範圍內的部門或團體中努力，更致力於為整個公司創造價值。為求工作最佳化，領導者需要橫跨不同部門，與其他的領導者及其團隊密切合作。而擁有足夠高度的領導者，則能夠看見（或想像）工作在組織之間的接棒與流動，直到交付給客戶為止；藉此，他們很可能會發現重大的改善機會，以確保整個公司持續為顧客增值。

**整體性優化**[1] 讓最有能力解決問題的團隊可以橫跨不同部門工作，以提供最佳的產品或客戶體驗。這需要領導者與主要的同事、員工和其他經理建立持久的關係，以確保他們共同編織正向的經歷、面對挑戰以及分享受挫之處，並針對該如何整體性地改善公司，進行必要的會談。

## 2. 個人領導力與情境感知（Personal Leadership and Context Awareness）

敏捷領導者對於自我、其領導方式以及他們之於公司內部的角色，正在進行全新的反思。他們心甘情願這樣做，是因為他們完全接受一個激進的想法：賦權予他們的團隊，於是團隊成員能夠駕馭的能力、智慧和力量，將遠遠多於原先他們希望自己能擁有的。從一切都要靠自己的「英雄式領導者」（hero leader），到賦權予團隊的「**催化劑領導者**」（catalyst leader），這是一個巨大的轉變。這種改變可以從簡單的個人領導力評估開始，該評估將提醒領導者**重視**什麼、**關注**什麼以及他們的**角色**是什麼。

個人領導力評估的提問如下：

- **我為何來此？**

---

1　請參閱 David Hawks 的文章《Agile Transformations Pitfalls #8: Focusing Only On The Team》：https://agilevelocity.com/agile-transformation/agile-transformations-pitfalls-8-focusing-team/。（**編輯注**：David 收錄於本書的文章，請參閱第 25 篇：《我們為什麼不重新估算故事點？》。）

- 我為何要在此時此地大量地投入？

- 我希望成就何事？

- 我想做些什麼來成就這些事？

這些問題的答案有助於提醒敏捷領導者，他們的**動機**是什麼以及他們**關心**什麼。這對他們周圍的每個人都有很大的好處，但主要是對領導者本身的助益。

現在的真相是，領導者（無論是敏捷或其他的）經常發現自己的處境非常困難。客戶感到不安、領導層越來越不耐煩、工作沒有按時交付等等，挑戰接踵而來，沒有終止的一天。那麼現代領導者該如何應對這些困局呢？再一次地，現代領導者捨棄單純地傳遞焦慮、憤怒或謾罵，轉而學習獲取情境資訊、找出根本原因、解釋其周遭的刺耳噪音並給予意義。

即便是在危機之中，獲取**情境感知**仍是一項巨大資產。領導者同樣可以提出一些問題，來取得有價值的觀點：

- **實際發生了什麼事？以及我或我們能做些什麼？**

- 我們是否共同擁有所需要的技術與能力？

- 我和團隊所採取的行動將如何影響周圍的人？

只要花點時間回答這些問題，領導者將懂得如何利用團隊的優勢，來減緩弱點，以解決問題。比起貿然進行，領導者可以先提供一種情境觀點，給予整個團隊喘息的空間，讓他們更清楚地思考如何迅速採取有效行動。

### 3. 透過企圖心管理 （Managing With Intention）來有效賦權予人才

作家 David Marquet，前聖塔菲號（USS Santa Fe）核子動力潛艇指揮官，在他的著作《*Turn the Ship Around!*》當中（這也是我最喜歡的領導力書籍之一），討論「**企圖心領導者**」（intentional leaders）能在組織中每個層面所帶來的影響。

Marquet 談到「企圖心領導者」如何授權員工在洞察之初做出明智、合理的決策，並尋求對於問題與機會的最佳理解。針對企圖心的管理手法提供一種參考架構，以創造具有企圖心的員工，這些員工將勝任領導者的角色，並延續企圖心的管理。

雖然我建議你去讀 Marquet 這本超棒的書，但以下我還是列舉書中三個企圖心領導的必要技巧：

- **明確度（Clarification）**：確認所有的團隊成員完全了解他們的角色範疇。

- **勝任度（Competency）**：確認團隊成員有能力去執行工作、解決問題以及做出合理的決定。

- **徵詢並認證（Certification）**：對於成功與否的關鍵問題，尋找最接近問題的員工，並且就不同的角度與面向進行討論。

企圖心領導（Leading with intention）將管理從「由上而下」的決策框架，轉變成「由下而上」的層次結構。面對問題根源的員工，盡其所能地解決問題，並提出各種方案；他們被充分授權去克服挑戰，只需要領導者核准他們的決策，並提供額外的見解或指導。以企圖心的領導思維帶領整個團隊，領導者將省下寶貴的時間，**因為他不再獨自處理問題，並可仰賴團隊去克服挑戰**。Marquet 稱之為「領導者與領導者」（leader-leader），這是多麼強大啊！

通常領導者認為他們在這場遊戲中首要的職責是攔阻和緊抓問題，並做出重大的決定。然而，企圖心領導者透過**允許**團隊成員評估、判斷並衡量問題背後所有正確的想法，以分享某些決策權；企圖心領導者允許個人承擔挑戰，而不是將問題推到上層管理者。這樣的轉變賦予個人權力，在問題發生的當下解決關鍵問題，消除繁瑣的指揮鏈層次結構，增加速度及效率，讓你們公司及團隊更為敏捷。

領導企圖心的敏捷領導者彼此有著許多共通點，包括了信心、正直、同理心、誠實以及當責（accountability）。他們還要花費時間思考如何讓最靠近問題的人和團隊做好準備、樂意且有能力去解決挑戰，並適當地告知主管他們的成果。

想了解更多有關於敏捷領導的技巧和工具，歡迎瀏覽我們的 Transformation Library[2]。

*\*\*\**

---

2　請參考 Agile Velocity 網站的 Explore Agile Transformations 頁面：https://agilevelocity.com/explore-transformation/

## 作者簡介：Erik Cottrell

**Erik Cottrell** 是 Agile Velocity 客戶成功與行銷部門的資深副總裁。Erik 在產品管理與最先進成長策略這方面，有超過 20 年的經驗；他現在帶領他的團隊開發新產品和計畫，目標是打造讓客戶滿意的作品。

Erik 相信，通往持之以恆的高效能之路，是遠遠超越流程變革的，他贊成獨特的敏捷心態，並相信這樣的心態可以傳遞文化、技術經驗、跨部門協作以及員工敬業度。全面與務實地應用敏捷，它將成為關鍵的競爭優勢。

# 12

# 虛擬實境將顛覆敏捷的教練與培訓活動

作者：*Michael de la Maza* 和 *Elena Vassilieva*

發布於：2018 年 3 月 21 日

## 重點摘要

- 在接下來的 3 到 5 年，線上科技將顛覆敏捷的教練與培訓方式。

- 敏捷宣言中特別強調面對面的互動，因此敏捷／ Scrum 社群對於線上科技的接受度，一直是很緩慢的。

- 線上科技可望在越來越多的使用案例當中，提高學習成果並降低成本。

- 早期的成功案例包括線上敏捷使用者群組，以及使用 360 度相機支援的團隊培訓與指導。

- 2020 年底之前，市場上至少會有一個大型、可靠的敏捷／ Scrum 認證機構，其將採用虛擬實境來進行敏捷／ Scrum 認證課程。

我們相信在接下來的 3 到 5 年，**線上科技**（虛擬實境、擴增實境、適性化個人學習與視訊會議）將顛覆敏捷的教練與培訓活動的空間。這將對數百萬的敏捷團隊成員、數萬名的敏捷教練，以及一千多家目前已經導入敏捷的公司，產生重大且顯著的影響。我們相信商業模式將產生大幅度的變化，贏家將成為輸家（反之亦然），而引領敏捷轉型所需的技能，將發生重大的改變。

本文中，我們將關注**虛擬實境**（virtual reality，**VR**），並描述它的歷史演進與應用現況。我們的資訊來自一個擁有 500 名員工、價值數十億美元的上市公司的案例研究，其中新引進的虛擬實境應用，讓 C 字輩高階主管更清楚了解他們的工作對組織的影響。最後我們會預測，市場在未來的 3 到 5 年之內，將會發生什麼樣的變化。

## 目前的市場現況

線上科技（Online technology）對於廣大的教育與培訓領域，產生重大且持續增長的影響。目前有些住宿大學的課程，有部分甚至是線上授課[1]；你可以完全透過線上課程取得一所頂尖大學的學士學位，且所有的常春藤聯盟大學也都有提供線上課程。此外，還有許多線上的專業課程，特別是針對軟體開發領域的人員。

我們其中一人（**Michael**），他以教練的身分，在 **edX**[2] 工作了五個月；edX 是一個關於教育技術的「非營利組織」，由麻省理工學院與哈佛大學共同創辦。edX 的成立有三個目標，其中之一是學習關於「學習方法」的知識。隨著成十上萬的學生修習 edX 最熱門的課程，甚至讓 edX 比「最受歡迎的大學教授」擁有更多關於「學生行為」的資訊。這也替 edX 課程打造了一個可以迅速改善的「環境」，而這是「教授講授的現場課程」所無法達到的成果。

我們相信，將科技應用在敏捷培訓與教練方法之上，也會發生類似的情況。由於科技可對活動、行為和結果進行極端的方法，因此，線上指導和培訓的開發人員，將比那些進行現場培訓的同行們，更迅速地了解方法的成效。

目前，已經有「線上科技」發揮明顯作用的使用案例（例如：引導分散式的團隊）。這些使用案例將成為線上科技產生、測試、評估與確認的溫床。其中「最佳的成果」將持續挑戰「面對面」敏捷教練與培訓的方式。

2017 年由 Alexander Frumkin 成立的 Agile Practitioners Online Special Interest Group[3]，就是這樣的**線上案例**；這個群組的活動模式，除了完全線上化之外，其他都與一般的敏捷社群

---

1　請參閱 Inside Higher Ed 的文章《Online Learning and Residential Colleges》：https://www.insidehighered.com/blogs/technology-and-learning/online-learning-and-residential-colleges

2　https://www.edx.org/

3　請參考 Agile Practitioners Online Special Interest Group（敏捷實踐者線上特別興趣小組）在 Eventbrite 上的簡介：https://www.eventbrite.com/e/agile-practitioners-online-special-interest-group-tickets-36077353335。（**編輯注**：本書第 529 頁的提名委員會介紹，有 Alexander Frumkin 的簡介。）

極為相似。短短六個多月，它的聚會登記參與人數已經從 10 人成長到 50 人。我們預計像這樣的**線上敏捷群組**，將成為支援跨越「地域」與「主題」的方式。

根據學習者的需求來修改課程內容的「個人化適性學習科技」（Adaptive personalized learning technologies），已被證明能比「標準的線上課程」支援更多的學習成果。哈佛大學的 Yigal Rosen 和微軟的 Rob Rubin 開源了一項名為 **ALOSI** 的個人化適性學習框架[4]，而這項專案遲早會被應用於「線上敏捷培訓」。Rob Rubin 表示：『ALOSI 專案在不久的將來，就能提供貼近學習者**個人學習曲線**的個人化學習內容，以及能夠強化他們成長心態（growth mindset）的教練方法。「認知」和「以內容為基礎的交付」，是「漸進式學習」與「習得非量化技能」的關鍵。』

虛擬與擴增實境是線上教育科技發展的下一步[5]。透過提供**身歷其境**的感受和體驗，進而推動學習。敏捷培訓與教練方法所強調的「**遊戲化**」與「**視覺化**」，就很適合虛擬實境的應用。

目前的虛擬實境商品，仍非所有消費者都唾手可得。虛擬實境耳機售價約 500 美元[6]，且需要搭配高階電腦。然而我們預期價格很快就會下降，如同目前所有的手機都支援高解析度影片一樣，我們也預期所有的消費型筆電，很快就能支援虛擬實境了。當這樣的情況逐漸成形時，那些針對企業和個人學習者的市場、且可應用於培訓和教練的虛擬實境商品，將會呈現爆炸式的增長。

應用虛擬實境的敏捷培訓與現場培訓的**經濟收入**是截然不同的。一門現場的 Scrum 課程可能有 20 名學生，每人支付 1000 美元，總收入為 2 萬美元。然而我們相信，應用虛擬實境科技的敏捷培訓，能夠同時為數百位學習者提供「舒適的空間」，這些學習者將願意為這樣的學習體驗支付大約 200 美元，從而大大改變培訓的經濟性，並創造「贏家」。所有那些率先投入並擁抱這項科技的培訓師，將主導市場的競賽。獲勝的培訓師們，將會投入數十萬甚至數百萬美元建立虛擬實境環境，來支援學習；所有的這些付出，都遠遠超出了現場培訓師所能承受的範圍。

4　http://www.alosilabs.org/

5　《20 Top Virtual Reality Apps that are Changing Education》：http://www.thetechedvocate.org/20-top-virtual-reality-apps-that-are-changing-education/

6　https://www.vive.com/us/product/vive-virtual-reality-system/

# 個案分享

我們其中一人（**Elena**）在進行教練以及培訓時，使用了 360 度攝影機（Orah 4i[7]；Nikon KeyMission 360[8]），以便進一步了解虛擬實境與線上科技如何顛覆敏捷空間。

身為敏捷教練，我們一直在找機會指導（coach）開發人員、產品負責人和管理人。但是，人們很難向我們**開口**並尋求指導；更難的是我們**主動伸出援手**並提供指導服務，因為這暗示了負面的批判（人們總認為這代表他們表現得不好，或主管不滿意他們的工作成果）。

為了用積極且無壓力的手法來解決這個問題，我們用 VR 記錄了一個團隊的 Scrum 活動和敏捷課程。這些紀錄呈現了一種外部視角，讓觀看者可以自由選擇他想觀察的內容。第一個 VR 影片就是團隊的 **Scrum 自省／回顧會議**（Scrum Retrospective）。戴上 VR 的眼鏡，觀看者可以從 360 度的視角，觀察會議室的一舉一動，隨時移動焦點至不同的物件、討論和成員。他也能觀察自己在群體會議中的行為和肢體語言。看過影片後不久，有幾位成員主動來找我們，他們希望能在 Scrum 與團隊合作等活動上被指導（to be coached）。

VR 影片提供每位觀看者一個中立的外部視角，不僅能夠觀察自己在團隊討論和活動中的行為，也能看到團隊的回應。小型 VR 攝影機和 360 度的錄影角度不會干擾群組討論，也不會影響個人，因為「**大家都上鏡頭了**」。沒有人知道觀影者可能會選擇在影片中觀看什麼。

這種指導手法的下一步，如同在影片中被觀察的人會被分階段一樣，受訓者可以再次觀察並體驗他們自己的行為。這種階段模擬有如密室逃脫遊戲，參與者無法預期接下來會發生什麼

---

7　https://www.orah.co/
8　https://www.nikonusa.com/en/nikon-products/product/action-camera/keymission-360.html

事。經過了幾次沈浸式記錄之後，受訓者表示，觀察 VR 影片會增加他們在團隊活動與討論中對自身角色的覺察（awareness of their own role）。他們還說，產品負責人開始使用新的合作與溝通工具及技巧，並發現教練指導活動對團隊的日常工作來說，非常有幫助。

硬體跟軟體的總費用大約是 700 美金。考慮到價格不高、且操作設備所需的技術門檻也相對較低，我們預期這樣的應用會成長。

## 未來將會發生的事

我們相信，在未來的 3 到 5 年，線上科技（特別是 VR）對敏捷線上科技和教練活動會帶來顛覆性的效應。

我們有九成的信心，並做了以下的預測：

- 預測：2019 年 6 月 30 日前，將有數以千計的人透過 VR 參與敏捷活動（例如：故事對照（story mapping）或線上會議）。
- 預測：2019 年底之前，將有超過數千人會選擇他們認為非常出色的線上敏捷課程。
- 預測：2020 年底之前，至少會有一個大型、可靠的敏捷／Scrum 認證單位，其將採用 VR 來進行敏捷／Scrum 認證課程。

敏捷在運用線上科技這方面，之所以會落後，部分原因是其宣言準則之一提到了『面對面的溝通，是傳遞資訊給開發團隊及團隊成員之間，效率最高且效果最佳的方法』。敏捷培訓社團非常偏好面對面培訓（face-to-face training）。這讓線上培訓科技可以特別專注在如「軟體開發與設計」等相關領域，於是，當科技進入敏捷領域時，它就會是相當成熟的技術了。

如果你目前正在敏捷領域工作，我們鼓勵你透過**升級**線上科技的技能，來為這一結構變遷做好準備。考慮學習使用線上會議工具（例如：IdeaBoardz[9]）、參加線上敏捷群組（如前面提及的 Agile Practitioners Online Special Interest Group），以及體驗 VR 虛擬實境和 AR 擴增實境吧。

*\*\*\**

---

9  http://www.ideaboardz.com/

## 作者簡介：Michael de la Maza 和 Elena Vassilleva

**Michael de la Maza**（麥可‧德拉‧馬薩）是一位 Scrum Alliance CEC（Certified Enterprise Coach）。他以敏捷顧問的身分，主要協助過 Paypal、State Street、edX、Carbonite、Unum 和 Symantec 等企業。他曾是 Softricity 的企業戰略副總裁（2006 年由微軟收購）和 Inquira 的創辦人之一（2011 年由 Oracle 收購）。他擁有麻省理工學院（MIT）的電腦科學博士學位，並與人合著《*Professional Scrum with TFS 2010*》和《*Why Agile Works: The Values Behind The Results*》（https://www.infoq.com/minibooks/why-agile-works）。他的 email：michael.delamaza@gmail.com 以及他的推特帳號：@hearthealthyscr。

**Elena Vassilleva** 是一位 Scrum Alliance CTC（Certified Team Coach）。她曾協助華納兄弟、推特、Best Buy、StubHub、IBM 及許多優秀企業的產品開發團隊導入設計思考、敏捷與精實手法。Elena 擁有工程管理背景，也是一位 Certified Scrum Professional。Elena 正在拍攝 VR 虛擬實境紀錄片，同時使用線上影像串流來打造沉浸式教練體驗。她的 email：havasupai3@gmail.com。

# 13

# 為什麼心理安全感
# 總是被忽視？

作者：*John Dobbin*

發布於：2018 年 11 月 1 日

葛雷柯 (El Greco) 的作品：《勞孔》

Project Aristotle（亞里斯多德專案）是迄今為止規模最大的商業研究專案之一；在這項專案中，Google 驚訝地發現，影響團隊績效的首要因素是**心理安全感**（psychological safety）。

這真是送給組織的一份大禮。想要徹底提升你們的績效嗎？只要把「心理安全感」放在首位就好啦。

回響嘛⋯⋯一片靜默，安靜得彷彿只剩下蟋蟀的叫聲。我與我的合作夥伴 Richard Claydon 博士向許多組織提過這件事。你會認為這將成為多數高階主管的首要任務。很可惜，事實並非如此。差得遠了。以下是一些**原因**，沒有特定排序。

## 對心理安全感的理解很少，甚至根本不了解

許多高階主管根本不知道有這回事。他們沒有讀過 Laura Delizonna 在《哈佛商業評論（*Harvard Business Review*）》上發表的文章[1]；他們沒有看過 Amy Edmondson 在 TED Salon 上的演講[2]；他們錯過《紐約時報（*New York Times*）》的專題報導[3]，也沒有讀過 Google 的團隊效率指南[4]或任何其他有關心理安全感的文章。無知是福；但不是藉口。

## 它被誤會，甚至被誤解了

有些文章混淆了心理安全感、安全空間（safe spaces）和低當責（low accountability）的觀念。「安全空間」是當你不想面對那些冒犯你的想法和觀點時，你會去的地方。而在「心理安全感」的環境中，你則需要大聲說出你的想法。雖然 Amy Edmondson 確實指出了一個「高心理安全感／低當責」的環境（她稱之為**舒適區**，comfort zone），但她亦明確指出「心理安全感」與「當責」是平行的。如果有「高心理安全感」和「高當責」，代表這是一個**學習區**（learning zone）。順便提一下，如果是「低心理安全感」和「高當責」呢？那就是**焦慮區**了（anxiety zone）。

## 『這是一時的流行』

流行（Fads）在企業中來來去去，而人們的確應該保持一定的懷疑。然而，亞里斯多德專案研究的深度不容忽視：歷時 2 年、180 個團隊、雙盲訪談，以及使用了 35 個以上的統計模型分析了數百個變數。任何認真看待企業績效的人，都不該忽視這些資料和洞察。

---

1 《High-Performing Teams Need Psychological Safety. Here's How to Create It》：https://hbr.org/2017/08/high-performing-teams-need-psychological-safety-heres-how-to-create-it

2 《How to turn a group of strangers into a team》：https://www.ted.com/talks/amy_edmondson_how_to_turn_a_group_of_strangers_into_a_team

3 《What Google Learned From Its Quest to Build the Perfect Team》：https://www.nytimes.com/2016/02/28/magazine/what-google-learned-from-its-quest-to-build-the-perfect-team.html

4 請參閱 Google re:Work 的《Guide: Understand team effectiveness》，即 Google 知名的亞里斯多德專案：https://rework.withgoogle.com/print/guides/5721312655835136/

## 『這不適合我們』

這可能是正確的。Amy Edmondson 指出[5]，「高心理安全感」（high psychological safety）只有在充滿了「不確定性」和「相互依賴性」的環境中才重要。對於那些「直截了當且不需要依賴他人就可以完成的工作」來說，照常進行可能也不錯。或者更好，可以被人工智慧取代。

## 高階人士不希望成為鎂光燈的焦點

一家上市公司的人力資源部門在討論是否應該舉辦「心理安全感工作坊」時，這是他們的結論，引述如下：『我們不能進行這個。上面有些人會覺得受到了**極大的威脅**。』也就是說，一家上市公司無法參與**創造獲利**的技能開發，只因為這可能會揭露高階主管們「有**毒性**的那一面」（toxicity）。這裡存在了一個系統性的問題。換句話說，『我們知道我們在做一件不好的事情，但我們不想正視它，不願揭露它，也不肯治療它。』不止一個組織這麼說，我們也聽到很多類似的觀點。非常、非常多。

這是一個董事會層面的問題。簡言之，如果一位 CEO 無法致力於發展一種**極有可能提高組織績效**且**能讓公司整體獲益**的能力，那就應該找一位願意去實踐的人。

## 表面處理

把「7 種（或 10 種、或 14 種）在工作場所中創造心理安全感的方法」張貼在公司內網中，並不是一個解決方案。已經將「毒性」常規化的組織必須將其逆轉。這需要時間。它需要奉獻和毅力。它會造成**傷亡**[6]。但它肯定會產生結果。

反覆灌輸「心理安全感」有許多明顯的好處：

- 人們（即那些公司為了他們的技能和經驗付出了大筆金錢的員工）會真正為集體智慧（collective intelligence）做出貢獻。

---

5　請參考 Amy Edmondson 於 2018 出版的書籍《The Fearless Organization: Creating Psychological Safety in the Workplace for Learning, Innovation, and Growth》。

6　請參閱本文作者的另一篇文章《If you are not willing to accept casualties, then you are not ready to lead adaptive challenges》：https://www.linkedin.com/pulse/you-willing-accept-casualties-ready-lead-adaptive-john-dobbin/

- 「追求」（Seeking）將會取代「恐懼」（Fear），進而產生更好的思想、合作和創新。

- 好人會留下來，而依賴「侵略行為」（aggression）的人們則會離開。

- 工作場所將變得更加生機勃勃，人們將更加享受他們的工作。

- 員工不會把太多的壓力和焦慮帶回家，他們的身心會更健康。

# 如何開始：

1. 了解心理安全感是什麼以及如何培養它。多多閱讀。也可以考慮參加一些課程[7]。

2. 從任一團隊開始。得到支援與贊同。招募內部有影響力的人。透過組織的社交網路來傳播知識，面對面，一步步採取行動（我們將這個過程稱之為**整地**，preparing the soil[8]）。

3. 辨識阻礙者，即那些積極破壞安全感的人。要嘛改變他們、嘗試繞過他們，要嘛乾脆擺脫他們吧。

\*\*\*

---

7 可參考 Organisational Misbehaviourists 網站上的課程：http://www.organisationalmisbehaviourists.com/。（**編輯注**：作者的合作夥伴 Richard Claydon 博士在此從事 Chief Executive Misbehaviourist 的工作。）

8 請參閱作者的合作夥伴 Richard Claydon 博士的文章《Psychological Safety: The Soil and The Seed》：https://www.linkedin.com/pulse/psychological-safety-soil-seed-dr-richard-claydon/

# 作者簡介：John Dobbin

**John Dobbin** 是一位經驗豐富的技術專家、商業領袖和顧問。他有數學、電腦科學和組織發展的背景。2000 年初，作為一家著名的系統整合公司的創辦人和負責人，他是敏捷的早期採用者，並幫助許多跨國公司過渡到敏捷交付（agile delivery）。如今，他協助世界各地的組織實施數位化和敏捷轉型。

John 持續在組織發展的 context 中，研究和探索「行為科學」（behavioral science）及「複雜性理論」的新領域，開發新的模型和材料，來協助敏捷實踐者更有效地思考和工作。他的 LinkedIn：https://www.linkedin.com/in/johndobbin/。

# 14

# 了解敏捷的指標

作者：*Bob Ellis*

發布於：2018 年 10 月 11 日

「敏捷轉型」的目的，是為了建立新的業務能力，即**更快速地完成工作、提高產品品質、減少風險、提高可預測性和提高生產力**。然而，許多的「敏捷轉型」缺乏任何可以度量（measure）成功的計畫。支持「敏捷轉型」計畫的主管，經常因為缺乏「有意義的指標」（meaningful metrics）而飽受挫折。與此同時，實踐者在爭論「指標」（metrics）是否恰當的時候，往往是從穀倉（silo）的視野、而非從端對端（end-to-end）的角度來辯論。改革進行了數個月之後，高階主管們開始懷疑這個計畫是否值得繼續投資。他們努力在事後收集資料。但因為他們在轉型的**初期**並沒有**基線**衡量標準，所以他們很難證明進展。通常，任何可以免費獲得的資料都會成為重點指標。

那麼，如何才能開始正確地度量和證明你敏捷轉型的成功呢？

敏捷轉型的成果在這 3 個面向上最為明顯：

- **流動（Flow）**：增量並快速地建立價值。這可以整理並實現「交付和回饋」的優先順序，並突顯出「障礙」。

- **價值（Value）**：做對的東西。這將優先考慮「結果」（outcomes），而非「產出」（outputs），並用更少的資源提供更多的東西。

- **品質（Quality）**：用對的方式做。「內建品質」（Built-in-quality）可以減少重工（rework）和提高生產力。

這 3 個面向的配合是至關重要的，就像組織各個層級的配合一樣：從團隊和計畫，一直到專案組合管理和策略。雖然「敏捷」是透過「去中心化決策」來獲得速度和創新，但為了彼此配合，有些決策是必須「中心化」（centralized）的，例如：戰略、遠景、規劃，以及跨技術、跨產品和跨流程的成功指標。然後，這些平台（platforms）之間是否能夠成功配合，像這樣的**抽象**概念，才可以用**實際的資料**來度量。

# 流動：快速的建造

速度（Velocity）是最常見的指標，也是敏捷團隊之外最常被濫用的指標。在其他的情況下，以「連結的故事」為基礎的「功能完成率」（feature percent complete），也會提供類似的「令人誤解的資訊」；這些資訊並不值得花時間去收集。

**一個不錯的度量**是描述「故事」在各種狀態之間移動的**累積流動圖**（cumulative flow diagram，**CFD**），它顯示了「循環時間」、「進行中的工作」（WIP）、「速度」以及「完成整個計畫所需的預估時間」。「累積流動圖」提供了很好的回饋，來顯示「流動」或是因障礙所造成的「缺乏流動」。使用者故事從「進行中」到「被接受」的**循環時間**是**另一個流動的度量**。六標準差實踐（Six sigma practices）可用於辨識和減少循環時間的變化，並相應地增加流動。**功能的累積流動**亦是**一個重要的指標**，它最常強調「跨團隊的依賴關係」，而這些依賴關係擁有交付功能所需的不同元件。「跨團隊的依賴關係」以及「整合解決方案時所遇到的障礙」，是由功能（或更大的工作項目）累積流動所顯示的，這兩者則通常可以透過「擁有端對端價值交付的高階主管」來解決。

最好的流動指標也應該包括**員工參與度**或**員工幸福感**。當這個指標有偏向錯誤方向的趨勢時，需要使用「軟技能」和「團隊情商」來理解，並解決任何導致這些問題的因素。在這種情況下，對異數（outliers）的檢視通常會揭示真正問題的根源，而非只是對平均值的關注。

**在敏捷轉型中，誰該負責流動？**在團隊層級是 Scrum Master；而越往組織上層，則是那些引導者，一直到引導策略定義、管理敏捷專案和治理整間公司的那些人。在 SAFe 中，這些人是發布培訓工程師（Release Train Engineers）、解決方案培訓工程師（Solution Train Engineers）和專案組合管理團隊（Portfolio Management Team）。在 Scrum at Scale 框架中，他們是決策行動團隊（Executive Action Team，EAT）。

# 價值：做對的東西

計畫和回顧（包括展示有效運作的軟體）有助於管理執行過程中所涉及的「風險」，並拉近 IT 和業務之間的「可信度差距」（credibility gap）。業務和 IT 協作的頻率是判斷**是否正在做對的東西**的主要指標。在「願景」、「長期規劃」、「經過排序的專案待辦事項」和「組織目標」等方面，是否有明確的溝通？在「業務價值」和「最高價值」發布計畫上，是否有協作和配合？是否有機會審查「發布計畫的草案」，並讓負責交付工作的團隊有機會「評估」並「提議」最終的發布計畫？是否有這樣的組織文化，在進行大規模投資之前，會用「大型專案的資料」來驗證假說和推論？

加強「協作」以及度量「獨特卻相關的業務價值」的一個好的實踐，就是 **SAFe 的專案（價值）可預測性度量**[1]。「專案（價值）可預測性」包括在規劃會議時，由專案發起人替每一個「長期商業目標」指定一個「商業價值分數」（business value score）。這種實踐為「商業價值」提供了最好的代理：它是由業務擁有者協作的，且是在「最有可能負起責任的時候」完成的。它與其他商業目標的評等（ratings）相關，而在交付時，會再次使用它，來比較「計畫」和「實際得分」，這甚至可以說明在「計畫日期」和「交付日期」之間**商業價值的變化**。這項 SAFe 指標使用的基本結構，與來自矽谷和 Intel 的**目標和關鍵結果**（Objectives and Key Results，**OKR**）相同[2]。

**在敏捷轉型中，誰該負責價值？**在團隊層級是產品負責人（Product Owner，PO）；更高層級，則是產品經理；再往上一層，則是更高階的企業人士。這些人需要與交付組織的贊助者／發起人（sponsors）保持一致。他們可以是「營運價值交付流」的擁有者，比如說，客戶服務、產品和行銷組織，或者公司的 VP 和高階主管。他們必須做出能使「短期和長期價值交付」最大化的決策。

# 品質：用對的方式做

正確實作的「敏捷」，能為每個團隊提供一個事先定義的**品質檢驗關卡**，由 PO 作為一個制

---

1  SAFe 的專案（價值）可預測性度量，其原文是 Program (value) Predictability Measure from SAFe；請參閱 Scaled Agile 網站上的 Metrics：http://scaledagileframework.com/metrics/

2  關於「什麼是 OKR ？」，請參考 Felipe Castro 的 The Beginner's Guide to OKR：https://felipecastro.com/en/okr/what-is-okr/

衡機制，來接受「故事」，並確保定義有被遵循。「已展示的能力」可以透過許多實際交付的資料點來理解。在下游也設置了**額外的品質檢驗關卡**，以便在投入生產前確保產品符合客戶的品質要求。所有下游的、故事驗收後的工作都是**技術債**[3]，包括 bug 修復、執行測試、修復測試、發布程序、變更控制（包括客戶回饋）和客戶服務成本。最終的願景是「內建品質」和「徹底消除技術債」。這唯有透過跨開發和跨營運的「共同擁有權文化」（culture of collective ownership），才能實現。

故事驗收後的**缺陷數量**是一個不錯的品質指標。品質改進的主要指標包括「自動單元測試覆蓋率」、「功能測試覆蓋率」和「非功能測試覆蓋率」的計算。一個好的實踐，不僅會修復下游的缺陷，還會將「自動化測試」提升到測試管理中較早期的階層，以便「縮短」偵測此類缺陷的循環時間。提高品質的最佳預測措施，就是對「整合和部署管道的遙測技術」的投資。此領域中的工具，顯示了主要瓶頸和問題區域的位置，開發組織便能掌握接下來要改進的「最重要的區域」。

**在敏捷組織中，誰該負責品質？**在團隊層級是開發團隊；往更高的層級，則是「系統或解決方案架構師」以及「企業架構師」。整個組織的「技術策略一致性」，可以為「正在進行工作的開發團隊，他們所組建的新興設計」提供指導。

## 總結

頗具諷刺意味的是，每個最佳實踐的敏捷指標，都是「商業價值流」（flow of business value）的度量。短期回饋循環被用於改進流程、價值和生產力。許多被記錄的案例研究皆顯示，這些是在快速變化的環境中成功管理「複雜商業系統」的最佳指標。

想了解更多關於你該如何度量敏捷成功的資訊嗎？來瀏覽一下我們的敏捷資源吧：http://www.eliassen.com/agile/resources。

***

---

3　請參閱 Dave Moran 的文章《Technical Debt: Framing the Conversation》：https://blog.eliassen.com/technical-debt-framing-the-conversation

## 作者簡介：Bob Ellis

30 多年前，**Bob Ellis** 在為惠普（IIP）開發了 3 年的醫療影像產品（medical imaging products）之後，他決定拓寬他的職涯發展，成為一位 PwC 的精實管理顧問，專注為多個行業的客戶提供成本、品質和交付服務。

Bob 在 EMC 工作了 20 年，最初負責管理製造、供應鏈、庫存管理，並建立了 IT 系統，使公司市值增長了 50 倍。作為經理、主管和內部顧問：Bob 負責每一個功能領域，並最終成為價值交付架構師（Value Delivery Architect），負責價值交付 1500 人的產品線，包括價值 60 億美元的「VMAX 資料中心」基礎設施產品線的硬體、韌體和軟體。

Bob 現在是 Eliassen Group 的敏捷轉型顧問，在各個層級擔任教練，幫助客戶計畫和執行務實的改進，以實現交付價值和成功指標。

Bob 擁有 Cornell 的 Engineering 學士學位和 MIT 的 Management: Investments and Systems Engineering 碩士學位。他的部落格：blog.eliassen.com。

# 15

# 打造高績效 Scrum 團隊的
# 領導力課程

作者：*Ron Eringa*

發布於：2018 年 9 月 28 日

在分析了「**一位優秀的團隊隊長應該具備怎樣的特質**」之後，讓我們來看看，如何在 Scrum 的領導力當中發揮這些特質吧。

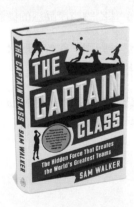

我將 **Sam Walker** 一個有趣的研究結果，**整理成 3 篇系列文章**，而這篇是最後一篇。

Walker 發現，歷史上所有最成功的運動團隊，都有一個共通元素：**這些團隊的隊長**[1] 都擁有

---

1　請參閱作者的另一篇文章《A Formula for Extremely Successful teams》：https://www.scrum.org/resources/blog/formula-extremely-successful-teams

讓這些團隊表現極其成功的 **7 個共同特質**[2]。在這篇文章中，我們將探索「敏捷領導者」可以從這些極其成功的「團隊隊長」身上學到什麼。

## 向菁英團隊隊長們學習的 6 堂課

「**Scrum Master**」的角色和 Walker 研究當中的「**團隊隊長**」（team captains）有許多重疊之處；而負責 Scrum 團隊的「**敏捷領導者**」則與 Walker 研究富中的「**運動教練**」（sports coach）有許多重疊之處。

那麼，「敏捷領導者」或「Scrum Master」能從這些運動團隊身上學到什麼呢？

## Lesson 1：Scrum Master 能讓好團隊更出類拔萃

Walker 的研究證明，擁有一位內部領導者（或團隊隊長），是讓團隊成功的最重要因素。

這些運動團隊之所以與眾不同，並不是因為他們擁有戰略、管理、金錢或超級球星：106 個團隊雖然都擁有類似的特質，但最後他們卻都只能位居第二（稱之為**二等團隊**，Tier 2 teams）。只有當隊長**親自上陣**，跟著團隊在戰場上一起努力奮戰，擁有這樣的隊長，才能讓團隊出類拔萃。

---

2　請參閱作者的另一篇文章《Seven Traits of Elite Team Captains》：https://www.scrum.org/resources/blog/seven-traits-elite-team-captains

而在 Scrum 團隊裡面，正是「Scrum Master」這個角色與 Walker 研究中的「隊長」有最多重疊之處。

當肩負高度壓力、且形勢變得艱難時，Scrum Master 就是領導者，和團隊在戰壕中一起戰鬥。因此，Scrum Master 對團隊的績效表現將有最大的影響力。沒有任何一個教練、管理者或工作流程，能像 Scrum Master 一樣，在這樣的形勢中給予團隊更多的幫助。

## Lesson 2：敏捷領導者讓 Scrum Master 有能力去領導團隊

我遇到很多位 Scrum Master，因為他們的管理者偏好自己處理所有「與領導有關的工作」，於是 Scrum Master 只能從事日復一日的例行工作（例如：主持 Scrum 活動和規劃會議）。

Walker 的研究證明，一流的隊長之所以能夠發揮「最大的領導效能」，因為他們是團隊的一份子。而身為他們的教練，其職責就是營造「允許他們成為團隊一份子」的環境。

敏捷領導者應該要協助 Scrum Master 養成一流隊長應該具備的性格特質；如此一來，有朝一日，Scrum Master 也可以成為敏捷領導者。有些 Scrum Master 可能與生俱來就擁有領導天賦，有些則需後天逐步養成。當 Scrum Master 變得更成熟時 [3]，身為敏捷領導者的挑戰，就是要去了解何時才是「委託」這些責任給他們的「最佳時機」。

---

3　請參閱本文作者的另一篇文章《Leading Scrum Teams to maturity》，關於如何帶領 Scrum 團隊，並讓整個團隊更加成熟：http://roneringa.com/leading-scrum-teams-to-maturity/

曼徹斯特聯隊（Manchester United）的傳奇教練 Alex Ferguson 曾經說過：『無論我多努力精進自己的領導力技能，也不管我如何嘗試影響聯隊在球場上獲勝的各個方面，在比賽當日，當球開踢之後，這些事都不在我所能控制的範圍了。』

# Lesson 3：Scrum Master 是僕人式領導者（Servant Leaders）

我們都期望「最好的領導者」經常是那些具有如下特質的人：

- 天賦異稟（Exceptional talent）
- 能催眠他人的迷人特質（Mesmerizing characters）
- 高市場價值（High market-value）
- 超級巨星的自我（Superstar egos）

然而，Walker 所提供的證據（最好的團隊隊長就是**僕人式領導者**），則顯示了上述是被曲解變形後的特質。

我看過的許多 Scrum 實作，都反映了相同的曲解。我們經常認為 Scrum Master 就是那些擁有高超技術的超級英雄，並聽從來自上層更偉大的英雄領導者的命令。因此，具有技術能力及超級英雄地位的人，經常會獲選為 Scrum Master。

然而，我遇過最有效能的 Scrum Master，反而是擁有 Walker 研究發現的那些性格特質的人 [4]。

Walker 的研究證明，Scrum Master 不必是擁有高超技能的超級英雄巨星；他們反而是那些「**謙遜**」、「**孜孜不倦地學習**」以及「**為了勝利而奮戰**」的人。同時，他們也應該支持團隊成員成長，並協助團隊成員成為技術專家。

## Lesson 4：敏捷領導者也是僕人式領導者

在 Walker 的發現當中，並沒有任何證據顯示，一流運動團隊的教練（等同於敏捷領導者）對團隊的成功有直接的影響力。以下是 Walker 研究後的總結，關於教練貢獻的幾項結論：

- 這些教練都不是屢獲殊榮的戰略專家
- 大部分都不是鼓舞人心的人物
- 教練不會對一個運動員的表現有重大影響
- 更換教練對團隊的表現毫無影響、或是只有些微的影響（很多一流團隊的教練來來去去，團隊卻依然獲勝無數）
- 團隊隊長有共通的特質，但是教練卻沒有真正一致的定律／性格特質

---

4　請再次參閱作者的另一篇文章《Seven Traits of Elite Team Captains》，關於菁英團隊隊長的 7 個共同特質：
https://www.scrum.org/resources/blog/seven-traits-elite-team-captains

那麼，這些教練到底有什麼**共通點**呢？

- 他們給予隊長成為「團隊領導者」的空間

- 他們都喜歡和隊長保持競合的關係

- 在擔任管理職之前，他們曾經都是獲頒獎章的隊長

這讓他們了解如何去培養一個優秀隊長，並能挑選出「理想的人選」來領導團隊之中的其他運動員。

所有一流團隊的教練都了解，要達成偉大的成就，他們需要一個在場上的運動員來擔任他們的「替身」。

將領導力授權給 Scrum Master 的結果，就是造成傳統經理人角色的變革。敏捷領導者關注的焦點可能有所不同，但所扮演的角色和所需的技能／性格特質，卻是大同小異的。

真正的敏捷領導者也是僕人式領導者。他們與 Scrum Master 密切合作，但當 Scrum 真正開始執行之後，他們也勇於授權給 Scrum Master。

# Lesson 5：敏捷領導者創造學習環境

Walker 的研究指出，一個偉大的領導者並非總是由基因決定的，領導者的特質可以經由學習來獲得。所有一流團隊的隊長都曾經歷過「該如何做好隊長角色」的掙扎。當這些掙扎終於迎來「突破」的時刻，從那一刻起，他們將毫無疑問地表現出必勝的決心。這樣的決心讓他們能夠專注，努力並敦促自己和其他隊員持續學習。

敏捷團隊的教練和經理需要創造一個「不怕失敗」的環境，可以讓隊員有足夠機會從錯誤中學習。

Scrum Master 的職責就是引導團隊如何堅持不懈地達成目標，並從錯誤中學習。

## Lesson 6：正面表達不同的意見是必要的

Scrum 運用封閉回饋循環（closed feedback loops）作為持續改進的機制，減少浪費並創造逐步增量的價值。Walker 研究中的所有一流隊長，都理解他們的團隊需要「正面的不同意見」（positive dissent），才能使回饋循環正常運作。

如同一流團隊的隊長一樣，Scrum Master 需要在他的團隊裡建立一種氛圍，在這樣的氛圍裡面，「爭執」不應受「自負」所驅使，而必須是以**求勝的決心**」為導向。

Scrum Master 需要逐漸改變現狀去建立這樣的氛圍。

為了達到卓越，有時候必須「挑戰」現有的流程或錯誤決定，甚至「測試」既有規則的極限。

# 結論

要成為一個真正的敏捷領導者，必須經歷許多巨大的掙扎，其中之一便是授權責任予他人。Walker 的研究結果顯示，能夠授予 Scrum Master 責任的領導者，才能建立最成功的團隊。如果敏捷領導者和 Scrum Master 能夠一起緊密合作，他們一定能達成驚人的成就！

你對敏捷領導者的角色感到好奇了嗎？歡迎你來體驗我的 PAL-E 專業敏捷領導力訓練課程喔 [5]！

***

---

5　請參考本文作者在 Scrum.org 所提供的 Professional Agile Leadership - Essentials（PAL-E）訓練課程：https://www.scrum.org/classes?type%5B%5D=130&scrumorg_geocoder_postal_state=1&uid=109

## 作者簡介：Ron Eringa

**Ron Eringa** 鼓勵領導者發展一種能使敏捷團隊成功的文化。他在「以 IT 為導向的組織」的領導力發展方面，擁有超過 18 年的經驗。Ron 是公眾演說家，也是一位 Professional Scrum Trainer（https://www.scrum.org/ron-eringa）；他還撰寫了有關敏捷組織演進的熱門部落格（http://roneringa.com/blog/）。身為課程的管理者，Ron 還負責開發 Scrum.org 上的「專業敏捷領導力課程」（https://www.scrum.org/courses/professional-agile-leadership-essentials-training）。

Ron 堅信，這個複雜的數位時代需要一種新型的領導才能。他支持「經理」、「高階管理人員」及「團隊」發展可以實現「創造力」、「自我負責」（ownership）和「敬業精神」的領導風格。透過舉辦文化設計工作坊（Culture Design workshops）、領導力培訓和 Scrum.org 訓練課程，他幫助組織替「敏捷團隊與領導者們」打造學習之旅。Ron 最近成立了一家名為 Agile Leadership School 的新公司（https://agileleadershipschool.com/），為敏捷專業人員提供線上學習之旅。

更多關於他的資訊，請至他的網站：http://roneringa.com/。

# 16

## 優秀的團隊都做了這些事

作者：*Mackenize Fogelson*

發布於：2018 年 10 月 26 日

我們做任何事情的方式，就是我們做一切事情的方式。

**行為方式（Ways of doing）**是你的團隊和組織所實施的行動（actions），讓你可以使用「全新的、適應性的方式」工作。行為方式包括那些會改變你系統的事情，比如說，你如何「編列預算」、「計畫」、「分配資源」、「決定報酬」或「提供回饋」等等。行為方式也可以是你如何「開會」、「溝通」、「確定優先順序」、「構思你的願景」或「制定並宣傳策略」。

**處世方式（Ways of being）**則是你的心態（mindsets）和行為（behaviors），它們是改變「你在整個組織內的行為方式」所必需的。它可以是公司裡每個人都試圖擺脫的「一點好處也沒有」的習慣和模式（例如：報復、指責和羞辱）。它也可以是一個全新的視野（例如：從另一個充滿好奇心或具有同理心的角度來看），來取代那些「不怎麼令人滿意」的行為方式，進而幫助我們經營「我們與同事／上司／客戶之間的關係」，並管理我們環境的「複雜度」。

**成功的文化轉型需要兩者兼備。**

在我職業生涯的大部分時間裡，我一直在研究是什麼將「人們」與「他們工作的公司」以及「他們選擇宣傳和支持的品牌」聯繫在一起。當**目標**（purpose）與**客戶和員工的洞察**一起被整合到組織的**經營戰略**之中時，它在組織的**成長**中將扮演不可或缺的角色。

目標可以很大，它可以領導「一個 25,000 人的大型組織」的願景；目標也可以很小，它也能指引同一個組織內的「15 人團隊」。目標可能看起來相當大，實際上，它是由許多「小團隊」的「小行動」累積起來的，進而真正成就了一間公司的大事。

When teams don't own their ways of working, the org will struggle to achieve its purpose.

當團隊無法掌握自己的工作方式時，組織將難以實現其目標。

我也學到，無論一間公司的目標是多麼鼓舞人心、多麼偉大、多麼吸引人，如果他們的團隊沒有機會掌握他們的工作方式，這個組織將很難實現它的目標。不僅如此，你還會看到一大群悲慘的、沒有生產力的人在做一些「不會給公司帶來任何好處」的事情。

Ownership requires curiosity; learning to let go of old ways while being open to practicing new ways.

責任意識（Ownership）需要好奇心；
學習放開舊方法，同時願意嘗試新方法。

在我的日常工作中，我指導「高階主管」、「他們的團隊」，以及「他們團隊中的團隊」去設計並擴展「新的工作方式」。隨著時間的推移，這項工作將成為整個組織的一個新的**作業系統**[1]（operating system）。對這些團隊來說，最重要的是他們擁有「決策權」和「發言權」，且每一天都能為公司的目標做出貢獻。

但在這個轉型的過程中，他們必須克服大量的摩擦，因為他們現有的制度和文化已經根深蒂固。

## 習得性無助

高階主管和經理們在處理他們所面臨的「複雜度」時，是相當吃力的。許多時候他們變成總是要求**答案**，而不是**信任**他們的人。控制他們周圍的一切，包括每個人的所作所為。

員工和團隊在不被信任的情況下，會朝著公司的目標和願景行駛，因而習慣於**等待別人**告知他們「戰略」和「優先事項」分別為何。在整個組織中，人們變得被動，習慣**被告知**他們「能做什麼」、「不能做什麼」。久而久之，他們就會放棄自己的主動性。他們學會了聽從指示、遵守檢查表、遵循規則，以及服從命令。慢慢地，他們所有的動力、創造力和洞察都消散在空中。

## 報復

除了「習得性無助」，我還觀察到大量的**報復**行為。一次又一次地，當用來控制複雜性的「政策」、「官僚主義」、「規則」、「規章」和「服從性」，把員工和團隊中的「實驗文化」徹底消耗殆盡之時，這種情況就會出現。

人們厭倦了陷入麻煩，所以當人們從失敗的專案中學到東西時，他們不會「分享」、「開啟對話」、「讓其他人看見那個學習結果」；反之，他們會把「曾犯下的錯誤」留給自己，以避免任何潛在的報復。

---

1　請參閱 Aaron Dignan 的文章《The OS Canvas: How to rebuild your organization from the ground up》：https://medium.com/the-ready/the-os-canvas-8253ac249f53

## 羞辱

「習得性無助」和「報復文化」也孕育了其他不怎麼美好的事物，例如：大量的**羞辱**和**評判**，而人們把這些投射到自己和同事身上，從而產生**責備**。

## 責備

責備成為**當責**（accountability）的一種新形式。當團隊有一個專案需要領導，在指定一位領導者的時候，並不是看「誰能出色地領導這個專案」，而是看「當專案失敗時，**誰會受到指責**」。人們學會將「改變」視為（除了他們自身之外）來自外界的一切人事物，卻忘記了**他們一直是有選擇的**。

## 恐懼

所有這些模式疊加在一起，形成了一種充滿**恐懼**的文化。恐懼會妨礙我們對自己和他人誠實。深沈、黑暗的恐懼阻止了所有的冒險行為。所有的創造力。所有的可能性和光明。所有我們希望從我們「聘請」並「相信」能夠做好他們工作的人身上得到的「美好事物」。

組織不斷地增加像是「敏捷」、「Scrum」和「精實」等內容，
卻忽略了介於這些內容之間的重要事物。

但組織想要更快、更好、更聰明、更創新，所以他們帶來了**閃亮的新工具和技術**。他們導入

90

了敏捷[2]、Scrum、六標準差、精實，或任何你能想到的方法；在他們的想像之中，只要我們以「正確的方式」做這些事情，我們就擁有了統治世界所需的一切。

儘管這些方法是有用的，也有它們的意義，但是組織卻忽略了一些非常重要的東西，這阻礙了組織的全面運作。

教導你的團隊「管理複雜性」以及「彼此相處的新方式」。

教導團隊如何**適應**和**管理**複雜性只是這個方程式的一部分。組織還需要教人們如何與他人**相處**。如何勇敢、脆弱和誠實。如何擁有**健康的衝突**。如何與他人溝通。如何跌倒後再爬起來。這給了團隊「力量」和「機會」來掌握他們自己的工作方式，進而實現你組織的目標。

當教導組織和他們的團隊「新的行為方式和處事方式」時，**抗拒**（resistance）總是扮演了一個角色。即使是那些勇敢的人，即使是那些渴望學習新方法、擺脫舊方法的人，他們也不禁會被那些「看起來簡單容易的東西」吸引，像是**建立團隊章程**（team chartering）。

> 讓我們把團隊裡的每個人都聚在一起，闡明我們的使命、目標和價值觀。讓我們花點時間來陳述「我們將如何溝通」，以及「我們將使用什麼技術」來完成我們的工作。讓我們展開對話，討論那些將塑造我們的運作節奏的「會議」，並確定那些能給我們一點「自主權」的護欄（guardrails）和規範（norms）。讓我們嗨起來，跳進「角色」、「責任」和「決策權」的深淵吧！

別誤會，這些都是很重要的事情。只是在深入研究「團隊章程」的各個部分之前，還有一些

---

2　請參閱 Jurriaan Kamer 的文章《Beyond Agile: Why Agile Hasn't Fixed Your Problems》：https://medium.com/the-ready/beyond-agile-why-agile-hasnt-fixed-your-problems-aabdde9b5ef8。（**編輯注**：Jurriaan Kamer 收錄於本書的文章，請參閱第 31 篇《如何建置自己的 Spotify 模型》。）

事情需要考量。

在你建立團隊章程之前，先**處理情感方面的問題**（Addressing the emotional side），會拯救你免於一場鬧劇。至今我還沒有遇過任何一個「沒有**惡魔**潛伏在表面之下」的團隊。即使一個團隊基本上是健康的，也總有一些**包袱**需要考量。

不管你的團隊歷史如何，從那些讓他們（和你）感到不舒服的事情開始吧。從讓**你**有感覺的事情開始。為「情感」和「真實的對話」打開空間。拿出勇氣，先帶你的團隊來到這裡，你會得到回報的。然後，你可以朝著「團隊章程」的各個部分努力（所有你需要做的事情都在下面）。

## 提出問題並創造空間

特別是當你的團隊處於一個**非常不正常**的狀態時，你會想要引入一個訓練有素的引導者（facilitator）來開啟並主持空間，讓**困難**的事情浮出水面，並決定最好的下一步。請記得，在開始確定和闡明「團隊章程」的組成之前，你可能需要先與你的團隊進行好幾次的**會議**。讓我們慢慢來。

**第一次會議**，請允許至少 3 個小時。如果你的團隊願意加入，並對彼此展現脆弱的一面，你就有許多可以談論的話題。

**一次一個，請提出這些問題：**

你帶來的一項優勢（優點、或長處）是什麼？
請說出你為團隊帶來的優勢，並與你的小組分享。

人們誤解了什麼？請找出大多數人誤解你的一件事，
並與你的小組分享。

有什麼需要被承認（或被感謝）的嗎？
請指出你想被承認的一件事，並與你的小組分享。

哪些行為對團隊有幫助（或服務）？哪些行為對團隊沒有幫助？
請指出那些目前對你的團隊「有幫助的行為」。
請指出那些「可能不會有幫助的行為」。

針對每個問題：

1. **給予時間，進行自我反省**：留下沉默時間來進行內省。讓每個團隊成員把他們的答案寫在一張紙或便利貼上。

2. **分享**：要求團隊輪流分享他們的答案（一次一個人發言）。為每個人保留發言的空間。

3. **聆聽**：讓引導者傾聽價值觀（values）、指導原則（guiding principles）、護欄（guardrails）和規範（norms）。這是一個很好的機會，讓那些對你的團隊來說「真正重要的事」浮出水面，即使你的團隊並沒有為了你的章程而刻意去做這些事情。

一般來說，團隊面臨的困難可以歸結為沒有（或者不知該如何）進行**艱難的對話**。你必須為它創造**空間**。

Remember when your team is not performing
they need some space to name stuff.

請記住，當你的團隊表現不佳時，
他們需要一些空間來陳述（或列舉）一些事物。

當你的團隊開始提出並解決他們的問題時，請鼓勵他們提供**具體的例子**。在進入團隊章程的各個部分之前，不論花費多少時間，請為你的團隊維持空間，以便讓問題浮出水面。

一旦你處理了團隊中可能存在的一些**更深的傷口**，你就可以開始引入一些即將成為他們日常工作一部分的處世方式。這不是一件簡單的事。處世方式（Ways of being）將永遠是他們做過最艱難的工作。

自我覺察

致力於培養**自我覺察**（self-awareness）是你能給予團隊最好的禮物之一，因為它能為你的團隊開創空間，讓團隊做出優秀的成果。

有許多方法和工具可以幫助你的團隊練習自我覺察。其中最簡單的一項稱之為 **Check-in**（簽到）。Check-in 與「一對一」、「每日站立會議」或「團隊圍成一圈快速地討論」（huddles）是不一樣的。請保護好每一次會議的前 5 分鐘，騰出空間**傾聽**所有人的聲音。

Check-in 可以讓會議室的氛圍變得更輕鬆、更真實，
進而打開人性化的空間。

Check-in 的問題可以很簡單，例如：什麼事物能夠得到你的關切和注意？你最喜歡的食物是什麼？如果你被困在荒島上，你會想聽哪張專輯？

從這裡開始吧。

當你的團隊準備好練習**脆弱感**（vulnerability）時，可以嘗試搭配**紅／黃／綠練習**[3]，這是一種我從 Reboot（https://www.reboot.io/）學到的 Check-in 練習。

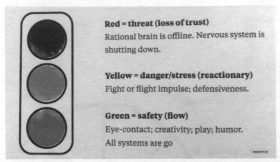

紅／黃／綠 Check-in 練習：紅色代表威脅（失去信任），此時你的「理性大腦」正處於離線狀態。黃色代表危險／壓力（反抗），此刻的你想要抵抗、逃避，也許還會提高防禦心。綠色代表安全（流動），此時的你擁有眼神交流、創造力、玩心和幽默感。

這種類型的 Check-in 可以幫助你的團隊建立他們的**自我覺察肌肉**（muscle）。像這樣 Check-in 了幾週之後，讓你的團隊回顧一下他們注意到了什麼。他們是不是每次都簽**綠色**且身心都在？還是他們沒有說出一些確實存在的東西？當他們簽**黃色**的時候，他們身體的哪些部位感覺到這些壓力？他們有多少次 Check-in 了**紅色**？

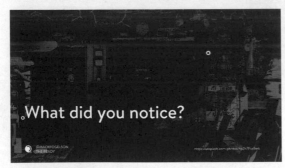

你注意到了什麼？

Check-in 不只是為了聯繫，也是為了練習注意力。不斷地問你的團隊這個問題：**你注意到了什麼？**

---

3　https://www.reboot.io/2017/09/07/murmuration/

隨著時間的推移，他們會更充分理解自己是如何真正地與團隊合作的，以及他們可能想嘗試做些什麼不同的事情。

心理安全感：團隊在承擔人際風險時是安全的，這是團隊共同的信念。

自我覺察是建立**心理安全感**的前提。由 Amy Edmondson 提出，並經過 Google 研究之後，我們已經發現「心理安全感」是成功團隊的關鍵組成部分；它是一個共同的信念：在一個團隊中工作時，「對彼此展現脆弱」和「承擔人際風險」是安全的。

在培養心理安全感這方面，你可以和你的團隊一起做的一件小事，就是每天的提醒（a daily reminder）。我們透過**小卡片**在整個文化中傳播這些提醒，已經取得了極佳的成果。這些小卡片簡要地陳述了我們的承諾，我們會在每次會議開始時朗讀它們。

這些小卡片有兩面。**正面**傳達團隊中的「每一個成員」如何為了「其它團隊成員」挺身而出的承諾（commitment）。

我對團隊中每一個人的承諾，就是我將如何為「他們」服務（展現）。
例如：別人覺得我支持他們、我樂於接受新想法等等。

而**背面**則傳達整個團隊作為一個「整體」致力於培養的「環境」。

心理安全感請求了這些問題：我能在會議上發言嗎？我可以分享我的想法嗎？我能夠在工作中有所貢獻而不被處罰？我能避免「我所說的話」被利用來對付我嗎？

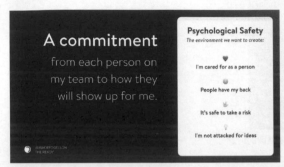

團隊中的每一個人，對於他們將如何為「我」服務（展現），所給的承諾。
例如：大家都會支持我、我提出新想法時不會被攻擊等等。

這意味著你團隊中的「個人」可以對**誠實**感到安全、可以分享想法，並展示出他們真正是誰，而他們將得到支持。即使有些事情仍需要改進。

心理安全感並不代表你不會與同事發生**衝突**或進行**艱難**的對話。你的團隊在一起的時間越長，你的團隊就有越多的機會來「建立」和「摧毀」信任和心理安全感。這是人性的一部分，也是充分瞭解自己以及行為對團隊的影響的過程。

重要的是，要不斷地創造空間；不僅是用來練習，更要看穿表面底下。在你感到有些事情不太對勁的時候，請對你的團隊「真正發生了什麼事」感到好奇。

特別是當一個團隊**運作失常**或有**不良行為**時，可能需要很長時間來建立這類的安全感。請繼續為它創造空間。

好奇心

當你的團隊探索新的處世方式時，自我覺察和心理安全感是非常重要的，也是需要持續練習的兩件事。另一件大事是教導好奇心的藝術。

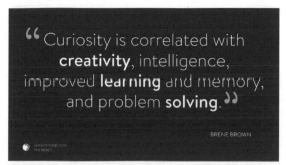

好奇心與「創造力」、「智力」、「更進步的學習和記憶」以及「解決問題的能力」息息相關。

我經常被問到如何培養團隊的好奇心。

**塑造它吧。**

只要一週的時間，請試著不要回答任何問題。每當你的團隊中有人問你一個問題，想從你這裡得到答案時，你也反問他們一個問題。試著把自己從「我擁有一切答案」的角色中抽離出來，看看會發生什麼事情。

在這個過程中，也要注意你的系統裡發生了什麼事，留意那些會壓抑好奇心的行為。如果你以一個領導者的身分來塑造好奇心，但在這個過程中，每一個地方卻都有「報復」產生，那就等於扼殺了在成員身上建立這種「肌肉」的任何希望了。

塑造好奇心，並對系統中需要改變的東西保持好奇心。

此外，有一個你可以和你的團隊一起練習的「十分強大的好奇心和自我覺察工具」，也就是**自我定位**（locating yourself）。我之前分享過這個影片，但即使你已經熟悉它了，也值得再看一遍。（讀者請參考 YouTube 影片《*Locating Yourself - A Key to Conscious Leadership*》：https://youtu.be/fLqzYDZAqCI。）

你在觀看這部 YouTube 影片的時候，想到了什麼？在一週的工作中，你通常會在哪裡？在家的時候呢？影片中「**黑線之上／黑線之下的語言**」，將幫助你的團隊提出他們的處世方式，特別是當他們沒有表現出「最好的自己」的時候。沒關係。關鍵是要對它保持好奇心。

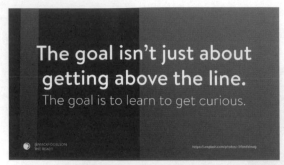

我們的目標不僅僅是擁有第 99 頁「YouTube 影片中黑線之上的所有事物」。
我們的目標是學會如何擁有好奇心。

向你的團隊傳授好奇心,就是教他們變得**脆弱**和**勇敢**。觀察他們如何表現,並學會從「責備他人」轉變為先對他們的「真實情況」感到好奇。學會好奇是一個勇敢面對恐懼、不安和不確定的機會。

當「需要說的事情」和「需要聽的事情」漸漸浮出水面,在練習「新的處世方式」的過程中,你的團隊將逐漸準備好面對一份章程。透過這個練習來建立「團隊章程」和「工作節奏」是掌握他們工作方式的重要一步。

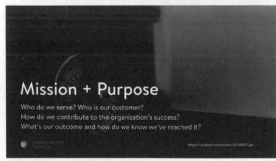

使命和目標:我們服務誰?誰是我們的客戶?我們如何為組織的成功做出貢獻?
我們的成果是什麼?我們如何知道已經達到了?

當與團隊一起定義他們的使命和目標時,其中一個我們經常會問的問題是:『在我們離開之後,這個世界會有什麼不同?』

這可能是一個高階主管需要回答的好問題。但在團隊層級,尤其是當團隊**不習慣**被給予自由來說出「**目標**在他們眼裡是什麼樣子」的時候,這個問題可能相當令人生畏。

要在團隊層級確立使命和目標，可以從理解團隊「實際的工作」是什麼開始。我們一起完成了什麼？為什麼？如果我們的團隊不存在，結果會如何？組織將缺少什麼？誰是我們的客戶、而我們能為他們提供什麼價值？

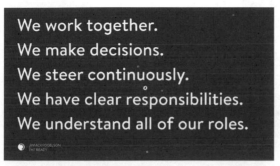

We work together.
We make decisions.
We steer continuously.
We have clear responsibilities.
We understand all of our roles.

我們一起工作。我們做決定。我們不斷行進。我們有明確的責任。
我們了解我們所有的角色。

對於你的團隊來說，實現自己的**使命**和**目標**是什麼樣子呢？你可以：

1.  **列出**「完成工作」和「向客戶交付價值」所需的所有角色。

2.  **澄清**每個角色的具體職責，並將這些角色與特定的個體分離（每個人可能擁有多個角色）。

3.  **選擇**朝著結果努力，每週都要確認「為了實現結果」而需要做的工作。

4.  **積極**使用決策流程，例如：建議流程或綜合決策制定，如此一來，我們才能持續一步一腳印地學習，往前邁進。

5.  為了「成為一個團隊」而**投入**時間（即使是在工作時間之外）。

Values + Guiding Principles
How do we want to show up every day?
How do we want to get your work done?
What will remind us to stay true to ourselves, our values, and our purpose?

價值觀和指導原則：我們每天如何服務（展現）？我們如何完成你的工作？
是「什麼」提醒了我們，要忠於自己、我們的價值觀和我們的目標？

澄清你在團隊中重視什麼，以及你們對彼此承諾什麼，這些對於實現你的目標而言，是非常重要的。

一個可以幫助團隊**定義**價值的方式是：

1. **找出你的 5 大「個人價值觀」**：讓你團隊中的每個人選擇他們作為個體的 5 個價值觀。每個人都花時間把它寫在便條紙上，從「最重要的」到「最不重要的」。然後讓房間裡的每個人依序分享，在你抄寫它們的同時，所有人都能看見。

2. **找出你的 5 大「團隊價值觀」**：現在每個人都清楚明白「個人價值觀」了，讓每個人找出自己最看重的 5 個「團隊價值觀」吧。與他人合作時，對你來說最重要的是什麼？每個人都花時間把它寫在便條紙上，然後與團隊分享。

3. **價值觀投票**：使用記點投票，讓團隊中的每一個人在他們「想要的價值觀」旁邊放一個點。然後，大家一起選出前 5 名。

4. **把價值觀轉化為指導原則**：將團隊分成 2 人或 3 人一組，每組負責為每個價值觀產生一個論述。若你要把這個價值觀轉化為團隊的指導方針，你會怎麼說？最後一起回顧，並以團隊的角度來分享和確定指導原則。

會議：我們每次會議的目的是什麼？我們需要多久見一次面？
缺少了哪些會議？我們需要停止哪些會議？

而就像你可能已經學到的，目標和價值觀不僅是關於它們聽起來像什麼，或者把它們印在牆上，或寫在你的員工手冊上。不要光說不練。請實踐它們。

我見識過關於實踐價值觀最強大的事情之一，就是一個執行團隊，他們選擇將「自己的價值觀」融入到他們的一次營運會議（operating meetings）之中。他們將最初的 10 分鐘專注在由「他們的價值觀」轉變而來的指導原則之一。他們一直致力於「多聽少說」，所以每次他們來參加會議時，他們都會問：自從我們上次見面以來，你「說了多少」和「聽了多少」的比例是什麼？

這個執行團隊會遵循「這個指導原則」工作數週的時間，直到它成為他們處世方式中的一種慣例。一旦他們覺得這是一種習慣，他們就準備好進入下一個。

說到這些工作，我並不是鼓吹在你現有的作業節奏中添加任何東西。反之，我是在**挑戰你**，請你評估一下「什麼東西」目前對你沒有幫助，你甚至可以移除一些東西。尤其是在開會的時候。

多數的我們把大部分的工作時間都花在會議上。然後，一旦我們結束了一天，我們就會花時間在家裡做我們的工作。**假設事情不必是這樣呢？**

對你的會議感到好奇吧。請花 1 分鐘的時間，寫下你每週與團隊的所有會議[4]。每次會議的目的是什麼？你們需要多久見一次面？時間多長？是否有缺少一些可以幫助我們完成工作的會議（如每隔一週的設計或協作會議）？哪些會議可以被重新定義，甚至徹底取消？**也許瘋狂一下，一整週都不開會，然後看看什麼會分崩離析（也許不會）？**

> We honor our values.
> We are open and curious.
> We practice psych safety.
> We begin with check-ins.
> Our meetings start on time.

我們尊重我們的價值觀。我們是開放和好奇的。我們實踐心理安全感。
我們從 Check-in 出發。我們的會議準時開始。

---

4　請參閱 Sam Spurlin 的文章《How to host the best meeting of the week》：https://medium.com/the-ready/how-to-facilitate-the-best-meeting-your-team-will-have-this-week-763f31b6d7d

如果你的團隊正在練習你的處世方式和實踐你的目標，你的會議會是什麼樣子呢？你可以：

1. **準時**開會。

2. 從 **Check-in** 開始（並以「**你注意到了什麼？**」或者「**你是如何展現的？**」結束）。

3. 致力於實踐**心理安全感**。

4. 保持**開放**和**好奇**，而當我們沒有這麼做的時候，請舉出我們何時是處於「黑線之下」的（**編輯注**：請參考第 99 頁的 YouTube 影片連結）。

5. 以你所承諾的價值觀為榮，**為之奮鬥**。

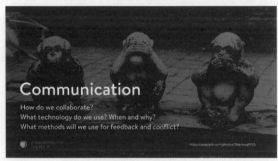

溝通：我們如何合作？我們使用了什麼技術？
我們將使用什麼方法提供回饋和緩解衝突？

接下來，應用一些好奇心在你們團隊的溝通上。你們互相合作嗎？怎麼做的？如果有壁壘（silos，即穀倉效應），又是為什麼？你需要什麼技術來做你的工作？當你需要某樣東西的時候，你會怎麼溝通？當我們為彼此提供回饋時，我們如何表達？當我們需要為某件事情發生衝突時，最好的方法是什麼？

這也是你的一些**界限**（boundaries）可能出現的地方。在《*Dare to Lead*》一書中，Brene Brown 針對衝突提供了一些指引，並提醒我們，我們的工作並不是「為他人的情緒負責」。當你與某人產生衝突時，你可能會生氣、沮喪，甚至驚訝和悲傷，但一定要確保這些行為處於「黑線之上」（**編輯注**：請參考第 99 頁的 YouTube 影片連結）。你可以在發生衝突時傳達「界限」，只需要列出一些準則，像是：

- 我知道這是一次艱難的對話。**生氣是可以的。但大吼大叫是不行的。**

- 我知道我們又累、壓力又大。這是一場很長的會議。**沮喪也沒關係。但打斷別人說話或者翻白眼是不好的。**

■ 我感激人們對這些不同觀點和想法的熱情。情緒可以。**被動攻擊**（Passive-aggressive）的評論和貶低則不行。

我們很誠實。我們創造空間。我們進行回顧。我們尊重界限。
我們經常給出清晰的回饋。

溝通是你的團隊如何運作的一個不可或缺的成分。如果你的團隊擁有**良好的溝通**，你可能會：

1. 在被授權時提供直接明白的**回饋**。

2. 尊重你們為「如何一起工作」所列出的**界限**。

3. 保留時間來舉行**回顧會議**，讓你可以從「你們如何一起工作」之中學習，並建立信任和心理安全感。

4. 創造**空間**來處理彼此之間的衝突，在彼此面前進行艱難的對話。

5. 冒著脆弱的風險，勇敢地對自己和他人**誠實**。

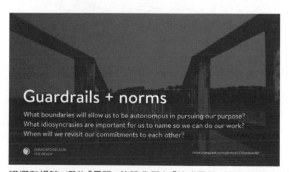

護欄和規範：哪些「界限」能讓我們在「追求目標」這方面實現自主？
哪些特質對我們來說非常重要，以便我們能夠完成工作？我們何時才能重新履行彼此的承諾？

護欄和規範在你團隊的章程中扮演著非常重要的角色,因為列舉它們能讓你的團隊在「追求目標時實現自主」這方面邁進一大步。

這些問題可以引導關於護欄和規範的對話:我們的決策權是什麼?在任何人需要請求許可之前,我們可以花多少錢?我們信任彼此在家工作嗎?我們什麼時候想談一談這些我們對彼此做出的承諾?

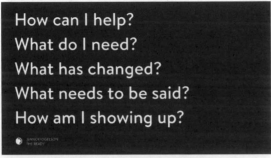

有什麼可以幫忙的嗎?我需要什麼?有什麼變化?
需要說些什麼嗎?我怎麼展現我自己/為團隊服務?

實踐你的護欄和規範,可能需要你變得好奇,以及在隨機的時間間隔(也許在你的回顧之中)提問一些問題,例如:

1.  我和我的團隊以及同事之間**相處得如何**?

2.  有什麼話是需要**說出來**,但我沒說出口的嗎?

3.  我們的團隊有什麼變化,進而導致了**緊張**?

4.  **支援**現在是什麼樣子?

5.  我該如何**幫助**團隊中的其他人?

一旦所有這些關於你的團隊章程的工作都完成了,請確保你的整個團隊都可以取得它,並且可以根據你的選擇進行更新。

想建立一個能夠達到組織目標的團隊，需要付出承諾和日常實踐。

建立「目標明確的團隊」需要每個人每天的投入和實踐。與任何方法或實踐一樣，團隊章程不是**銀色子彈**（a silver bullet，即萬靈丹），當然也不是一個短期的過程。根據**運作失常**的程度，你的團隊可能需要 3 到 4 個月的準備時間，也要願意創造空間，來解決他們的恐懼和擔憂。

雖然你可能會想將你章程上的各個部分都打勾，並對此感到壓力，請練習耐心，順其自然，並允許它隨著時間發展。你的團隊和組織，將會因此變得更好。

練習你想要的

最後，這不僅是關於實現目標和打造一個更好的工作場所，而是關於成為**更好的人**。選擇改變你在整個組織中工作的方式，無論是做事或處世，都不是一件小事。但是，大事可以從一個**小而目標明確的團隊**開始。

\*\*\*

## 作者簡介：Mackenize Fogelson

16 年來，**Mackenize (Mack) Fogelson** 一直在引導公司和人們改善自身。她是一個堅強、勇敢、全心全意的變革者，在協助財富 500 強的公司進行大規模文化轉型和制度變革等方面，擁有豐富的經驗。Mack 指導「高階主管」、「他們的團隊」和「組織」進行持續的行為、系統和文化變革，如此一來，他們將變得更具適應性、更有彈性，以及更人性化。她曾在《經濟學人（*The Economist*）》等出版物上發表思想先進的文章，並因此獲得殊榮。她是一位頗有成就的作家、演說家、前創業家。她也是一位 Certified Dare to Lead Facilitator。Mack 和她的丈夫 Jon 以及她的小孩 Ryan 和 Easton 住在科羅拉多州的 Fort Collins。她的 LinkedIn：https://www.linkedin.com/in/mackenziefogelson/。

# 17

# 擴大 Scrum 的正確方式
# 以及動態財務預測

作者：*Gene Gendel*

發布於：2018 年 2 月 5 日

這篇文章的目的是針對兩個非常重要而且獨立的主題做概述，然後將它們整合在一起，進行一個共同的討論。這兩個主題分別是：

- 從「嚴格年度預算」轉向擁抱「滾動式預測」（這在敏捷／適應性產品的開發環境之中尤其重要！）
- 敏捷產品開發當中「擴大的品質」，特別是 Scrum，以及 Scrum 的有效擴大（cffcctive scaling of Scrum）與動態財務預測（dynamic financial forecasting）的結合。

## 嚴格年度預算與動態／滾動式預測

嚴格年度預算（rigid annual budgets）帶來的挑戰早已為人所知。對於剛接觸這個主題的人來說，其中一個跟上最新研究和出版品的最好方法，就是關注 BBRT.org（Beyond Budgeting Round Table，超越預算圓桌會議）上的動態。BBRT 的核心團隊成員之一 Bjarte Bogsnes 在他的著作《*Implementing Beyond Budgeting: Unlocking the Performance*

*Potential*》[1] 當中，清楚地歸納了「傳統、年底的嚴格預算」的問題，如下所示：

1. 預算代表著對**過去**情況和條件的回顧，未來可能不適用。

2. 在編列預算時所做的某些**假設**，即使在開始時有些地方是準確的，但很快就會過時。

3. 一般來說，編列預算是一個非常**耗時**的流程，它會讓組織增加額外的財務開銷。

4. **嚴格的預算，可能會阻礙「重要的、增加價值的活動」，並時常導致害怕「實驗、研究和創新」（而它們對增量開發來說至關重要）。**

5. 預算報告通常是依據「主觀指標」，因為他們使用 RAG 狀態的形式，而後者經常造成額外的錯誤和遺漏（詳情請參閱 Mark Levison 的文章《*Red, Yellow, Green or RYG/RAG Reports: How They Hide the Truth*》，以及我的另一篇文章《*The Fallacy of Red, Amber, Green Reporting*》[2]）。

6. 當預算被用作評估個人績效的標準時，通常會導致不道德的行為（例如，在年終「燒錢」，好在明年獲得相同或更多的經費），或其他玩弄系統的行為。

**傳統預算編列**所帶來的**負面影響**數不勝數⋯⋯

反之，**滾動式預測**[3]（Rolling-wave forecast）重視「環境條件幾乎從不靜止」的這個事實，並認知到「如果過於依賴前幾年的財務狀況，可能會導致誤判」。滾動式預測是依據頻繁的重新評估「少數幾個強而有力的 KPI」，而不是像傳統預算中常做的，評估「大量薄弱的 KPI」。預測的頻率越高，在評估中使用到「最相關／最可靠的資訊」的機會也就越大。決定滾動式預測的**步調**的一個好方法，是使它們與有意義的「業務驅動事件」（例如，商品出貨、正式程式碼部署等）保持一致。很自然地，對於「增量／迭代式產品開發」（如 Scrum），當正式部署以一小部分頻繁進行時，滾動式預測可以是一個**與其並行的財務流程**。較短的市場回饋週期可以為「未來的融資決策」提供不錯的指引。

---

1 作者另外在這篇文章中整理了這本書的重點，供讀者們參考：http://www.keystepstosuccess.com/2016/08/implementing-beyond-budgeting/

2 《Red, Yellow, Green or RYG/RAG Reports: How They Hide the Truth》：https://agilepainrelief.com/notesfromatooluser/2015/10/red-yellow-green-or-rygrag-reports-how-they-hide-the-truth.html；
《The Fallacy of Red, Amber, Green Reporting》：https://www.projectmanagement.com/articles/315648/The-Fallacy-of-Red--Amber--Green-Reporting；**編輯注**：RAG 即 Red 紅色、Amber 琥珀色、Green 綠色的縮寫，顏色隱喻了專案的狀態及其風險評估的嚴重程度。

3 https://en.wikipedia.org/wiki/Rolling-wave_planning

值得注意的是，Scrum 團隊如今面臨的一個關鍵挑戰，就是傳統專案管理的「**鐵三角**」（iron triangle）；它的三個角落（**時間、範圍、預算**）都被嚴格地鎖住了。雖然在 Scrum 中最常見的方法是使「範圍」變得有彈性，但**修剪**「預算」的角落也能為團隊帶來額外的好處。在所有的好處之中，最重要的是滾動式預測解決了上面**第 4 項**所描述的問題，因為它們為那些想要「創新」和「實驗」的團隊提供了安全保障。

但如果不是一個、而是**許多個 Scrum 團隊**，每個團隊都有**自己的計畫**，在**不同的步調**（非同步 Sprint）之下進行，並替**不同的客戶**服務，情況又會是如何？一個組織或部門可以採用多少「獨立的滾動式預測」，而不至於使事情變得過於複雜？怎樣才是太多？又該在哪裡劃清界線？

在我們試著回答這個問題之前，先讓我們回顧一下，當組織試圖擴大 Scrum 時，我們經常會看到什麼吧。

# 「正確的擴大」與「複製貼上的擴大」

讓我們看看以下這兩種情況：

1. 多個 Scrum 團隊各自獨立地執行自己的 Scrum。

2. 多個 Scrum 團隊同步工作，為同一個客戶，開發同一產品，共用一個 Product Backlog（產品待辦清單）和領域知識。

前一種情況被稱為「**複製貼上 Scrum**」（"Copy-Paste" Scrum），如同 Cesario Ramos 對它精準的描述。後一種情況可以在熟練的**大規模 Scrum**（Large Scale Scrum，**LeSS**）採用中看到[4]。以下是這兩種擴大方式的一些最典型的特徵：

---

4  "Copy-Paste" Scrum：https://dzone.com/articles/common-mistakes-when-scaling-scrum；
   Large Scale Scrum (LeSS)：https://less.works/。

| 複製貼上 Scrum | 大規模 Scrum（LeSS） |
|---|---|
| ■ 產品定義非常薄弱。即便「應用程式」和「元件」沒有強力的客戶一致性，也會被視為「產品」。<br>■ 努力的「使用 Scrum」，通常只是為了達成企業層級設定的敏捷轉型目標（例如，必須達到一些年度目標百分比）。<br>■ 緊密的子系統程式碼所有權（subsystem code ownership）。<br>■ 由上而下的「命令與控制」治理模式，在團隊層級上幾乎沒有「自治」和「自我管理」。<br>■ 與現存的組織結構藍圖相比，Scrum 的動態及其角色的重要性被認為是次要的。<br>■ 有太多「只有一種專業技術的專家」，而「T型人才」則太少。<br>■ 沒有任何有意義的人事變動來支持 Scrum 團隊的設計。 | ■ 簡化的組織設計。減少了：壁壘／穀倉（silos）、移交（handovers）、轉換層（translation layers）和官僚主義。<br>■ Scrum 是由「協作的、以功能為中心的團隊」來實作的，他們為同一個 PO 打造廣泛定義的產品。<br>■ 消除了由單一專家進行的局部最佳化（Local Optimization）。<br>■ Scrum 是 IT 組織架構的基礎建構區塊。<br>■ 團隊是平行的，在多個位置進行多點開發（Multi-site development）。<br>■ 強烈依賴技術指導和實踐社群。<br>■ 沒有子系統程式碼所有權。<br>■ 減少「未完成的工作」和「未完成的部門」。<br>■ 關注客戶價值。<br>■ 來自高階領導人的大力支持和 HR 的密切參與。 |

**小提醒**：更多圖例說明，請參考 http://www.keystepstosuccess.com/wp-content/uploads/2019/05/scrum_scaling_org_descaling-v2.pdf。

綜上所述，以下幾點也變得顯而易見：

在「複製貼上 Scrum」中，開發工作、行銷策略和銷售（ROI）並沒有被視為「相同的統一生態系統」的組成部分。在這種情況下，幾乎不可能透過資助「真正的、以客戶為中心的產品」來資助團隊。**為什麼呢？**因為有太多獨立的「特別活動」（ad-hoc activities）和「工件」（artifacts）被建立。因為所有團隊對於工作規模和複雜性，沒有共同的、一致的理解。因為每個獨立團隊所做的「估算」和「預測」沒有被其他團隊理解。因為團隊穩定性（以及隨之而來的，每個團隊成員的成本）很**低**，人員從一個專案轉移到另一個專案，並在許多專案之間共用。此外，由於不同團隊向「不同的管理階層」報告，因此「內部預算競爭」的可能性也變**高**了。出於同樣的原因，真正付費的客戶「介入」並「影響」任何特定團隊融資決策的可能性也越來越**低**：有太多**獨立且相互競爭的請求**正在同時發生。

在出現「複製貼上 Scrum」的組織中（由於缺乏教育和專家領導，經常被誤認為是大規模 Scrum），仍然會強烈偏好「虛假的專案」和「虛假的專案組合管理」。在這種情況下，不相關的活動以及隨之而來的資料／指標（通常是捏造的以及 RAG 的），從組織中的各處被收集起來，並被「釘」（stapled）在一起。

這些資訊全部都被傳遞給更高階的領導人、客戶和贊助商。隨後，接踵而來的不是「定義良好的、以客戶為中心的、產生收入的產品動態融資」，而是由不相關的 Scrum 團隊執行的「鬆散耦合的工作計畫」所組成的「大型投資組合和專案的嚴格預算」。隨著嚴格的預算**從上往下**逐層落實到各個團隊，它們進一步鞏固了傳統專案管理的「鐵三角」，阻礙了團隊進行研究、實驗和適應性規劃的能力。

另一方面，在大規模 Scrum 中，情況則有所不同：

- 當 8 個以下的 LeSS 團隊，在同一個（真正）定義廣泛的產品上「同步、一起（肩並肩）工作」時，他們對「工作類型」和「複雜度」的共同理解就會有顯著的提升（這在一起進行某些 Scrum 活動時會很有幫助！）。因此，在預測某些工作（功能）的完成情況時，**8 個 LeSS 團隊**要比「8 個完全獨立、進行不相關計畫的鬆散耦合團隊」做得更好。

- 由於所有 LeSS 團隊都為同一個客戶（產品負責人）工作，他們更有可能發展出對「產品願景」和「戰略」的共同理解，因為他們是從可靠的來源獲得的，也因此他們能夠更有效地進行規劃。

- 讓 LeSS 團隊的「開發成果」（即產出，採共享 PSPI 形式）和「商業效果」（即結果，整體 ROI 形式）之間，有更直接的關聯，使得關於「資金」的戰略決策更加深思熟慮。當真正的客戶可以直接贊助「以產品為中心的開發工作」時，透過從市場獲得「即時回饋」並決定「未來的戰略」，他們（客戶）會對「動態預測」更感興趣，因為它允許他們投資**最合理的事情**。LeSS 的動態預測，使我們得以根據市場需求的「增加／減少」，以及／或是決定產品的「擴大／縮小」，並靈活地「增加／減少」參與產品開發的 Scrum 團隊數量。

值得注意的是，在 LeSS Huge[5] 框架中，當產品規模已經超過單一產品負責人的能力，並且需要超過 8 個團隊的工作時，動態預測對（總）產品負責人和區域產品負責人（Area Product Owner，APO）來說，仍然不失為一個好方法：他們可以對不同產品區域的資金進行戰略規劃，並根據市場情況的變化對每個區域的規模／增長做出必要的及時調整。

---

5　https://less.works/less/less-huge/index.html

## 總結

以上全部，即在 LeSS 的情境下所描述的，將減少組織對於**固定預算**的依賴；這是因為，對於「過時金融資訊」的興趣變少了，並轉而支持「靈活性」的緣故。而這種靈活性，正是來自於將「**概念**」（建立價值的團隊）和「**現金**」（消費價值的客戶）這兩者大幅拉近的**滾動式預測**。

*\*\*\**

# 18

# 集中式和分散式教練方法

作者：*Gene Gendel*

發布於：2018 年 5 月 20 日

## 關鍵重點

- 關於敏捷教練指導方法（Agile Coaching）的定義，有 一個常見的困惑：在組織中，教練指導的焦點（如企業 vs. 團隊）和教練指導的形態（**集中，centralized** vs. **分散，decentralized**），經常被混淆。

- 集中式教練指導部門有一個風險，即可能轉變為「單一專業技術」的組織壁壘（organizational silos），只為「自己的擴張」和「個人成功」進行局部最佳化。他們也被從「實際的行動」之中移除。其背後的理由，即標準化（standardization），是有其弱點的。

- **集中式教練方法**通常被限制為「負責引入 **KPI**、編寫**一體適用**的最佳實踐文件，以及提供千篇一律的**簡化方法**」。這將導致其他部門玩弄系統，也會產生必須「滿足**數字目標**」的組織壁壘。

- 若有一個足夠小的組織，能夠進行從**前**到**後**的有效管理（包括其所有組織層），並真誠地支持自己的教練（透過提供教練「組織豁免權」和「操作安全性」，使他們得以執行他們富有挑戰性的任務），只有在這樣的情況下，集中式敏捷教練方法才會是合理的選擇。

- **分散式教練方法**的主要優勢在於，教練更接近「實際的行動」：**深入**參與產品／服務，並與高階領導人**密切**接觸。分散式教練方法是深入和狹窄（narrow）的（相較

於廣泛和淺薄（shallow）的）；它需要時間，來引發有意義並可持續的「組織變革」。

### 舊的規則不再適用……

當 Stanley McChrystal 將軍在 2004 年執掌聯合特種作戰部隊時，他很快意識到**傳統的軍事戰術正在失效**。在伊拉克的基地組織是一個分散的網路，它可以迅速行動、無情打擊，然後像是消失在當地人口之中一樣。盟軍在數量、裝備和訓練上都有巨大的優勢，但這些似乎都不重要了……

### 一個新世界的新方法……

McChrystal 和他的同事們拋棄了一個世紀以來的傳統智慧，在一場艱苦卓絕的戰爭中，重新塑造了特種部隊：一個結合了**極度透明溝通與分散決策權力**的網路。**壁壘之間的牆垣被拆毀了**。領導者們研究了最小部隊的最佳實踐，並找到了將其擴展到三大洲上千人的方法，利用科技來建立一種統一性，這甚至在十年前也是不可能的。特種部隊變成了一個更快、更扁平、更靈活的「團隊的團隊」，並擊退了基地組織。

—以上摘自《Team of Teams》的書介

**小提醒**：本文的寫作靈感來自與 LeSS 培訓師（CLT）及其候選人、LeSS-Friendly Scrum Trainers（LFST）、Certified Enterprise Coaches（CEC）以及 Certified Scrum Trainers（CST）之間的討論。本文的主要影響者／意見領袖（influencers）有：Rowan Bunning、Josef Scherer、Greg Hutchings、Michael Mai、Robin Dymond、Viktor Grgic、Bas Vodde 和 Gene Gendel。我們的觀點，來自於我們在以下行業中不同公司的「個人顧問經驗」：全球電信、金融／銀行、保險，以及國防部。

## 釐清困惑：焦點 vs. 形態

雖然本文討論的是在複雜的組織環境中，**集中式教練方法**（Centralized Coaching）和**分散式教練方法**（Decentralized Coaching）在效果上的差異，但首先，我們需要澄清一個重要的誤解：即錯誤地將「企業級教練指導」（enterprise-level coaching）與「集中式教練指導」混淆，甚至將「團隊級教練指導」（team-level coaching）與「分散式教練指導」混淆。

這是兩個不同指導（coaching）面向的混淆：**焦點**和**形態**。例如，在同一 CTO 的內部組織結構中（可能與同一組織的其他 CTO 不同），可能存在兩個層級的指導：**企業級**和**團隊級**

教練將同時進行，同時在各方面互補了彼此的工作。他們的不同點在於他們的指導焦點（**企業動態 vs. 團隊動態**）。但與此同時，他們的位置／歸屬感是相同的：他們從企業的頂點分散到一個更局部的區域（一個 CTO 的影響範圍）。

總結兩個指導面向的定義：

**指導焦點（Coaching focus）：**

- **團隊教練**：主要關注工具、框架和多個團隊之間的動態，較不強調組織轉型。

- **企業（組織）教練**：更關注組織動態以及更抽象的轉型元素，強調高級領導、上層管理、組織政策（如 HR）和多個組織領域。

兩個焦點領域（無論是企業層面還是團隊層面）都同樣重要，也是成功轉型所必需的，這與指導原則的形態無關：無論是**中心化**（centrally）或是**去中心化**（de-centrally）。值得注意的是，許多經驗豐富的教練，在團隊和企業層面上，都能同樣有效地操作，因為他們可以在組織的垂直方向「上下遊歷」（travel up and down）。（**小提醒**：關於指導焦點領域的更詳細定義，請參考更專業可靠的說明[1]。）

**指導形態（Coaching position）：**

- **集中式（Centralized）**：一個獨特的組織單位（如「敏捷卓越中心」或「敏捷全球中心」），透過引入最佳實踐、工具、技術、標準、基準和計分卡，來推動整個組織的敏捷轉型，而其他所有人，都根據此單位進行度量。這個組織單位與任何特定的「產品」、「服務」或「業務線」鬆散耦合。它主要是由一個組織結構來支持（和贊助）的，這個組織結構是由更高階的領導者「選擇」和「管理」的。有了這樣的選擇，其他組織結構（例如，操作或產品組）通常不會投入太多精力，而即使遵循，也會帶著明顯的自滿情緒。

- **分散式（Decentralized）**：是一個由想法相似的教練們所組成的「較鬆散的團隊」，他們將自己與「一個明確定義的產品、服務或業務」相結合。這裡的轉型焦點要狹窄得多，且需要來自多個組織垂直領域（例如業務、營運、IT、HR、財務等）更多實質的支持／投入（以及贊助！）。為了使分散式指導對組織產生有意義的影響，組織必須是可管理的規模（而非大爆炸，Big Bangs），就像是由包含多個組織結構的元

---

1 請參考 Scrum Alliance：https://support.scrumalliance.org/hc/en-us/articles/209008066-How-Do-the-Requirements-for-CTC-and-CEC-differ-，以及 LeSS.works：https://less.works/less/adoption/coaching.html。

素／實例的「組織壽司卷」（organizational sushi roll）所定義的一樣[2]。

讓我們仔細看看兩種不同類型的指導形態吧！

## 集中式指導

通常，將敏捷轉型視為一種**流行**的組織，會更喜歡這種方法。伴隨著鼓舞人心的口號、公關活動和市政廳演講，而組織高階領導人主要以「祝福和精神支持的方式」提供援助，而非實際行動。這常常是在沒有真正理解這個重要任務的「深層系統涵義」的情況下完成的。高階領導沒有真正親臨現場。實際的轉型工作被一層一層地向下委派，直到權力結構的底部，在那裡，最初的目標已被稀釋，焦點也被分散了。而敏捷指導，作為一個負責轉型的集中式組織職務，它其中一個主要的交付成果，變成了「成功的標準和度量」的設定，而組織的其他部分亦透過它來度量。

一個集中式指導職務常見的辯解，是需要為其他人進行「標準化」並定義「最佳實踐」：藉由宣稱『太多獨立的採用，會導致難以互相評量／比較……因此我們須要一致性……』，這對組織來說是一件非常重要的事，因為個人的「獎勵」和「薪資」是根據個人的「績效」、「計分卡」和「KPI」來決定的。為了滿足組織對評量的要求，集中式教練被賦予導入**敏捷成熟度指標**（agile maturity metrics，**AMMs**）的任務，這些指標通常是由一系列廣泛的成熟度指標所組成，打包進一些任意建立的成熟度等級之中。這種方式很快就變成了其他組織單位的**表單打勾勾運動**，每個人都嘗試**宣稱**有更高的成熟度，以便達到目標。不意外地，這也伴隨著**玩弄系統和無憑無據的成功宣言**。

由於集中式指導方式，對教練的需求量較大，經常供不應求，品質也往往會打折扣，並產生以下現象：

- **拉曼組織行為法則**[3]**的第 4 條發生了**：它描述某些人，當他們過去的職務在扁平化／精簡化的組織中，不再那麼被需要了，而現在『……教練似乎是這些**不合時宜的人們**可以成功完成的另一件事……』；這些人把「教練」視為一個可以讓他們保持忙碌

---

2　請參考本文作者另一篇文章《Agile Organization, as a Sushi Roll》：http://www.keystepstosuccess.com/2017/08/agile-organization-as-a-sushi-roll/

3　Larman's Laws of Organizational Behavior：https://www.craiglarman.com/wiki/index.php?title=Larman%27s_Laws_of_Organizational_Behavior

並快速發展自己事業的機會（敏捷指導對他們來說，只是一輛「跳上跳下」的觀光馬車），直到他們在組織結構中獲得另一個**舒適**的職位。

- **半人半馬的教練**[4]：描述透過第三方供應商，臨時從外部以**低／批發價**聘請的「低品質的外部顧問」，方便地列在客戶公司的首選供應商申請表上。（**小提醒**：通常，這些供應商在提供一般高品質的知識資產上，都面臨挑戰，更不用說敏捷轉型顧問了，因為後者是相對特定的專業領域。）

由於集中式教練必須為組織的其他部分設定基調，他們還負責制作大量支援性文件：標準化培訓教材、音訊、影片等。數百個（有時數千個）內部 wiki 頁面被建立，用來提供資訊，而它們大部分只是將早已公開在網路上（容易取得）的素材複製貼上。這將消耗大量的工時，並在內部產生一種**擁有資訊的錯覺**。這些資訊經常過時，需要大量的內部手動重工（rework）才能保持最新。

由於對指導的需求來自組織各處，集中式教練經常被臨時部署，以提供協助。但是，由於對許多的內部客戶來說，**敏捷轉型仍然是一個會議數字遊戲**（為了遵從企業範圍的組織命令），所以對教練的需求常常超過了供給（它以高峰出現）。結果，教練們往往**零散地**分散在多個組織領域，使他們真正產生「持久、有意義的影響」的能力受到阻礙，指導變得廣泛而淺薄。從長期來看，需求激增的後果，便是集中式指導團隊的增長將會加速，如上所述。

而現在，**被人為擴充**的一群集中式教練，以受到局部最佳化[5]支配的「單一職能專業部門」的形式出現了：他們是為了**「維持他們自己增長的規模」**和**「保持忙碌的需求」**才進行最佳化的。

以下是一些本文的影響者對**集中式指導**的看法：

**來自 Odd-e 的 Viktor Grgic 表示：**

> 組織裡的敏捷教練們，經常將他們的「服務」強加於人，這是一種嚴重的不正常（dysfunction）。如果組織非常關注這一點，可能會選擇限制「採用的範圍」，來顯示真實的結果，而同時其他人則非常忙於計畫等等。換句話說，如果敏捷轉型的 KPI 在組織中「非常高的層級」被設置了，並且每個人都忙於遵守這些 KPI，那麼也就沒有多少可以做的了。

---

4  Coaches "Centaurs"：http://www.keystepstosuccess.com/2017/07/you-get-what-you-ask-for-agile-coaches-centaurs/
5  Local Optimization：https://less.works/less/principles/systems-thinking.html#Seeing(andHearing)LocalOptimization

**來自 Amelior Services 的 Greg Hutchings 表示：**

> 我會勸阻人們，千萬不要認為使用「敏捷教練」和「培訓預算」的最好方式，就是建立一個敏捷中心。因為這將使人們變得只想把時間花在和「一個獨立的專家小組」相處，以及設法加入這個小組。這和「實地訪查」、「現場工作」以及觀察並配合「在組織中主要創造價值的人們」等觀念，幾乎是背道而馳的。

# 遺棄你的隊友

集中式指導之所以失常（dysfunction），最令人痛苦的例子之一，就是讓教練們被一個組織結構**內化／商品化**（internalized/commoditized），而這個組織結構**並不真正支持**敏捷轉型，因為它既**不理解**敏捷轉型、也**看不到**敏捷轉型的任何個人好處。此外，還有一種擔憂，即組織性的「大規模敏捷化」，可能會被看成是對組織結構本身的「目的」和「有用性」的威脅。例如，在「現有的業務分析小組」、「現有的治理 CoE 或管理 CoP/PMO」或「架構部門」之中，置入「教練」職務，對敏捷培訓計畫而言，只是**有害無益**，因為這些部門不會提供教練足夠的「支持」和「安全性」，來履行具有挑戰性的責任。

他們會遺棄他們的教練。例如，如果教練揭露了可能導致政治張力增加的組織失常，「不支持教練的組織結構」和「現今的泰勒主義[6]經理們」，將欣然地**犧牲**他們自己的教練（『**讓他們揹黑鍋吧！ Throw them under a bus ！**』），只求重新獲得政治認可，以更充分的適應組織版圖。

# 分散式指導

透過分散式的指導方式，教練直接在當地與團隊、客戶和產品「緊密、專注地合作」，並直接納入高階領導。

當一個特定的組織領域（如 IT、產品開發）做出一個有意識的決定，來提高它的敏捷力／適應性時，這種方法通常是較佳的。分散式指導通常由真正的終端消費者贊助／支持，擁有足夠的組織權力來保護「原始轉型目標」的**自主性**和**真實性**（例如：CTO/CIO 和各自的高

---

6　請參閱作者另一篇文章《Grassroots of Modern Command & Control Behavior》：http://www.keystepstosuccess.com/2017/06/grassroots-of-modern-command-control-behavior/

階商業夥伴）。在這種情況下，「**消費**該服務的人」和「為該服務**付費**的人」，都是同樣**真正渴望成功**的人。

在分散式指導的情況下，需要較少數量但**更有經驗**並且**更投入**的教練。教練是由組織更加精心挑選的。教練的熟練／經驗被視為最重要的因素，並成為「批發」（wholesale）方式的自然補救措施：高素質的教練**不會折價工作**，而真正投入的客戶會願意為高品質的服務支付**公平的價格**。

分散式指導是深入而狹窄的：透過對整個組織做一個全盤的觀察，它專注在更少的人（總數），但更廣泛的組織元素／領域（如 IT、商業夥伴、HR、財務）。使用這種方法，「從**概念到現金**」來追蹤指導的成效，會變得容易許多：不只是追蹤膚淺的指標／輸出（如堅持 Scrum 事件、增加速度、穩定／集中的團隊），更要尋求真正的業務成果（ROI 增加、客戶滿意度提高、擊敗外部競爭、團隊幸福）。

一旦深入參與，專屬教練（dedicated coaches）就會走過一個訓練週期的幾個重要步驟：評估（assessing）、提供結構化的訓練、指導並逐漸脫離（disengaging），同時將**自主權**重新還給客戶：**不急著透過指導達成「年終目標數字」**。專屬教練／本地的教練（local coaches）以及他們提供支援的組織，對 KPI、指標、計分卡和會議數字的**執迷**，將會減少很多。AMMs 將僅被視為局部改進的壓力計（barometer），在我另一篇文章《*Addressing Problems, Caused by AMMs*》當中，有提供讀者如何處理的參考：http://www.keystepstosuccess.com/2017/10/addressing-problems-caused-by-amms/）。

在整個參與的過程中，教練始終與「開發團隊」和「各自的產品團隊」緊密結合在一起。這一切都伴隨著大量的觀察、快速的回饋循環和頻繁的回顧。任何有系統性影響並需要高階領導注意的問題或觀察，都將與高階領導一起處理。

如果一個組織擁有自治權（autonomy）和主權（sovereignty），且有專門的教練，那麼就有更大的機會進行實驗、觀察和適應，而不用擔心失敗，或太早被評判而遭受反彈。

# 為何使用錯誤的二分法？

有時，我們會聽到一種擔憂，即分散式指導方法，會讓整個組織缺乏適當的共享學習（shared learning）。但為什麼會有這樣的想法呢？為什麼會覺得**分散式指導**和**共享學習**是相斥的（**錯誤的二分法**，false dichotomy）？難道沒有其他有效的方法，可以確保教練能夠

專注在「他們自己獨特的組織領域」（依據上述的理由），同時仍然可以協作、互相學習，並為他們各自的「方法」和「風格」建立完全透明的環境？難道真的無法在這兩方面都取得成功嗎？

這些全都可以非常有效地透過建立「自組織／自治的指導實踐社群」來達成。在那之中，來自不同組織區域、不同焦點（團隊、企業）和不同技能小組（技術、職涯、流程）的教練們，可以在一個**安全的、無報告的環境**，持續地分享他們的知識和經驗。

# 總結

**如果**一個組織相對較小，且集中式指導沒有變成一場公關表演，也沒有一小群特權人士，透過強制執行 KPI、度量標準和最佳實踐，試圖為上千人設定一個基調；**如果**有一種方法，可以防止集中式教練朝著「年終目標數字」冒進，甚至能夠深入並仔細地與客戶互動，同時提供持續的支援和展開安全實驗；**那麼**，集中式指導方法或許**值得一試**。

然而，如果因為歷史性的組織失常而無法滿足上述條件，那麼深植於既有客戶端中的**專屬教練**，將是更好的選擇。

以下是更多引述，來自這篇文章的影響者們：

**來自 Odd-e 的 Bas Vodde（大型 Scrum 框架的共同創辦人）表示：**

如果你有一個「集中式的團隊」，可以「真正地」去指導產品團隊，那麼他們將是非常有價值的，因為他們看到了許多跨產品的動態。如果他們做不到這一點，那麼「分散式的團隊」會有更好的機會，可以至少從訓練中獲得一些價值。

**來自 Scrum WithStyle 的 Rowan Bunning 表示：**

如果目標是讓敏捷的思維和實踐，以一種「每個人都覺得他們擁有（own）自己工作方式」的形式，在組織之中傳播，那麼，教練應該與他們支援的團隊和業務單位一起並深入其中。此外，如果教練給開發人員的訊息是應該從「單一功能團隊」轉型成為「跨職能團隊」，那麼，將教練集中到「單一功能團隊」之中，可能顯得虛偽。它也可能被視為是對「控制權」的追求，企圖掌握敏捷訓練服務的「取得」以及「傳播」的方式，且極可能是為了那些集中式團隊成員的「利益」才這麼做的。

**小提醒：**舉例來說，在採用 LeSS 的情況下，一個 LeSS 教練會專注在 2 到 8 個團隊（大約 50 人）；他們為同一個產品負責人，從同一個 Product Backlog，開發同一個產品。LeSS 教練也將注重與 IT 部門緊密相關的其他組織層，特別是產品／產品人員，以及他們各自的高階領導人。**LeSS 的指導參與**（LeSS coaching engagement）原本就是要深入且狹窄（而不是廣泛卻淺薄），也要專注於整個組織中的「那一小片壽司卷」。為了讓 LeSS 指導大獲成功，越大並不意味著越好，而這自然支持了**組織性 descaling**（縮小規模）的觀點。

\*\*\*

123

## 作者簡介：Gene Gendel

**Gene Gendel** 是敏捷教練、培訓師和組織設計代理人（Organizational Design Agent）。Gene 是 Scrum Alliance Certified Enterprise Coaches（CEC）小型社群的一位驕傲成員。時至今日，他是紐約州唯一的 CEC。Gene 的目標是協助組織和個人團隊提高內部動態（internal dynamics）、組織結構和整體效率。他努力參與所有組織層面的工作：高階和中階管理、團隊和個人。在他的工作中，Gene 使用了各種方法、工具和技術，來加強他人的學習，並確保團隊和個人在他「從教練的工作功成身退」之後，可以獲得自主權。在他漫長的職業生涯中，Gene 服務過國內外的中小型企業和大型企業。Gene 是全球和區域敏捷社群的知名成員，他透過「開放空間的敏捷協作工作坊」、「指導 Retreat 活動」、「舉辦小組活動」和「演講」來影響人們。

Gene 是一位知名的部落客和作者。他與人合著了《*Agile Coaching: Wisdom from Practitioners*》和《*Best Agile Articles of 2017*》。他也撰寫了個人文集《*The Green Book*》。Gene 強烈支持 Scrum Alliance（SA）改變工作世界的努力。他是 SA 教練和培訓師工作小組的積極成員；透過讓人們適應敏捷專業人士的自然職業道路，來進一步改善 SA 認證／教育計畫：Team Level Coaching Certifications（CTC）（Gene 也是學程的共同創辦人）以及 Enterprise Level Coaching Certifications（CEC）。透過這些努力，Gene 試圖幫助高素質的人從低標準中脫穎而出。

Gene 的其他證書包括：

- CeTeam Coach（CTC）
- Certified in Agile Leadership（CAL）

- Certified Large Scale Scrum Professional（CLP）

- LeSS-Friendly Scrum Trainer（LFST）

- Certified LeSS Trainer（CLT）（候選人）

- Certified in Scrum @ Scale（S@S）

- CSM，CSPO，CSP，PMP

- 輔導其他教練和 ScrumMaster；出版人；演講者

# 19

# 成功廢除階層制度的
# 10 種要素

*作者：Lisa Gill*

發布於：2018 年 3 月 22 日

自我管理轉型的 10 種要素

我最近飛往葡萄牙的里斯本（Lisbon），參加了一個由 K2K Emocionado（https://www.
k2kemocionando.com/）的 Pablo Aretxabala 和 Jabi Salcedo 所主持的「為期兩天的討論工
作坊」。K2K 已經成功地將位於西班牙巴斯克自治區（Basque Country）的 70 個組織（其
中有許多是工業公司），從「傳統的**階層**制度」（traditional hierarchies）轉型為蓬勃發展
的「**自我管理**組織」（self-managing organizations）。他們成功地轉型並改善了這麼多公司
的成果（獲利能力、生產力、曠職率、薪資），而且如此一致，這引起了我的興趣。那麼，
他們是怎麼辦到的？

# 相信他人的人

他們的方法核心，是前任 CEO 的理念：『*nuevo estilo de relaciones*』，即「**新關係風格**」（new relationship styles）。通常以為期 3 年的時間，K2K 會協助企業徹底改變組織結構，取消「經理」、「控制」和「特權」，實行「透明」、「分擔責任」和「利潤共享」。甚至在開始這個過程之前，員工必須自願**選擇**（choose）它。正如 Jabi 所言：『**不要貿然行事，除非你已經徵求人們的意見，並讓他們參與進來。**』（你可以從這篇 Corporate Rebels 的文章《*A Radical And Proven Approach To Self-Management*》，來瞭解更多：https://corporate-rebels.com/ner-group/。）

K2K 的轉型方法有 **10** 個必備條件。政府曾經一度來找他們，並說道：『你們已經改變了巴斯克自治區近 70 個組織，而我們有 22,000 個。你能再做得更多嗎？或許，如果你願意拿掉一些比較**激進**的措施，會有更多的公司感興趣？』於是，團隊回去開了幾天的會議，探討這是否可行。最後，他們認為以下這 10 種要素，每一個都非常重要；沒有全部，你就無法獲得好處。

# 1. 完全透明

信任（Trust）是一個關鍵因素，因此第一步是開放所有資訊，為每個人建立容易理解的財務報告。K2K 幫助公司安排月度和季度會議，告知並培訓員工更進一步理解財務資訊。

# 2. 沒有階層

K2K 花了兩個月的時間訪談公司裡的人，分析公司目前的型態以及人們想要什麼，然後召開全體大會，提出「全新的、建議的結構」。他們消除了整個中階層的管理人員（middle management layer），但並未裁掉任何人（稍後將進一步說明）。

CEO 變成了總協調人（General Coordinator），且不再對任何人擁有決策權。反之，他們現在投入更多的時間來照顧別人，讓這些人的工作更輕鬆。Jabi 曾開玩笑地說，他們曾經合作過的一間公司有 70 名員工、9 個階層，甚至還有更多的薪資水準，然而這間公司還是很納悶，「**為什麼大家工作的時候不像個團隊！**」

## 3. 自我管理團隊

公司授權 K2K 提出團隊結構（而不是自己建立一個），因為 K2K 在這方面有許多的經驗和專業知識。決策制定是一種共同的責任，且每一個決策都會納入那些受影響的人。為了使這個過程更流暢，他們成立了一個試驗小組（Pilot Team），由每個團隊推派代表組成，每個月開會一次。

團隊還會每兩到三週召開一次承諾會議（Commitment Meetings），討論對於團隊目標的承諾。每個團隊會選出一位「領導者」作為代表，但是這些「領導者」並沒有權力或是額外的薪水。這些人只會擔任「領導者的角色」一至兩年的時間，因為在那之後，正如 Jabi 所言：『人們就會開始變成頤指氣使的老大。』團隊可以選擇由兩個或更多的人來共同承擔這個角色，也可以隨時替換「領導者」。

## 4. 沒有特權

從第一天開始，所有的特權（privileges）都被取消了：封閉的辦公室、高階主管的專屬餐廳、專屬的個人車位、根據個人績效來給予的任何獎金或獎勵，以及資訊的特殊存取權限。

## 5. 公平的薪資差距

當 K2K 向團隊揭示新的組織結構時，他們也分享了新的薪資水準（salary levels）。加班費被取消、最低薪被提高，藉此讓「薪資差距」最小化。沒有人會被減薪（比如說，那些「前中階層的管理人員們」）；但是有一條規則，即「收入排行前 10% 的人」，其薪資不能超過「收入排行後 10% 的人」的 **2.3 倍**。有時候，這會導致 CEO 們同意降低自己的薪水。

Pablo 正在解釋，他們如何提高最低薪資，並使薪資水準標準化。

# 6. 沒有控制

在工廠裡，打卡系統消失了。Pablo 如此解釋：『我們根據目標和承諾行動，而不是鐘點。』讓團隊自行負責和解決任何不當行為發生的情況。**允許人們犯錯**也是很重要的。在最初的六個月裡，幾乎總是一片混亂和挫敗。但是，哪位「初上任的新經理」不會犯錯呢？犯錯是學習的關鍵，絕不能對其懲罰或打擊士氣。正如 Pablo 所言：『**有時你會成功，有時你會學習。**』

# 7. 評量和追蹤一切

這裡的評量和追蹤並不是為了控制，而是為了讓團隊能夠**即時**了解他們做得如何。此外，K2K 方法也包括只評量**團隊**，從不評量個人。

# 8. 共享的決策

一開始，K2K 會協助引導決策討論，因為對團隊來說，在沒有老闆領導的情況下進行決策是非常新奇的。為了判斷他們是否正在做一個良好的決策，K2K 建議人們提問四個問題：

一、會比以前更好嗎？（請想想**長期**的影響。）

二、我們可以對**每一個人**解釋它嗎？（它是不是透明的？）

三、是否有納入或諮詢過每一位會受到這個決定影響的人，以及那些握有重要相關資訊的人？

四、如果我們設身處地，替那些會受到影響的人們著想，我們會做出同樣的決定嗎？

大多數的決策可以在團隊中之中決定，但「影響更多人的決策」則必須在全體大會上獲得同意。

# 9. 沒有裁員

值得注意的是，在 K2K 的轉型過程中，從未裁掉任何人。中階層管理人員被協助尋找新的角色。這有助於**抵消**增加薪資所增加的成本，因為正如 Jabi 所解釋的，以前控制著其他人的「那 15% 的勞動力」，現在正致力於提高**效率**。而從前佔了很大比例的「那群被控制的勞動力」，現在也變得更具效能了，因為他們「自由」了，可以專注去做重要的事情！

# 10. 與所有人分享利潤

在任何 K2K 的轉型之中，這是一個不容商量的條件：30% 的利潤必須與所有的員工分享。Pablo 告訴我們：『沒有這個，其他的一切都只是煙霧（**編輯注**：smoke，隱喻障眼法或騙局一場）。』

Jabi 正在解釋 K2K 的轉型過程。

## 那麼，該從哪裡開始呢？

如果你和我們工作坊的參與者一樣，對於開始自己的 **K2K 風格轉型**感到興奮和躍躍欲試，以下是 Pablo 提供的一些建議：

1. **你有什麼感覺呢**：有好幾次，Pablo 告訴我們，結果（results）和「如何」（how）並不重要，重要的是**你的感覺**（feel）。事實上，K2K 的口號正是「感覺、思考、行動」（*Feel, think, do.*）。讀完這篇文章，你有什麼感覺？是受到啟發？還是感覺害怕？是抱持懷疑？還是蠢蠢欲動？感覺受到挑戰？無論如何，請活在當下並接受現在的感覺。

2. **掌握資訊**：了解組織中的**新關係風格**，如閱讀、觀看影片、參訪進步的公司、與人談話、對照自己的情況等等。

3. **真的、真的想要它**：這樣的轉型需要勇氣和承諾，如果你不是真心想要它，它永遠不會發揮作用。如果你是為了結果，或者因為這是最新趨勢才這麼做的，你可能會傷害別人和自己。

4. **分享和決定**：請與他人分享你的願景；透過納入**參與轉型的每一個人**來決定改變。Pablo 說，正式做出這個決定是非常重要的。身為人類，**宣言**和**儀式**的力量深刻地影響著我們的承諾和個人的轉型（請聯想婚禮上的那句話：『我現在宣布你們結為夫妻』）。

5. **享受這條路吧，因為它沒有終點**：轉型沒有終點；Jabi 說，沒有一間公司能 100% 像他們所希望的那樣工作，就像世界上沒有任何傳統公司能 100% 像我們所希望的那樣工作。一旦開始這個過程，就是進行一場**終生的學習之旅**。

最後，請找到與你一起「叛逆」的夥伴吧。作為一個踏上這段旅程的組織，你們將會是少數派，有時也會感到孤獨和沮喪。請聯繫其他同樣支持變革的人們和組織，並尋求支援。正是因為如此，K2K 在 2009 年成立了 Ner Group（http://www.nergroup.org/es-es/），這是一個讓那些他們曾經協助轉型的組織可以加入的網路，在那裡，大家可以互相提供支援、分享知識，甚至共用資源。

## K2K 的下一步是什麼？

K2K 持續演進。他們發現，他們可以為那些「他們曾經協助轉型的公司成員們」提供更多元的培訓，幫助這些人減少適應新工作方式的痛苦。他們也在探索導入「心理學專家」和「教練」的可能性，來協助轉型的軟性面向，以及培養「自我管理團隊」蓬勃發展所需的技能。他們的故事肯定引起了許多的關注和興趣，而我相信，他們很快就會擴展到整個歐洲、甚至全世界。

***

# 作者簡介：Lisa Gill

**Lisa Gill** 是一名作家、教練、顧問和領導力培訓師。她支援世界各地的團隊和組織去中心化（decentralized）、自我管理（self-managing）和參與（participatory）。她關注的是自組織蓬勃發展所需的「人文技能」（human skills）。Lisa 也是 Leadermorphosis 播客的主持人（http://leadermorphosis.co/），她針對未來的工作趨勢，採訪了許多世界領先的思想家和實踐者。她也是 Reimaginaire 的創辦人（https://www.reimaginaire.com/）和 Tuff Leadership Training 的培訓師（http://tuffleadershiptraining.com/）。

# 20

# 打造同盟：團隊工作協議

作者：*Ellen Grove*

發布於：2018 年 4 月 4 日

**這是一個真實故事：**在一個全新團隊的啟動工作坊（liftoff workshop）中，大家正試圖弄清楚團隊的身分和目的，並解決如何一起工作的問題。他們的對話顯示，其中幾位團隊成員對於**直接處理**「意見不合」和「衝突」感到很不舒服。根據以往的經驗，新同事們意識到，若想成為一個成功的團隊，這是一個他們必須解決的「團隊失常」（team dysfunction）。於是他們決定設定一個團隊的**安全暗號**（safe word）：他們選擇了「*broccoli*」，也就是「**花椰菜**」這個單字，用來表示這個團隊需要「停下來」並直接處理一個問題，而不是逃避它。因為他們在這一點上達成了共識，也明確地將它寫入工作協議之中，因此即使是厭惡衝突的團隊成員，後來也可以在棘手的問題出現時，安心的吶喊『*broccoli！*』

**再說一個真實故事：**在一個與全新團隊初次見面的會議中，我對於該團隊擁有 30 多項工作協議而感到驚訝。我說，共同起草這樣一份詳盡的文件，肯定花了很長的時間。『哦，不，』有人回答，並繼續說道：『我們只是**四處收集**其他團隊的協議，然後把它們放在一起！』正如你所預料的，這個團隊的工作協議對他們來說**毫無意義**，因為這些內容並不是由他們自己產生的。

## 為什麼我的團隊需要工作協議？

高績效的團隊不會神奇地自己組建起來。想要弄清楚「聰明、熱情的人們」如何才能一起完成絕佳的工作，需要深思熟慮的努力。為了幫助團隊中的「個人」在「共同的期望」上達成一致的認同，花點時間協作並建立「團隊工作協議」絕對是值得的。找出共同的「價值觀」和「期望行為」，可以為「建立心理安全感」奠定基礎，從而實現良好的團隊合作。

當我面對一個新團隊時，我經常發現他們的**共識**（如果有的話）集中在「會議時間」和「資訊儲存」等後勤方面，而不是如何「**在一起（做事情）**」。當有人違反協議時，通常也沒有規定該怎麼做，這就削弱了協議的效力：沒有**強制力**的協議根本就不算協議。

**一個強大的團隊工作協議：**

- 是由團隊自己協作建立的，這樣他們才會對他們認為重要的事情負責。

- 清楚地表明團隊成員對彼此的期望：透過使「期望」透明化，團隊成員也可以更清楚地意識到他們的「個人行為」以及他們對他人的影響。

- 描述團隊將如何處理協議被破壞的情況，以便團隊成員在出現這種情況時更有信心發言：『嘿，我們同意要做某件事，但現在似乎並非如此？我們該如何解決這個問題？』

- 專注在團隊希望注意的幾個特定行為。4 到 6 項通常就足夠了。

- 隨著團隊的發展而更新：這是一個**活**的文件。

## 我的團隊如何才能建立一個強大的工作協議？

為了建立「有效的工作協議」，我們需要進行「對話」；對此，有許多種方法，比如說，選擇可以「鼓勵」會議室裡的每個人「開口說話」的引導技巧。我非常喜歡使用 **LEGO SERIOUS PLAY**（樂高認真玩，常簡稱為 LSP[1]），因為它是一種引人入勝的引導技巧，可以簡化對談，進入對話的核心。（Mike Bowler 和我提供了一個關於使用 LSP 建置工作協議的工作坊，讀者可以從 Mike 的網站下載包含步驟與流程解說的講義：https://t.co/7JB1jtjLlz。）

不管使用什麼引導技巧，我都喜歡使用**一組問題集**作為談話的基礎：

---

1　請參考本文作者的另一篇文章《So you want to know more about LEGO Serious Play?》：https://masteringtheobvious.wordpress.com/2012/01/18/so-you-want-to-know-more-about-lego-serious-play/

| |
|---|
| **問：描述與你共事過的團隊成員中「最好的」或「最差的」。** |
| 讓參與者有機會描述他們在過去發現的「有益」的或「有害」的行為；這對於形塑「我們希望在工作協議中培養的互動類型」來說，是非常有用的資訊。 |
| **問：你給這個團隊帶來了什麼「超能力」，是其他人可能沒有意識到的？** |
| 有時很難談論我們擅長什麼，尤其是當它是一種「軟」技能的時候。敏銳的團隊可能會特別留意他們是否擁有「多樣化的超能力」，或是否在某些領域有「力量不平衡」的現象發生。 |
| **問：我希望從我的團隊中得到什麼樣的「幫助」，並藉此提高績效？** |
| 考量到談論「我們擅長的事情」是多麼的困難，對許多人來說，「尋求幫助」真的很難，尤其當團隊還很新、而我們對「表現脆弱」亦感到不安的時候。透過從一開始就這樣練習，它能為「日後的尋求幫助」打下基礎。 |
| **問：什麼顏色對你而言代表「衝突」？為什麼？** |
| 這是一個非常簡單的練習，可以針對一個「敏感」的話題，產生豐富的對話。你可以使用色票／色卡、蠟筆、彩色圖畫紙，或能讓人們選擇各種顏色的任何 tokens（遊戲指示物／代幣）。給他們 tokens，讓他們選擇一種顏色，然後邀請每個人分享他們對這個問題的答案。（而且 No，並不是每個人都會選擇「紅色」。） |
| **問：如果我們之中有人讓團隊失望了，我們該怎麼辦？** |
| 這可能是最重要的問題，因為它能幫助團隊為「有人違反了工作協議」的狀況做準備。 |

有了這些問題的答案，我請每位團隊成員提出一種行為，並加進工作協議之中。我提醒他們注重團隊需要改進的能力，而不是已經確立的行為。而且，我鼓勵他們找出**正向的行為**，而不是指出不受歡迎的行為（比如說，『一旦感覺到問題，一定要立刻向團隊提出』，而不是『請不要私下討論問題』）。我也提醒他們列入一項關於不履行協議時該如何處理的條款。

我所見過的團隊工作協議的**真實案例**：

- 當你認為某人正在掙扎時，請馬上提供幫助，不要等待。

- 在團隊討論中，為團隊中的每個人創造發言的空間。

- 為了表達對他人的尊重，請**準時**參加團隊會議（這項一直是我的最愛！）

- 如果你和某人有摩擦，在和其他人提起這件事之前，請直接對那個人坦白。

如果團隊很小，他們可以在初始協議中包含所有提議的行為；更大的團隊，則可能需要對目前關注的項目進行優先排序，以保持列表的集中性。

## 照顧並餵養你的工作協議

讓團隊可以看見你的工作協議；如果它被鎖在電子地牢裡，在需要的時候就很難查閱它了。我鼓勵團隊把他們的工作協議當成是「視覺化管理系統」（visual management system）的一部分來發布，如此一來，在團隊活動期間就可以清楚地看到它了。

團隊工作協議將隨著「團隊的發展」和「環境的改變」而產生變化。**定期回顧**工作協議，以確保它包含了團隊需要改善的行動：這將是一個很棒的回顧討論！

\*\*\*

## 作者簡介：Ellen Grove

**Ellen Grove** 是一位 Agile Partnership（http://agilepartnership.com/）的商業敏捷力教練、培訓師和組織變革代理人（agent）。Ellen 以加拿大 Ottawa 為基地，與加拿大國內外各種規模的組織合作，協助他們將「敏捷思維」和「敏捷實踐」應用到整個組織之中。無論是與「C 字輩的高階領導人」、「經理」還是與「交付團隊」合作，Ellen 都喜歡使用「讓人們彼此討論真正重要的事情」的經驗學習方法，如此一來，大家才能一起完成偉大的工作。她在「本地」與「世界各地」組織敏捷活動，也在國際的會議上演講。除了一系列與敏捷相關的認證之外，Ellen 還是一位開放空間的引導者、使用 LEGO SERIOUS PLAY 方法的 StrategicPlay 認證引導者、擁有 ORSC 培訓經歷的組織教練，以及 Training from the BACK of the Room（TBR）的培訓師。

# 21

# 混亂的領導者

作者：*Philippe Guenet*

發布於：2018 年 9 月 7 日

圖片來源：Pixabay

## 傳統的管理方式如何讓數位 IT 產業陷入混亂！

儘管敏捷的工作方式、持續交付（continuous delivery）和產品導向（product orientation）等觀念蓬勃發展，許多公司仍然使用**專案**（projects）的形式在工作。事實上，專案永遠不會完全消失。在大型企業中，永遠會有跨團隊協調更多勞動力的需求。專案隨著 **RAG**（紅色／琥珀色／綠色）狀態的節奏生存和呼吸，就像在一個繁忙的十字路口，車流配合著紅綠燈的節奏行動一樣。**綠色**（Green），一切都好。**琥珀色**（Amber），我們需要留意一下，也許可以要求團隊提供一份額外的每週狀態報告（好像多一步行政流程能有多少幫助似的）。**紅色**（Red），天下大亂！內部審計要求採取行動，管理部門介入協調危機。

多數企業組織所關心的，是當 RAG 被標記為**紅色**時的 **IT 交付**。**數位領導力**則源自我們對**持續改進**的關注。

身為一名專業的交付經理，為企業組織提供服務的時候，我看到這種模式**一再重複**。管理階層太忙了，顧不上「綠色」的狀態。團隊發現了「可以改進的地方」，但他們卻因為沒有專注於「交付更多的功能」而受到指責。團隊發現了「系統性問題」出現的微弱訊號，然而它們仍然被忽視，直到某個里程碑沒有達成。一旦狀態變成了能夠吸引所有注意力的「紅色」，那就是全體總動員。消防演習！所有部門都集合到會議桌旁！最後，系統性的問題得到了一些關注，而危機最終得到解決。我必須承認，我利用了幾次「紅色」的狀態，因為我知道，若非如此，系統問題不會得到任何關注。最近，在一個正準備進行「敏捷轉型」的組織中，我與一位高階專案經理討論了這個問題。專案經理告訴我，他們在**危機模式**下的合作是多麼有效率，且他最近也參與了幾次事件。我向他指出，**好的敏捷領導力**應該是讓這樣的合作在**日常工作**中發生，而不需要付出多餘的努力。

# 混亂和 Cynefin 框架

Dave Snowden 的 **Cynefin 框架**是一個好的開始，它解釋了與 RAG 狀態連結的認知驅動因素。Cynefin 是一個 SenseMaking framework（意義建構框架），它定義了 5 個領域。起始領域是 **Disorder**（失序）。在失序領域之中，我們還沒有建立分類「挑戰性質」的方法，因此也沒有確立正確的「行動方針」。接著是兩個有序的領域（ordered domains），其特徵是「行動」（action）和「結果」（effect）之間建立的因果關係。這種因果關係可能是 **Obvious**（明顯的），也可能是 **Complicated**（繁雜的）。Cynefin 定義了在這些情況下該如何管理：

- 在 **Obvious** 領域中，我們感應狀況（condition），我們將它分類並進行適當的反應，通常是根據某種方針。

- 在 **Complicated** 領域，我們感應狀況，分析它，在需要時呼叫專家，並以正確的模式回應問題。

對照有序領域，Cynefin 建立了兩個無序領域（unordered domains）：**Complex**（複雜的）和 **Chaotic**（混亂的）。在無序領域中，「原因」（causes）和「結果」（effects）看似沒有關聯，至少由因及果是這樣的。這表示：

- 在 **Complex** 領域，我們透過「實驗」來確定正確的路線。我們感應人們對探測（probes）的反應，並放大效果最好的部分。

- 在 **Chaotic** 中，我們透過「設定方向」（好的或壞的）來採取行動，以求儘快擺脫不理想的處境。這是相當緊急的。一旦危機得到控制，我們就會重新思考行動路線。

# 混亂，英雄之地

在很大的程度上，**Chaotic** 領域是管理者在前線領導的環境，而且它強化了一種**命令風格**。當然，當你是「經理」的時候，這種感覺是很棒的。就像戰場上的指揮官一樣，你必須保持機智，思考迅速而直接的行動。帶領團隊和專案從「混亂」中回歸「正常」狀態，是非常令人滿足的。在「混亂」中，領導者感覺自己掌控一切。英雄自**解決混亂**中誕生。經理們把所有的人都召集在一起，動用只有透過「階級」才允許的關係，透過動用「更多的關係」來壓倒其他的要求。他們要求團隊付出巨大的努力，讚揚那些為這項事業「徹夜不眠」和「奉獻週末」的人。他們確保「自己」在整個過程中都能得到高階主管們的注意。

人們可能會以為，從「一個危機」前進到「下一個危機」聽起來不是很好，但它卻是如此。這象徵了一種**不逃避挑戰**的精神，用「不容置疑的敬業精神」和「對企業的責任感」戰勝挑戰。組織確實喜歡英雄。那些在這種情況下咬緊牙關、堅持不懈的人們，就能贏得「獎牌」並獲得晉升。是的，**讓我們重複一遍**，那些放任情況**惡化**到產生危機的地步，接著又將他們的員工燃燒殆盡以便**解除危機**的經理，**反而是最終得到晉升的人**。另一方面，那些保持他們的專案「綠色」的人，往往被認為缺乏足夠的戰鬥經驗，不足以擔任升遷的下一個職位。由於領導者們傾向根據「他們自己成功的模式」來尋找自己的繼承者，這種情況將永久持續下去，並在企業文化中根深蒂固。

雖然全世界都喜歡英雄，**但敏捷組織並不需要他們！**

理解這一點之後，「企業」與「IT 部門」之間會建立起一種**不正常**的關係，也就不足為奇了。隨著「科技」越來越普遍地出現在多數組織的產品／服務組合之中，企業在**數位化之旅**中必須非常認真地對待這種情況，否則他們只會加劇混亂（許多確實如此！）**在混亂的循環中前進是無法永續的。**以這種方式經營的企業面臨著相當大的風險，往往會經歷一個又一個危機。在這個過程中，他們耗盡了那些需要留住的人才。

## 我們該如何扭轉這種文化？

很快地，我們把矛頭指向中階管理層的行為以及他們對問題的貢獻。但「責備他人」對找出答案而言，是不太有建設性的。而將經理視為「仇敵」，更會導致安插人馬及維持現狀。中階管理層也掌握了轉變工作方式的關鍵，且多數都是**有能力改變**的。不幸的是，多數的組織並沒有給他們改變的理由。運行一個更高效的 IT 部門，維持綠色的 RAG，又能有什麼**回報**呢？明年只會獲得更少的預算、更少的員工，以及老闆的一句『再努力點』。

實際上，扭轉這個劇本正是**成功的數位變革**開始的地方：

- **系統管理**（Systemic management）
- **持續改進的文化**（Culture of continuous improvements）
- **組織追求卓越**（Organizing for excellence）

## 團隊的系統管理

敏捷思維（Agile Thinking）強調良好協作的必要性，因為這是正確的。數位企業也計畫複製「網際網路獨角獸」的組織模型，採用「更扁平化的結構」和「更自主的團隊」，以加快「決策速度」。然而，大多數企業仍然將團隊視為「個人的集合」並專注於「任務」。難道我們看不出這其中的矛盾嗎？

如果我們從「個人」的層面來管理，我們需要「（要求細節的）微觀管理者」來組織和協調任務。領導者為了證明自己的價值，將堅持站在**每一個決策的十字路口**，並成為前進的瓶頸。團隊成員因為「一朝被蛇咬，十年怕草繩」的心態，放棄了他們的自主性和協作性，通通交給領導者。如果沒有系統管理的方法，團隊就無法達到期望的**自治**和**協作**水準。

系統管理是從「管理者在工作發生的地點與團隊產生連結」而展開的（例如，在團隊的空間，而不是在管理者的玻璃辦公室裡面）。這個概念已經以 *Gemba*（現場）這個名稱存在了幾十年。*Gemba* 是豐田生產系統中的一個術語。*Gemba* 存在於實際走訪工作發生的地方。由於生產鏈的物理性，這一點在製造業中非常明顯，但在**一切都相當虛擬的數位團隊**之中就不那麼明顯了。為了達到 *Gemba*，藉由「視覺化管理」的協助來傳播資訊的需求加深了。「流程」和「品質」逐漸被貼在牆上（或分散式團隊的線上看板上），而團隊可以討論哪裡需要改進。管理者還需要具備與整個團隊合作的技能和技巧。傾聽「系統的聲音」

（Voices of the System，VoS）可以產生透明度，並及早發現系統面臨的挑戰。結果顯示，及早察覺問題，將有利於更好的工作流程。透過使用這些實踐，團隊變得更加自治，領導者和團隊**合二為一**，如此一來，就不太需要中間的微觀管理者了。

# 持續改進（Kaizen）

在 Cynefin 框架中，Dave Snowden 在 **Obvious** 領域和 **Chaotic** 的領域之間畫了一個小記號。這個記號標示了一個**自滿**的懸崖（cliff of complacency）。當一個組織過於依賴既定的流程時，它變得暴露在干擾之中。當產生干擾（disruption）時，組織就會陷入混亂。如上所述，我們的專案也是如此。這週我甚至被告知它有一個名稱：『**西瓜專案**（Watermelons Projects）』（這都要歸功於 Jay，謝謝你！）。外面是**綠色**的，裡面是**紅色**的。這也不是 IT 特有的問題。我們這週聽說，在距離通車日還剩幾個月的時間點，Crossrail（英國一條興建中的橫貫鐵路）被延後了一年！不是幾週，而是一整年。我們若是沒有從「內部」對訊號進行監控，壞消息會逐漸浮現，最終將以一種**壯觀又措手不及的方式**爆裂。

為了避免自滿（並驅動持續的效能），豐田生產系統使用了 **Kaizen**（改善），這是一個持續改進的流程。每個人工作的一部分不僅僅是做好自己的工作，還要想辦法改進自己的工作方式，以提高工作成果。這種持續的努力是刺激大腦的好方法，尤其是因為生產鏈的工作可能很枯燥。新技術研究所（Shingijutsu）的 **Kaizen** 之父，**中尾千尋**（Chihiro Nakao）先生，堅持推動不需要投資的簡單改進。他的目標之一是激勵人們。激勵會遏止自滿。好的 **Kaizen** 也會在領導和團隊之間，創造出一種不同的動力。團隊培養自治、自立（self-reliance）和協作，而管理變得更注重協助／訓練和激發**創造性思維**。我們今天想要在 IT 產業當中實現的，會是豐田在 40 年前發明的嗎？

許多人很快就指出，製造業的生產與 IT 產業不太一樣。這是真的。在 IT 的虛擬環境中實驗「持續改進」要簡單多了。與生產鏈上的製造業者相比，IT 業者也更偏向是**天生的知識工作者**。真的沒有藉口。只是公司的 IT 部門一直忙於追蹤紅色 RAG 狀態，而忘了在綠色 RAG 時實作「持續改進」的原則。是時候重新啟動了！

# 組織追求卓越

沒有組織會反對追求卓越，但在 IT 產業當中，卻很少有組織真心去做。DevOps 運動努力將這個主題排進「活動議程」裡，在這方面貢獻很多，但這仍然需要 IT 產業自身的努力。**品質**（Quality）是每個人的工作，從企業的需求開始。我們很容易就能在實體商品上發現「品質不佳」的情況，但在虛擬軟體上就比較困難了。你可以從「前端的可用性」或「測試一些邊緣案例」之中了解一些，但這些只是冰山一角。隱藏在表面之下的「程式碼品質」是怎樣的？它什麼時候會反咬你一口？RAG 狀態並不能解決這個問題，事實上，它通常會使問題惡化。我之前有一個專案，在「琥珀色」和「紅色」之間波動。業務和管理部門不斷向團隊施壓，要求他們按時完成任務。**唯一能犧牲的就是品質。但有人在乎嗎？團隊在乎，但是沒有人會聽他們的。**

因此，我們讓團隊開始捕捉「浪費（時間）的實踐」並「記錄技術債」，以解決不符合期望標準的任何事情。團隊感覺好多了，資訊得到了傳播，而它變得太難以忽略。然而，事情不應該走到這個地步的。「IT 領導者」和「產品經理」應該對「生產品質」懷抱著極大的熱忱。以「專案的形式」工作是無法促進這種行為的。「專案」本質上是**短暫**的，而「正在交付的專案」很少是「正在維護的專案」。品質、可持續性、可維護性在日常決策中的地位，往往不是很高。專案導向所帶來的**短期**心態，在我們試圖為「數位化」打下「堅實的 IT 基礎」之時，是一點幫助也沒有的。有效的 **Kaizen** 也不太可能發生，除非「團隊」和「領導階層」之間有長期的承諾。

除了充分與「客戶」保持一致之外，以產品／服務為基礎的一致性，也能維護長期的「團隊與領導階層之間的關係」。它允許在人們身上投資：提升他們對工程的**理解**，以及提高**品質**在決策中的優先順序。然而，這種結合與「傳統組織的建立方式」，在很大的程度上是完全正交（orthogonal）的觀點（因為傳統組織的建立，是經由「規模經濟」繼承而來的，而非「流動經濟」），而對於提升「數位化效能」，亦構成了重大的系統性挑戰。

綜上所述，許多公司的 IT 失常（dysfunction）大多是自己造成的，其主要源自「專案形式的工作」以及「對領導階層錯誤的激勵」。它導致與「建立成功的數位業務基礎」**不相容**的行為。解決這種情況需要「領導者的**一小步**」，以及「領導階層的**一大步**」（我借用了這句話，呵呵）。數位變革（Digital change）始於與團隊合作。一起了解我們如何讓明天比昨天更好吧：更聰明的流程、更多的自主權、更好的產品／服務、更好的技術。然而，從「以**專案會計預算**為基礎的 IT 領導力」，轉變為「實現**產品和工程效能**的 IT 領導力」，這樣的

轉變不僅僅是根本性的，它也是開創性的：從系統管理、產品／服務和流程的持續改進，到
卓越的工程，以及解決一路上會遭遇的各種系統障礙。

***

## 作者簡介：Philippe Guenet

**Philippe Guenet** 從網際網路早期就參與了數位變革（Digital change）（近 25 年的時間），為大型企業客戶和銀行發起並實施重大變革。

Philippe 創辦了 Henko，現在是一名獨立的教練／顧問，或「Coachulting」。Philippe 使用了創新的方法，幫助企業塑造、計畫和部署他們的數位戰略、組織變革以及精實敏捷運營模式，最重要的是開發他們的人員和領導力。Philippe 正在開發「數位思維」和「數位領導力」專案，用來幫助畢業生以及現有的勞動力和領導者針對「數位化」進行培訓／再培訓。Philippe 對企業客戶和新創企業一視同仁。

Philippe 是經過認證的系統教練（certified systemic coach，ORSC）；他也是複雜性和系統的思想家、經驗豐富的交付經理，以及精實敏捷實踐者。Philippe 是 London's Digital Leadership meet-up（超過 2300 名會員）的創辦人和組織者。

他的 email：pguenet@henko.co.uk；網站：www.henko.co.uk 和 www.lead-digital.org；他的推特帳號：@HenkoPhil。

# 22

# 精實經濟學入門 101：
# WIP 限制的力量

作者：*Mike Hall*

發布於：2018 年 3 月 13 日

這是第一篇以**精實經濟學**（Lean Economics）為主題的文章；本文主要闡述**產品開發**的**經濟**方面。（系列文章的另一篇，請參閱本書第 152 頁的第 23 篇《精實經濟學入門 101：平行開發扼殺了生產力！》）

我有一位朋友曾經斷然表示：『在我的公司，敏捷是永遠不會成功的，因為我們的專案**比人還多**！這裡的每一位員工，同時都要做 5 到 6 個專案。讓所有的付出都能展示一些進步，這是很重要的，這樣才能讓每個人都開心。』你有親身經歷過這種情況嗎？我會在最後分享我對他的回答。

在製品（Work In Process，**WIP**）也被稱為**半成品**，其概念來自於精實生產界（Lean manufacturing）。在精實生產中，WIP 被認為是庫存的一種形式，即目前正在使用的材料。因此，它實際上被認為是一種「浪費」，因為它佔用了現金。沒錯，在製品是一種浪費！它需要被減少。

## 有效使用 WIP

有效使用 WIP，指的是團隊承擔少量的工作，集中精力在短時間內完成它，然後再進行其他的工作。這種方法能讓團隊產生一致的價值流（如**下圖**所示）；而與「平行處理多個專案」並「在不同的工作情境之中切換」相比，這種方法也更可取。

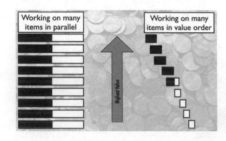

This image is the property of Agile Velocity.

## 你可能忽略了這些精實經濟學的警告訊號

你可能沒有考量到許多產品開發的經濟學方面，這些警告訊號包括：

- 許多事情都開始了，但最近完成的很少
- 大量的多工作業（multitasking）
- 昂貴的工作情境切換
- 緩慢而痛苦的交付
- 在預測「交付範圍」和「日期」的時候，經常缺乏準確性
- 產品的品質很差，而且經常需要修改

所有這些加在一起，形成一個非常沮喪的團隊，背負著多到似乎永遠也完成不了的工作。依賴「英雄」成了常態。加班現象日益猖獗。客戶滿意度正在下降。利害關係人正在大聲咆哮。我們也跟著吼回去：『我們需要更多的人！』，或者更好的是：『**請讓我一次只專注一件事！**』

## 什麼是 WIP 限制？

任何時候的工作量，都被**限制**為**團隊短時間內能夠完成的工作量**，並透過被稱作 **WIP 限制**的約束來建立。

Donald Reinertsen 在其影響深遠的著作《*The Principles of Product Development Flow*》當中，對 WIP 經濟學進行了精彩的論述。Donald 在 2008 年撰寫本書時，只有不到 1% 的產品開發團隊在管理 WIP 約束。隨著敏捷方法的成功以及對產品開發經濟學的重新關注，這個數字在過去幾年中有了很大的提升。

多數團隊會根據「團隊的可用容量」和「手頭上的工作」來使用預設的 WIP 限制。開發團隊可以為任意時刻進行中的使用者故事（或任務）數量設定他們的 WIP 限制。這種 WIP 限制可以提供「結對」和「跨領域訓練」的機會。

程式管理團隊可能對研究中的功能數量、準備開發的功能數量和正在部署的功能數量有 WIP 限制。隨著你進入組織中**更高階的規劃**，從單一計畫到所有計畫的整個投資組合，高階主管和企業主可能針對開發中的商業案件數量、考慮募資的計畫數量、以及開發中的計畫數量等有 WIP 限制。這種「逐層的 WIP 方法」有助於使「可用容量」（available capacity）與「需求」（demand）達成一致；這種方法也提供了一個非常重要的可見指標，以確定哪些計畫**真正處於進行式**，甚至更重要的是，**哪些計畫沒有！**

誰（負責）設定 WIP 限制呢？WIP 限制是由在各自層級參與工作的**團隊**決定的（團隊、計畫或投資組合）。因此，每一層的團隊成員都需要對「精實經濟學」以及「調整 WIP 限制會如何影響價值流（無論正向或負向）」有一些基本的理解。

## 什麼是正確的 WIP 限制？

**太小的 WIP 限制**將導致閒置的員工和最小的價值流。**太大的 WIP 限制**將導致延遲交付和增

加平均循環時間（從工作開始到完成的時間）。**剛剛好的 WIP 限制**將產生最佳化的價值流和可預測的交付週期。通常，找到最佳的 WIP 限制需要一些嘗試和錯誤。

WIP 限制可以時常進行調整，作為一種實驗性的嘗試，以驅動更高水平的價值。例如，一個由 7 名開發人員組成的敏捷團隊，可能會將其「在工作中的使用者故事」的「WIP 限制」，從預設的 7 降低至 3，以確保理想數量的「群集」會出現在迭代中「優先權最高的使用者故事」之上。這支持「在迭代中儘早向產品負責人展示故事」的概念，以及「持續部署」的可能性。WIP 可以向下調整，以應對團隊面臨的典型假期和人力空窗。

## 視覺化 WIP

WIP 限制可以應用在不同開發階段的工作上。下面是一個常見的團隊級**故事板**範例，在適當的欄位中顯示了 WIP 限制。不能超過這些 WIP 限制，迫使團隊成員考慮幫助其他人，以實現更大的目標，即**完成**一個使用者故事，而不是開始一個新的。

計畫和投資組合等級的團隊也可以使用相同的技巧，使用它們特定的欄位名稱和 WIP 限制。

## 有什麼大不了的？

應用 WIP 允許我們『停止（不斷）**開始**，並開始**完成**』。WIP 的一些優點和 WIP 限制的效用包括：

- 增進了通過團隊管線（team pipeline）的**價值流**
- 減少工作情境的切換，**生產力**也因此提高了

- 得以**專注**

- 發現**瓶頸**和**浪費**，這也導致後續的補救措施

- 改善**週期時間**

- 促進**跨領域**培訓，減少對「英雄」的依賴

- 鼓勵關注**品質**！

# 結論

現在，回到我的朋友一次進行 5、6 個專案的討論吧。我使用第 148 頁那張圖的左半部來解釋（即 Working on many items in parallel）。他的方法是在許多事情上做出一些進度，且每隔一段時間檢查，希望**水平進度條**能顯示一些改變。我認為這種方法只是「移動測量尺」，並不是真正完成工作。最終，他的所有（**對，所有**）專案的利害關係人，都將以不同程度的失望告終。然後我解釋了在多個工作之間進行工作情境切換的巨大成本（請參考 Gerald M. Weinberg 的經典之作《*Quality Software Management: Systems Thinking*》，或本書第 23 篇文章《精實經濟學入門 101：平行開發扼殺了生產力！》）。我還指出，他的團隊領導者們正因**不願意**做出艱難的優先決策而受害，以及這通常需要領導階層的文化變革。

在喝了幾杯啤酒沈澱一下之後，我解釋了好消息的部分：其實有一個更好的方法！也就是把「所有的工作」組織到一個單獨的「團隊待辦清單」之中。對工作進行優先排序，使單一功能／故事可以進行、直到完成，工作情境的切換就會減少。在所有層級（團隊、計畫和投資組合）上應用 WIP 限制，以確保團隊工作管線流過**理想的價值流**。然後對「（總是）未達成的期待」永遠說再見吧！

\*\*\*

# 23

# 精實經濟學入門 101：
# 平行開發扼殺了生產力！

作者：*Mike Hall*

發布於：2018 年 4 月 9 日

這是另一篇以**精實經濟學**（Lean Economics）為主題的文章；本文主要闡述**產品開發**的經濟方面。（本系列的第一篇文章是**關於 WIP 的限制**，請參閱本書第 22 篇文章《精實經濟學入門 101：WIP 限制的力量》。）

身為開發人員，你是否平行處理過多個專案？身為領導者，你是否領導過一個平行處理多個功能的團隊？**工作量**是否比**成員人數**還要多呢？

**平行開發**（Parallel Development）是指同時處理許多個專案或功能，如下圖所示。這是每當我在教練指導或提供培訓時經常看到的普遍現象。由於我們的工作生活變得越來越忙碌，

很遺憾地，平行開發在業界已是司空見慣，且在安排工作時，甚至被接受為預設的標準方法。說穿了，就是把越來越多的專案分配給團隊成員，並希望他們設法完成這一切。

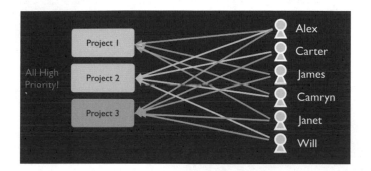

每當我探詢這種工作模式背後的原因，得到的都是老生常談：『我們的工作量比成員人數還多。因此，我們的員工需要優秀到足以處理多個專案，並使這一切進展得非常順利！』

## 平行開發：效率的殺手

平行開發有許多缺點，包括：

- 延遲交付商業價值
- 工作情境切換（context switching）的成本高昂
- 低效率的工作模型
- 員工士氣低落

所有這些因素，都會導致一個令人失望的工作環境：員工們經常被打擾，常常在不考慮他們目前工作量的情況下，強迫他們開始新的專案。每個人都被分配了150%工作量（或把這個數字替換成你的工作量），而這些工作都是一小件一小件地穿插在許多專案之中。假如這種「**開始**的感覺很常見、但**結束**的感覺卻遙遙無期」的氛圍經常出現，那麼你目前的工作模型在**成本**上就會受到挑戰，可能需要大刀闊斧地調整。

如**上圖**所示，在平行開發的方法中，團隊成員常態性地在多個專案和功能中，同時執行多項任務，進而導致每個功能的商業價值都被延遲。在工作情境切換中所**流失**的時間，可能**多於**用來開發商業價值的時間。通常，在這種情況下，想要向所有利害關係人「**展示一些進步**」的渴望，會被認為比「在最早的時間點交付價值」還更加重要。

# 依序開發：更好的方式

好消息是其實有更好的開發方式！**依序開發**（Serial Development）是讓敏捷團隊一次只專注在一個專案、一個功能。依序開發的優點包含了：

- 一致性的工作模式；價值能儘早交付
- 有限的工作情境切換（context switching）
- 專注在開發工作
- 提升員工滿意度

# 依序開發需要勇氣

不過，它需要勇氣，來完成以下這些事……

- 針對功能（features），絕對要有**優先順序**的考量；如**下圖**所示，不僅需要考慮同一個專案的功能，相對的，也要考慮多個專案的其他功能。
- 允許團隊在每次的開發工作上，只專注一個功能。
- 通知你的利害相關人『團隊何時可以開發這些功能』，而不是告訴他們『我們已經開始了，但目前並沒有多少進展』。

依序開發也需要你勇於指導（coaching）你的利害關係人；藉由依序開發的協助，確保利害關係人「想要的功能」會被放在排序級別裡，且絕對會儘早得到開發團隊的重視。

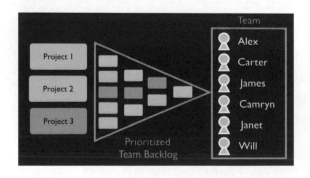

## 比較：工作情境切換

你還沒有被說服嗎？讓我們從**工作情境切換**的角度，來比較「平行開發」與「依序開發」吧。團隊成員為了讓每個人都滿意，會在多個功能與專案之間跳來跳去，如此一來，將導致「平行開發」經歷相當大的工作情境切換成本。Gerald M. Weinberg 的經典之作《*Quality Software Management: Systems Thinking*》，被公認為是「工作情境切換成本」的依據，如下圖所示。

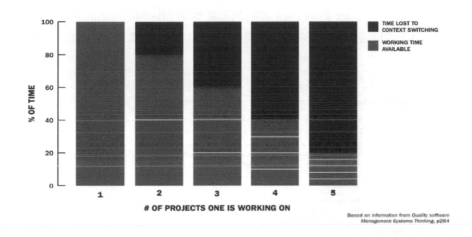

總而言之，**如果你同時處理 5 個專案，那麼你的生產力將只剩下 20%**！而如果將工作轉移到「依序開發」模型，則會幫你找回在工作環境切換中所損失的那 80%。因此，將它乘以「你團隊中的所有成員」，會為整個團隊的「生產率」帶來顯著的提升。

## 比較：價值交付

現在讓我們從**價值交付**（delivery of value）的角度，來比較「平行開發」與「依序開發」吧。我使用一個來自我們培訓課程中的簡單例子。這是一個以**功能**為基礎（feature-based）的例子，但也適用於多專案開發。

**情境設定：**你工作的團隊，其團隊待辦清單（team backlog）是由 3 個功能所組成的：**A**、**B**、**C**。每個功能都需要整個團隊投入 **1 個月**的工作時間，來交付 **1 單位**的價值。讓我們研究一下兩種情境（平行開發和依序開發）的價值圖（value graph）吧。

**情境 1**：平行開發。假設情境切換的損失是 40%。團隊會同時執行涵蓋所有這 3 個功能的多項任務，且每個月都會取得一些進展（大約完成 20%），此時，團隊也會體驗到工作情境切換成本。在第 1 個月的月底，沒有完成任何功能。在第 2 個月的月底，還是沒有完成任何功能。第 3 個月也是一樣的情況；第 4 個月亦是如此。終於，在**第 5 個月的月底**，團隊交付了全部 3 個功能。

**情境 2**：依序開發。集中注意力，一次只專心做 1 個功能。在第 1 個月的月底，**功能 A 已被交付**。工作情境切換成本也被減至最低，且該成本只會發生在「與啟動新功能有關的計畫期間」，如進行衝刺計畫（Sprint Planning）和待辦清單精煉（Backlog Refinement）的時候。團隊通常每個月都能提前交付 1 個功能。在開發下一個功能的同時，**已交付的功能**將逐月繼續產生價值。

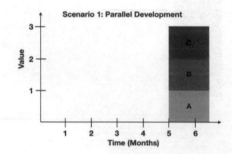

情境 1：平行開發

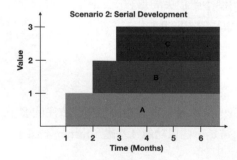

情境 2：依序開發

讓我們比較前面這兩張價值圖：從「價值交付」（value delivery）和「延遲的成本」（cost of delay）的角度來看，哪一張圖比較好呢？在依序開發的方法中，客戶不僅能在**最短的時間內**享受功能被遞增交付的價值，也能比平行開發**更早**獲得全部 3 個功能所帶來的價值！

## 比較：收入

作為最後的比較，讓我們看看一個簡單的收入（rcvcnuc）例子。在前面兩張圖中，假設每個功能可以在每個月帶來 100,000 美元的收入。

對**平行開發**而言，每個月月底的累計總收入為：

- 第 1 個月：0 美元
- 第 2 個月：0 美元
- 第 3 個月：0 美元
- 第 4 個月：0 美元
- 第 5 個月：0 美元
- 第 6 個月：300,000 美元

對**依序開發**而言，每個月月底的累計總收入為：

- 第 1 個月：0 美元
- 第 2 個月：100,000 美元
- 第 3 個月：300,000 美元
- 第 4 個月：600,000 美元
- 第 5 個月：900,000 美元
- 第 6 個月：1,200,000 美元

從依序開發來看，第 6 個月的月底總收入比平行開發多了 4 倍。就這個例子的盈虧而言，依序地（serially）開發功能可為企業帶來 900,000 美元的額外收入！

# 著手開始依序開發的 4 個步驟

1.  嚴謹地按「優先順序」來處理所有專案需求中的功能要求。

2.  根據單一專案的單一功能，在你的團隊待辦清單中為「使用者故事」分組。

3.  將故事削減至可發布的「**最小可銷售功能**」（minimum marketable feature， **MMF**）。理想的情況是，團隊能在下一個（或兩個）衝刺當中，完成最高優先級別的 MMF。

4.  鼓勵在「迭代」中竭盡所能地聚焦在少數幾個「高優先級別的使用者故事」，並儘早在衝刺中完成它們。有效地使用「WIP 的限制」可以引領團隊全力以赴。

停止瘋狂又愚蠢的開發方法吧！平行開發不僅造成浪費，還為員工建立了一個混亂的工作環境。依序開發則是一種更經濟的工作模型，確保能夠極早地將價值交付到最終客戶的手中，並提振員工士氣。若你的團隊成員目前正深陷平行開發，那麼請採取行動，轉換到**聚焦式**（focus-based）依序開發方法。這可能需要一點勇氣和努力，但所獲得的利益是絕對值得的。

***

# 24

# 開始擴展敏捷的 5 種實踐

作者：*Mike Hall*

發布於：2018 年 6 月 4 日

在考慮擴展敏捷時，從**小地方**著手是很重要的。在各式各樣的擴展敏捷框架（scaled Agile frameworks）之中，有一些可能看起來非常複雜，而另一些則可能乍看之下過於簡單和不完整。放輕鬆！不要把它複雜化。從這些經過證實的**最佳實踐**開始吧，然後在你的敏捷之旅中完成剩下的部分！

## 情況

你如何知道什麼時候該應用**規模化敏捷**（Agile at Scale）呢？在討論擴展（scaling）之前，讓我們先確定是否真的需要擴展吧。需要擴展的常見情況包括：

- 越來越多需要多個團隊的**大型計畫**

- 從事相似或相依工作的團隊之間的**協作**有限

- 最新出現的**依賴關係**影響了交付計畫

- 團隊主要關注他們的可交付成果，經常以**更大的計畫的目標**為代價

- 追求超越團隊層級敏捷力的**企業敏捷力**

- **燃燒的平台**（Burning platform），即目前的經營方式不足以生存

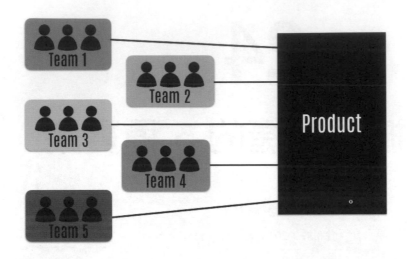

許多企業都在團隊層級上體驗到了「敏捷」的成功。他們的團隊以迭代和增量的方式工作，每兩週交付某種形式的商業價值。但是隨後他們更意識到，「敏捷」對於他們那些「範圍更廣且需要大量團隊的行動計畫」來說，也是必要的。

在這種情況下，我們如何確保所涉及的多個團隊完全同步，並有效地朝著一個共同的目標工作呢？我們如何確保他們有效管理風險？我們如何協助確保計畫的成功？

我們推薦以下 **5 種**實踐，來開始擴展敏捷：

- Scrum of Scrums
- 產品負責人同步（Product Owner Sync）
- 計畫待辦清單（Program Backlog）
- 依賴關係辨識（Dependency Identification）和排程（Scheduling）
- 公共整合環境（Common Integration Environment）

# Scrum of Scrums

Scrum of Scrums 是團隊每日站立會議的擴展版本。Scrum of Scrums 的目的是確保計畫中所有團隊的一致性。多數的敏捷擴展框架（SAFe、Nexus、Scrum at Scale 等等）都推薦這個同步活動（synchronization event）。

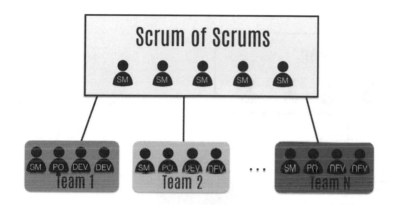

Scrum of Scrums 每週舉行 1 到 2 次，每次 15 至 30 分鐘。每個團隊向 Scrum of Scrums 派遣一位代表，通常是 **Scrum Master**。如果討論需要額外的專業知識，Scrum Master 可以引入開發團隊成員來幫助理解和決策。如果「多團隊計畫」有一個**計畫經理**（Program Manager），那麼該計畫經理也應該加入，以充分理解團隊之間的危機。

Scrum of Scrums 會議討論的主題包括：

- 障礙（Impediments），特別是計畫或組織等級的
- 團隊之間的依賴關係
- 即將到來的里程碑
- 範圍及時間表的調整
- 整合進度
- 隱約浮現的危機
- 行動項目

# 產品負責人同步

產品負責人同步（PO Sync）是 Scrum of Scrums 專注在**內容**上的版本。這是一種在同一平台上工作的**更小的組織**中所執行的實踐。PO Sync 的目的是確保所有相關團隊在「產品願景」和「與工作有關的內容」上保持一致。SAFe 和 Scrum at Scale 擴展框架推薦使用這個同步活動。

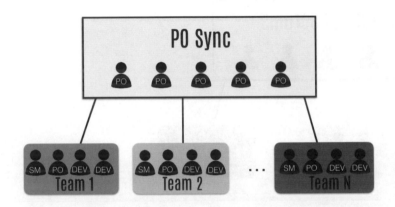

PO Sync 每週進行 1 到 2 次，每次約 30 分鐘。每個團隊派他們的**產品負責人**參加 PO Sync。如果「多團隊計畫」有一個**計畫經理**，那麼該計畫經理應該參加，以確保團隊的努力是有凝聚力的，且有助於計畫的目標。

PO Sync 討論的主題包括：

- 功能、效能和互通性
- 範圍及時間表的調整
- 功能的優先順序
- 確認團隊待辦清單（Team Backlogs）中的功能優先順序
- 團隊之間依賴關係的協調和排程
- 團隊中各個功能的進展
- 拆解功能，以排入一個發布版本

- 最小可行產品集（minimum viable product set）和最小可銷售功能集（minimum marketable feature set）
- 行動項目

## 計畫待辦清單

當多個團隊同時進行同一個計畫時，建立**計畫待辦清單**（Program Backlog）是很重要的。在這裡，「計畫」一詞代表一個協作的多團隊工作。「計畫待辦清單」是與每個團隊的「產品待辦清單」不同的「高層次待辦清單」。計畫待辦清單由「計畫經理」或其中一個團隊的「產品負責人」負責建立和維護。計畫待辦清單由依優先順序排列的功能組成。所有敏捷擴展框架都推薦這個項目。

團隊從「計畫待辦清單」中取得功能，並將它們分解為使用者故事。使用者故事接著成為「團隊待辦清單」的一部分。團隊待辦清單中，**使用者故事的排序**應該反映了**功能的優先順序**。也要注意的是，請讓每個團隊一次只專注一個功能，因為**依序開發**比平行開發還更經濟許多。

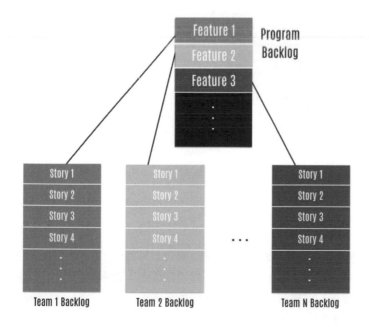

團隊接著著手開發使用者故事，跨越多個迭代組成功能。在最簡單的方法中，**一個團隊開發一個功能**。在更複雜的方法中，**一個功能由多個團隊開發**：每個團隊開發他們特定的使用者故事，同時與其他團隊緊密合作開發同一個功能。

## 依賴關係辨識和排程

擴展敏捷時，最大的風險之一，就是團隊之間的依賴關係。為了減少與依賴有關的風險，進行同一個計畫的團隊應該一起規劃（迭代規劃和／或發布規劃），來辨識團隊之間的依賴關係。還可以透過調整團隊組成，使其更跨職能，從而消除或減少依賴關係。

依賴是**雙向**的，因為既有給予者，也有取得者。為了確保可見性，應該在「團隊待辦清單」中以**給予**（Give）或**取得**（Get）的形式追蹤每個依賴項目。

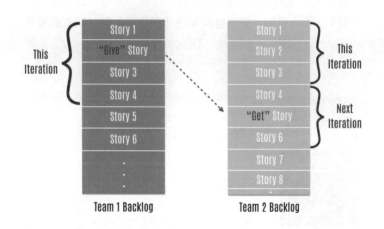

一個**給予**是指一個團隊在指定日期或迭代之前，向另一個團隊**提供**特定的可交付成果。一個**取得**則是一個團隊在指定的日期或迭代之前，從另一個團隊**接收**特定的可交付成果。一個**取得**使用者故事通常包含跨團隊的整合行動。

團隊的產品負責人應該注意，在接收團隊的**取得**之前，應該優先考量**給予**，如此一來，才能減少在同一個迭代中開發**給予**和**取得**的風險。一般來說，**給予**應該在「**取得整合工作**」之前的 1 或 2 次迭代之中提供。同樣地，當整合工作發生時，「**給予團隊**」應該分配一些頻寬，來支援「**取得團隊**」在整合過程中發現的任何潛在問題。

# 公共整合環境

最後，當多個團隊開發同一項產品時，整合（integration）是關鍵。你需要為多團隊計畫建立一個**公共整合環境**（Common Integration Environment）。理想情況下，這應該在**迭代 1**之前完成，以確保每次迭代都能從**整合環境**中展示進行中的軟體。

建立公共整合環境的典型活動包括伺服器設定、持續整合（CI）工具、測試案例自動化和自動部署移轉。

在任何擴展敏捷的情況中，**整合**應該在每一次迭代中進行。多團隊計畫進展的真正指標是**整合的程度**，而非每個團隊在其區域環境中的進展。任何延緩整合的做法，都會讓計畫排程增加無法承受的風險。

在考量如何在你的公司擴展敏捷時，請從小地方著手並「精實思考」。隨著時間的進行，請在合理的地方，根據你們的需求，來增添額外的結構、策略和方法吧。

\*\*\*

## 作者簡介：Mike Hall

**Mike Hall** 是 Agile Velocity（https://agilevelocity.com/）的高級敏捷教練／培訓師，他擁有超過 17 年的敏捷轉型經驗。他持有許多敏捷和 SAFe 認證，但更重要的是，他在領導企業規模化敏捷轉型（SAFe）、新創公司的敏捷流程建立（Lean Startup）、專案等級的指導、團隊 Scrum ／看板指導、個人指導以及開發／交付敏捷培訓等方面，有豐富的實戰經驗。Mike 的背景是軟體開發和領導技術團隊。他還持有美國專利局頒發的 10 項專利，包含模式辨識、智慧型引擎和預測系統等領域。

邁克已經結婚 35 年了，有 3 名成年子女和一隻名叫 Rocco 的狗。他的興趣包括划獨木舟、釣魚、多年生植物園藝，以及熱情支持達拉斯牛仔（Dallas Cowboys）美式足球球隊。

# 25

# 我們為什麼不重新估算故事點？

作者：*David Hawks*

發布於：2018 年 3 月 26 日

該不該估算（estimate）？是否該重新估算（re-estimate）？這篇短文將探討第二個問題。

一旦開始衝刺（Sprint），大多數的團隊都傾向重新估算故事；當團隊實際動手操作，他們自然會對「實際參與的內容」有更多的理解。在這樣的情況下，重新估算故事點的做法是很誘人的，因為（這當然只是根據我們的指導經驗來推測）團隊成員想做正確的、或準確的事。

## 準確 vs. 精確 vs. 一致

讓我們快速檢視一下術語吧：

- **準確（Accurate）**：從測量的角度來說，**準確**（accurate）是確切（exact）的同義詞。不是 11:00，而是**上午 11:06**。描述準確性（accuracy）的一種常見說法，就是射中靶心上的一個目標。

- **精確（Precise）**：你需要在飛鏢鏢靶上再多射幾支飛鏢，才能達到精確，因為這個形容詞指的是幾件事物彼此之間「相近」的程度（closeness）。在鏢靶上的同一得分區域內，若有一群集中的飛鏢，這代表投擲者是**精確**的。如果在靶心之上或在靶心的周圍，有一群集中的飛鏢，這代表投擲者是既**準確**又**精確**的。然而，如果在鏢靶上到處都是分散的飛鏢，卻只有射中靶心一次，那麼我們可以說，投擲者是**準確**卻**不精確**的（imprecise）。

- **一致（Consistent）**：與精確一樣，你需要多次測量，才能使用這個術語。一致性（Consistency）描述了一組相同項目的測量結果。如果一桶蘋果中的每一顆蘋果，重量都在 5 盎司左右，那麼農民就可以表示，蘋果的重量是一致的。

長期合作的團隊，他們的估算會變得一致（consistent）。如果團隊已經建置了一個旅行應用程式，那麼他們可以依靠過去的經驗，來估算他們下一個旅行應用程式。如果他們已經以團隊合作的方式，建置了 10 個旅行應用程式，那麼他們對旅行應用程式的估算應該也是一致的。使用這些過去的資料，他們對第 11 個應用程式的估算，可能是準確的，也可能是精確的或一致的。

團隊應該力求精確或一致，而不只是追求準確。

## 抵抗重新估算的誘惑

某些團隊認為速度（velocity）是他們「完成多少工作量」的衡量標準。抱持這種心態，速度證明了他們的工作和努力。因此，如果需要更多的工作（和更大的規模）才能完成故事，那麼改變估算無疑極具誘惑力。

但是，速度只是一種測量方法，它用於確定在**未來**的時候，團隊可以完成什麼。

當團隊估算和規劃即將進行的工作時，他們永遠不會擁有完美的資訊。

如果一個故事被估算為 8，但最終卻變得更容易一些（假設在 2 的範圍內好了），請不要改變它。過去就讓它過去吧。只有當異常發生很多次時，才需要關注它。我們正在尋找「故事點估算」當中的一致性（consistency），而不是準確性（accuracy）。同樣需要注意的是，要以相同的工作知識（理解）來估算整個 Backlog，這是非常重要的。

重新估算故事點……

- 並**不會**提高準確性（accuracy）
- 會**降低**預測能力的一致性（consistency）

## 那麼，如果故事比預測的更大，你該怎麼辦呢？

若是因為某種原因，範圍被更改了（發生變化）、故事變得更大了，那麼產品負責人就應該建立另一個新**工作**的故事。然後，應該在 Backlog 中估算這個新故事，並確定其優先順序。

如果故事點數與難度始終有落差，那麼，可以在自省／回顧會議（Retrospective）當中，透過以下問題來深入了解情況：

- 為什麼我們只在衝刺（Sprint）結束時，才確定大小（size）？
- 是什麼讓這個故事的大小不同？
- 是範圍（scope）還是時間（time）的問題？
- 我們做這個衝刺（Sprint）的事情，是讓工作變得更容易（因此更小）呢？還是變得更困難（因此更大）？

如果你對調整故事點的大小或 Backlog 優化有更多疑問，歡迎註冊我們下一次的 webinar。在這個 Q&A 當中，我們探討有關 Backlog 優化的常見問題，包括調整大小和估算，並回答參與者的提問（請參考《*Webinar Recap: Backlog Refinement Q&A*》：https://agilevelocity. com/webinar/webinar-backlog-refinement/）。我們也會在我們的 Certified Product Owner Workshop 工作坊、或在敏捷教練的指導回合當中，討論這個主題（請參考 Agile Velocity 的 Agile Coaching 頁面：https://agilevelocity.com/coaching/）。

***

## 作者簡介：David Hawks

**David Hawks** 是 Agile Velocity（https://agilevelocity.com/）的創辦人兼 CEO。他是一位 Certified Enterprise Coach 和 Certified Scrum Trainer，熱衷於幫助組織在實踐敏捷的基本實作之外，也能擁有真正的敏捷力（agility）。

藉由幫助領導者建立成功的轉型策略，以及有效地管理組織變革，並以達成實際的業務成果為重點，David 協助了許許多多的領導者，幫助他們進行敏捷轉型。 他有德州大學奧斯汀分校的 Business Administration in Management Information Systems 學士學位。

在沒有幫助組織取得持久成功的時候，他喜歡游泳、跑步、騎自行車、與妻子和孩子共度家庭時光，或支持他母校的 Texas Longhorns 美式足球球隊。大衛熱愛母校的球隊（球隊口號：*bleeds burnt orange*），他還曾連續 18 個小時不斷地瘋狂 tailgate party（美式足球賽前的停車場野餐聚會），他可是第一個抵達停車場、最後一個離開的呢。

# 26

# 成為 10 倍速的軟體工程師

作者：*Kate Heddleston*

發布於：2018 年 3 月 12 日

我開始學習打水球（water polo）時，教練說了一句我永遠不會忘記的話。他說：『**優秀的球員會讓他們周圍的人**看起來都像優秀的球員。』一位優秀的球員可以接住任何傳球、預測不完美的投球並進入（最有利的傳球／接球）位置。當他們回傳時，他們的投球方式，可以讓其他人很輕鬆地接球。

當今的軟體工程正是一項團隊運動，就像水球一樣，你無法獨自建立很棒的軟體系統。所以當我第一次聽到 **10 倍速工程師**（10x engineer）的概念時，我感到非常困惑。一個人怎麼可能如此天賦過人，甚至掩蓋了團隊合作的力量？根據我的經驗，個人的卓越是成功的必要條件，但這是遠遠不夠的。我們不能僅專注於個人的成就，卻忽略了團隊打造優秀軟體所需的更廣大視野。所以我決定把 10 倍速工程師的**定義**修改一下，如下所示。

# 所謂的 10 倍速工程師，並不是比他周圍的人好 10 倍，而是讓他周圍的人好 10 倍。

多年來，我將自己的「經驗」與建立和發展高效率團隊的「研究」相互結合，並將它化為 10 個「成為更好的團隊成員」的方法，無論職位或經驗水平的高低。雖然這個列表上的許多項目，都是關於「如何成為一位好隊友」的一般性建議，但它特別強調的是如何成為**來自不同背景的人**的好隊友。

## 成為「更好的隊友」的 10 個方法

1. 創造一個**心理安全**的環境

2. 鼓勵每個人**平等參與**

3. 正確並慷慨地分配**功勞**

4. 在會議中放大**沒被聽見的聲音**

5. 提供建設性的、可行動的回饋，**避免人身攻擊**

6. 對自己和他人**負責**

7. 在**對團隊有價值**的領域培養卓越

8. 讓自己了解職場的**多樣性、包容性**和**平等性**

9. 保持**成長**心態

10. 增加**工作場所平等性**

# 1. 創造一個心理安全的環境

2012 年，Google 發起了亞里斯多德專案，研究數百個 Google 團隊，並找出為什麼有些團隊比其他團隊表現得更好（請見文末第 179 頁的**參考文獻〔1〕**）。研究發現，在高效率團隊和低效率團隊之間，只有兩個關鍵區別。這兩個關鍵因素之一，就是研究人員所說的**心理安全感**（Psychological safety）。哈佛商學院教 Amy Edmondson 將其描述為一種『團隊成員的**共同信念**，即團隊在承擔人際風險時是安全的』，以及『一種**自信**，即團隊不會羞辱、拒絕或懲罰**勇於發聲**的人』〔1〕。創造一個擁有心理安全感的環境，也就是創造一個團隊

成員可以相互信任的空間，自由地分享他們對工作的意見和想法。這裡有一些方法，你可以使用它們，在自己的工作場所中培養心理安全感。

一、以一種非評判的方式認可其他人的想法和感受。**認可**（Acknowledgment）是一個獨立的步驟，與判斷（judging）或評估（assessing）截然不同。

二、以『是的，然後……』的態度，來回應你的想法，建立在你的隊友所說的話之上（就像即興喜劇一樣！）〔2〕

三、給予他人無罪推定（the benefit of the doubt）。相信他們，直到事實被證明並非如此；而不是讓他們不斷地證明自己，直到你願意相信他們。

## 2. 鼓勵每個人平等參與

亞里斯多德專案（〔1〕）也發現了高效率團隊的另一個重要因素。這個現象，在學術界被稱作『對話輪替分配上的平等』。其意義基本上只是「高績效團隊的人們」平等地參與。這並不代表每個人在每次會議上都必須平等地發言（speak equally），而是隨著時間進行，團隊中的每個人都會做出**相等的貢獻**（contribute equally）。那麼，如何才能培養一種**人人平等參與**的團隊文化呢？

一、在會議上詢問別人的意見。

二、使用『我認為（1 think）』和『也許（maybe）』這樣的詞彙，來邀請對方與你一起討論。（我把這種會話風格稱作：『也許你應該像淑女一樣說話？』）

三、經常非正式地溝通。〔3〕

四、注意到有時候某個人可能主導了談話；請製造別人可以說話的空間。

## 3. 正確並慷慨地分配功勞

正確地為人們的工作成果分配功勞，是在團隊和組織中建立「信任」的重要部分〔4〕。我們許多人都有過這樣的經歷：我們覺得自己的工作沒有得到認可，或者功勞給了錯誤的人。

給予別人功勞的好處之一是，這不僅讓別人看起來很好，也能讓你看起來很好。在他人眼

中，**認可別人的人**看起來更聰明、也更可愛。基本上，這是雙贏的，沒有理由保留你對別人的讚美。

你能做些什麼，來協助培養這樣的文化，讓人們把功勞歸於他人呢？

一、確保你在每個專案結束時，花時間感謝那些協助過你的人。

二、尤其要注意那些安靜、不怎麼自我推銷的人，或者那些新來的、缺乏自信的人。

三、誠實、具體、真誠地分配功勞和讚揚他人的工作。

# 4. 在會議中放大沒被聽見的聲音

2009 年，歐巴馬總統底下的一群女性工作人員聯合起來，制定了一個名為「放大器」（amplification）的戰略〔5〕。她們經歷了許多女性在「男性主導的工作場所」會面臨的問題：她們很難參加重要會議，而即使出席了那些會議，她們也常常被無視或不被理睬。所以她們會**放大**彼此的聲音。當一名女性職員提出一個要點時，其他女性職員就會**重複一遍**，並給予講者肯定。這迫使每個人都注意到這個想法的來源。歐巴馬總統本人也注意到了這一點，並表示應該更頻繁地號召更多女性職員的參與。到了他的第二個任期，性別比例達到了平等，且有一半的部門是由女性領導的。

這是一件簡單而具體的事情，任何團隊中的**任何一個人**，都可以為他們的隊友做這件事。注意人們什麼時候被忽視或不被理睬，並**放大**他們所說的話。雖然言論被他人所掩蓋對女性而言，是很常見的一件事〔6〕，但那些說話輕聲細語、害羞或內向的人們也會面臨一樣的情況。

## 5. 提供建設性的、可行動的回饋，避免人身攻擊

人們不喜歡被批評，這是相當普遍的。在沒有經過深思熟慮的情況下，或不帶建設性地給予評論，**批評**（criticism）實際上會損害人們的表現〔8〕。我之前已經討論過這個問題 ¹，但請確保你的回饋是經過深思熟慮的、是帶有建設性的，這是你成為優秀隊友的一種非常重要的方式。此外，我們提供回饋的方式可能帶有偏見，所以花時間學習如何提供良好的回饋，對多元化的團隊來說也很重要。

例如，大眾普遍認為女人會受到批評，而男人則不會受到（那些）批評。與男性相比，女性更容易被稱為「專橫」、「愛出風頭」和「好鬥」。2014 年，Kieran Snyder（Textio 的創辦人兼 CEO）決定測試這個想法〔**7**〕。她收集了針對 180 人，105 名男性和 75 名女性的 248 則評論，並分析了這些評論的內容。她的發現令人驚訝，即使你知道它就在那裡。在針對女性的評論中，87.9% 包含批評或負面回饋，而男性則為 58.9%。而且，針對男性和女性的批評是不一樣的。在女性收到的批評中，76% 是針對個人的，而男性只有 2%。

這裡有一些你可以給予**更好的回饋**的方式。

一、在提供回饋之前，**詢問**人們是否開放接受回饋。

二、盡可能把你的回饋集中在對方的**工作**上。

三、告訴人們他們如何讓事情變得更好。清楚地指出你所看到的問題，並**解釋**你認為這個人如何可以把事情做得更好。

四、避免**人身攻擊**。如果你覺得你需要給別人一些關於他們自身的回饋，請和經理或 HR 一起確保你的想法是有條理的。

## 6. 對自己和他人負責

最近我遇到了我的一位朋友，James，他大學時期是一名橄欖球員。他現在是一家新創公司的 COO。他提到自己花了許多時間，向員工傳授他認為「最基本的團隊合作」，尤其是在**當責**（accountability）這方面。當我進一步思考這個問題時，我意識到 James 已經花了成千

---

1　請參閱本文作者另一篇文章《Criticism and Ineffective Feedback》：https://katcheddleston.com/blog/criticism-and-ineffective-feedback

上萬個小時練習如何成為一位好隊友。對他來說，那些很明顯與團隊合作有關的事情，對其他人來說，可能並不明顯，特別是需要表現「當責」的時候。**橄欖球有一種很強的責任文化**：橄欖球員透過「按時訓練」、「保持積極的態度」、「鼓勵隊友」、「協助彼此維持卓越標準」等方式，來對彼此負責。這裡有一些方法，讓自己和他人承擔責任。

一、盡可能按時完成你的工作（我知道對工程師來說，估算是最大的挑戰之一，但是更準確估算的小型專案，有助於培養當責）。

二、Jeff Lawson 曾對一群創辦人說，最重要的事情是『說到做到』。

三、幫助他人，並在需要的時候尋求協助。

四、對於大型專案或問題，請一同在場，直到你的團隊完成工作〔9〕（無論是親身參與還是透過遠端工具，如 Slack）。

## 7. 在對團隊有價值的領域培養卓越

當我們提到成為一名 10 倍速工程師時，這通常是人們所設想的：**個人卓越**（individual excellence）。個人的卓越是成為一位好隊友必備的一部分。畢竟，你需要為你的團隊做點什麼。你選擇在哪方面變得卓越，其實是關於什麼會激勵你；它應該是能給你能量、適合你的技能和興趣的事情。卓越需要大量的時間和精力來培養，特別當我們的個人知識庫變得越來越**專精**的時候〔10〕；所以請選擇你喜歡做的事情，因為你可能會花上不少時間。我覺得在我們的社會裡，個人卓越已經被大肆宣揚了，所以我就讓你自行閱讀那一大堆關於如何在你的領域變得更優秀的自助書籍和部落格文章吧。

## 8. 讓自己了解職場的多樣性、包容性和平等性

**多樣性**（Diversity）和**包容性**（Inclusion）是一項團隊運動：我們需要每個層級的每個人的參與。要成為一位好隊友，你可以做的第一件事就是讓自己了解職場中性別和種族歧視是如何形成的。就像你需要繼續學習程式語言和工具一樣，請持續閱讀關於**如何建立更平等的工作環境**的著作和研究，這是非常重要的。

有一個笑話是這樣的：『在每個清醒的男人背後，都有一個累壞的女權主義者』；也許每個清醒的白人背後，都有一個累壞的有色人種。**讓我們改變它吧**。任何人都可以閱讀和做研究。

一、閱讀一切。

二、詢問人們的閱讀建議或加入郵寄清單。

三、盡你所能的聆聽。

四、你的觀點和你所受的教育一樣有價值，所以如果你沒有自我教育，你的觀點就沒有價值。

# 9. 保持成長的心態

30 年前，心理學家 Carol Dweck 對**失敗**（failure）和**復原力**（resilience）的概念很感興趣〔11〕。她和她的研究團隊注意到，一些學生會從失敗中振作起來，然而另一些學生，即使受到很小的挫折也會意志消沉。她想知道為什麼。在研究了數千名兒童之後，她創造了**成長心態**（Growth Mindset）這組詞彙，指的是一種信念，其相信「能力」（abilities）和「智力」（intelligence）是可以被開發的。那些認為自己可以**提升**能力和智力的學生，從失敗中恢復了；而那些認為智力是**固定不變**的學生，卻更容易受挫折打擊。

一、請記住，只要付出時間、努力和使用網際網路，你就能學到任何東西。

二、準備好面對（並接受）那些「建議你可以如何改進」的回饋。

三、沒有終點線；成為一名優秀的工程師和一名優秀的隊友是**一生的志業**，也是**日常的實踐**。

# 10. 增加工作場所平等性

最後，為了你的每一位團隊成員，請大膽說出你認為公司可以創造「更平等、更具包容性的工作環境」的方法。無論你在組織中的哪個層級，你都可以提倡「改善工作環境」的政策。依循上述**第 8 項**當中所建議的閱讀和做研究，將使這一步容易許多。一些已經證明有效的**組織變革**案例，如下所示：

一、**魯尼規則**（Rooney Rule）：對於任何關鍵職位，你必須面試至少一位有色人種。〔**12**〕

二、對「升職候選人」進行**分組**評估。〔**13**〕

三、使會議、薪資、關鍵計畫和內部流程更加**透明**。

## 結尾

我的水球生涯結束後，我開始當教練。面對那些我訓練的女孩，我總是告訴她們的其中一件事情，即妳們**獲勝的能力**（Ability to Win）是妳們的**才能**（talent）的總和，乘上你們**作為一個團隊**合作得有多好。

**獲勝能力** = Σ(**才能**)* **團隊合作**

在工作環境中，這個方程式是這樣的：

**生產力** = Σ(**才能**)* **團隊合作**

「合作良好的團隊」可以超越那些「更有才華的人的集合」，因為團隊合作有一個倍增因素。我們已經在體育、科技和社會中看過無數次了。這不是一個巧合；「小團隊的一群個

人」能夠建立很棒的軟體，尤其是當他們可以一起把工作做得很好的時候。所以，是的，針對你作為一個「個人」所做的事情，來培養卓越性，但也要記住，正如我的教練告訴我的，真正的卓越不是看你有多優秀，而是你讓**你周圍的人**變得多優秀。

# 參考文獻

〔 1 〕 Duhigg, Charles. **What Google Learned from its Quest to Build a Perfect Team.** NyTimes.com, 2016.（https://www.nytimes.com/2016/02/28/magazine/what-google-learned-from-its-quest-to-build-the-perfect-team.html）

〔 2 〕 Edge Studio. **Yes and...How Improv Attitude Helps in Many Ways.** edgestudios.com, 2015.（https://www.edgestudio.com/blogs/yes-and-how-improv-attitude-helps-many-ways）

〔 3 〕 Pentland, Alex "Sandy". **The Hard Science of Teamwork.** Harvard Business Review, hbr.com, 2012.（https://hbr.org/2012/03/the-new-science-of-building-gr）

〔 4 〕 Jain, Sachin H. **The Importance of Giving Credit.** Harvard Business Review, hbr.com, 2014.（https://hbr.org/2014/03/the-importance-of-giving-credit）

〔 5 〕 Landsbaum, Claire. **Obama's Female Staffers Came Up With a Genius Strategy to Make Sure Their Voices Were Heard.** The Cut, thecut.com, 2016.（https://www.thecut.com/2016/09/heres-how-obamas-female-staffers-made-their-voices-heard.html）

〔 6 〕 Chira, Susan. **The Universal Phenomenon of Men Interrupting Women.** NyTimes.com, 2017.（https://www.nytimes.com/2017/06/14/business/women-sexism-work-huffington-kamala-harris.html）

〔 7 〕 Snyder, Kieran. **The Abrasiveness Trap: High-achieving men and women are described differently in reviews.** Fortune.com, 2014.（http://fortune.com/2014/08/26/performance-review-gender-bias/）

〔 8 〕 Nass, Clifford; Yen, Corina (2010-09-02). **The Man Who Lied to His Laptop: What We Can Learn About Ourselves from Our Machines.** Penguin Group US. Kindle Edition.（https://www.amazon.com/Man-Who-Lied-His-Laptop-ebook/dp/B003YUC7BI/）

〔9〕 Gleeson, Brent. **Why Accountability is Critical.** Forbes.com, 2016.（https://www.forbes.com/sites/brentgleeson/2016/12/08/why-accountability-is-critical-for-achieving-winning-results）

〔10〕 Jones, Benjamin F. **The Science Behind the Growing Importance of Collaboration.** Kellog Insight, insight. kellog.northwestern.edu, 2017.（https://insight.kellogg.northwestern.edu/article/the-science-behind-the-growing-importance-of-collaboration）

〔11〕 Dweck, Carol S. **Mindset: The New Psychology of Success.** Ballantine Books, 2006.（https://www.amazon.com/Mindset-Psychology-Carol-S-Dweck/dp/0345472322）

〔12〕 **The Rooney Rule.** Wikipedia. Wikipedia.org, 18 March, 2018.（https://en.wikipedia.org/wiki/Rooney_Rule）

〔13〕 Starvish, Maggie. **Better by the Bunch: Evaluating Job Candidates in Groups.** Harvard Business School, hbswk.hbs.com, 2012.（https://hbswk.hbs.edu/item/better-by-the-bunch-evaluating-job-candidates-in-groups）

\*\*\*

# 作者簡介：Kate Heddleston

**Kate Heddleston** 是舊金山的一位作家、軟體工程師、專案主管和 recovering entrepreneur（正在恢復元氣的／想要再獲成功的企業家）。她有電腦科學的碩士學位以及通訊的學士學位（皆主攻人機互動，Human-Computer Interaction）。在不開發軟體或寫有關專案領導力的文章時，她就會在海裡游泳，思考她一直想讀的所有書籍。她的網站：https://kateheddleston.com/about。

# 27

# 想當教練？先喜歡人群吧！

作者：*GeePaw Hill*

發布於：2018 年 2 月 28 日

**小提醒：**這篇文章是我的 Vimeo 影片逐字稿（https://player.vimeo.com/video/257948650），
歡迎大家搭配影片閱讀這篇文章喔！

大家好，我是 GeePaw ！而你正在觀看的是第一支專門針對教練（工作）的 GeePaw 影片。
希望你會喜歡。

想要成為一位成功的**軟體開發教練**，你知道第一個先決條件是什麼嗎？**你必須要喜歡人群。**

你必須喜歡人們。你必須喜歡他們的風格。你必須喜歡他們的反抗。當他們做了「你希望他
們去做的事情」，你必須喜歡他們。當他們不去做「你希望他們去做的事情」，你還是必須
喜歡他們。你必須喜歡人群。

我們之所以進入這個行業，主要是因為我們對一個系統、一種方法、一種技術，或者「某種
東西」，是**非常熱衷**的，而我們想和所有的人分享。

但是我們很容易會陷入某些事情：陷入體制、陷入方法、陷入今天在大樓裡四處蔓延的網路
論戰。然而最重要的是，要銘記在心，所有成功的教練事業，其秘訣就是發自內心地喜歡人
群。

## 我並不是這個意思

現在，在我們繼續討論之前，必須先釐清一些事情。請不要誤解我的意思。我的意思**並不是**

建議你一定要做一個外向的人，也就是一個能從周圍的人身上獲得能量而不是失去能量的人。你不必非得是一個外向的人。

你也**不需要**是一隻會噴射彩虹泡泡的獨角獸，漂浮在蓬鬆綿密的雲朵藍天上，只為了證明，真的，每天都是美麗的一天。

你不必成為這兩種人中的任何一種。我就不是這兩種人中的任何一種，一點也不。但我喜歡人們。我喜歡他們的思考方式。我喜歡他們為了什麼而笑，以及他們為了什麼而哭。我就是喜歡人群。我還能多說什麼呢？

而如果你想成為一名**成功的教練**，你也必須這樣做。現在聽著，我是一位專家／支持者（pro）。我總是能找到一些話來讚美我的每一個團隊，因為這是工作中非常**普遍**和**健康**的一部分。我承認，有時候，真的做得太超過了。『喔，天啊！你們知道嗎，你們所穿的球鞋，比我合作過的任何團隊都還要**帥氣**！』

但說實話，我是真的喜歡人群。

我喜歡知道某某人是如何遇到她的另一半的。我喜歡知道為什麼某某人成為了「技客」（geek）。我喜歡知道他們昨晚在家裡吃飯時發生了什麼趣事？我喜歡知道我的朋友買了許許多多的電腦遊戲，卻從來沒有時間去玩。這些種種，都是我喜歡的**與人們有關的事物**。

**我喜歡人們，因為我們是如此瘋狂混亂，卻還是無法停止努力。**

這就是我喜歡人們的秘訣。這就是我如此喜歡他們的原因。

我們是如此破碎不堪。我是破碎的。你是破碎的。你周圍的每個人都是破碎的。但我們都在努力成為**我們想要成為的人**：做正確的事、善待他人、堅強、快速、聰明……。

這就是為什麼我會這麼喜歡人們的原因。

## 更多的偏愛

讓我問你一個問題。你曾經偏愛過嗎（play favorites）？**你有沒有曾經對別人更溫暖一點，只因為他們是你其中一個最愛？**面對他們，你是不是多了一點寬容？在他們身邊，會稍微興高采烈一點？高興看到他們、樂意聆聽他們、熱切地談論一些和工作沒有任何關係的事？

所以你有任何的偏愛嗎？

很好。

保持下去。更加偏愛。選擇更多的「偏愛」，讓他們成為你的「最愛」。

## 還記得上次嗎？

你還記得當時的感受嗎？當你被**傾聽**時，當你被**關心**時，當你從別人那裡**得到幫助**時，或當你**幫助別人**時，當你被別人**善意地對待**時？

你還記得你感覺多有力量嗎？多麼強大？多麼完整？對於即將來到你面前的挑戰，以及成功戰勝它的可能性，你是懷抱著多麼大的希望？

所以，（學會）欣賞吧。

多多去做。

我是 GeePaw，我說完了！

***

## 作者簡介：GeePaw Hill

**GeePaw Hill** 是一位作家、培訓師、教練、演講者，最重要的是，他是一位沉浸在「敏捷軟體開發傳統」之中的「重度核心電腦怪才」（hard-core computer geek）。他的使命是協助那些相信「創客自己動手做」（makers making）的組織。

# 28

# Scrum 的 3-5-3

作者：*Joe Justice*

發布於：2018 年 8 月 1 日

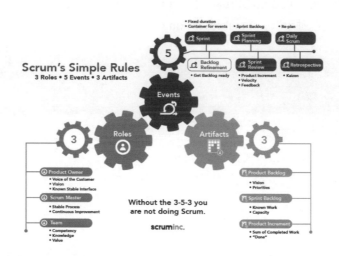

Scrum 團隊若是希望收到與「嚴格的 Scrum」有關的「投資回報」[1]，則應該要有一個「即時的方法」，來檢查他們正在實作的「實踐」：我們是否可以在「現有的高績效團隊」當中，也看到「相同的實踐」呢？為了支持這一點，我鼓勵 Scrum Master 對照「Scrum 指南」及其「**3 個角色**（roles）、**5 個事件**（events）和 **3 個產出**（outputs）」來**自我檢查**。

---

1　請參考 Scott Downey 和 Jeff Sutherland 共同撰寫的《Scrum Metrics for Hyperproductive Teams: How They Fly like Fighter Aircraft》：https://www.agilealliance.org/wp-content/uploads/2016/01/ScrumMetricsAgile2012.pdf

這個簡短的提醒也時常出現在我的課程之中：我希望它能成為一個「快速檢查的工具」，讓一些團隊可以獲得「速度」和「快樂」等好處，就像那些已經實作了「Scrum 的 11 個要素」的團隊所擁有的一樣。

# 3 個角色的重要性

如果一個團隊缺少**產品負責人**（Product Owner），那麼他們必須透過一些其他的方法來確保「待辦清單」（Backlog）有經過清楚的溝通、經過優先排序，並讓「利害關係人」（Stakeholders）對團隊的「實際產出」感到興奮。

如果 **Scrum Master** 的角色消失了，團隊必須確保工作是持續可見且持續 *kaizen*（改善，或持續改進）的，即透過其它的方式推動。

如果缺少**開發團隊**（Development Team），團隊將沒有任何方法來建立高品質的有效產品。

# 5 個事件的商業論述

如果沒有**衝刺計畫會議**（Sprint Planning），團隊將需要另外一種「形式化所有工作的方法」，來直接支援最高優先順序，並確保有一個明確的短期計畫可以執行它。

如果沒有每日站會（**Daily Scrum**），團隊將需要另一種方法來確保高溝通飽和（團隊中的每個人都能針對「最高優先目標」、「建置規劃」，以及「成功所需的約束」等問題，獨立地寫下相同的答案），否則團隊的速度可能會受到影響，因為每個人都根據他們對任務的不同理解在實作。團隊還需要另一種方法來引導正確的方向、實施 *kaizen* 以加速和改進解決方案、建立團隊精神、使障礙顯現，並處理空間或低績效的團隊成員。

**產品待辦清單精煉**（Product Backlog Refinement），或梳理（Grooming），有時也被稱作 Story Elaboration（故事細部化），它並不是 Scrum 中的一個事件；然而，Scrum 指南要求 Backlog 的「最上方」必須是準備好隨時可以進行的工作。在 Scrum Inc.，我們的確需要「精煉」，無論是「每天 15 分鐘」，還是接近衝刺中期的「午餐時間之後的 4 小時」。如果沒有它，團隊會需要一些其他的方法來逐步將「大工作」分割成「小塊的工作」、澄清和轉移任務優先順序、添加驗收標準，並使「待辦清單的最上方」處於一個可立即行動和理解的狀態。

**衝刺審查會議**（Sprint Review）會帶來回饋；如果做得好，會讓利害關係人感到興奮，接下來的工作優先順序會進行調整和改進，並可能帶來「可交付的產品增量」。如果團隊有其他方法來達成這些產出，他們可以超越「衝刺審查會議」。

如果組織對「績效」感興趣，那麼團隊將需要一些方法來建立一些共同的理解：關於工作實際上是如何完成的、是什麼在建立或阻撓它，然後產生一個 *kaizen*（持續改進）來加速交付、增加幸福感，並提高品質。**衝刺回顧會議**（Sprint Retrospective）是一段固定時間間隔內的短時間投入，在這段時間內，上述所有工作都可以完成。

美國海軍 2018 年高效團隊報告中主張，時間盒（time boxing）創造了一個「及早發布」和「迭代改進結果」所需的近期回饋迴圈。Scrum 中的「衝刺」創造了這樣的一種「節奏」，就像專業體育賽事的「韻律」一樣，讓團隊在「預期的力量建設週期」中發揮所長和恢復元氣。沒有節奏的高強度工作是一種心律失常，也會隨著「慢性疲勞」而削弱力量，因為選手沒辦法預測發揮力量的時機。只要導入節奏就可以把「高強度的努力」轉化為運動員「力量」和「能力」的培養，在我看來，在知識工作和生產中也是如此。

我相信，既然這 5 個事件已經經過商業結果驗證了，我想探索一下為什麼 Scrum 的 3 個「產出」值得在每個 Scrum 團隊中嚴格地被檢查。

# 3 個產出的價值

如果沒有社會化的長期計畫，「投資者」就無法與「公司」或「團隊」進行互動；「產品負責人」無法向「客戶」和「利害關係人」簡介即將推出的產品，進而讓他們興奮起來；「團隊」也無法主動「建立職能」或「預期未來的工作以進一步釐清需求」。**產品待辦清單**（Product Backlog）是產品路線圖的最簡單形式，只是簡單地經過排序的任務和目標列表，就能成為團隊得以獲得投資的基礎。

一個有明確的方向（或羅盤）的短期計畫，可以使團隊保持一致，以避免建置任何不必要的東西，並使得「精實開發」可行。在一個「衝刺」的期間內，帶有「衝刺目標」的**衝刺待辦清單**（Sprint Backlog）創造了一個穩定的任務，使團隊可以群聚在一起，交付一些凝聚且有價值的東西。

「潛在的可交付**產品增量**（Product Increment）」使團隊得以快速試驗一個有效概念，更清楚地接收來自「實際使用者」和「利害關係人」的回饋，在過程中更早地請求投資，並盡可

能更早地交付，以獲得早期資本的優勢。

我希望這能清楚地說明，為什麼團隊在「只完成了 Scrum 11 個要素當中的 2 個（通常是產品待辦清單和 Daily Scrum）」的情況下，不太可能達到「Scrum 著名的數倍快速交付」。我並不喜歡嚴守教條式的流程，任何能夠「創造上述 11 個要素的價值」的方法，都可以打造「快速的團隊」和「快速的產品」。即便如此，Scrum 的 11 個要素都是自我強化的（self-reinforcing）：每個要素的「輸出」都是另一個要素的「輸入」，從而形成了一個強健的、甚至是病毒式的系統。

基於這些原因，如果你的 Scrum 團隊沒有遵循 Scrum 指南，也就是沒有執行 3-5-3 和上面所列的「輸入」和「輸出」，那麼為了增進速度，你第一個要排除的障礙就是**讓 3-5-3 重新正常運作**。Scrum Inc. 堅決支持超越 Scrum 的 3-5-3，我們稱之為 *Ri*（「**離**」，也就是精通狀態的 Scrum），前提是 3-5-3 的價值仍然以「另一種方式」實現。請將 3-5-3 視為引導程式（bootstrap），如果在實行時用心注意每個要素的「輸入」和「輸出」，它就能有相當高的成功率，可以建立高績效團隊的「最小可行啟動程式」（minimum viable enabler）。需要注意的是，當然，有可能一間公司裡面充滿了沒有任何績效的 3-5-3 團隊，像是回顧會議之後沒有 *kaizen*、衝刺計畫會議沒有明確的短期計畫、Scrum Master 沒有讓工作透明化等等。這些「僵屍 Scrum 團隊」可以藉由檢查 3-5-3 的「輸入」和「輸出」來捕獲和拯救。請繼續努力！

**小提醒**：Scrum 曾經甚至更簡單，只有 3-3-3。那是田園詩般的時光。Esther Derby 建議將 Sprint Review 捆綁在 Review of the Product 之中（即衝刺審查，Sprint Review），並為 Review of the Process 進行單獨的活動（即衝刺回顧，Sprint Retrospective）。雖然這兩項實踐都被明確地列為最初單一活動的「產出」，但舉行兩項「獨特的活動」幫助了成千上萬個團隊記得檢查「產品」和「流程」。更多資訊請閱讀 Diana Larsen 和 Esther Derby 的著作《*Agile Retrospectives: Making Good Teams Great*》：https://www.amazon.com/Agile-Retrospectives-Making-Teams-Great/dp/0977616649。

\*\*\*

# 作者簡介：Joe Justice

**Joe Justice** 是日本 Scrum Inc. 的 COO（營運長）。他在世界各地擔任敏捷組織的臨時高階主管，為跨國公司帶來了「一半的時間、兩倍生產力」。他的團隊保持了 4 項世界紀錄。他是一位 TEDx 演說家，也是麻省理工學院和英國牛津大學的客座講師。截至目前為止，他曾出現在《富比士雜誌》7 次（包含獲選為 Forbes Billionaire Club「Company to watch」的潛力企業家）。他的名字也出現在諸多平裝／精裝出版品的參考文獻當中（超過 5 次）。Discovery 頻道也曾播出關於他的迷你紀錄片，介紹他如何建立「有紀律的 Scrum@Hardware」，以及如何直接與 Scrum 的共同創造者傑夫‧薩瑟蘭（Jeff Sutherland）博士一起工作。

Joe 曾與這些組織合作（在這些領域之中工作）：前 3 大軍事和國防承包商、自動和智慧型道路科技、超輕型結構等等。他曾是加州大學柏克萊分校和麻省理工學院的客座講師。他也曾代表卡內基美隆大學、科羅拉多大學丹佛分校、華盛頓大學。他曾在 Google、Microsoft、Zynga、Lockheed Martin、HP Labs、The Royal Bank of Canada、Pictet bank 等企業演講。Joe 的作品（事蹟）曾在《富比世》、《哈佛商業評論》、《CNN Money》、《Discovery 頻道》等媒體上出現。

# 29

# 戰場：敏捷與瀑布交戰之處

*作者：Erkan Kadir*

發布於：2018 年 12 月 4 日

你正以某種身分領導著「敏捷軟體交付團隊」：你可能是 Scrum Master、產品負責人或經理。你的團隊一直努力遵守《敏捷宣言》，而你為他們定期建置和發布軟體的能力感到自豪。你相信，由於你的團隊比以前更快地學習和適應不斷變化的市場條件，業務會變得更好。不幸的是，隨著「敏捷」和「現狀」之間的差異變得越來越明顯，你的工作變得越來越具有挑戰性。你的團隊越「敏捷」，你就越容易與組織的其他團隊產生**摩擦**。

比如說，當產品團隊要求你提交「年度路線圖」（annual roadmap）時，你表示反對，因為你更看重**應對變化**的能力，而非只是「遵循計畫」。銷售團隊對於你的團隊如何快速地「戰略轉向」（pivot）並不滿意，因為他們就是使用「年度路線圖」來完成交易的。架構師感到被排擠，因為你相信最好的架構來自「自組織的團隊」。利害關係人因為「里程碑」不斷變化而受挫。高階主管們相信你的團隊無法兌現承諾，並要求更多的「可預測性」。

你意識到，你正跨步站立在**兩個非常不同的世界**的邊緣；為了適應，你開始以「稍微不同的方式」對待這兩個世界。你的用詞隨著你的聽眾而改變：工程師的「故事點」和「Spikes」與業務團隊的「T 恤尺寸」和「專案交付日期」相互競爭。你在團隊中利用「敏捷原則」，然後透過填塞「團隊的估算」，來對業務做出長期承諾。當專案計畫需要改變，當你必須告訴業務團隊這些承諾終究不會實現時，這將是一場困難的對話。你的團隊在兩套完全不同的「價值觀」、「語言」和「期望」之下運作。「誤解」、「被動型攻擊」和「全面開戰」等行為俯拾皆是。

如果這聽起來很耳熟，你可能正處於「戰場」（War Zone），即每個組織中「敏捷」和「瀑布」相遇的地方。如果放著不管，「戰場」會變得更加激烈，並威脅到你組織的成功。有一些策略，將有所幫助。

## 方法之間的根本差異

組織中的「敏捷」和「非敏捷」部分都是立意良善的：啟動新的計畫，並配合一個必須在規定時間之內完成的共同目標。不幸的是，由於新產品開發本質上的**不可預測性**，「敏捷主義者」和「非敏捷主義者」都沒有找到如何「按時交付」的方法。雙方在**應對**這些「無法避免的時程變化」時所採用方法，其根本上的差異，無疑助長了戰區的混亂。

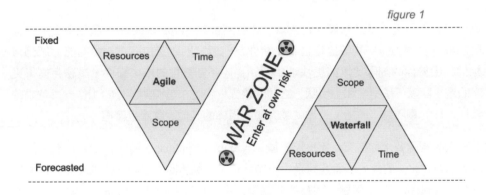

figure 1

一方面，我們有**敏捷主義者**，他們遵循《敏捷宣言》制定的價值觀和原則。他們認為「環境」和「技術」是不可預測的，所以他們儘量減少計畫活動，並透過「迅速的實驗」來產生解決方案。當一個「里程碑」顯然無法實現時，敏捷主義者的反應是在約定的日期**前盡**可能地解決潛在的業務問題，並**延後**產品最沒有價值的功能。敏捷主義者持續性的內建**品質**和**工作整合**，讓他們在任何時候交付他們已經準備好的任何價值。他們反對透過增加人力來嘗試加快速度，因為他們認為，對一個已經延遲的軟體專案增加人力，只會使它更晚交付[1]。

---

1　請參閱 Brooks's law：https://en.wikipedia.org/wiki/Brooks%27s_law。**編輯注**：讀者也可以參考「國家教育研究院」的詞彙解釋（http://terms.naer.edu.tw/detail/1273722/）。

另一方面，我們有那些遵循著傳統專案管理原則（一般來說是**瀑布式**）的人。他們透過「控制環境」和「盡可能地掌握變數」，來降低風險。他們重視「分析」和「規劃」單一最佳解決方案的專業知識。他們透過批次進行來提升效率，在專案結束時「整合」和「測試」所有規劃的產品功能。在這種**全有或全無**的方法中，為了回到正軌而放棄功能通常是不可行的。因此，瀑布式開發的實踐者將集中精力，增加人員並使專案加速前進，或爭取延後專案的交付日期。

## 每個組織都必須在戰場之中導航

Version One 的最新敏捷狀態報告（State of Agile Report）顯示[2]，全球 97% 的軟體公司採用敏捷方法，而 84% 的公司處於或低於「還在成熟中」（still maturing）的水準。換句話說，**敏捷混合瀑布**是一種常態，而我們可以預期，在世界上幾乎所有的軟體公司當中，都能找到一個「戰場」。

一個組織實施「敏捷」的時間長度，可以有效指出「哪裡」可能會是「戰場」。例如，在基層採用中，在除了工程部門之外的所有部門都還不知道「敏捷」之前，幾乎可以保證會出現「戰場」。即使在成熟的敏捷組織中，「戰爭」也會突然爆發。例如，當「指揮控制型的領導者」被指派與敏捷團隊一起工作時、當「敏捷專案的交付」必須透過 PMO 進行管理時，甚至當組織開始銷售「還不存在的產品」時，就會出現「戰場」。

高度配合的組織或許可以成功地將「戰場」從他們的環境之中完全排除；可是當「專案」被期望在「規定的時間」之內完全按照「需求」交付時，又會發現，「戰場」已出現在他們與客戶或供應商之間了。

## 我們需要彼此

沒有一種方法比另一種更好。敏捷方法和瀑布方法都適合解決某種特定的問題。敏捷實踐適合解決具有**高度不可預測性**的問題，而瀑布則**正好相反**。敏捷思維和瀑布式方法對組織來說都是必要的，但是組織常常不瞭解什麼時候該在什麼地方應用哪一種方法。對這兩種方法的「誤解」，讓人無法賞識這兩種方法能為組織帶來的價值。贏得戰爭並不意味著完全壓制一

---

2　https://explore.versionone.com/state-of-agile/versionone-12th-annual-state-of-agile-report

方或另一方：敏捷和瀑布都將繼續存在。學會如何平衡這兩種方法，同時在兩方的邊界上發展強大的關係，組織就能盡量減少甚至終結「戰場」。

# 要軟體，不要戰爭！

這裡有一個 **6** 步驟的框架，你可以用它來重新控制你的「戰場」。

1. **評估**（Assess）：「戰場」在你組織中的什麼地方？垂直於組織中的各個層級，還是水平於各個部門之間？衝突有多嚴重？像 Speed Lee 的 Five Levels of Conflict（即「衝突的五個等級」）這樣的框架，可以幫助確定「戰場」的嚴重程度：https://dzone.com/articles/agile-managing-conflict。

2. **集結**（Assemble）：集合在「戰場」兩邊紮營的人們和他們的觀點，以便談判和平條約。

3. **正規化**（Normalize）：讓雙方的人都知道，每個組織都有「戰場」，衝突是正常的。他們所經歷的衝突來自於各方技能組合的多樣性，這些技能對一個強大的組織來說都是有價值且必要的。

4. **教育**（Educate）：
   ➡ 你的組織和員工是有適應能力的。一旦他們意識到「戰場」，他們自然會選擇一種更有技巧的互動方式。
   ➡ 教導這兩種方法的差異。
   ➡ 讓雙方開誠布公地討論他們的價值觀、信仰和期望。
   ➡ 要求人們去尋找另一方的「有價值之處」；是什麼樣的獨特技能，讓他們更喜歡自己這邊一點？
   ➡ 展示「戰場」必須付出的成本。如果他們把這些精力**向外**集中在競爭對手身上，而不是**向內**集中在彼此身上，這樣更好，不是嗎？

5. **和平談判**（Negotiate peace）：為雙方如何溝通制定一個計畫，並把它寫下來，貼在顯眼的地方作為提醒。它應該包括：

➡ 一組雙方都會使用的常用字詞。

➡ 何時以及多久一次進行狀態交流。

➡ 他們如何對彼此的做法表示尊重。

➡ 如何應對計畫中「不可避免的變化」，並達成一致的策略。

6. **讓它持續**（Make it stick）：利用海報或貼紙等協助，讓人們記住他們想要如何與對方相處。

在你的組織中，瀑布和敏捷在哪裡相遇？衝突有多嚴重？對你的業務有什麼影響？你又會怎麼做呢？

\*\*\*

## 作者簡介：Erkan Kadir

**Erkan Kadir** 是 Superheroes Academy（超級英雄學院）的共同創辦人之一，這是一個旨在提高全世界敏捷實踐者技能的培訓組織。他是 Scrum Alliance Certified Enterprise Coach（CEC）、Certified Team Coac（CTC）、Certified Organization and Relationship Systems Coach（ORSCC）以及 IC-Agile Certified Coach（IC-ACC）。Erkan 利用 15 年的軟體開發、管理和領導組織的經驗，協助各式各樣的客戶成長：從團隊、組織到家庭系統。寫信給他：kadire@gmail.com 或 https://www.superheroes.academy/。

# 30

# 估算 Spike 大小？

作者：*Vamsi Krishna Kakkireni*

發布於：2018 年 7 月 23 日

敏捷世界對於**是否應該估算 Spike** 的大小是有分歧的？嗯，這沒有絕對正確或錯誤的答案，但以下是一些有助於理解關於「是否該估算它」的因素。讓我們看看它的本質是什麼，以及圍繞它的各種觀察和支持言論是什麼吧。

**Spike story**（試探性使用者故事）：旨在**解決某事**或回答某些問題或收集資訊的故事，而不是產生可發布的產品。**通常，Spike** 用於研究、設計、調查、探索和原型設計（prototyping）等活動。

## 估算 Spike 故事的理由

1. **表揚團隊**（Give credit to）所做的工作。因為完成一個 Spike 也需要一些努力。

2. 我們只是做了一個**粗略**的估算，它只是為了進行發布計畫。

3. 有了 Spike 之後，團隊就能增加自身的知識。下一次，他們會使用這些知識，對「其他類似的故事」的估算也會變得相對較小。

4. 由於我們不能無限期地進行下去，所以在 Spike 上的努力應該有**時間限制**。估算 Spike 大小是一門藝術。我們需要對**未知**和**風險**進行腦力激盪。

5. 我們只是為了**容量規劃**（capacity planning）而估算，稍後我們將其從**產出速度計算**（velocity）中刪除。

# 不估算 Spike 故事的理由

1. 不想讓**產出速度**（velocity）膨脹。

2. 它不會給客戶帶來任何直接的價值，它所提供的只是其他工作的**一個可能解決方案**。

3. 我們對**未知**的東西沒有把握。

4. 我們無法相對地估算它的**大小**，因為我們不能與其他的 Spike 做比較。

# 一些可以幫助你的建議

- 讓我們考慮一個例子吧：「如果技術 XYZ 可以擴展一百萬個使用者」。在這種情況下，最好**估算 Spike 的大小**，因為它將與「產品待辦清單」中的任何內容**無關**。這裡我們不會因為同一件工作得到兩次功勞。我建議**只**針對這種情況估算大小。

- 想像另一個場景吧：某個團隊正在為 PoC 建立一個 Spike 故事，他們正在嘗試不同的選項，而團隊選擇了其中一個選項作為解決方案。如果你決定**估算這個 Spike 故事，那就不要估算另一個故事**，只要它不會花費太多精力。（因為沒有未知、沒有風險、沒有複雜性，且完成實際故事所需的工作量非常少：而這是為了避免**雙重功勞**（double credit）。）

- 假設你有一個「設計 ABC 元件」的 Spike，然後有一個「產品待辦清單」的項目是「開發 ABC 元件」，那麼，在這種情況下，**請不要估算 Spike 的大小**，因為那相當於**重複計算**了「工作所獲得的點數」。

- 每一個使用者故事都有一些風險、複雜性，未知／不確定性。這並不代表我們要為每一個使用者故事建立一個 Spike。所以，針對我們是否真的需要一個**獨立的 Spike** 進行腦力激盪。對自己誠實。

- 讓包括利害關係人在內的所有人，對於一個 Spike 的**目的**有一致的理解，並在一開始就進行溝通（即「**我們是否要估算？**」），使期望和承諾更明確。建議不要玩弄它，例如：只估算幾個 Spike 而不估算另外其它幾個。**一致性**是關鍵。

- 不管估算如何，Spike 都是有**時間限制**的。因此，最好是在衝刺（Sprint）**中期**進行一次審查，並討論我們能否在給定的時間範圍內（即在「衝刺」內）找到解決方案。如果它蔓延到下一個衝刺，這也沒有錯。（這取決於複雜性和未知數。）

不管怎樣，認可**從 Spike 中學習到的東西**是很重要的。**再次強調**，這沒有正確或錯誤的答案。但是，請務必小心，留意你是否有博取「重複的功勞」（claiming double credit）。

\*\*\*

## 作者簡介：Vamsi Krishna Kakkireni

**Vamsi Krishna Kakkireni** 是一位敏捷愛好者，擁有 12 年以上的 IT 經驗。他是一位部落客，同時也扮演了許多角色：Scrum Master、專案負責人、開發人員、測試人員和業務分析師。Vamsi 擁 有 PSM1、DevOps（CDP）、KMP1、SAFe（SA）、SSGB 和 Pega CSA 等 認證。他對 Scrum Master 這個角色充滿熱情，喜歡透過參與、參加會議來和敏捷者們建立聯繫。他的目標是透過啟發「敏捷力」來協助組織建置「出色的產品」。

他最近在印度 Regional Scrum Gathering 的 Open Space Session 上，發表了演說《*Agile for Customer Delight, It's neither B2B nor C2C but it's H2H*》。你可以透過部落格（https://agileenthusiast.com）或 LinkedIn（https://www.linkedin.com/in/vamsikrishnakakkireni/）聯繫他。

# 31

# 如何建置自己的 Spotify 模型

作者：*Jurriaan Kamer*

發布於：2018 年 2 月 9 日

現在是 2011 年初，你是 Spotify 的 CTO。你在下著雪又昏暗的斯德哥爾摩（Stockholm）的一間咖啡館內，凝視著窗外。這是令人驚奇的一年。你的公司以「前所未有的速度」獲得顧客的青睞，而且你正在越來越多的國家發展業務。然而，Google 和 Apple 正迎頭趕上。問題不是他們是否會推出自己的音樂串流服務，而是**何時**。為了生存下來，Spotify 必須成為一間真正的全球企業。

你必須這樣做，同時也必須搞懂音樂串流業務實際上是如何運作的。顧客真正想要的是什麼？什麼會讓他們願意付錢？你需要做些什麼，來說服別人不再購買 CD 或 MP3，而是願意為每月的串流訂閱服務付費？

我們需要比競爭對手更快地創新、實驗和學習。

為了在全球規模做到這一切，你必須讓你的工程團隊成長。去年，將你的團隊從 10 人增加至 100 人是一項巨大的挑戰。有些人預測，你甚至可能需要再吸引 1,000 名工程師來完成這項工作。你感覺被淹沒了。你如何才在全球吸引到**帶有正確心態**[1]的正確人才呢？

管理一個 100 人的團隊已經夠複雜了。但是，如果你進一步發展，又該如何保持敏捷？如何保持迄今為止帶來成功的新創公司文化，同時避免成為一個遲鈍的官僚機構？

## Spotify 的組織設計

又過了兩年，公司現在有 1,500 萬名客戶。工程團隊的規模擴大了兩倍，達到 300 人。許久以來人們最關切的一個挑戰是，『我們有 30 個團隊，如何確保我們建置的是一間對顧客**有意義的城堡**，而不是一堆沒人喜歡的 30 塊磚頭？』

這些團隊已經開始實驗一種**規模化的模型**[2]，使用小隊（Squads）、分會（Chapters）、公會（Guilds）和部落（Tribes）來實現「最小可行官僚體制」（minimum viable bureaucracy），並在「高度自治」和「高度配合」之間取得平衡。

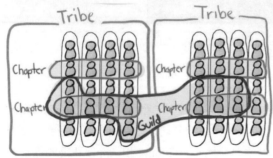

圖片來自 Spotify Engineering Culture：https://spotifylabscom.files.wordpress.com/2014/03/spotify-engineering-culture-part1.jpeg

不過，這種結構只是拼圖的一部分。透過一些工作坊，敏捷教練提出了一套以**自治團隊**為核心概念的組織設計原則。這個《敏捷宣言》的擴充被稱為 **Agile à la Spotify**[3]，並被印在辦公室的牆上：

---

1　《Failure & Cake: A Guide to Spotify's Psychology of Success》：http://blog.idonethis.com/spotify-growth-mindset/
2　https://blog.crisp.se/wp-content/uploads/2012/11/SpotifyScaling.pdf
3　https://labs.spotify.com/2013/03/20/agile-a-la-spotify/

- **持續改進**：在 Spotify，我的部分工作是尋找「持續改進」的方法，無論是對個人還是整個組織。

- **迭代開發**：Spotify 信仰「短的學習週期」，如此一來，我們就可以儘快驗證我們的假設。

- **簡潔性**：「規模化（Scaling）我們所做的」是 Spotify 成功的關鍵。在規模化期間，簡潔性應該是你的嚮導。無論是我們的技術解決方案，還是我們的工作方式或組織組成方式，皆是如此。

- **信任**：在 Spotify，我們相信我們的員工和團隊能夠對他們的工作方式和工作內容做出明智的決定。

- **僕人式領導**：在 Spotify，經理們專注於教練式指導、輔導和解決障礙，而非指使他人應該做什麼。

# 完全自主是一種取捨

讓我們快轉到 2018 年初吧。Spotify 在 61 個國家擁有 1.4 億使用者。Spotify 已宣布進行 IPO，估計市值 200 億美元。工程和研發部門現在有 180 個團隊和 1,800 人。也就是說，Spotify 的員工總數超過 3,500 人：該組織已不再是新創公司，而是一家全球性企業。

許多事情的進展都很順利。他們的文化以「高度授權和信任」著稱[4]，注重個人發展，並以「使命感」見稱。團隊被充分授權來完成他們的任務，並有獨立行動的自由。但是正如

---

4 https://agilewarrior.wordpress.com/2017/11/21/the-spotify-playbook/

Joakim Sundén 所指出的，它離「敏捷天堂」還很遠[5]。

在 Spotify 工作最棒的是什麼？在 Spotify 工作最具挑戰性的是什麼？這兩個問題的答案
是一樣的：**自主權**（Autonomy）。　—Joakim Sundén

管理 180 個自治的團隊感覺就像在**放養貓咪**，尤其是涉及跨團隊專案的時候。

舉一些最近的例子吧：實作 SOX 法規來支援 IPO、跟上最新的隱私法律，以及將所有的基
礎設施轉移到 Google Cloud。此外，由於對架構和技術的標準缺乏關注，將平台規模化以
支援其不斷增長的使用人數，這件事已變得非常具有挑戰性。

由上而下地實作這些計畫在 Spotify 的文化之中是行不通的。一個團隊可以直接說『我不想
做這件事』，且需要被「引誘」，才能同意給予這些優先權。

多年來，缺乏「中央計畫」和「標準化」幫助實現了超高速、超高成長和超水準的創新。但
它讓某些事情變得困難許多，而在更傳統的組織，這些事情則相對容易。

時間將告訴我們 Spotify 將如何繼續發展。這是一個在**做對的事**、**把事做對**和**快速做事**之間
取得平衡的挑戰。

## 不要複製模型

身為敏捷組織設計師，我們一直在密切關注 Spotify。多年來，我們多次拜訪他們的辦公
室。這是一間很棒的公司，有許多事情可以向他們學習。我們尤其喜歡「工程文化的影
片」，它激勵了成千上萬的人們開始升級他們的組織（影片分為兩部：https://labs.spotify.
com/2014/03/27/spotify-engineering-culture-part-1/ 和 https://labs.spotify.com/2014/09/20/
spotify-engineering-culture-part-2/）。

然而，如果你正在考慮實作 **Spotify 模型**，請三思。你的組織正在打造一個音樂播放器嗎？
你的組織是否仍在嘗試探索其商業模式？你的組織是否面臨高速成長？『快速行動，打破常
規』適用於你的產品嗎？也許以上皆是。然而或許並非如此。

---

5　請參閱《How things don't quite work at Spotify...and how we're trying to solve it》：http://www.agileboston.org/
wp-content/uploads/2016/05/Spotify-talk-Agile-Boston.pdf
以及《The Spotify Model is No "Agile Nirvana"》：https://www.infoq.com/news/2017/10/spotify-agile-nirvana/

當人們複製「Spotify 模型」時，往往是透過由上而下的指令，而沒有仔細思考需要什麼樣的「文化」和「領導力」才能使它成功。通常，現有的階層結構被更改為「新的、靜態的矩陣藍圖」（即使矩陣被標記上小隊、分會和部落），而非發展成一種「持續參與變化的文化」。這將不可避免地使事情變得更糟。甚至在 Spotify 工作的人也建議**不要複製**他們的模式[6]。

請不要誤解我們的意思：為了在組織中實現敏捷力，我們的確建議您放棄由上而下的管理，將精力集中在授權給「有能力的團隊」上。但是，複製既有模式並相信你的問題也會被解決，是短視又天真的想法。

　Spotify 的工作方式中，唯一有效的，就是把 Spotify 的音量開到最大，然後跳舞。

—Erwin Verweij

---

6　請參閱《Don't Copy the Spotify Model》：https://www.infoq.com/news/2016/10/no-spotify-model/ 以及《Thoughts on emulating Spotify's matrix organization in other companies》：http://blog.kevingoldsmith.com/2014/03/14/thoughts-on-emulating-spotifys-matrix-organization-in-other-companies/

# 發展你自己的組織模型

正如新創公司總是關注於尋找「產品－市場契合點」（product-market fit），我們認為你應該開始一段尋找你的「**組織－環境契合點**」（organization-context fit）的旅程。Spotify 就做到了這兩點。

我們喜歡這句話，它是我們信仰的核心：

> 不要試圖借用智慧，要自己思考。面對你的困難，思考，思考，再思考，然後自己解決你的問題。苦難和困難提供了變得更好的機會。成功是永不放棄。　—大野耐一

那麼，如果你想獲得敏捷、速度和創新，你能做什麼呢？該從哪裡開始呢？

首先，問問你自己：你是否清楚，你想要用一個「新的組織模式」，**來解決什麼樣的問題？**如果可以，找出一些需要改進部分的可測量指標。

不僅要讓你的領導團隊參與進來，還要讓組織中各式各樣的人們參與進來[7]；收集想法，並共同建立**理想未來狀態**的願景。一個很好的問題是：是什麼阻礙了你做出人生當中最好的成果？

不要忘記**賞識**（appreciate）那些進展得很順利的東西，並決定什麼是你絕對想要保持下去的。

從各式各樣的未來工作實踐和公司之中取得靈感。看看不同的**自組織模式**，如何契合不同的**規模和風險**環境。超越 Spotify，甚至**超越敏捷**，來獲得整個組織的敏捷力[8]。

找出你需要升級的**主要能力**，以及它們在組織中的位置。OS Canvas 是這個練習的實用工具。（請參閱本書第 38 篇文章第 250 頁，以及 Aaron Dignan 的文章《The OS Canvas: How to rebuild your organization from the ground up》：https://medium.com/the-ready/the-os-canvas-8253ac249f53。）

---

7　請參閱《Bol.com — the Agile Journey so Far — Part 2: Involving everyone!》：https://medium.com/@roygielen/bol-com-the-agile-journey-so-far-part-2-involving-everyone-1d9fb00d55a4
8　請參閱 Aaron Dignan 的文章《How to Choose a Model of Self-Organization That Works For You》：https://medium.com/the-ready/how-to-choose-a-model-of-self-organization-that-works-for-you-c093b5305712
以及本文作者 Jurriaan Kamer 的另一篇文章《Beyond Agile: Why Agile Hasn't Fixed Your Problems》：https://medium.com/the-ready/beyond-agile-why-agile-hasnt-fixed-your-problems-aabdde9b5ef8

設計並開始一些**試驗／前導**（Pilot）計畫，來幫助你嘗試新的工作方式，讓你快速瞭解它是否適合你的具體情況。擴展有前途的計畫。中止那些不能產生你想要的效果的。為你的組織打造「不斷嘗試新行為」並從這些實驗中「學習」的能力。

最終，當你花時間和精力開發自己的作業系統時，使用 Spotify 模型作為一個「什麼是有可能」的靈感來源，而不是你的系統最終可能會是什麼樣子。在設計、測試和發展你自己的模型時，盡可能地海納百川。不要進行大爆炸的改革，不要讓它成為一種新的、靜止的目標作業模型，而是要建立持續參與改革的肌肉[9]。

不要只是「做」Spotify 的模型，請「做」一個屬於你自己的模型吧！

**小提醒**：本文的合著者是我在 The Ready 的朋友 Roy Gielen（敏捷推動者、Ctree 的培訓師和教練）。

***

---

9 https://www.teamcoachingzone.com/aarondignan/

## 作者簡介：Jurriaan Kamer

**Jurriaan Kamer** 是一位組織設計師、轉型教練、作家和演說家。他是 The Ready 的合夥人，這是一間關注未來工作的「組織設計及轉型」的機構。透過 The Ready，他協助領導者將他們的組織從「導致延遲的規則、習慣和思維模式」之中解放出來，使工作更快、更敏捷、更人性化、更有趣。他定期就自己的經歷和實踐案例進行演講和工作坊，以激勵和灌輸變革。

他最近出版的新書《*Formula X: How to reach extreme acceleration in your organization*》（www.formula-x.co）是一本關於速度、領導力和組織變革的商業小說，靈感來自 Jurriaan 對 F1 賽車的熱愛。

Jurriaan 的網站：www.jurriaankamer.com；他的 LinkedIn：https://www.linkedin.com/in/jurriaankamer/；他的推特帳號：@kajurria。

# 32

# 照料你的思維

作者：*Madhavi Ledalla*

發布於：2018 年 4 月 9 日

## 情境描述

某個慵懶的週日早晨，當我在為花園裡的植物澆水時，發現了一些小蟲棲息在葉子上。起初我不以為意，心想它們會自己消失吧。然而不到一週的時間，我發現整株植物被蟲了吃得幾乎快要死去。

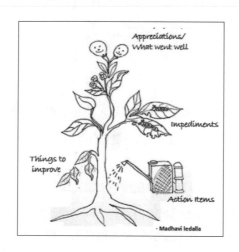

我們的工作在早期也可能會出現類似的威脅信號，只是通常我們會傾向忽略，並相信不需要立即處理它們。但在協同合作的工作環境當中，任何一個「無人看管的小問題」，最終都可能拖慢整體價值鏈。

這肯定提醒了我們在日常工作上遭遇的一些情境。多數時候，我們看著眼前的阻礙，卻選擇忽略它們，只因為我們相信它們沒有急迫性。然而，這些阻礙終究會成為整個專案的主要風險；原本可以避免的問題最終卻變得無可救藥。這些狀況之於敏捷團隊尤其貼切，因為「協同合作」是敏捷生命週期健全的關鍵，任何一個「無人看管的小問題」，最終都將拖慢整體價值鏈。

## 照料你的思維

在那之後的某一場自省／回顧會議，我嘗試引導團隊，並在白板上畫了一株植物，然後說道：『請看！這株植物就是我們的專案，然後我想要大家做以下的事……』

想像一下，所有的瓶頸就如同飢餓的蟲子，牠們正在吃掉葉子！若不解決就會逐漸吞噬我們。這就像是在照料花朵，我們得先找出真正有用的最佳方法，先持續在這些方法上下功夫。接著，我們必須共同體悟出必要的執行項目，即我們想透過哪些不同的做法，讓大家保持在正確的軌道上。這就好比我們會如何選擇對植物施肥與使用農藥。最後，找出可能需要改善的部分，就像我們會注意並關照下垂的葉子一樣。

## 操作方式

在白板上畫一株植物，讓你的團隊將它比作專案，然後引導以下步驟：

1. 將所有的瓶頸想像成**飢餓的蟲子**；如果我們沒有考慮如何處理它們，它們將危害專案，並吃掉所有的葉子。

2. 找出目前有效的最佳方法，並持續在這些方法上下功夫，就如同我們**照料植物**一樣。

3. 共同體悟出執行項目，即我們想透過哪些不同的做法讓專案保持在**正軌**上，以確保專案順利進行。（就像給予植物必要的**肥料**與**農藥**一樣。）

4. 找出我們認為**尚待改善**的區域，就像我們會注意並關照下垂的葉子。這將幫助我們擬定良好的討論基準。

# 材料

一個大的白板或一張大的海報紙、三種顏色的便利貼，還有麥克筆。

***

## 作者簡介：Madhavi Ledalla

**Madhavi Ledalla** 是位於印度 Hyderabad 的敏捷教練。Madhavi 是「視覺化」的擁護者，且堅信『一圖勝千言』（A picture is worth a thousand words）。這啟發她研究、建立並實驗「協作的框架」，這是一種巧妙的指導技術，可以建立「輕量的結構」，來吸引團隊參與，以幫助他們探索和發現他們的宇宙。

她非常熱衷於為團隊和領導者提供量身定制的研討會。她的業務包括在各種敏捷框架中進行訓練和指導。她曾擔任 Scrum Master、敏捷教練、專案經理和技術專家等多種角色。她介紹了傳統方法和敏捷方法的觀點。她是區域和全球敏捷會議的演講者、審稿人和籌辦者。

她偶爾會在部落格上發表文章：https://lmadhavi.wordpress.com/。

# 33

# 為什麼你應該重視自我覺察？

作者：*Kate Leto*

發布於：2018 年 6 月 4 日

**在商業、家庭和生活當中，最大的成長機會就是覺察（awareness）。**
**—艾倫·穆拉利（Alan Mulally），前福特汽車公司 CEO**

2006 年，Alan Mulally 接任陷入困境的福特汽車公司總裁兼 CEO。福特作為美國頂級汽車公司之一的輝煌時代已經過去，公司已陷入 170 億美元的虧損。雖然戴姆勒（Daimler AG）、雷諾（Renault）和日產（Nissan）等知名同業領袖拒絕了擔任福特最高職位的提議，但 Mulally 卻義無反顧地選擇跳槽加入福特汽車。

才短短 5 年多的時間，福特公司的利潤達到 200 億美元，也是免於美國政府紓困的唯一一家汽車公司。

**Mulally 成功的秘訣是什麼呢？** 你也許會指出，這是因為他與工會談判的新合約降低了成本，並提高了組織效率；又或者是他提出的強大願景，增強了利害關係人的價值。

但是，當被問到扭轉局面的關鍵時刻，Mulally 說，這是由於高階管理團隊能夠「自在地與他相處、進而開始**說真話**」的緣故。當這個高階管理團隊意識到可以依靠「他和團隊成員的力量」來度過看似無法克服的難關時，轉變就真正開始了。

組織心理學家 Tasha Eurich 在她的著作《*Insight: The Power of Self Awareness in a Self-Deluded World*》[1] 當中，調查 Mulally 致力於推動「自我覺察」文化的動力；他的動力歸因於早期的工作體驗，當時他任職於波音公司（Boeing），團隊中一位他最欣賞的成員突然離職。那一刻，彷彿被閃電擊中般點燃了他的熱情，促使他想更了解自己，以及自己對他人的影響。

## 到底什麼是自我覺察呢？

像 Mulally 這樣優秀的領導者，讓「自我覺察」看起來似乎很容易，但他們是在自己身上下了極大的功夫，才達到如此的成就。為了理解這到底是什麼樣的工作類型，讓我們從「自我覺察」的基本定義開始談起吧。

Eurich 將「自我覺察」（self-awareness）定義為：

> 一種能夠認清自我的能力：了解我們是誰，了解別人如何看待自己，以及將我們自己融入世界的能力。

我喜歡 Eurich 提出的定義，因為它突破了「自我覺察」在傳統思維上的界限；傳統的思維往往側重於「自我的**內在研究**」，例如：我們如何思考、感覺和行動，卻甚少關注我們的行為如何影響他人。

Eurich 的方法是更多維的（multi-dimensional），兼容並蓄來自「**外在世界**」的回饋（例如：合作夥伴、團隊或是你工作的組織），以實現對自身更全面的檢視。如此一來，「外在世界」將成為「自我覺察」的動能。

## 自我覺察的商業案例

神學家和哲學家聖奧古斯丁（St. Augustine）說過：

> 人們遨遊四海一探巍峨之高，狂瀾之巨，長河之雄，汪洋之闊，繁星之律動；但人們對於自身的探索卻無動於衷。

---

[1] https://www.amazon.com/Insight-Power-Self-Awareness-Self-Deluded-World/dp/1509839623

對某些人來說，「自我覺察」這個概念可能太「敏感」了，以至於不會去思索（甚至去閱讀）。但對於那些確實花時間專注在「提高自我覺察」的人來說，好處可以是生命的改變——對你和你周圍的人皆是如此。

就我的經驗而言，身為一個多年來持續學習「自我覺察」的學生，我可以說，這種經歷有時可能會讓你感覺自己像是走在一條**永無止境的道路**上。然而，到目前為止，在個人和專業上的成果都讓我覺得超值。雖然我還需要更充分地了解我自己，以及我的行為如何影響別人，但我更快樂、更健康，基本上就是感覺更好、更有自信了。這是一個持續**行動**（action）、**反思**（reflection）和**整合**（integration）的過程，我非常珍視它，現在更嘗試協助他人把「自我覺察」帶入生活之中。（是的，它與我們每天都在使用的**建立－評估－學習循環**（build-measure-learn cycle）非常類似！）

**Building Self Awareness**

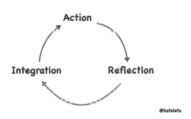

資料顯示，自我覺察的路上，我並不孤單。研究指出，有了更強的自我覺察，我們更加意識到自己的「長處」和「短處」，幫助我們做出更好的決定、更有創造力、建立更好的關係、更加有同情心、更善於溝通，且經常得到更多的升遷機會。難怪 Eurich 會稱「自我覺察」為「我們這個時代的統合技能」（meta skill of our time）。

若你對企業的盈虧資訊更感興趣，可以查閱這篇由 Korn Ferry Institute 的兩位分析師 David Zes 以及 Dana Landis 所撰寫的文章：《*A Better Return on Self-Awareness*》[2]。這份白皮書分享了從 2010 年 7 月至 2013 年 1 月，來自 486 家上市公司，總共超過 30 個月的資料，其呈現了「自我覺察」與「業務績效」之間的關聯性。根據 Zes 以及 Landis 的研究指出：

---

2 https://www.kornferry.com/institute/better-return-self-awareness

- 報酬率（rate of return，ROR）較高的上市公司，亦雇用了「自我覺察」水準較高的專業人士。

- 與報酬率穩健的公司相比，表現不佳的公司，整體來說，其員工擁有「低自我覺察」的可能性高達 79%。

*Self-awareness is not a soft skill, a nice-to-have. It's playing out in your bottom line. This is about leadership effectiveness.*

- Dana Landis
Korn/Ferry Institute

「自我覺察」並不是一種軟技能，它也不是可有可無的技能。它影響的是你事業的盈虧。它代表的是領導效能。

對照上述「自我覺察」為「企業盈虧」所帶來的影響，就無須訝異你團隊感受到的影響會更直接。根據 Eurich 的說法，「缺乏自我覺察的員工」會導致：

- **降低團隊績效**，使決策品質平均降低 36%

- **傷害協同合作**，使協調能力降低 46%

- 製造超過 30% 的**衝突**

## 你認為你有「自我覺察」嗎？

根據 Eunich 的研究，95% 的人認為他們有「自我覺察」，但實際數字卻只接近 10% 到 15%。Hay Group Research 對全球 17,000 人進行的另一項研究顯示，受訪者當中，只有 19% 的女性和 4% 的男性高階主管能展現自我覺察。無論你如何劃分你的生活焦點，我們都可以分配一些在建立「自我覺察」的能力上。

謝天謝地，與 EQ 的所有情緒能力一樣，你可以透過「練習」來做到這一點。但是，如同我在討論「解決衝突」（conflict resolution）的文章中所述[3]，這是需要時間和承諾的。

---

3　請參閱本文作者另一篇關於「如何管理衝突」的文章《Manage Conflict by Building Your Product EQ》：https://www.mindtheproduct.com/2018/03/manage-conflict-building-your-product-eq/

你可從以下三種方法著手：

# 1. 了解你的核心價值觀

除非我們了解屬於自我的價值觀，否則我們將無法做出符合我們最大利益的決策。

這是我教練指導活動（coaching practice）當中的一部分；我經常與客戶一起定義價值觀，來建立「自我覺察」。這些價值觀圍繞在『我是誰？』、『什麼對我來說是最重要的？』、『什麼是不能被改變的？』以及『我該如何每天實踐這些價值觀，來建立自我覺察？』。

最近我與一位產品經理合作，他在一個激進強勢的組織文化當中，擔任枯燥的技術職位，且他過得很不開心。他嘗試了所有他知道的一切方法，來使工作和公司更「適合」他，比如說，試圖提升關於利害關係者的管理技能、讓團隊嘗試不同的活動，以及新的工作方式等等……但卻一無所獲。

在一次的教練輔導中，我們進行了「價值觀練習」，以清楚認定他的關鍵價值（5 到 6 個與「基本核心信念」產生共鳴的價值觀）。他選擇了「創造力」作為關鍵價值，但他卻在一個的激進強勢的組織中擔任「枯燥的技術職位」，這無疑是限制了創造力。

他意識到，他被夾在「渴望創造力」及「公司文化」的中間，而這兩者之間的緊張關係，使他感到壓力、沮喪和完全無法忍受。輔導的最終，他變得更有自信，也更清楚知道他在工作文化上的需求；於是他邁步前進，換了一個可以讓他擁抱創造力的角色。

# 2. 藉由持續的回饋來認出盲點

根據 Robert Bruce Shaw 的說法（他是《*Leadership Blindspots: How Successful Leaders Identify and Overcome the Weaknesses That Matter*》[4] 這本書的作者），盲點是一個不易察覺的弱點或威脅，它有可能會破壞你的成功。而發現並解決這些問題，就是讓「自我覺察」成長的巨大機會。

突破盲點的最好方法之一，就是尋求**誠實的回饋**。我知道，我們總是在談論這個問題，即「回饋的重要性」及「如何給予和接受回饋」；事實上，它（與聖誕禮物不同），不應該只

---

4　https://www.amazon.com/dp/product/B00JDIA5Y6

在每年績效評估的時候才出現那麼一次。接下來，我將再次討論「回饋」（feedback），但鼓勵你用稍微不同的模型來思考它。

Marshall Goldsmith 是一位執行教練和作者，他說，我們傾向接受與「我們對自我的看法」**一致**的回饋，並拒絕與「我們對現實的看法」**不相符**的回饋。在他的著作《*What Got You Here Won't Get You There*》[5] 當中，他指出「建設性的回饋」是由四個成分所組成的：

**一、 詢問對的人**

**二、 問對的問題**

**三、 正確地解釋答案**

**四、 接受準確的回應**

在教練指導活動當中，**Johari Window**[6] 是我經常用來引導「建設性回饋」（constructive feedback）的工具。它是由美國心理學家 Joseph Luft 和 Harrington Ingham 在 1955 年所創造的概念（結合了兩個人的名字，命名為 Johari）；這個簡單的工具可以協助其他人看見「你認為的自己」，以及「你如何看待自己」。

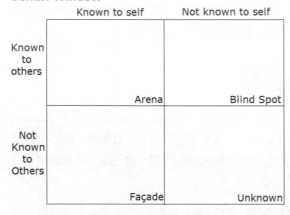

**Johari Window**

分成四個部分的周哈里窗：
開放我（Arena）、盲目我（Blind Spot）、
隱藏我（Façade）、未知我（Unknown）。
圖片來源：Wikipedia

---

5　https://www.amazon.co.uk/What-Got-Here-Wont-There/dp/1846681375
6　Johari Window（周哈里窗）：https://en.wikipedia.org/wiki/Johari_window

與你的團隊一起嘗試使用 Johari Window 吧：

1. 在這個**清單** [7] 中，挑選五到六個你覺得可以用來描述自己個性的形容詞。

2. 挑選三到五位同事，讓他們也選擇五或六個形容詞來代表你。

3. 收到所有回饋後，將其放在相應的「視窗」（window）裡面。（你可以在這裡 [8] 閱讀更多有關視窗放置的內容。）

在團隊發展的不同階段重複這個練習是很有趣的；這些階段 [9] 分別是**組建期**（Forming）、**暴風期**（Storming）、**規範期**（Norming）還有**表現期**（Performing）。

## 3. 定期跟自己報到（check-in）

我們都過著瘋狂且忙碌的日子，很容易在不斷「通勤、工作、回家」的**重複循環**中遺忘了自己。

我以自身努力打破這個循環，並培養自己的「自我覺察」；我發現每天花幾分鐘來檢視自己會產生極大的好處。無論是在乘坐地鐵或搭公車上下班的時候、在會議開始前的會議室中、在街上行走的時候、喝咖啡的時候，甚至在洗碗的時候，我在這些**空檔**，找到了一個專注於呼吸並整理思緒的機會；了解我當下的感受，我在擔心什麼，或是我想要如何進行即將召開的會議。

某方面來說，這常常是一種「迷你的移動式冥想」，幫助我保持專注，並讓內在更踏實穩重。

你可以找出適合你的方法。對某些人來說，可能是跑步、上瑜伽課，或者只是繞著街區散步。對其他人來說，可能是寫日記、參觀美術館，或者冥想。總之，找出適合你的方法吧。

---

7　周哈里窗形容詞（Johari adjectives）：https://en.wikipedia.org/wiki/Johari_window#Johari_adjectives

8　請參閱 Description 小節：https://en.wikipedia.org/wiki/Johari_window

9　請參考心理學家塔克曼的團隊發展階段模型（Tuckman's stages of group development）：https://en.wikipedia.org/wiki/Tuckman%27s_stages_of_group_development

因為最後的收穫還是來自你的付出與耕耘。你做了很多的努力，但這份用心可以帶著你、你的家人、團隊甚至組織，到一個更美好的地方。

***

# 作者簡介：Kate Leto

**Kate Leto** 是一位指導員（advisor）、教練（coach）和顧問（consultant），在產品管理、行銷與組織設計方面擁有超過 20 年的經驗。

自 2011 年以來，她一直擔任獨立的戰略產品顧問，並帶領金融、政府、旅遊、電子商務與公共工程領域的組織設計和轉型計畫。她是一名執行和創新教練，與個人、團隊和組織合作，來實現他們不斷發展的願望。

2017 年初，她開始撰寫有關 Product EQ 的文章，這是一份致力於在「產品管理」和「領導力」當中培養「情緒智力」的工作。讀者可以到這裡閱讀更多資訊：https://medium.com/product-eq。

Kate 是產品、創新和轉型空間的國際演說家和引導者。

# 34

# 如何跨技能和
# 培養 T 型團隊成員

作者：*Mark Levison*

發布於：2018 年 6 月 26 日

## Kanban ／ Scrum 團隊看板

正如我們在《*Specialists Are Overrated*》[1] 這篇文章中所述，培養團隊中的「跨技能」（cross-skills）和「T 型（T-Shaped）人才」有許多好處，無論是對團隊／組織本身，或是對客戶和個人來說，皆是如此。這聽起來都很好，但你怎麼知道該從哪裡開始呢？

發現跨技能的機會主要有兩種方式：

1. **Kanban ／ Scrum 團隊看板（Team Board）**
2. **技能矩陣（Skills Matrix）**

---

1 https://agilepainrelief.com/notesfromatooluser/2018/05/specialists-are-overrated.html

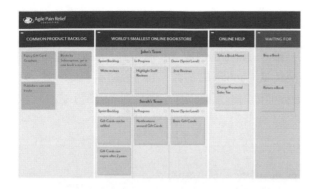

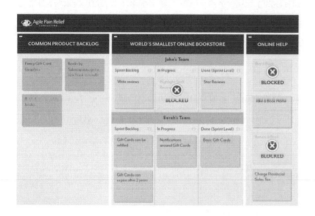

團隊看板（Team Board）是一個豐富的資訊來源，讓我們能夠發現「團隊成員所缺少的技能」分別存在於何處。如果你不熟悉「團隊看板」如何運作，或不知道它看起來是什麼樣子，可以參考我之前發表的一個「看板」的例子[2]。每隔幾天「走」一遍「看板」，看看哪些欄位的工作項目佔用了最多的時間。「看板」也應該協助你發現任何「被阻擋」或「正在等待外部工作」的項目。每次有項目由於「外部依賴關係」而被阻擋時，請將原因記錄下來。幾個月後，我們就會知道是哪些「外部依賴關係」嚴重地阻擋事情的完成。任何的這些發現，都是團隊跨技能進入的好機會。一旦有足夠的證據可以開始（可能在 3 到 4 個衝刺的收集之後），請在回顧之中分享資料，並向團隊提出兩個關鍵問題。

---

2　https://agilepainrelief.com/notesfromatooluser/2015/02/kanban-portfolio-view.html/kanban-board

# 限制理論

在任何有「瓶頸」存在的系統中，系統的其餘部分都應該附屬於「瓶頸」，直到「瓶頸」被清除為止。Goldratt 的成果，在某種程度上，是 Kanban 的基礎，同時也顯示了為什麼「在一個**受限制**的情況下」將開發人員或作者從他們的「主要工作」轉移到「限制」之上（例如：品質保證或編輯）是如此有效。

- 我們希望在**哪些領域**投入精力學習？
- **誰**有興趣和精力在接下來的幾個「衝刺」中學習這些領域？

如果他們做得很好，團隊應該不太會發現自己陷入等待「外部依賴關係」的困境，因為團隊已經在「內部」培養了許多能夠處理「過去外部依賴關係」的技能。再加上，許多的「瓶頸」，如缺乏品質保證或編輯技能，將在這些活動變成「團隊能夠輕鬆適應以改變需求」的「限制」時，得到解決 [3]。

使用「看板」作為資料來源也將有助於揭示該團隊最近面臨的問題。但是，只有當「未來的工作」看起來與「之前的工作」很相似時才有效。所以這是一個必要的工具，但也有其局限性。

# 技能矩陣

雖然「Kanban ／ Scrum 看板」幫助了團隊理解目前和最近的挑戰，但它並不能解決團隊未來可能需要新技能的地方，也不能解決團隊成員希望提高技能的地方。

**技能矩陣**（Skills Matrix）是一個自我報告系統（self-reporting system），在這個系統中，團隊成員提供他們自己對特定領域技能的評估。為了建立一個技能矩陣，讓團隊空出幾個小時，按照以下步驟進行一個工作坊：

1. 在大張的白紙上，寫下所有你個人擁有的**與工作有關的技能**。包括你的超級英雄技能（或任何能讓人會心一笑的技能）。

---

3 以色列學者 Eliyahu M. Goldratt 的限制理論（Theory of Constraints）：https://en.wikipedia.org/wiki/Theory_of_constraints 以及《Scrum By Example – Scrum Anti-Patterns & Unplanned Work Disrupting the Sprint》：https://agilepainrelief.com/notesfromatooluser/2018/11/scrum-by-example-scrum-anti-patterns-unplanned-work-disrupting-the-sprint.html#.XWKrMehKguU

2. **傳給下一個人**。讓他們看看你的清單,並為你寫上他們認為你**遺漏**的技能。

3. **重複**這個過程,直到人們不再向清單中增加任何新技能。通常這會發生在**第 3 個人**之後。

4. 將所有的「個人清單」彙整成一個每個人都能看見的「長清單」。在對團隊更有價值或更重要的技能領域,要更詳細一些。例如:在 Java 開發的部分,我們可能會寫下團隊成員使用的特定**函式庫**或**工具**。

5. **團隊成員**的名稱寫在一個軸上,**技能區域**則寫在另一個軸上。

6. 團隊成員自我評估他們在每個領域的技能水準。可以使用任何尺度。舉我的例子來說明吧,通常會從「**空白:不想學習這個**」和「**0:什麼都不知道,但開放學習**」,到「**2:可以在沒有成人幫助的情況下完成小任務**」,直到「**4:該領域的專家和其他人可以向我學習**」。

7. 如果我們計算每個技能領域的平均值,我們就可以迅速地得到團隊的**優勢**和經驗,以及**劣勢**在哪裡。

## 技能矩陣範例

| CARPENTRY（木工） | Joe | Susan | Jesse |
| --- | --- | --- | --- |
| Hand-carving | 4 | 1 | |
| Cabinet design | 2 | 3 | |
| Custom staining | | | 3 |

| PROGRAMMING（程式設計） | Ian | Doug | Tonia |
| --- | --- | --- | --- |
| JUnit | 2 | 3 | |
| Behavior Driven Development | 1 | 2 | 1 |
| Logging Framework | 3 | 1 | |

每當我開始與一個新的團隊合作時,我喜歡建立一個「技能矩陣」。如果我們還沒有開始工作,那我會在我們建立最初「完成」定義(Definition of Done)的同時[4]、第一個「衝刺」

---

4 https://agilepainrelief.com/notesfromatooluser/2017/05/definition-of-done-vs-user-stories-vs-acceptance-criteria.html

開始之前，建立「技能矩陣」。一旦「技能矩陣」被建立起來，我建議團隊每隔幾次回顧就**重新審視**它，並回答兩個問題：

- 我們在哪裡學到了新技能，讓我們能夠「更新」自我評分？

- 我們下一步想把我們的學習精力放在「哪裡」？

關於「技能矩陣」，需要記住的重要一點是，它只能由團隊來為了團隊使用。如果在團隊之外使用它，成員會為了**好看**而「操弄」他們的數字，這就破壞了這個工具的唯一價值。我經常聽說，在一些組織中，「技能矩陣」是人力資源的一個功能，而這些資訊被用來「挖走」其他專案的團隊成員，這種方法與「敏捷」是**完全相反**的。我還看過管理層濫用它來給團隊成員施加壓力，或被使用在績效評估的過程之中。如果發生這種情況，所有的價值都將被摧毀。它只能是「團隊」**了解自身**的工具。

在一個成熟且不會濫用它的組織之中，我喜歡把「技能矩陣」放在團隊空間的牆壁上，作為「持續學習」的重要性提醒。

## 增長知識

「技能矩陣」和「Scrum ／ Kanban 團隊看板」只會讓你知道你需要成長，以及哪裡（需要成長）。在衝刺計畫（Sprint Planning）之中使用這些資訊，有助於**提醒**你留下時間來提升技能，但我們仍然還沒有去提升一項技能。

**T 型人才不是長在樹上的。**

「跨技能」在每個產業都很重要，而在每個行業裡顯然都有不同的方法來提升這些技能。如果你在一個 IT 環境中，這裡有一些你可以馬上使用的工具，能夠幫助你增進與「軟體開發和設計」相關的技能：

**結對程式設計**（Pair Programming）：兩個人使用一台電腦來產生一個工作項目。它的主要好處是減少了「正在建置的系統」的複雜性，從而減少了缺陷。然而，另一個好處是它引起的知識「迅速傳播」。節錄一句網友 Matt Cholick 在推特上的話為例子吧：『結對程式設計超讚的。上週教了另一位開發者一些東西，他又教了他的夥伴，而我剛剛聽到它傳播到第 4 個團隊成員了！』這種技巧一樣可以容易地應用於「非技術／非軟體」相關的工作：結對寫作（Pair Writing）只是一個例子，結對學習（Pair Learning）是則是另一個 [5]。

**編碼道場**（Coding Dojo）：一個安全的練習場所，團隊可以在這裡學到如何學習 [6]。一組團隊成員聚在一起進行程式設計挑戰的練習。挑戰可以是任何簡單的程式設計問題，只要能提供練習「想要習得的技能」的機會（例如：測試驅動開發、行為驅動開發）。不錯的挑戰來源：http://codingdojo.org/kata/ 、http://www.codekatas.org/ 和 http://codekata.com/ 。

**學習時間**（Learning Time）：與「編碼道場」相關，此模式將學習的「重要性」和「價值」正式化了。許多組織期望員工利用空閒的時間進行專業閱讀，然而，這傳達了一個訊息：「工作」比「家庭」或「與朋友社交」更重要。反之，考慮讓團隊空出幾個小時來學習。團體作業是比較偏好的，例如：「編碼道場」比「個人的編碼練習」來得好、「讀書會」比「個人閱讀時間」還要好。有時候，可以是由具有不同「背景」或「技能領域」的人向「團隊其他成員」進行展示，而不只是閱讀。「學習時間」在可以「互動」和在「不太正式的情況之下展示」時，效果最好。

當一個團隊成員需要時間「閱讀一本書」時，可以考慮讓他們為讀完的「每一章」寫一個簡短的總結，作為與團隊分享學習成果的一種方式。

---

5　Matt Cholick 的推特發言：https://twitter.com/cholick/status/384816643370532864 ；
　　關於 Pair Writing：https://pds.blog.parliament.uk/2017/03/29/pair-writing/ ；
　　關於 Pair Learning：https://www.infoq.com/news/2018/02/pairing-learning
6　請參考文章《Scrum By Example – The Team Learn How to Learn》：https://agilepainrelief.com/notesfromatooluser/2012/03/scrummaster-talesthe-team-learn-how-to-learn.html

**實踐社群**（Community of Practice）：這是一種在「團隊之外」傳播知識和技能的一種方式。選擇一個在團隊之外「許多人會感興趣的領域」（例如：在敏捷世界中進行測試、在軟體之外使用 Scrum）。制定一個會議頻率（例如：每 4 到 6 週一次）和時間。在最初的幾次會議中，為會議議程「播種」，讓成員「投票」以了解他們的需求。在第三次活動中，理想情況下，我們希望「參與的群眾」能夠自行掌控「實踐社群」，使其成為一個自給自足的實體（a self-sustaining entity）。

# 最後提醒

即使有了世界上所有的跨技能，有些任務是永遠需要「專家」的。但是跨技能在這些情況下仍然有幫助，因為非專業人員可以幫助專家負擔「更簡單的任務」，讓他們能專心解決「瓶頸」。

從短期來看，可見的生產力會下降，因為學習和成長一開始總是讓我們慢下來。但從中期來看，它可以提高**品質**，從而提升**未來的總輸出量**。

需要記住的**最重要的一點**是，「跨技能」和「技能矩陣」只有在**不被強迫**的情況下才有效。我們可以創造空間，讓人們選擇成長和跨技能，但我們不能強迫他們學習。

如果你想跑得更快，就不要再關注**速度**了。**慢下來**。花時間去學習。

專注在**工作項目**之上，而不是工作的那個人。

**延伸閱讀**：Jason Yip 的文章《*Why T-Shaped People*》（https://medium.com/@jchyip/why-t-shaped-people-e8706198e437）。

***

https://agilepainrelief.com/notesfromatooluser/2018/06/how-to-cross-skill-and-grow-t-shaped-team-members.html#.XfiLTBt-WUm

# 作者簡介：Mark Levison

**Mark Levison** 是一名認證的 Scrum 培訓師，也是 Agile Pain Relief Consulting 的首席敏捷教練（https://agilepainrelief.com/）。他在 IT 行業有超過 30 年的經驗，自 2001 年以來一直在學習和教授敏捷。Mark 向許多組織（從政府部門、銀行到醫療保健和軟體公司）介紹了 Scrum、精實和敏捷方法，並指導了加拿大各地的專業人士。

Mark 的訓練得益於他對「學習神經科學」（neuroscience of learning）的研究和寫作：《*Learning Best Approaches for Your Brain*》。他也出版了一本電子書：《*Five Steps Towards Creating High-Performance Teams*》。他也是《*Notes from a Tool User*》的部落格作者：https://agilepainrelief.com/notesfromatooluser。他目前正以「Beyond Scrum 系列文章」為基礎，開發另外一本電子書：https://agilepainrelief.com/notesfromatooluser/2015/01/scrum-alone-is-not-enough.html。他的網站：www.agilepainrelief.com。

# 35

# 過度專業化和浪費潛力

作者：*Yi Lv* 和 *Steven Mak*

發布於：2018 年 2 月 13 日

很自然地人們會專精各種事情，但當專精得太多時，就會變得**過度專業化**（Over-specialization）。「過度專業化」會浪費我們的潛力。我們應該理解它為什麼會發生，以及為什麼採用 LeSS 可以避免它。

## 侵蝕目標

**侵蝕目標**[1] 作為系統原型，是由兩個平衡迴圈（balancing loops）所組成的。把任何問題想成是「目標」和「現實」之間的差距。有兩種解決方案。一是改進現實以縮小差距（即問題被解決），二是降低目標。隨著時間的推移，它不斷演變，持續「侵蝕目標」。它變成了**溫水**

---

1　Eroding goals：https://en.wikipedia.org/wiki/System_archetype#Eroding_goals

煮青蛙。這是一個非常簡單但強大的動力,讓我們來看看幾個例子。

## 專攻領域的 PO

我在《team PO as anti-pattern》[2] 這篇文章中討論了這個主題。在這裡我們不討論那些不為產品負責的**假 PO**。真正的 PO 可能仍然專精於產品領域。這通常是對能力差距的反應。

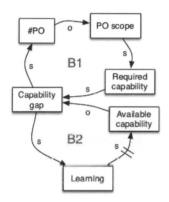

**B1 迴圈**代表降低「目標」的解決方案。透過擁有更多的 PO,每個 PO 的範圍將會更**窄**,也就需要**更少的能力**。

**B2 迴圈**代表改進「現實」的解決方案。透過增加學習,可用的能力提高了。然而,這需要**時間**,這使得 **B1 迴圈**占主導地位,也就是說,目標被「侵蝕」了。這是我們觀察到的。在公司發展的過程中,**每個 PO 負責的範圍越來越窄**。也要注意的是,我們在這個動態中獲得了越來越多的 PO。

## 專精於功能、元件或領域的團隊

讓我們來看看團隊吧。團隊可以專精於功能、元件或領域。他們分別變成了「功能團隊」、「元件團隊」和「專業化功能團隊」。「專業化功能團隊」在這裡意味著它是功能團隊,能夠交付端到端的功能,但是它有自己的產品待辦清單(Product Backlog),其只包含部分

---

2　https://blog.odd-e.com/yilv/2017/10/team-po-as-anti-pattern.html

產品中的功能，即**專精於產品領域**。

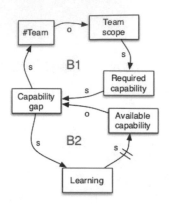

本質上，這與「PO 專業化」的動態是相同的。**B1 迴圈**透過擁有「更多的團隊」和每個團隊負責「**更窄**的範圍」來降低目標，無論是功能、元件還是領域。**B2 迴圈**提升了能力，但需要**時間**。這就是為什麼我們觀察到團隊變得**越來越專業化**，同時我們得到了**越來越多的團隊**。

## 專攻功能、元件或領域的個人

讓我們看看團隊成員，即個人。個人也可以專攻功能、元件或領域。他們成為團隊中的專家。

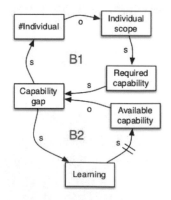

這實際上比「PO 專業化」的情況更常見，我們看到了同樣的動態。個人變得越來越專業

化，他們變成了**單一專家**。這導致我們必須建立「動態的團隊」來匹配工作，而這個動態的團隊可以是矩陣組織中的「功能團體或專案」。同樣地，我們有**越來越多的人**。

簡言之，這是我在許多組織中觀察到的情況。隨著時間的推移，人們的專業化程度越來越高，公司的規模也越來越大，但人們的**潛力**卻沒有得到充分的發揮！

## LeSS 促進了學習

有趣的是，LeSS 避免了「侵蝕目標」，而這可能是偶然的。

| What Causes "Eroding Goals" | What LeSS Advocates |
| --- | --- |
| Functional Team | Cross-functional Team |
| Component Team | Feature Team |
| Specialized Team (having own product backlog) | Generic Team (sharing one product backlog) |
| Single Specialist in dynamic group | Generalizing specialist in stable team |
| One PO for one team | One PO for multiple teams |

造成「侵蝕目標」各項因素：職能團隊；元件團隊；專業化的團隊（有自己的產品待辦清單）；
在動態的團體當中，有一位「擁有單一技能或技術的專家」；每個團隊都有一個 PO。
LeSS 則提倡：跨職能團隊；功能團隊；一般化的團隊（共享一個產品待辦清單）；
在穩定的團隊當中，有一位通才（即擁有廣泛知識或技能的專家）；有許多個團隊，但只有一位 PO。

哪一個更好呢？是**舒適**但**浪費潛力**，還是「**痛苦**地成長」和實現「**全部的潛力**」？這有點哲學，當然，每個人都有自己的答案。

*\*\**

## 作者簡介：Yi Lv 和 Steven Mak

**Yi Lv**（呂毅）生活在中國杭州。他是 Odd-e 的敏捷教練。他是中國第一位 Certified Scrum Trainer（2008 年），也是第一位 Certified LeSS Trainer（2018 年）。

2005 年後期，當他在 Nokia Networks 工作時，他開始熟悉敏捷軟體開發，特別是 Scrum。事實證明，這是他初次採用 LeSS 的體驗。他在產品組織內部領導了一個部門，特別關注「開發團隊」和「Scrum Masters」，以創造永續性。2010 年底，他離開 Nokia Networks，加入 Odd-e 至今。

作為 Odd-e 的一名教練，他也曾在網際網路公司等其他產業工作過。他的工作大多集中在「大規模產品開發」（large-scale product development），尤其是協助組織從 LeSS 和／或其採用之中獲益。自 2009 年以來，他一直在學習和實踐「系統思考方法」（systems thinking）。在過去的這幾年裡，他寫了一系列的部落格文章，來協助讀者觀察「組織的設計與變化」之中的系統動態。他的 email：yi.lv@odd-e.com。

**Steven Mak** 主要從事與「精實」和「敏捷軟體開發」相關的指導與諮詢工作。

# 36

# 崩壞的 IT 領導力，
# 該如何修復它？

*作者：Sam McAfee*

發布於：2018 年 9 月 28 日

IT 領導力（IT Leadership）已經崩壞了。多數中大型企業使用的模式**過時**得可笑，根本是 1970 年代的老古董。是時候徹底翻新了！

## IT 部門是從哪裡來的？

在很久、很久以前，電腦只是（政府單位）會計師的專屬領地。美國企業的軟體使用起源於財務部門（Finance department）的內部，主要用於「會計」目的。從「試算表」（spreadsheet）是第一個擁有「圖形使用者介面」的主要商務應用程式，就可以很明顯地看出這一點。

隨著開始為更廣泛的商務角色（包括文字處理和 email）開發應用程式，為所有（或大多數的）員工分配電腦變得越來越普遍了。我們需要有人追蹤所有機器的硬體、網路、應用程式安裝和支援。於是，資訊技術部門（Information Technology department）就此誕生。

因此，IT 部門的職責主要是為企業員工提供技術支援，包括管理硬體、更新安全設定，以及在辦公桌底下爬來爬去，嘴裡緊緊咬著一束網路線。

然後「網際網路」改變了一切。到了 90 年代中期，在比爾‧蓋茨（Bill Gates）的領導下，微軟（Microsoft）開始大力行銷「網路」的使用，例如：將 IE 捆綁到 Windows 作業系統

之中。2000 年，隨著史蒂夫・賈伯斯（Steve Jobs）的凱旋歸來，蘋果（Apple）亦迅速效法。其結果是線上軟體的「個人」和「商業」使用都有了巨幅的增長。

很快地，所有企業都建立了網站，思想更前衛的還善用了越來越多的網路應用程式，Salesforce 後來將其稱為「SaaS 應用程式」。地位較低的 IT 部門（通常是唯一懂技術的員工）赫然發現，他們的職責已擴展至支援「公司網站」和大量的「新商務應用程式」。

當「技術」在商業的各個方面變得越來越重要時，IT 部門繼續被多數的高階主管視為商業營運的「成本」，而非創造價值的引擎，儘管它扮演著新的關鍵角色。因此，在規劃和資助 IT 專案時，「技術」總是被視為「資產負債表」上的一個「雖然必要，但又有點不太幸運」的「累贅」。

## 資本支出的獨裁

你現在為了閱讀本文而忽略的那些 IT 專案，可能是從「一長串每年批准的 IT 專案」當中指派給你的。每個專案都已提交給「IT 治理委員會」審議。而專案的批准需要提交一個令人信服的商業案例，包含專案在接下來的 5 年中所有預期的「商業價值」、一個精確至「小時」的個人承包商成本列表，和一個精準的「執行、發布及維護」時間軸。

令人遺憾的是，如此的專案審批流程是來自於「財務部門」的專制，尤其是公司的會計業務。站在 CEO 的左邊，「財務」仍以鐵腕統治著 IT，確保每一個 IT 專案都能證明自己的價值，並在季度收益報告中盡可能地減少足跡。

抱持著這種觀念，財務部門在「嚴格限制 IT 預算」方面已經是個傳奇，主要是使用「資本與運營費用成本分類」這項武器。這一帖會計秘方，在傳統企業利用「日益加速的數位轉型能力」這方面，產生了極大的不良影響。這可能是導致你的企業無法像「不斷增加的競爭對手們」那樣「靈活」和「具有適應性」的最大因素之一。

首先，把「軟體」歸類為「固定資本資產」（fixed capital asset）根本是一場鬧劇，來自一種離奇的時代錯置：在那個時候，「軟體」仍使用著分階段的「瀑布」流程來進行安裝，並被期望或多或少能夠「無限期」地運作下去。只有當「軟體」能夠像「製造設備」和「其他資本資產」那樣**出售**給另一家公司時，將它當成「資本資產」才有道理。

軟體不再是那樣了。那些在你的公司執行的應用程式，沒有**任何一個**對公司之外的任何人有

價值。軟體應用程式是協助你向客戶交付價值的平台。它們只是你的商業模型的「自動化」形式。

讓我的措辭更強烈一點。只要投資軟體開發的「資本支出（CapEx）報告」讓你的「資產負債表」看起來更好，那麼它本質上就是一個**會計上的謊言**。在華爾街分析師眼中，你的稅務前景可能看似一片光明。但它的代價是，你失去了對「軟體開發」的清楚理解，而軟體開發的角色卻是整個「資產負債表」中的「核心運營成本」。簡言之，你是在自欺欺人。

更進一步來說，要求 IT 主管將所有 IT 專案的「人力成本」劃分為「資本」（capital）或「營運」（operating）開銷，這樣的沈重行政壓力，將**嚴重阻礙** IT 團隊進行軟體開發專案時運用「敏捷（的快速和彈性）」，甚至**遏制了**透過發布「最小可行性產品」（minimal viable products，MVP）來善用「學習和持續改進」的 IT 的核心能力。

當然，在主張放棄「對資本支出的執著」這條路上，我並不孤單。精實專家 Mary Poppendieck 去年寫了一篇關於這個主題的優秀文章（詳見《*The Cost Center Trap*》：http://www.leanessays.com/2017/11/the-cost-center-trap.html）。《*Lean Enterprise*》的作者 Barry O'Reilly、Jez Humble 和 Joanne Molesky 也協助普及了這個理念。

## 老舊的專案管理方法

資本支出思維（Cap-Ex thinking）的影響蔓延到了每一個角落和縫隙。正如我在以前的文章中不斷提到的，一般 IT 專案管理方法是從「大量的技能和可用性矩陣」中**拼湊資源**，來組建一個「團隊」。

太多公司的專案繼續以「老式的瀑布方法」進行規劃和執行。有了固定的預算、範圍、時間線和資源，IT 專案對意外的衝擊極為敏感，即使是最輕微的刺激，也可能立刻造成「超出時間」或「超出預算」。「敏捷方法」的採用（而這也是多數公司迫切需要的），則直接與「資本支出思維模式」相互矛盾，因此幾乎立即就遇到問題。

更糟糕的是，公司繼續與「過時和老舊的基礎設施」一起苟延殘喘。當 Netflix（網飛）和 Amazon（亞馬遜）這樣的靈活的科技巨頭每天都能在他們的軟體上部署成千上萬的小更新時，多數的傳統公司連每個月發布一次「正常運作、沒有 bug 的版本」都很困難。這種迭代速度上的巨大差異，正是 Amazon 繼續征服一個又一個垂直市場的關鍵因素，一個似乎勢不可擋的巨擘。如果沒有在靈活的雲端基礎設施上進行大量快速的投資，一旦 Amazon

將目光投向**你的市場**，你的公司將很難生存下來。

## 以毒攻毒

聽著，Amazon 正一個接著一個地吞噬經濟中的每一個行業。當他們進入你的市場時，如果你發現自己處於守勢，那已經太晚了。即使你的市場在他們的優先順序中的後端，還是會有100 家小型新創公司對你虎視眈眈。

為「不可避免的崩潰浪潮」做好準備，就是現在！既然你所做的創新完全不管用，也許你願意嘗試一些不同的東西。

## 會計創新

首先，請拋棄「公司裡的**任何數位資產**都是資本資產」的思維。軟體投資穩穩地落在「資產負債表」的**營運**成本那一邊。你最好把時間花在找到一個可以「授權」你的軟體團隊的方法，藉由更迅速地為客戶創造更多「價值」，來彌補營運成本，而非建置會貶值的資產。會計技巧無法掩飾你在數位競爭中「效率有多低」的事實，所以不要再試了！

## 團隊、產品和服務

不要再將你的 IT 人員視為「個人」，開始把「團隊」當作你的主要人員單位。穩固、內聚、協作是增加你對客戶的價值產出的關鍵。這種合作來自於擁有**訓練有素的團隊**。

此外，停止規劃「IT 專案」。你的公司只有兩個 IT 單位：「產品」和「服務」。**產品**（Products）本質上就是你的客戶或內部員工使用者存取「由你的公司提供的商業流程」的**數位前端**。**服務**（Services）則是**支援**這些產品的**後端**業務功能。所有團隊都應該圍繞著支援「產品」或「服務」來組織。

## 根據戰略制定產品路線圖

你的團隊所支援的一切，應該與公司的戰略一致。是的，你可能正在做一些聽起來像是這樣的事情。然而，它需要靈活度和適應性，而不是一個固定的「年度 IT 專案清單」。IT 領導者應該能夠從執行團隊制定的「整體業務目標和公司戰略組合」中，推導並闡明具體的 IT 目

標。

然後，你所支援的每個「產品」和「服務」的功能路線圖（feature roadmap），應該彙整至 IT 目標的總清單中。支援這些「產品」和「服務」的團隊可以發揮他們實現這些目標的能力，並激勵自己。不要再對「個人的產出」產生偏見。現在，他們是以「一個團隊」的身分在執行商業戰略，他們的能力評量也是以「一個團隊」為基礎的。

## 投資基礎設施和自動化

如果過於保守的系統管理員，操作著過時的業務基礎設施，造成了你的部署管線充滿了大鎖和閘門，那麼是時候考慮在雲端進行大量投資了。

街上的新創公司就是如此打造他們的軟體：每個加入團隊的新工程師，都會被分配一台筆記型電腦，從 Git 複製程式碼庫（codebase），下幾條命令就可以在幾分鐘內讓應用程式執行起來。

**自動化測試套件**確保每個程式碼推送都會自動執行，並在必要時拒絕。這為軟體工程師建立信心，讓他們能從容不迫地將「待辦清單」中的一個「功能」，轉變為客戶所使用的產品系統中「一個順利運作的、受歡迎的新功能」。為了與這樣的團隊競爭，現在就投資於「基礎設施」和「自動化測試」吧。

## 建立有效的招募管道

『很難找到優秀的技術人才耶。』這是我最近從 IT 領導者那裡聽到的主要抱怨。在吸引**新**的軟體工程人才到**老**傳統公司時，有兩個主要的障礙。首先是**文化**。第二個是**工具**。

如前所述，「財務暴政」和「資本支出思維」所造成的損害，讓傳統公司的 IT 文化蒙上一層陰影。因此，沒有一位從史丹佛大學電腦科學系畢業的、有自尊心的人，會選擇去你的公司工作；他們想去的是 Google 或 Facebook 這樣的地方，除非他非常肯定你的公司擁抱了一種快速實驗和創新的文化。

即使你的文化很棒，如果你的軟體工具已經有 10 年的歷史，你也不會吸引到最優秀、最聰明的人。你公司的新員工能使用和 Airbnb 一樣的技術，為他們的下一個專案建立網路介面嗎？服務工程師是否可以建立像 Netflix 為它的系統建立的那種「資料管線」和「自我修復

基礎設施」？如果你的回答是否定的，你最好開始思考如何改變這種情況。

建立招募管道是解決這個問題的一種交互的解決方案。為了吸引人才，你需要做出一些艱難但必要的改變。為了實現這些改變，你需要招募新的人才。這兩者是相輔相成的。因此，請開始思考如何在「文化」和「工具」上做出足夠的改變，才能吸引新的人才，並尋找方法，走到觀眾面前（也就是這些人才的面前）談論這些改變。

## 投資培訓和專業發展

也許你的 IT 人員「缺乏」跟上「那一大群新創公司」的能力。但這不是因為他們不想學習新的技術和方法。人們之所以接觸科技，一開始就是因為這是一種不斷學習「新奇」和「令人興奮」的事物的方式。如果你投資於員工的長期發展，你將更有可能留住他們。

我的公司 Startup Patterns（http://startuppatterns.com/）提供一系列很棒的工作坊，幫助老式的 IT 團隊轉變為靈活的創新引擎。我們當然不是唯一正在這麼做的。向外界尋求幫助吧！我遇過太多目光狹隘的公司，他們無法從他們領域中的競爭對手那裡獲得新的想法和見解。派你的人去參加研討會吧。你甚至可以鼓勵他們在研討會上演講呢！

我已經在 IT 產業工作 20 年了。這裡充滿了優秀的、可靠的、聰明的、勤奮的人們。我們只需要釋放這種創造潛力，讓他們可以善用他們的技能，來真正改變他們的事業。

*\*\*\**

## 作者簡介：Sam McAfee

作為一個在矽谷工作了 20 年的老手，**Sam McAfee** 幫助許多公司建立和擴展新的數位產品，找到適合產品市場的產品，並建立和提高產品開發能力。他與產品主管和團隊合作，透過關注專注力、自主性和社會影響，建立強大的領導和執行技能。他曾與人人小小的公司合作，包括 Adobe、Sharethrough、Teach for America、Anthem、PG&E、黑石（Blackstone）、Credit Sesame 等。他是《*Startup Patterns*》一書的作者，該書於 2016 年出版：http://startuppatterns.com/。

# 37

# 精實原則可以加速 Scrum 的成功

作者：*Nirmaljeet Malhotra*

發布於：2018 年 10 月 4 日

**THE END JUSTIFIES THE MEANS**

為達目的，不擇手段。

對於已經踏上敏捷之旅的組織來說，Scrum 成為框架的首選已經有一段時間了。框架的簡潔，以及它開啟經驗主義流程的能力，是 Scrum 成功的一些原因。話雖如此，人們可能會質疑團隊是否真的透過 Scrum 獲得了敏捷力。

Scrum 和敏捷這兩個術語經常被交替使用，而這就是「進行 Scrum」和「變得敏捷」之間的區別的重要之處。**在我看來，如果 Scrum 是手段，那麼敏捷就是目的。**簡單地說，Scrum 就像一本駕駛手冊。一個學習中的司機會一直使用它，直到他／她內化了行駛在路上的駕駛規則。一旦持續這樣做了一段時間，駕駛人就能很輕鬆地在交通繁忙的道路上行駛，而不需要一步步地參考或遵循手冊。

# 從進行 Scrum 到變得敏捷：障礙

Scrum 的每個面向都有一個目的。從角色（roles）、產出物（artifacts）到事件（events），每個東西都有一個相關的價值。然而，我們發現，長期使用 Scrum 的團隊不一定會表現出「高績效團隊」的行為或模式。這就指出了這個問題：採用 Scrum 的時候，僅把它視為一種流程，卻沒有考慮其目的。在我與那些「從事 Scrum 多年的組織」的合作當中，我一次又一次地驗證了這一點。

「敏捷」始終被認為是一種依據「《敏捷宣言》和敏捷原則所概述的價值觀」的心態（mindset）。然而，團隊要成功實現心態轉變是相當困難的，原因如下：

■ **培訓／訓練**（Training）：多數的敏捷採用計畫是從「培訓計畫」開始的；這些培訓計畫通常旨在幫助團隊熟悉 Scrum 框架，對「敏捷心態」的關注相當有限。是的，敏捷的宣言和原則都有被提及，但強調得還不夠，無法教育團隊如何從「進行 Scrum」之中畢業，好獲得敏捷。**這常常導致團隊認為 Scrum 就是最終狀態。**

■ **Scrum 作為流程**（Scrum as a process）：一旦團隊經過訓練，下一步是確保堅守框架。一般來說團隊會有一個 Scrum Master，他的工作是促進和支援 Scrum，正如 Scrum 指南所定義的那樣。**有趣的是，雖然有些組織將 Scrum Master 視為教練，但 Scrum 指南並沒有將「持續改進」與「Scrum Master 的角色」聯繫起來。** 這也使得團隊認為 Scrum 是一個流程（process）和最終狀態（end state）。

■ **服從流程**（Process compliance）：具有多個團隊的組織，通常會強制人們服從，因為必須配合流程上的統一，以及 Jira 或 Rally 等輔助工具的使用。一般來說，這種「服從」的想法是直接與「自組織」和「自管理」團隊的特質相互衝突的，迫使團隊生活在 Scrum 箱子裡。

以上提到的只是其中一些原因。你可能也有你自己的原因，但我的重點是「我們必須超越這個流程」。

# 應用精實原則

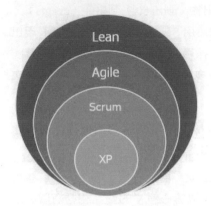

有一個知識庫，它將「敏捷的根源」與「精實」聯繫在一起。精實（Lean）起源於製造業，而將其應用到「知識型的工作」當中，則需要心態的轉變。精實為軟體開發引入了一個客戶導向的靈活系統。在 Scrum 團隊中應用精實原則，已經顯示出一些令人振奮的結果。

Mary Poppendieck 和 Tom Poppendieck 在 他 們 的 著 作《*Lean Software Development: An Agile Toolkit*》當中，概述了如何將這些精實原則應用到軟體開發之上。以最簡單的形式來說，這些精實原則可以應用在 Scrum 之上，從而加快從「進行 Scrum」到「變得敏捷」的轉變。

「精實」和「敏捷」在定義上是不同的概念，但它們是實現共同結果的好夥伴。以下說明如何應用精實原則，來使 Scrum 團隊變得更成熟：

1. **消除浪費（Eliminate Waste）**：各式各樣的浪費會影響 Scrum 團隊的產出。在大型組織中，這些浪費通常歸因於流程、複雜性、結構、壁壘、階層等等。對「持續改進」堅持不懈的組織和團隊，可以從有意識地、漸進地尋找消除浪費的機會，並從中獲益。「價值流程圖」應該在業務和開發流程等級之中進行，以揭露浪費，並建立消除它們的急迫感。

2. **內建品質（Build Quality In）**：Scrum 團隊的共同難題之一是交付「潛在可發布」的成果。原因包括需求的品質、需求的結構（並非垂直分割的）、依賴關係、不穩定的環境、團隊壁壘、流程、交接、指標等等。然而，最常見的原因是衝刺（Sprint）中產生的故障數量，或者缺少支援端到端測試的工具和／或自動化，以及處理故障的心態。

   在談到豐田生產系統（Toyota Production System）時，大野耐一提到了 *jidoka*（自働化，即 self-regulation）。這個想法來自一台「當一根線斷了，就會自動停下來的織布機」。當應用於軟體開發時，其概念是一旦發現故障，便強制執行緊急、協作、蜂巢式開發（swarming）……等行為。

   此外，精實原則中的「內建品質」起始於「提出品質是每個人的工作」，而不只是 QA 的職責，而它需要是一個有紀律的實踐。缺少了這種能力，也會跟我們的首要原則（即「消除浪費」）產生衝突。

3. **創造知識（Create Knowledge）**：在 Mary 和 Tom 的書中，這被稱為「擴大學習」（Amplifying Learning），學習某樣東西的最佳方式，就是去實踐它；或換句話說，也就是實際創造價值。精實也是關於透過「實驗」來學習。這些行為和／或心態在 Scrum 團隊中並不常見。

   一些常見的反模式（anti-patterns）阻礙了在 Scrum 團隊中創造知識的原則，包括由許多的專業技術人員組成團隊，進而產生了關於「成功的標準與產出」的壁壘。此外，我們也可以看到 Scrum 團隊以建立「可預測性」為藉口，而進行「基礎性」的工作。這正是「敏捷」將「進化」（evolving）一詞與「軟體開發的所有動態面向（包括需求、架構、設計等）」聯繫起來的原因。

4. **延遲承諾（Defer Commitment）**：雖然 Scrum 以短回饋循環的思想為中心，但基於各式各樣的原因，團隊經常受到「時間」或「範圍」（有時是兩者同時發生）的挑戰。這在那些只向「團隊」要求敏捷力，但或許仍然保有一個參與年度規劃活動的 PMO，進而導致「虛假承諾」的組織之中，是很常見的。

同樣地,在團隊層級上,團隊無法達成其衝刺承諾(即便「承諾」這個詞彙已經從 Scrum 指南中刪除了),這可能會對團隊不利,導致在其他領域(通常是「品質」方面)的妥協。

精實原則中的「延遲承諾」並不代表團隊不做規劃或做出無知的決定。它鼓勵在**能夠負責的最後一刻**做出決定。最後的負責時間點可能因公司、行業和團隊而有所不同,但其基本概念以認可並進行實驗,以便做出明智的決策為中心。

> 在準備戰鬥時,我總是發現計畫是沒用的,但制定計畫卻是不可或缺的。
>
> —Dwight Eisenhower

5. **快速交付(Deliver Fast)**:「快速交付的能力」(Ability to deliver fast)是多數公司採用敏捷方法的最常見原因。所謂的「快」,在不同的情境中,可能有不同的解釋。其中一個例子是 **Etsy**,每小時好幾次交付程式碼到正式環境中。但並不是所有的企業都是一樣的。

「快速」一詞最初是為了啟動快速的回饋循環,讓團隊能夠在他們追求客戶滿意的過程中進行檢查和調整。

每個團隊都希望快速交付,並盡可能迅速地將「價值」交付到客戶手中;但由於各種原因,大多數的 Scrum 團隊無法做到這一點。舉例來說:

➡ 組織和團隊結構導致**複雜性**增加

➡ 缺乏可以提供**支援**的實踐和工具

➡ 大型增量;注視**太遙遠的未來**

➡ 缺乏清除障礙的**急迫性**

➡ 意圖建立一個**完美**的解決方案

回到前面提到的原則;「快速交付」可以是「消除浪費、內建品質和創造知識」的結果。集中精力應用這些原則,會導致更快速交付的結果。

精實中經常提到的一個概念是「從概念到現金」(**concept to cash**)。它指的是從「構思概念」開始到「客戶購買它」,或「透過節省、降低成本等方式開始替我們增加價值」的這段時間。越快越好。

6. **尊重他人**(Respect People):Scrum 的 5 個價值觀(承諾、勇氣、專注、開放和尊重)有助於在團隊中建立信任,而 Scrum 團隊成員必須在處理 Scrum 角色、事件和

產出物時，學習和探索這些價值觀。然而，一個常見的觀察是，「最重要的決策」經常是在「團隊之外」決定的，而這些決策卻對團隊卻有直接的影響力。簡單來說，決策（的權力）從「真正進行工作的地方」被「奪」走了。

團隊面臨的另一個挑戰是「心理安全感」的問題。在精實世界裡，「尊重」就是要發展和授權人們，信任他們會做正確的事情。精實談到了 *Gemba*（現場）的概念，指的是「領導者實際走訪並觀察工作發生的地方，進行調查並和團隊一起找出問題的解決方案」的過程。

精實也鼓勵尊重他人，透過積極有效的溝通、健康的衝突、作為團隊一起讓任何與工作有關的問題浮現，以及授權彼此去做出最好的成果。

7. **最佳化整體**（Optimize the Whole）：「次級最佳化」（Sub-optimization）是軟體開發中的一個重要問題。Mary 和 Tom 指出了「次級最佳化」背後的兩個關鍵成因。首先是開發人員為了速度而發布草率的程式碼，其次是開發人員和測試人員之間由於**交接**而產生的長循環時間。

   精實建議使用「價值流程圖」來設計、生產和交付產品或服務給客戶。在確定了價值是如何流經他們的團隊之後，許多組織決定將他們的軟體開發團隊組織成「完整的、多領域的、同地點的產品團隊」，這讓他們在交付一項請求時，能夠擁有從開始到結束所需的一切，而毋須其他團隊的協助。

Scrum 是一個框架，這意味著它是一個必要的支撐結構或系統底下的基本結構。能夠適應 Scrum 並達到預期結果的團隊，可以將上述的幾個原則應用至各個層級，快速地將自己轉變成一個高效率的團隊。

無論團隊選擇採用哪一種框架，重要的是要理解方法背後的原則，以確保永續的、有紀律的實踐。如果你的團隊正在使用 Scrum，但並未有意識地實作敏捷和／或精實原則，那麼它的效果可能會來得很慢，旅途也會因此變得漫長。

***

https://nirmaljeet.com/2018/10/04/accelerating-scrum-success-with-lean-principles/

## 作者簡介：Nirmaljeet Malhotra

**Nirmaljeet Malhotra** 是一位充滿熱情的敏捷、產品、精實和領導力教練。他協助了許多大大小小的「敏捷採用與轉型」的過程，並一直致力於不斷提高他的指導技能，讓組織能夠在變革之中取得成功。

Nirmal 目前在 Amazon Web Services 工作，他熱切地想將「敏捷心態和原則」應用到雲端應用之中。

Nirmal 擁有電腦科學碩士學位，並在敏捷、教練和領導力等方面獲得了許多認證。他喜歡在自己的部落格（nirmaljeet.com）上分享自己的經歷和想法。他還經常在會議和聚會上發言。他的 email：nirmaljeet.malhotra@gmail.com。

# 38

# 親愛的客戶，
# 請從做開始吧！

作者：*Kathryn Maloney*

發布於：2018 年 7 月 16 日

只有當你的手髒了，工作才算開始。

我最近參與了一些討論，關於我們在 The Ready 使用的「轉型方法」：包含系統和團隊「運作的方式」、從敏捷方法繼承了什麼「價值」，以及與敏捷方法之間的「差異」等等。我承認我對這樣的「比較」有點不耐煩，原因有幾個。**第一個**是（幾乎總是隱藏在他人背後的）**爬蟲類大腦**，也就是說，想要對「風險」、「恐懼」和「無能」討價還價，卻偽裝成是在進行「實踐」和「方法學」的智力運動。我可以理解，也能感同身受，但我還是必須點出它的真實面貌。**第二個**原因是，我崇尚各種「良好」和「道德」的做法，無論它們是如何被包裝或被命名的。我們終究不能擁有全部或成為（be）全部，另一方肯定也無法做到。但是，我們的「方法」和「實踐」非常、非常好。那麼，另一方可能也是如此嗎？

249

而**最後**，則是因為我是一個人，也是一名實踐者，對於引導「與改變有關的經驗」有著更深的承諾，而非去「辯論」或「認知」這項改變。原因是，如果你正在考慮改變，那麼很可能你真的需要改變。為了讓你改變，我們必須開始活動起來，而光是只有嘴巴說說，是不會發生任何變化的。

人們花費了太多的**時間**和**金錢**在考慮改變，而不是實際去做，而我更樂意感動你（讓你願意採取行動）。

因此，針對「我們的 OS Canvas」與「敏捷」之間的比較和疑問，這裡有一些想法和回應，但更重要的是關於問題背後的問題。（關於 OS canvas，請參閱 Aaron Dignan 的文章《*The Operating System Canvas: A new and improved tool for reinventing your organization*》：https://medium.com/the-ready/the-operating-system-canvas-420b8b4df062。）

我們知道，每個組織都有一個作業系統（operating system）。它是由無數表現在文化中的「假設」、「原則」、「實踐」和「行為」組成的。適應性強和具有彈性的組織明白，仔細考慮他們的工作方式是一個必須的持續過程，利用「工具」、「實踐」和「節奏」來紮根：（1）戰略性思考、（2）動態地和迭代地工作、（3）不斷地學習。我們開發了 **OS Canvas**（作業系統畫布）作為底層框架，以激勵「系統思考」、「對話」以及對組織系統所有元素的「反思」。Canvas（畫布）為文化、行為和結構的轉變，提供了思考和行動的支架，並展示了它們是如何編織在一起的，以此創造一個有生命的、有呼吸的、不斷進化的整體。

我們的 OS Canvas 與敏捷實踐的一些相似之處是顯而易見的，而且是一體的。敏捷方法（以及其他方法，如精實、看板、開放空間和畫布）都可以被看作是組織設計實踐中「更廣泛的工作容器」的一部分。例如，當我們教團隊「新的會議和團隊結構」時，熟悉敏捷的人肯定會感覺到一些「共同特性」，因為我們的設計中參考了許多方法，其中也包括敏捷實踐。而且，我猜任何的敏捷轉型工作，都是像這樣從「系統改革資源的深井」中抽出來的。

我們（對於使用自己的 Canvas 方法和任何其他像是敏捷的方法或工具）較為謹慎甚至懷疑的地方是，必須防止人們落入意識形態的陷阱。將任何方法或實踐「商品化」，使之成為一個系統全面轉變的**意識形態**（相較於另外一種干預的方法，a method of intervention），將很快地造成將它應用在「複雜的、不斷變化的生態系統」上的限制。這些都是能讓一個系統變得活躍、變得不同的方法。不應該把它們當成最終狀態來販售、承諾或實踐。

設計一個新的 OS 代表使用底層框架來引導新的理解、思考、學習和實現，同時讓它確實成為**你自己的**，並有意識地（作為個人、團隊和整個組織）每天都做得更好。

它不是一個需要「學習」和「應用」的固定系統，因為它不是一種意識形態。反之，我們的 OS Canvas 是一個全面思考「系統原則」和「實踐的現狀」的方法：結合了一張導航地圖，以最深思熟慮的、最相關的、最快速、最協調的方式，來採用新的工具和實踐，並考慮到需要做的工作以及如何完成它。在設計一個新的作業系統時，你必須體驗和學習「新的工具和技術」，然後學會應用它們，**勇敢地**（因為改變需要勇氣）、**動態地**（因為我們生活在一個持續工作和持續前進的世界，我們需要立即的靈活反應），以及**始終如一地**（因為設計一個新的作業系統是基礎性的和永久的，只為了能在當今「變化迅速、全球互聯的世界」競爭與繁榮）。為了做到這一點，我們想要更快速地投入，去創造環境（而不只是概念性地討論），並體驗在實踐中學習。一開始可能會讓你暈頭轉向，但別忘了，搖晃中的天平，其倒向的變化可迅速多了。

**組織設計、敏捷、精實、整體管理，或者任何所謂的轉型工作，到頭來都是心態的轉變。**它們不是目的地，而且老實說，很少有抵達的時候。隨時準備好「仔細審視」你的個人、團隊和組織心態，是這項工作巨大的一部分，對於採用你將要工作、學習、創造和發展的新環境而言，也是非常重要的。

我們可以整天教人們新的會議結構、決策工具、通訊技術、團隊結構等等，但如果你沒有**準備好**放棄「你所知道的」、為那些「你還不知道的」創造空間（並在過程中感到些許的不平衡），革新和改變將會更少發生。

原因是在不改變的情況下改變根本就是不可能的。談論改變只不過是拖延努力。我們可以（也會提供）耕地，但你必須播種。這樣的理解和動機必須從考慮改變的「初期」就開始。

這裡有一些關於開始轉變「作業系統設計」的「心態」，以及「新的工作方式」的「要求」。

## 經歷就是相信

談論改變就像「撰寫美麗的時尚卻沒有親眼欣賞」，或「描述一道美味的餐點或一瓶美酒卻沒有品嘗」。觀看和感受更有力量、更有感情。呈現而不是講述。放下擴音器，停止「胡言亂語、爭論或發表意見」，**做就對了**。人們會感受到承諾和光芒，而它會自然地散播開來。

## 不要等待許可

雖然「與組織變革和轉型有關的華麗詞藻」，在由上而下的倡議之中變得誇大，雖然「擁有強大的領導力來保護變革的努力」，這無疑是非常有幫助的，但這些並不是必須的。一小群擁有思想的公民可以改變全世界。他們一直在這麼做。宣布你的獨立、步入你的個人權威，並為人們指明道路。讓人們感到好奇和注意，而非等待許可。**這就是領導力。**

## 準備好，為了獲得而有所損失

當務之急是騰出空間來「學習新思想」、「鍛煉新肌肉」。否則，這就像一邊節食、一邊照常吃垃圾零食一樣，或是搬家卻不到 Goodwill 捐出任何東西。蛻落（Shedding）是進化的自然組成部分。緊抓不放（Gripping）和依戀附著（attachment）的存在是為了在成長和變化周圍製造摩擦。阻力（Resistance）則是適應能量的來源。向前一步，然後**放手**。

## 留意你的自我

「猴子思維」（monkey mind）會在每一個階段欺騙你，讓你相信「嘗試新事物是**不安全**的」：『為了「更廣大的思想」、「更深入的連結」和「反思學習」而創造空間，而不是一路加速前行，這是多麼愚蠢啊！』、『在做任何嘗試之前，不先釐清所有可能的陷阱，這是多麼危險哪！』、『在彼此面前展現脆弱、缺陷甚至願意冒險，這是多麼無知又無禮啊！』

「領導力」意味著學習不要被**自我的枷鎖**拖著走在大街上，而是要融入你的人性之中。摘下面紗，平息噪音，讓你煥發光彩。

## 停止計畫，開始行動

專案計畫已經過時了（至少十年，甚至更久）。在我們生活的這個時代，預測、適應和轉型是任何職位、任何組織、任何產業都需要的「最關鍵的三種領導技能」。「測試」和「學習」你路程上的下一步，而不是錯誤地相信你可以「預知」和「計畫」你的創新之路。設定方向，但要持續掌舵。你周圍一切的變化速度，都將比你的專案計畫所允許的要快上許多，因此，請使用能夠支援響應性（responsiveness）的工具。**也請記得，尋路（wayfinding）比導航（navigating）重要。**

## 感恩並活在當下

向他人學習，瞭解自己，與優秀的人一起工作，有機會為更大的事業做出貢獻，這些都是禮物。不要人為地或被動地心存感激。尋找那些給你當頭棒喝，或甚至剝開最薄的一層新意識或新思維的時刻（感受對活著的感激，並感恩活在這個正在經歷中的當下）。說聲謝謝。告訴別人你愛他們。有意識地活在當下。它是會傳染的。

以上這些都不會簡單、快速或線性地完美反映出「系統的複雜性」。無論它是由 OS Canvas 或敏捷（或其他任何東西）框定的工作，沒有什麼是萬靈丹。你必須投入，並實際去做。選擇必須是關於勇敢地學習，以不同的方式體驗自己，並在系統、變化和進行實際工作的真相中，使用任何工具、實踐和方法，來實現這一點。有時候，你可能在一段時間內使用多種方法，甚至同時使用兩種方法。太棒了。如果它的作用是「創造」和「利用」變化作為能量，並朝著充分理解「如何領導、操作和組織一個永久的變化狀態」而前進，那麼，你正在做的工作就是非常重要的。從確保**你在做真正重要的工作**開始。你會知道的，因為它讓人覺得有挑戰性、有個性、有活力（但又不是意識形態上的）。然後，從那裡繼續發展。

**小提醒：**你知道 The Ready 的創辦人，Aaron Dignan，最近剛完成了一本關於組織如何改變他們運作方式的新書嗎？如果你對未來的工作運動，或對我們在 The Ready 的工作，或者只是對如何讓你的組織變得更好感興趣，那麼你可以參考一下這本著作《*Brave New Work*》：https://www.bravenewwork.com/。

\*\*\*

https://medium.com/the-ready/dear-beloved-clients-please-start-by-doing-not-thinking-8dff9dd0ac98

## 作者簡介：Kathryn Maloney

**Kathryn Maloney** 是一名指導員、顧問和教練，與大大小小的組織一起工作，設計系統、團隊和方法，使語言流暢、流動，並在複雜性、技術和更人性化的需求中發揮作用。她花費許多時間，與領導者一起工作，建置組織世界的橋樑，從以前的領導模式過渡到「更舒適、更有適應性、更有彈性的當前模式」。

她的職業魅力，很大程度上來自於她對各種方法和技術的理解和應用，但又不會對它們抱持太大的期望。這 20 多年來，她在系統轉換、戰略、組織設計等領域，協助了以下這些企業／機構：GE（通用電氣）、BCG、Boeing（波音）；Federal Trade Commission（美國聯邦貿易委員會）、Federal Reserve（聯準會）、HHS（美國衛生及公共服務部）等政府機構；還有許多小型新創公司。

在起步階段，Kathryn 是非常謹慎的，無論是這段時間的利用，或是關於敏捷的措辭，或任何其他的承諾，這是她一貫的處世之道。她有應用行為科學的學術背景，受 20 世紀組織系統先驅的影響，接受了系統思考的視野，並被訓練為定性研究者（qualitative researcher）、領導力教練和組織系統（而非家庭）的流程顧問。她是組織設計諮詢公司 The Ready 的創始合夥人之一，經營著自己的網站：www.kathrynmaloney.com。Kathryn 生活在紐約市。她的 LinkedIn：https://www.linkedin.com/in/kathrynmaloneybklyn/。

# 39

# 軟體工藝的悲劇

作者：*Robert C. Martin*（*Uncle Bob*）

發布於：2018 年 8 月 28 日

**Uncle Bob**：「你看起來在沉思。」

**工程師**：「是的。我剛剛閱讀了 Martin Fowler 在 2018 澳大利亞敏捷大會（Agile Australia）上的主題演講逐字稿，他稱之為《*The State of Agile Software in 2018*》：https:// martinfowler.com/articles/agile-aus-2018.html。」

**Uncle Bob**：「啊，是的，那是一場優秀的演講！『請留意敏捷－工業複合體（Agile-Industrial-Complex）、保持技術優勢，以及產品優先於專案。』很棒的東西！所以是什麼困擾著你呢？」

**工程師**：「在那場演講中，他說軟體工藝運動（Software Craftsmanship movement）的形成是一場悲劇。」

**Uncle Bob**：「是的。他說的對。」

**工程師**：「真的嗎？怎麼會這樣呢？我以為軟體工藝是一件好事。」

**Uncle Bob**：「哦，它是。這確實是一件好事。」

**工程師**：「那又是為什麼……？」

**Uncle Bob**：「悲劇在於敏捷運動本應發揚工藝的理想典範，而它卻失敗了。一敗塗地。」

**工程師**：「我不太明白。」

**Uncle Bob**：「敏捷運動如此深陷於推動各種會議、Scrum Master 認證和指派專案經理，以至於他們遺棄了程式設計師，以及工藝的價值和紀律。」

**工程師**：「但我以為是程式設計師發起了敏捷運動」。

**Uncle Bob**：「是的。的確如此。這就是最大的諷刺。是程式設計師們發起了敏捷運動，用來傳達：『嘿，聽著！團隊很重要。程式碼應該要乾淨。我們想與客戶合作。而且我們希望儘早、經常地交付。』

敏捷運動是由程式設計師和軟體專業人士發起的，他們珍視工藝的理想典範。但後來專案經理衝了進來，說道：『哇！敏捷是一個關於如何管理專案的新方法耶，好酷喔！』

有一首 Alan Sherman 的老歌《*J. C. Cohen*》。這是一首關於一位地鐵售票員，把人們擠進車廂這件事，他做得太好了，好到把工程師推出了車廂。這就是敏捷運動所發生的事情。他們推了那麼多專案經理進來，卻把程式設計師趕了出去。」

**工程師**：「這和 Martin Fowler 描述的不太一樣耶。他說工藝運動的開始，是因為一群程式設計師說：『哦，我們需要為自己創造一個全新的世界……讓我們可以離開，遠離所有這些業務專家和專案經理和業務分析師，讓我們只談論關於技術的東西。』」

**Uncle Bob**：「哦，不。Martin 在這點上完全錯了。從《軟體工藝宣言（*Software Craftsmanship Manifesto*）》中可以很清楚看到，工藝的目標是延續和擴展敏捷訊息（http://manifesto.softwarecraftsmanship.org/）。軟體工藝可不是什麼技術人員的自嗨運動。軟體工藝只是敏捷最初目標的延續。工藝就是敏捷，卻被敏捷運動遠遠拋在後面。」

**工程師**：「拋在後面？拋下，然後去做什麼呢？」

**Uncle Bob**：「去推廣會議、認證和新奇的專案管理策略啊。」

**工程師**：「認證有什麼問題呢？」

**Uncle Bob**：「讓我這樣說吧：只為了認證（certify）工藝就建議參加為期兩天課程的任何一個人，都會被嘲笑得逃出這個會議室，被嘲笑得逃出這座城市，被嘲笑出這個州。（認證）這種想法本身就是很荒謬的。」

**工程師**：「好吧，但是你怎麼能在沒有宣傳、認證、培訓、研討會的情況下發起一場運動呢？你不需要那些東西來引起人們的注意嗎？」

**Uncle Bob**：「也許是吧。但我希望工藝運動不會像敏捷運動那樣拋棄它最初的目的。」

**工程師**：「那目的是什麼？」

**Uncle Bob**：「最初的敏捷目的。你看，工藝不是關於新的事物的。工藝是關於舊的事物的。它是關於好好工作、增加價值，以及做得好。它是關於互動、交流和協作。它是關於有效適應和回應變化。它是關於職業精神和道德。它是關於 Kent Beck 對敏捷的那個目標。」

**工程師**：「那個目標是什麼？」

**Uncle Bob**：「在 2001 年的 Snowbird（雪鳥）研討會中（即《敏捷宣言》誕生之處），Kent Beck 說我們的目標之一是彌合程式設計師和管理階層之間的分歧。

敏捷運動放棄了這個目標，將敏捷轉變為一種提倡新的、更好的管理方式的事業。敏捷運動並沒有讓經理和程式設計師靠得更近，而是幾乎完全集中在專案管理，實質上把程式設計師排除在外。」

**工程師**：「這就是為什麼程式設計師會走偏了？」

**Uncle Bob**：「不！程式設計師並沒有走偏。程式設計師堅持了下來！程式設計師繼續追求最初構思的敏捷。讀讀《敏捷宣言》的開頭幾行吧：『我們藉著親自並協助他人進行軟體開發，我們正致力於發掘更優良的軟體開發方法。』在繼續這項工作的是軟體工匠，而非敏捷運動中的專案經理。他們轉而去追求別的東西了！」

**工程師**：「他們追求的是什麼？」

**Uncle Bob**：「珍奇和新穎。如今敏捷運動是關於下一個大事件和大膽的新想法。他們需要新鮮事物來保持熱情和活力。他們需要這些，人們才會報名參加會議和認證。他們需要被視為取得了進步（progress）。敏捷已經成為一種事業；而事業需要成長。」

**工程師**：「看來他們正在取得成功。」

**Uncle Bob**：「是的。他們只是沒有達到敏捷最初的目標。為了滿足對新奇事物的需求，他們偏離了這些目標。其結果，不幸地，正是 Fowler 和 Jeffries 所謂的：Faux Agile（偽敏捷）、Dark Scrum（暗黑 Scrum）和 Flaccid SCRUM（軟趴趴的 Scrum）。」

**工程師**：「這一切讓我有點難以置信。」

**Uncle Bob**：「讓我證明給你看。Fowler 在他演講中的第一點是什麼？關於敏捷－工業複合體（Agile-Industrial-Complex）？」

**工程師**：「他說了一些像是『當人們選擇自己想要的工作方式時，他們的工作效率是最高的』之類的話。」

**Uncle Bob**：「沒錯！在軟體開發團隊中，誰承擔了大部分的工作？」

**工程師**：「當然是程式設計師。」

**Uncle Bob**：「有多少程式設計師參加了 Fowler 的演講？」

**工程師**：「他說是『一些』、『非常少』、『非常小眾』。」

**Uncle Bob**：「QED。誰去參加敏捷會議？不是程式設計師。不是做大部分工作的人。程式設計師開始了這些會議。程式設計師發起了這場運動。而程式設計師不再去了。並不是程式設計師改變了。改變的是這些會議，也就是運動本身。敏捷運動遠離了程式設計師，也遠離了敏捷。QED。」

**工程師**：「但是……」

**Uncle Bob**：「聽著。敏捷從來不是關於專案管理的；但那就是他們把它變成的樣子。敏捷和專案管理是完全正交的東西。敏捷不是管理專案的更好方法。敏捷與專案管理沒有任何關係。敏捷是一組價值和紀律，可以幫助一個相對較小的軟體團隊工匠打造小型到中型的產品。」

**工程師**：「但這不就是管理嗎？」

**Uncle Bob**：「不！天啊，不是這樣！專案管理是關於日期、預算、最後期限和里程碑。它是關於人事管理和激勵。良好的管理是絕對必要的；但這和敏捷一點關係也沒有。

看這裡。看看《敏捷宣言》吧（http://agilemanifesto.org/）。請注意那四個宣言，以及它們是如何被左右劃分開來的。是什麼把左右兩邊的東西分了？右邊的那些東西是管理。左邊的東西是敏捷。經理實行流程和工具。敏捷團隊中的個人進行互動。經理推動詳盡的文件。敏捷團隊打造可用的軟體。經理協商和管理合約。敏捷團隊與客戶合作。經理確保計畫被遵循。敏捷團隊則回應變化。」

**工程師**：「但 Scrum Master 不是有點像是專案經理嗎？」

**Uncle Bob**：「天啊，不！Scrum Master 是教練，不是管理者／經理。他們的角色是捍衛價值和紀律。他們的角色是提醒團隊他們承諾自己會如何工作。這個角色應該由團隊分享，而不是被經理們篡奪。每隔幾週，就會有一名新的隊員自願擔任教練（如果需要的話）。這個角色應該是暫時的。一個成熟的團隊不需要一個永久的教練。」

**工程師**：「哇，這肯定不是他們現在正在教的。所以我猜你認為敏捷已經被毀了。」

**Uncle Bob**：「不！敏捷還活著並充滿活力，並且在工藝思維中蓬勃發展。當專案經理入侵並接管敏捷運動時，敏捷就重新定位在這裡。」

**工程師**：「那麼，什麼是敏捷運動呢？」

**Uncle Bob**：「如今，敏捷運動還不如成為 PMI（https://www.pmi.org/）的一個非官方分支。這是一個為專案經理推廣會議、培訓和認證的行業。因此，它與 Beck 最初的目標背道而馳。敏捷運動並沒有彌合程式設計師和經理之間的分歧；它反而使其惡化了。」

**工程師**：「聽起來你好像在說敏捷運動不是敏捷」。

**Uncle Bob**：「它的確不是。它早就放棄了。如今的敏捷運動是關於一個錯得離譜的想法：即是專案管理才是讓團隊（變得）敏捷的主要因素。」

**工程師**：「好吧，難道不該是這樣嗎？」

**Uncle Bob**：「不，不，一點也不。你看，敏捷團隊是一群珍視敏捷價值和紀律的工匠。無論專案如何管理，敏捷團隊都會是敏捷的。另一方面，一個不敏捷的團隊也不會僅僅因為一個新的、花哨的專案管理策略而變得敏捷。這樣的團隊將是 Faux Agile（虛假的偽敏捷）。」

**工程師**：「你是說一個好的經理不能領導一個團隊，讓團隊變得敏捷嗎？」

**Uncle Bob**：「很少有經理能諄諄教誨關於工藝的價值和紀律。不是不可能；但這並不常見。敏捷團隊通常是由那些已經分享了敏捷的價值和紀律的人組成的。若團隊僅僅因為擁有一位 Certified Scrum Master 來做他們的專案經理，就認為可以變得敏捷，那是在做白日夢。」

**工程師**：「那麼未來會怎樣呢？」

**Uncle Bob**：「未來就是它一直以來的樣子。敏捷的價值和紀律將繼續幫助『相對較小的軟體團隊』打造小型到中型的產品，並將幫助彌合程式設計師和管理層之間的分歧。時至今日，這些價值和紀律由『那些與軟體工藝的理想保持一致的人們』持有，不論他們是否知情。

我不認為我們需要一個組織來推廣工藝。我不認為我們需要一個工藝聯盟（Craftsmanship Alliance）。我認為我們需要的只是善意的人，可以互動和合作的一群個人，即一群透過穩步增加價值來促進變革的專業人士社群。我認為敏捷的思想（工藝的思想）是足夠強健的（robust），可以在沒有組織的情況下成長和傳播。」

**工程師**：「那麼，所以軟體工藝不是一場悲劇囉？」

**Uncle Bob**：「工藝的理想怎麼可能被認為是悲劇呢？它們是自從人類誕生以來，人們就一直渴望擁有的永恆典範。只有當敏捷運動變成了一項事業，拋棄了敏捷最初的價值和紀律，才是真正的悲劇。」

＊＊＊

# 作者簡介：Robert C. Martin

**Robert C. Martin**，人稱 **Uncle Bob**，自 1970 年以來一直是軟體專家，自 1990 年以來一直是國際軟體顧問。在過去的 40 年裡，他以各種身分參與了數百個軟體專案。2001 年，他發起了由「極限程式設計技術」所建立的「敏捷軟體開發小組會議」，並擔任 Agile Alliance（敏捷聯盟）的首任主席。他也是推廣「全球軟體工藝運動：Clean Code」（Worldwide Software Craftsmanship Movement - Clean Code）的主要成員之一。

他撰寫了關於敏捷程式設計、極限程式設計、UML、物件導向程式設計、C++ 程式設計以及《*Clean Code*》和《*The Clean Coder*》等「里程碑」書籍。他在各種商業雜誌上發表了數十篇文章。他為軟體專業人員編寫、指導和製作了許多「程式碼廣播」影片。Bob 是國際會議和貿易展覽的常客。Bob 也是 Uncle Bob Consulting, LLC 和 Object Mentor Incorporated 的創辦人、CEO 和總裁。

Uncle Bob 在各種貿易雜誌上發表了數十篇文章，並經常在國際會議和貿易展覽上發表演講。

※**編輯注**：以下 Uncle Bob 的著作中譯本，皆由博碩文化出版：

- 《無瑕的程式碼──敏捷軟體開發技巧守則》（*Clean Code: A Handbook of Agile Software Craftsmanship*）
- 《無瑕的程式碼──番外篇──專業程式設計師的生存之道》（*The Clean Coder: A Code of Conduct for Professional Programmers*）
- 《無瑕的程式碼──整潔的軟體設計與架構篇》（*Clean Architecture: A Craftsman's Guide to Software Structure and Design*）
- 《無瑕的程式碼──敏捷完整篇──物件導向原則、設計模式與 C# 實踐》（*Agile Principles, Patterns, and Practices in C#*）

# 40

# 在更短的時間內
# 做更多的工作

作者：*Maria Matarelli*

發布於：2018 年 8 月 21 日

了解敏捷方法如何幫助你快速地進入市場吧！

眾所周知，敏捷方法可以幫助人們以**一半的時間**完成**兩倍以上的工作**。這種生產力的提高對你的事業有什麼好處呢？

讓我們比較一下「敏捷方法」與「傳統專案管理」的不同之處吧。傳統的專案管理方法著重於**預先收集**所有的需求，確保所有的需求都經過了詳盡的規劃和設計，然後使用分階段的方法來開發、測試並將產品發布到市場。

以**建立一個網站**為例。這種傳統方法的挑戰在於，在正式上線之前，可能需要很長時間才能將網站上「所有頁面的所有資訊」都收集在一起。但是，你並不一定需要「全部完成每一個分頁」才能發布。如果你等了幾個月的時間，才開發出一個網站，你就錯過了「線上呈現」

（online presence）的機會；你可能會錯過許多業務機會，因為人們無法找到你和你的服務。

使用「敏捷方法」發布一個網站，是先確立一個較小的工作區塊，其可以作為**最小可行性產品（MVP）**來完成。這可以是一個有漂亮照片的首頁、一些關於你工作時間的資訊、你從事什麼的概述，也許還有一個聯絡電話號碼。你或許可以在一週內發布那個首頁。然後你可以以此為基礎，在下週加入完整的服務頁面。然後下下週再加入另一個頁面。

將工作分解成**更小的部分**的好處是，你可以向市場發布**經過完整開發和測試的東西**，同時確保你有內建的**高品質**。

你不需要知道所有的事情才開始。事實上，通常的情況下，事情可能會根據你從**第一次發布**中所得到的回饋而改變。透過花時間吸收真實客戶的回饋，甚至可以導致一個更好的最終產品。

## 把事情分解得更小

當你試圖啟動一個大專案時，它可能很有挑戰性。你可能會遇到你沒有預料到的障礙或延誤。這適用於任何讓人感覺龐大和壓倒性的計畫。你甚至可能感覺卡在起點，不知道從哪裡開始。

當你把一個大專案分解成**更小的部分**，比如說，只是看看完成一個網站的首頁需要多少時間，突然之間，它似乎變得更容易管理了。你可能不會感到如此不知所措。你可以看到每一頁完成的進展。你也可以將那些不需要由你來做的部分外包或委派給別人。

## 在回饋中迭代

你「等待並嘗試自己解決所有問題」或「一次性完成整個專案」的時間越長，你就越會將時間、金錢和精力投入到建立「你尚未驗證的產品」之中。你可以猜測你的客戶可能想要什麼樣的功能，但是從**真實的客戶**那裡獲得**真實的回饋**會更有幫助。

如果你建立了一個最小的增量（minimal increment），你可以向人們呈現它，並得到他們「喜歡什麼、不喜歡什麼」的回饋，你可以結合這些改變來提高你產品或服務的品質。以迭代工作的整個概念是，你可以更好地管理一個**較小的工作範圍**（而不是試圖一次處理一個巨大的專案），以及完成一個你可以得到回饋的增量。

# 專注於優先順序

想想 Microsoft Word 程式吧。在所有功能中，有多少是你經常使用的？許多人會說，他們可能會用 5% 到 10%；我聽說最多也就 **20%**。這代表 **80%** 到 90% 的功能和程式能力**很少或從未被使用**。想像一下，建立所有這些「強健的功能」，花費了多少時間？然而這些功能，甚至還遠不及那些「常用的功能」（粗體、下底線、拼寫檢查、儲存檔案、另存為 PDF 等）來得重要。

當你在檢視「你應該把精力集中在什麼之上」時，請看看你的 80% 與 20%。你能把 **20% 的精力**花在什麼事情上，而得到 **80% 的結果**？尋找**最有價值的東西**，而不是什麼都嘗試去做。尋找什麼將帶來**最大的回報**，並從那裡開始。

當你試圖建立一個完美的產品或發布一個完美的專案時，往往會遇到一些挑戰，讓你感到不知所措。試著專注於一個最小可行的產品。找到你可以發布並獲得回饋的最小增量，然後在此基礎上進行建置。**這就是敏捷。**

*\*\*\**

## 作者簡介：Maria Matarelli

**Maria Matarelli** 是一位國際商業顧問、經驗豐富的敏捷教練和 Certified Scrum Trainer
（CST）；她為企業提供諮詢和培訓，幫助企業實現真正的敏捷並取得成果。Maria 經常
為財富 100 強企業提供諮詢；從上海到新加坡、從泰國到加拿大 Nova Scotia 的產業會議
上均有演說。在尋找繼續將敏捷擴展到 IT 之外的方法時，Maria 和她的團隊已經將敏捷應
用到**行銷**領域，並取得了令人難以置信的成果，這也啟發 Maria 與他人共同建立了 Agile
Marketing Academy（敏捷行銷學院）。Maria 也是 Personal Agility Institute 的共同創辦
人，幫助人們使用敏捷來做更多他們生活中重要的事情，並改變組織的文化。此外，Maria
是國際顧問公司 Formula Ink 的創辦人和總裁；她熱衷於與人們和組織合作，並打造敏捷
力。

# 41

## 你懂功夫嗎？

作者：*Blake McMillan*

發布於：2018 年 7 月 26 日

當我們說我們**懂**（know）某件事情時，那可能是真的；但同時，在我們這群自以為很懂的人之間，在技能程度上會有顯著的差異。才剛練習功夫沒幾個月的學生，就可以宣稱他們懂功夫了。然而他們卻無法與像李小龍（Bruce Lee）這樣的人相提並論；李小龍不僅是訓練有素的功夫高手，亦是真正的一代宗師。跟那些從未學過功夫的人相比，這些學生和李小龍都更懂功夫，但只有一個人可以被稱為**功夫大師**（Kung Fu Master）。

Scrum 團隊的成員之一是 Scrum Master。**Master**（大師）這個字可以涵蓋並適用於發揮這個身分功能的任何人。這意味著他精通 Scrum，就像「功夫大師」代表他精通功夫一樣。但是一位 Scrum Master 卻往往會**迷失**在「精通」的光環之中。

2006 年我參加了為期兩天的 Scrum Master 認證課程……在課程的最後，我在恭喜聲中成為一位通過認證的 Scrum Master（這是在參加考試前必上的課）。在這兩天的認證課程結束

之後，我的 Scrum 知識是否成倍數成長呢？那是當然的！不過，這兩天的訓練是否給予我足夠的知識，讓我宣稱自己精通 Scrum？實際上還差得遠呢！我努力將 Scrum 的一些概念融入在團隊工作之中，但我並沒有持續去追求更多精通 Scrum 的知識。

多年以後，當我決定去考取由 Scrum.org 所舉辦的 Professional Scrum Master 認證課程時，有些不一樣的事情發生了。雖然我成功考過了 PSM I，但這並不代表結束，而是一個**開始**。我持續用各種方式學習 Scrum 領域的知識，例如：在我的網站上，我整理了許多我讀過並推薦的書籍。在我持續學習成長的過程當中，這是其中一項發現：我學得越多，我就越了解，我仍然有許多必須要學的東西。

身為 Scrum Master，很重要的是，了解我們應該持續不斷地學習，來優化我們對團隊的協助，並精通 Scrum。以下是從 Scrum 指南中節錄，關於我們需要**持續學習**才能勝任 Scrum Master 的理由：

- Scrum Master 依照 Scrum 指南中的規則來負責推廣和支援 Scrum。Scrum Master 幫助每個人了解 Scrum 的理論、實務、規則和價值觀，來達成推廣 Scrum 的目標。

- 確保 Product Owner（產品負責人）知道如何安排 Product Backlog（產品待辦清單），來讓價值最大化。

- 理解並實踐敏捷。

- 在組織環境還沒有完全採用與理解 Scrum 的情況下，以教練的身分提供指導。

- 帶領並以教練的身分來指導組織，讓組織採用 Scrum。

- 規劃 Scrum 在組織內的實作。

- 幫助員工與利害關係人理解並實作 Scrum 及經驗導向的產品開發。

為了能夠真正做到上述那些事，我們必須成為了解和應用 Scrum 的專家。所以，你可能會問，**持續學習**的正確方法是什麼呢？這我無法確定……因為這必須取決於「對你來說，怎樣才是最好的學習方式」、「你住在哪裡」以及「你目前的經驗到什麼程度」。以下是供你探索的一些建議清單：

- 從你支援的團隊當中獲取回饋，並以這樣的方式持續學習。在協助你的團隊從 Scrum 中學習和成長的同時，把他們的回饋（即他們告訴你「應該如何改進」的建議），當作是一份禮物。

- 如果你尚未參加 Scrum.org 所舉辦的 Professional Scrum Master 培訓課程，你可以考

慮參加。雖然講師可能有所差異，但是內容是標準化的，而且對你學好 Scrum 非常有幫助。

■ 閱讀專業書籍；或者，如果你跟我一樣，上下班通勤時間很長的話，可以聽有聲書。

■ 對通勤者而言，另一個不錯的選擇是收聽敏捷／ Scrum 的播客（podcast）。我很喜歡聽 Vasco Duarte 的 Scrum Master Toolbox 播客，我也喜歡聽來自世界各地不同 Scrum Master 的播客。

■ 參加 Scrum 的聚會（Meetup），這也是為何我剛剛提及取決於「你住在哪裡」。在達拉斯／沃斯堡（DFW）有許多機會可以認識其他 Scrum Master。而位於德州 Plano 的 Improving，在支援 Scrum ／敏捷社群活動這方面亦做得很棒。

■ 和其他的 Scrum Master 聊聊，分享彼此的見解和經驗，並藉此獲得學習和成長，這是一件很棒的事。我在 Fenway Group 與 Brit 及 Tanner 有過這樣的交流；我在 Toyota 時，和 Scrum Master Quality Circle 也有過這樣的互動；以及毫無疑問地，在 GMF 工作時，我和 Improving 的工作夥伴與團隊，也擁有這樣的體驗。

■ 尋找機會，去幫助或支援其他正在努力的 Scrum Master。

你有其它持續改進和精進 Scrum 功夫的想法嗎？身為 Scrum Master，我們必須理解和實踐許許多多的技能。如果你在某個社群媒體看到這篇文章的話，請提供你的回饋或意見。持續學習！持續練習！持續 Scrumming ！

\*\*\*

## 作者簡介：Blake McMillian

**Blake McMillian** 是 Improving 的首席顧問，特別關注敏捷／Scrum 的指導和訓練。 透過 Scrum.org，他目前擁有 Professional Scrum Master III 和 Professional ScrumProduct Owner II 等認證，並正致力於成為一位 PST（Professional Scrum Trainer）。Blake 在科技產業擁有近 25 年的經驗，曾為 GM Financial、Toyota、Capital One、American Airlines、Southwest Airlines 和 ExxonMobil 等公司的各種專案提供支援。

在工作以外的時間，Blake 非常熱衷於與他人分享他的知識和學習。他透過在會議與活動中進行演講、建立並引導 Agile Game 回合、為 SoulofScrum.com 網站和部落格開發內容，以及擔任 CareerSolutions 董事會成員和研討會引導者（CareerSolutions 是非營利性組織，專門為求職者提供教育工作坊）。

# 42

# 敏捷領導階層
# 最常見的 20 種失敗

作者：*Ian Mitchell*

發布於：2018 年 3 月 22 日

> 多數的高階主管、許多的科學家以及幾乎所有的商學院畢業生都認為，若你分析資料，
> 就會得到新的想法。**不幸的是，這種想法是完全錯誤的。**我們的心智只能看見自己準
> 備看見的東西。　—愛德華‧狄波諾（Edward de Bono）

若你曾被聘請為敏捷教練，「參與（engagement）的重要性」很有可能從一開始就讓你印
象深刻。至少這絕對是我的經歷。我從來沒有被招募至任何被描述為「無足輕重」的工作之
中。為什麼是這樣的呢？高階主管們是否僅看著他們的「圖表」和「數字」，接著就說：
『只有一件事可以做，我們必須讓 Ian Mitchell 加入』？難道我是一位只會得到頂級合約的
超級紅牌教練嗎？想像一下總是不錯的啦。然而我很肯定，我的會計師有理由懷疑事實可能
並非如此。

反之，更有可能的情況是，當一個組織受到壓力時，壓力最終會被施加到一個外部軌跡之
上，也就是被聘請來提供補救措施的「教練」身上。教練是新穎的、甚至是個**未知數**，在他
／她抵達之前，人們對他們會有各種想像。有些人可能把你視為一股力量，可以引導和指
揮，去對付他們腐敗的敵人，因為你的出現將會帶來一種強大而神秘的魔法。人們經常假
設，只要找一位好的敏捷教練，**奇蹟**就會出現。事情會來得更快、更便宜。敏捷教練會帶來
改變，並讓其他人看到原因，看著吧！

當然事情不太可能是這樣發展的。除非你有自己的問題，否則你會意識到，任何「變革性的魔法」都不會單純因為「你」的存在而散發出來。你知道人們必須渴望改變，他們也需要理解這些改變會帶來什麼樣的影響。而讓「教練」能夠參與其中的「發起人／贊助人」，則必須從（組織的）**最上層**開始溝通與強化。

不幸的是，這也帶來了一個嚴重的問題。這種困難可能會在你與客戶的**第一次會議**中變得明顯。為了理解為什麼，讓我們回顧一下你和他們的最初會面，以及實際可能的進行方向：

客戶：『我希望你能意識到這個敏捷教練的計畫到底有多麼重要，』他們既認真又嚴肅地對你說道。『有很多事情都要靠它。這對公司的未來非常重要、非常急迫。』

『很好，』你回答。『讓我們把**與 CEO 的會議**寫進日記裡面吧。在進行必要、深入且普遍的組織變革時，他將是那位不可或缺的贊助人／發起人。』

客戶：『啊……呃……這個嘛……』

你會發現，經常發生的是，這些假想的規模、重要性和急迫性等挑戰，被轉移到「教練」身上了。「敏捷轉型計畫」就像其他任何計畫一樣被處理，即透過**委派**（delegation）。人們不瞭解的是，對於這樣的囑咐，敏捷教練幾乎是無能為力的，無論這些囑咐有多麼嚴肅。教練沒有一台可以搖動把手的轉型機器，也無法轉動得更用力或更快一些。在組織內部、其眾多的部門、文化假設和既有實踐之中，還會有許多抑制變革的「限制」。這就是為什麼一個好的教練會重視「高階主管的支持」，並渴望確保它。任何的缺乏都可能導致偏移和延遲，並暴露出停滯不前的障礙。雖然可能會有一些值得的「局部最佳化」，且當然可以針對關鍵問題和依賴關係建立「透明度」。但在戰略層面上的收益將很低，不太可能達到較高的期待。

簡單的事實是，企業變革的責任**不能**只是下放給部屬和員工。高階主管也要對發生的事情負責，他們必須謹慎且熱心地接觸任何可以幫助修正「組織模型」並提供「價值」的人。然而，他們往往只會因為自身的「缺席」，以及無法提供「只有他們才能提供的明確行政權力」，才會受到注目。被服務的卻是「**中階層的經理**」（而不是教練），而他們可以全權決定部屬們（即那些沒有權力的人）應該做什麼。諷刺的是，這些「**中階經理**」是最有可能為了利益而選擇「維持現狀」的一群人。他們已經在那裡工作了許多年，知道如何利用這個系統的弱點。如果「教練」試圖與「更高的階層」建立聯繫，想要解釋並解決組織中的障礙，那麼「**中階管理層**」可能會干預，阻止這種企圖或控制它。組織的官員紛紛採取行動，好利

用「階層」（hierarchy），以重新獲得權力和控制。有時候，為一個想像中的「敏捷轉型」尋找一位真正的執行發起人，看起來就像《X 檔案》中的一集。每當教練接近可能的真相時，黑衣人就會出現，他們穿著時髦的西裝，一副充滿威脅的機械感，並說出可怕的警告與重要的告誡：「請後退一步，不要再往前走了！」

高階主管的支援若是薄弱的，其帶來的風險就會是巨大的。公司通常不會為了轉型而停止，而企業的變革必須發生在組織運作的過程之中。最終，是高階經理人（而不是教練）必須為努力的成功與否「負責」。因此，現在讓我們深入探討一些**比較常見的失敗**，這些是高階主管在**放棄**他們的「敏捷領導職責」時所表現出來的模式。

## 失敗 1：沒有意識到組織文化的直接重要性

如今幾乎每一位 CEO 都在談論如何變得敏捷。在大多數的情況下，他們會真心認為自己和員工能夠以這種方式工作。然而，組織的執行觀點，卻是透過「直接報告」、「濾鏡（過濾）」和「柵欄（障礙）」等鏡頭投射出來的。這就是**冰凍的中間地帶**（Frozen Middle）佔據主導地位的領域。因此，在評估「敏捷實踐」將會遭遇何種「文化障礙」時，都將通過並受到「系統」本身的影響。他們收到的關於組織的資訊，在先天上將是自我指涉的，就客觀性而言，甚至是模糊和扭曲的。然而，透過這種情報，高階主管希望重新定義「價值流」、「投資組合」和「角色」，並洞悉「戰略性的敏捷策略」。他們希望用**望遠鏡**看得更遠，卻得到一個**牛奶瓶**來觀察月亮。

然而，失敗屬於他們。每個人都必須意識到**文化**的重要性，它定義了我們現在所看到的東西，以及我們看待它的方式。「敏捷轉型」確實是深入和普遍的，而光是知道它某種程度上涉及「文化變革」是不夠的。同樣重要的是，你要意識到「你所接收的資訊」以及「你接收資訊的方式」，這些可能不再適合你的「目的」。因此，高階主管個人與組織的互動方式也必須改變。

## 失敗 2：認為敏捷變革是技術性的

我們都曾見識過：自己動手的「敏捷模型」，它在「瀑布流程開發階段」的外圍畫了一個完美的迴圈。我們不能假裝驚訝。天生具有高可塑性的軟體，在組織變革當中是最不受阻礙的。這裡也是任何產品或服務的「價值」增加地最明顯的地方。可展示的有效程式碼所提供

的「經驗主義」，進一步移除了其他「企業流程」和「產出物」。這些「價值流」的其他部分有如**冰川**般行動，並被抽象到更稀薄的管理階層之中。然而，所有這些「需求集合」、「設計規範」、「簽名」和「本票」（promissory notes）有效地定義了**既定的工作方式**。因此，很難挑戰它們，或真正地改變它們。

這很容易誤導「利害關係人」，包括「高階行政主管」。這會讓他們以為「敏捷轉型」本質上是一個**技術**問題。這種偏見的結果是，對於任何「可交付成果」，其吸引力都很弱，而這些「可交付的成果」卻是我們期望這些「敏捷開發團隊」建立的。此外，任何與其他組織元素的依賴關係，例如：「其他團隊」、「架構權威」或「變革控制委員會」等，都將維持無解。對於老問題，可能會有「局部最佳化」和「透明度」的改進，但是對於「實際執行業務方式」的任何重大改變，都是不可能的。「高階行政主管」有責任意識到，如果「敏捷變革」的好處確實不斷累積，那麼必須在**整個企業範圍內**要求，並支持改變。

## 失敗 3：試著把改變的責任委派給別人

大多數的組織，尤其是大型組織，都是階層式的（hierarchical）。「價值」和「決策」在整個企業中的流動方式就是由這種結構決定的。大方向的決策由最高階層做出，細節則留給了「中階管理層」來整理、監督和實作。進度不是透過經驗證據（empirical evidence）衡量的，而是透過這些代理人希望的「報告」和「形式機制」來衡量，這些機制將「累積的風險」從這一方轉移到另一方。

這可能導致高階主管在尋求企業變革時採取**不干涉**的態度。高階主管可能做出了「敏捷化」的決定，甚至可能採用了一個特定的框架，但計畫的執行卻是透過**代理人**。這種態度甚至會被「在這新敏捷的世界裡，員工應該是自組織的」這種**似是而非**的論點所強化。這種邏輯的「表裡不一」是很明顯的：人們不能自我組織，因為能夠這樣做的**文化還沒有出現**。此外，將「風險」經過各個階層委派下去，將失去對變革過程的經驗性控制。高階主管們將如何知曉，一個計畫是不是正確的？有沒有被正確地理解、被正確地執行呢？人們可能看到了變革的需要，並真誠地想要這個變革，**但是他們多半不會改變自己**。因此實作轉型的責任被進一步下放了。它必須發生在其他地方。最終，它可能會落在「敏捷教練」的腳下……「敏捷教練」成為了一個很少有人能夠為他抽出時間，但卻期望從他那裡獲得偉大成就的人。再一次地，這是最高階層行政主管的失敗。每個人都必須參與「企業變革」，而經營並使之成功的「責任」，是不能轉移到其他人身上的。

## 失敗 4：不重視「組織重力」的效果

**組織重力**（Organizational Gravity）可以被定義為人們回歸「傳統工作方式」的傾向。在「敏捷轉型」的活動中，這是經常發生的情況，因為沒有獲得**牽引力**（traction）。員工可能會遵守「舊的流程和協定」，同時模仿「新的敏捷實踐」。它可以被看作是一種在「不敏捷」的情況下執行「敏捷」的狀態。當一名教練最終離開時，面對新制度，大家甚至連「表面工夫」也不再做了。在面對「必須在自己的地盤上做出真正變革」的期望時，「組織重力」還會導致防衛心態。「冰凍的中間管理層」可能會把「阻止一場危險的革命」視為己任，同時使用精心設計的「光學效果」，來顯示改變確實正在發生，藉此安撫高階主管。當現狀受到威脅時，可以預期組織中的「抗體」會發揮作用。人們極不願意看到「現有的角色」發生變化，就算只是暫停使用過去的報告結構，亦是如此。

高階主管必須理解「組織重力」帶來的**毀滅性影響**，它會拉扯、撕裂任何轉型的嘗試，直到一切都被塑造成組織「現有的形狀」。他們必須特別警惕，別讓那些被收編的「敏捷詞彙」，只被用來描述「沒有改變的角色、產出物或事件」。他們必須同樣警惕，別讓那個「新詞彙」為了適應組織「現有的價值觀和偏見」而被修改。其結果將是對「敏捷實踐」的貶低，甚至喪失了「實現新工作方式」的慣性。高階主管應該為自己和公司充分理解「變革」的難度，以及理解「描述變革的詞彙」的真正涵義。

## 失敗 5：不全力支持變革

並不是所有的高階主管都是虛張聲勢、剛愎自用的產業領袖。有些比較**弱勢**，容易被強盛的風吹走，或者太無心於企業和它的工作內容，以至於不能真正地為一個「改變計畫」操心。在某些派系的壓力下，他們可能會同意「敏捷轉型」的嘗試，但是他們會把任何處理工作留給他們的「直屬部下」去解決。這與前述的「委派」截然不同，而且**更糟**，因為他們根本就不期待會有「管理」和「協調」的結果。

高階主管支援力度不足的後果是，這種改變將是零敲碎打的。有一些變化，可能短期內會發生在「孤立的區域」之中，但將永遠無法獲得「企業轉型」的臨界品質。來自贊助人／發起人（sponsorship）的敏捷力量，才是克服「組織重力」的重要因素。

## 失敗 6：沒有傳達必要的急迫感

John Kotter 的「領導變革的 8 個步驟」應該對「指導」高階主管進行轉型嘗試很有幫助。
然而情況通常並非如此。即使只是第 1 步：『建立渴望變革的急迫感』，實際上也很少被
貫徹執行。

確切傳達的急迫感（urgency）可以說是良好敏捷支援最純粹的表現。如果在董事會層級斷
言，『不僅必須改變，而且必須**現在**就改變』，想像一下未來的可能性會有多大。相反地，
如果不能在整個企業中傳達這個命令，並相應地設定期望，將無法建立關鍵動力。變革將被
延後或委派，直至挑戰的「規模」與「即時性」遠離視野，甚至乾脆放到新教練的腳下。高
階經理人必須確保將「敏捷轉型」作為首要任務，採用和改進「敏捷實踐」不是事後的想
法，而是每個人的**日常**工作。

## 失敗 7：執行敏捷變革計畫，好像它只是又一個計畫

企業運作的方式不僅定義了它「交付價值」的方式，也定義了它「實作變革」的方法。它所
遵循的「流程」，描述了如何進行變革：無論是建置一個「新產品」，好添加至投資組合
（Portfolio）之中，或是建置一個「新系統」，來取代負責操縱和儲存機構資料的舊系統。
**流程本身通常被認為是不可變**的，直到它們受到「敏捷轉型思維」的挑戰。流程似乎是唯一
可行的做事方式……一種天生的**偏見**，腐蝕了可能性的藝術。它的束縛甚至可以在組織內部
偽裝成**常識**。

這種想法讓轉型嘗試的成果蒙上了陰影，就像原罪一樣揮之不去。它污染了合理化，妨礙對
其力量的客觀理解。遵循既定原則的高階主管可能會因此而試圖將「敏捷轉型活動」委派給
其他人，好像它只是又一個應該執行的計畫。它將以「傳統的方式」編列預算，給予一個標
準的指令，並使用「老派的方法」來衡量它的成功。實際上，「敏捷教練」被轉化為一個
**已知數**（a known quantity），其職責已經被「正統的架構」所限制：「敏捷教練」成為了
「專案經理」。他失去了應用經驗主義、從而證明價值的能力。很顯然地，轉型嘗試的成功
將會受到嚴重的影響，且很有可能從一開始就受到影響。高階主管必須瞭解，敏捷轉型將從
「根本」改變組織本身。即使只是為了一個團隊的成功，整個企業也可能受到影響，因此這
個計畫不能受「既定的計畫」約束。

## 失敗 8：嘗試在另一個專案的基礎上進行敏捷轉型

變革精神的進一步墮落，很令人遺憾，是非常普遍的。它可能不是作為一個「真正的企業計畫」來制定，而是被當作「另一個工作計畫」的**解藥**，也許是個「若非如此，便會因為過於雄心勃勃而被否決」的計畫。這樣的案例正是所謂的**數位轉型**計畫，它已成為政府和大型企業的時尚。此類計畫的範圍可以是大規模遷移和技術提升，往往是著眼於放棄「陷入困境的遺留系統」和「技術債的墓地」。然而，計畫中任何「敏捷」的部分很少是經過深思熟慮的。對相關人員來說，**敏捷力**是一個謎，它被想像成是一個能使「時間」、「範圍」和「預算」結合在一起的秘密武器。

這種有害做法的直接結果是，變革的贊助與支援被**限制**在相關專案的範圍之內。如果團隊在宿主計畫（host program）之外有依賴關係，例如：共用的公司資源或許可權，那麼這些障礙就不太可能得到解決。變革的範圍不會擴展到這些領域，且那些地方甚至不覺得自己有幫助「敏捷團隊」完成交付職責的義務。任何完成的工作都將達不到被視為「已完成」的標準。一旦開始「開發」，**完成的定義**很快就會被「發布的不足」所超越。工作將是成批的、未完成的，直到那些在專案之外的人必須處理它。

高階經理人應該明白，以這種方式限制「敏捷變革」，然後期待專案主管提供超出他們職權範圍的支援，這是多麼危險、多麼不智的想法。不論有多麼肯定，即便所有必要的資源看起來都在計畫的掌控之中，只要團隊開始衝刺，不可預見的**障礙**和**依賴關係**就會出現。敏捷變革是深入、遍布的（pervasive），必須超越所有「現有的工作」和「相關的計畫」。選擇一個試驗方案（pilot scheme）並沒有錯，但對敏捷實踐的「支援」必須超越目前限制思想和行動的狹窄視野。**它真的只能來自最高階層。**

## 失敗 9：嘗試聘請「方法安裝員」

我還記得在倫敦的一間銀行進行了一次大型的敏捷轉型嘗試，我是許多敏捷教練中的一員。銀行堅持要求為「每一個未來的敏捷團隊」都準備好明確的轉型計畫，而這樣的團隊有上百個。計畫會議、審查、回顧、產出物的使用、角色的存在等等，都被詳細地列舉出來。

毫無疑問，**轉型待辦清單**（transformation backlogs）可以派上用場。它們可以（也應該）建立進度的透明性，如此一來，就可以檢查和調整進度，並將其與改進的價值相互關聯。不幸的是，這正是該客戶方法的不足之處。變革不是經驗上就可以測量的，它是需要被「指

導」進現有的工作團體之中的。這些團體既不是完全的敏捷團隊，也沒有進行「自組織」的權力，更沒有「時間」和「職權」來嘗試深層的結構變化。一個「教練」必須將「敏捷改進」灌輸到這些忙碌的人群之中，他們有各種不同的**壁壘**、相互競爭的**需求**，還有許多在不同階段之中持續做出的**承諾**。在「轉型待辦清單」中，任何事情和任何可能交付的價值之間，並沒有時間上的關聯性。回饋循環在近兩年內不太可能關閉（closed）。更糟糕的是，在這段黑暗的時期，必須達到所謂的「敏捷成熟度」概念目標。然而如果沒有改善的經驗證據，又怎能度量「成熟」或「進步」呢？銀行認為他們自有答案：他們將透過「檢查表」（checklist）來進行「敏捷轉型」。如果一個教練，透過一些神秘的占卜方法，認為這次變革已經圓滿地指導完成了，那麼它就會被打上勾勾。

瞧，實際上我們根本就不是「敏捷教練」。反之，銀行把我們設定為**方法安裝員**（method installers），如此一來，他們等於把「轉型」設定為失敗了。任何企業都不可能指望將其**文化的深刻變革**簡化為一場**打勾勾運動**。在其他事情中，如果要在任何虛構故事以外的基礎上建立進度的評估，有效的「學習循環」絕對必須經常關閉的（closed）。不這麼做的誘惑是相當大的，因為在大型組織中建立「經驗控制」是困難的。阻力最小的方法似乎是建立「虛假的控制」，使用「很難稱得上是經驗主義、但具有豐富且令人信服的細節」的度量標準和方法。收到的任何保證都是假的。高階行政主管必須關注並確保「敏捷變革計畫」（包括在「轉型待辦清單」上列舉的任何工作），都深植於「敏捷實踐」所帶來的經驗主義（empiricism）。

# 失敗 10：「映射」，而非改變

大約 20 年前，在「敏捷實踐」甚至還沒有流行起來之前，其他迭代增量交付的方法正在興起。我記得許多公司都在孕育屬於他們自己的「統一流程」（Unified Process），我甚至協助了一些真正可怕的流程誕生。人們認為，透過將其「階段控制的流程」映射（mapping）到「新的迭代和增量模型」之上，就可以輕易地改變一個迂腐的組織。「價值流」的改善將透過這個活動來催化。至少人們是這麼希望的。實際上，改變幾乎完全沒有發生。它似乎從未發展到超出「構成相關流程圖」的那些方框、直線和其他彎彎曲曲的線條之外。

其背後的問題，是許多組織至今仍面臨的問題……人們想要得到改變，但他們不想要改變（自己）。在「理想的敏捷狀態」與「目前的現實」之間建立了「理論性的映射」，然而，在這其中，卻只建立了屬於進步的「火車頭」。當宣傳一種「雙峰式（bimodal）的 IT 策

略」時，**制度上的冷漠**尤其令人討厭。「退出」敏捷實踐的能力被利用了，不是在它對「價值交付」最具意義的時候，而是在「敏捷變革」被證明**太困難**的時候。它變化得越多，就越保持不變。

因此，高階行政主管必須真誠地希望帶來敏捷變革。認為敏捷「映射」擁有改革力量的想法，只會是**紙上談兵**的實踐，而這是不可能獲得任何好處的。

# 失敗 11：嘗試改變敏捷實踐，而不是改變組織

當公司宣布敏捷轉型計畫時，員工可以看到，需要「協調」兩種截然相反的力量，或是必須「選擇」其一。一方面，我們有「精實－敏捷實踐」和它**輕量級**的價值交付技巧。另一方面，我們有**超級重量級**的企業和它「既定的做事方式」。這似乎從一開始就不是一場公平的比賽。此外，現有的制度已經適用於組織本身。相較之下，「敏捷教練」似乎只能提供某些「在其它地方應用與實踐」的通則。在擂台上，誰會聆聽一位夢想家的話呢？人們常說：『這裡的情況不同！』、『普通的敏捷是行不通的！』在人們眼中，可信度的鴻溝有待彌合。任何事情，從「引入衝刺目標」到「擁有一個發布品質的完成定義」，如果與**目前的設定**不一致，都可能被斥為「太普通」或「太通用」。當「中階管理層」的老衛士們行使「否決權」時，「敏捷教練」便處於明顯的劣勢。『若有什麼必須改變的話，』他們可能會說，『那就是你腦袋裡的敏捷實踐。』一個勤奮的教練被期望提供一些已經被「客製化」或「配置過」的東西，來配合現況。敏捷轉型的弧線被組織的「重力」拉了下來。請給我們一種與「我們正在做的事情」相匹配的敏捷工作方式吧！這是一個顯而易見卻又不言而喻的暗示。任何低於這個標準的一切，都被認為是不夠實際的一種失敗。對許多教練來說，默許、收錢並過上平靜的生活，直到鄉巴佬們認清他們的騙局並離開，這樣做是很吸引人的。

因此，每位高階主管都必須理解並接受，「敏捷轉型」代表的是改變**組織**，而不是改變**敏捷實踐**。畢竟這才是練習的目的，如果要從變革中獲得任何好處。他們還必須意識到，一種利潤豐厚的行業已經出現，以滿足人們對**半生不熟的轉型嘗試**的普遍需求，然而這種嘗試並不會產生令人滿意的結果。

# 失敗 12：誤解價值和流程

高階經理人傾向於認為「敏捷力」是指更快、更便宜地執行專案。這是他們經常渴望的秘密武器。事實上，敏捷實踐其實是在「複雜」和「不確定」的環境之中獲得「經驗性的流程控制」（empirical process control）。那些迭代和增量的技術是實驗導向的，且有時利潤的實現幾乎是偶然的。敏捷實踐幫助組織瞭解它真正營運的業務環境。**敏捷力**並不是指更快、更便宜地執行專案，而是要學會在正確的時間做正確的事情。

高階主管可能會被矇騙，以為教練會開出「更快、更便宜」的藥方，這是因為他們誤解了「價值」和「流程」的重要性。他們可能猜想這兩者對於實現「精實效率」都很重要。然而，他們很容易忽略**視覺化**「價值流」以便更充分理解業務營運的重要性。最關鍵的是，他們可能無法挑戰「價值究竟代表什麼」這個公認的智慧。問問一位經理『價值是什麼』吧，很有可能『更快、更便宜地做專案』就是他們能夠推理的深度。在「時間」和「預算」的限制以及必須完成專案的「壓力」之下，「中階管理層」最有可能被一連串的追問弄得不知所措，他們會想：『專案當然必須做得更快、更便宜！那是永遠的痛點啊。**價值**還會有什麼其它意義呢？』

高階主管必須意識到這種思維是如何塑造**組織文化**的。他們應該非常小心地避免用「更快、更便宜」的術語來構成敏捷討論，以免誤導他人或證實他們的偏見。反之，他們應該清楚強調**有效學習**的必要、**小而增量的實驗**的吸引力、**透明性**比佇列和批次處理大小還重要、**價值優先化**的技術，以及建立在明確定義工作流之上的**團隊自組織**。

# 失敗 13：不思考「完成」的意義

產品的「完成度」與「適合的用途」是利害關係人之間的一個常見誤解。例如：如果一個產品增量已經開發出來（但沒有在使用者條件下測試），那麼那些在工程部門工作的人，可能仍會認為他們的勞動成果是「完成」的。至少對他們來說，事情是結束了。然而，最終客戶可能有不同的想法。他們可以合理地預期「使用者測試」確實已經進行。此外，他們可能還預期會有「文件」和「培訓課程」以及「產品支援」。**所以，什麼時候工作才是真正的結束呢？**

顯然，這牽涉到「品質控制」和「商業信譽」。想像一下，如果汽車在沒有座椅墊或車燈的情況下離開生產線，會發生什麼事。然而，事實上，製造業通常對「完成」代表什麼，有一

個強健的理解，因為這使他們的輸出可以投入生產。IT 產業在定義與保證其「品質標準」這方面，可能沒有那麼成熟或謹慎。因此，**完成的定義**對高階主管來說是非常重要的，因為他們最終承擔著企業風險和聲譽的責任。他們需要確保開發團隊所採用的「定義」，是適合企業「目的」的，且不會將業務置於危險之中。管理人員應該瞭解，檢查工作成果合規性（compliance）的最有效方式，就是在**進行工作的時間和地點**使用熟練的檢查人員，而不是作為一個單獨的階段。經常和及時的檢查，將阻止浪費的累積，並減少任何需要的重工（rework）。自動檢查減少了花在檢查上面的時間和出錯的機會。

這也表示，必須確保「團隊」確實擁有建立真正的「完成」增量所需的所有技能，包括所有可能需要的測試、文件、交接或支援能力。能夠儘早和經常地提供**完成並可以進行展示**的工作增量，有助於確保進度的透明度、控制風險和儘量減少技術債的累積。如果需要排除對外部資源、技能或授權的依賴，並將其引入團隊，則可能需要高階主管的贊助和支援。

# 失敗 14：不重新考慮指標

在傳統的組織中，經理們通常依靠「報告」來瞭解正在發生的事情以及他們應該做出的決定。「圖表」和「數字」為他們提供了必要的資訊，他們使用他們認為最能揭示潛在真相的「指標」和「測量方式」，來解讀這些資訊。他們的世界觀是被這些**標準**過濾和塑造的。

然而，不幸的是，即使是轉型的進展也常常要用這些「現有的指標」來度量。例如：在計畫完成之前「還有多少時間」可能被認為是最重要的，而不是「現在正在交付的價值」，或可以從中學到什麼。高階主管們應該瞭解，**衡量成功的方式**也是必須改變的事物。更合適及經驗主義的評估方法，可能包括重視「會計創新」和「引發可採取的行動」，而非虛榮的指標。甚至可能需要修改「員工績效的評量標準」，讓更好的團隊合作能夠獲得獎勵。無論選擇了什麼樣的技術，高階主管們都必須接受，敏捷轉型的支援或保證，是不可能使用過時的「評量方法」和「職權範圍」的。

# 失敗 15：沒有在企業變革之中應用「經驗性的流程控制」

把「敏捷轉型」當作**只是又一個需要執行的計畫**來嘗試並執行是不智的。然而，不採取「受管控的方式」就展開變革，也是同樣的愚蠢。然而不幸的是，在許多敏捷轉型的嘗試當中，

缺乏控制（lack of control）是很明顯的。尤其是「經驗主義」的缺乏。反之，一堆「混雜的敏捷技術」被扔到牆上，希望其中一些能夠堅持下來。**這是讓人們變得擅長「做敏捷」而不是「變得敏捷」的處方。**在一段時間內，他們至少會經歷一些形式和行動，但是敏捷交付提供的「經驗性證據」不太可能很快出現。「組織重力」更有可能表現出來，並使變革屈從於「機構目前的意願和形狀」。

**經驗性的流程控制**對於任何真正的敏捷工作方式來說是天生的，且必定包括轉型嘗試。因此，高階主管必須尋找改進的經驗性證據，而非報告或其他本票（promissory notes），以確保敏捷變革確實「正在進行中」。例如：他們可能合理地期望將轉型工作**視覺化**，並作為一個或多個「轉型待辦清單」來管理。每一個都應該捕獲良好的敏捷實踐，期望這些實踐能夠「有所進展」，並協助實現以「團隊的價值交付」為基礎的經驗性改進。可能需要至少一個轉型小組，能夠以這種方式解讀敏捷指導的效果，並檢查和調整那些「轉型待辦清單」，直到「敏捷實踐」在整個企業中變成常態，「自組織團隊」也陸續就位。

管理這種性質的文化轉變不是可以隨意委派的工作。將有許多事情需要去做，它們將超越任何一個工作計畫。它們可能會跨越整個組織結構。即便只是為了「一個團隊在一次迭代之後，成功交付一個品質足以發布的增量」，也需要在整個企業之中進行「深入且遍布的改變」。將會有許多無法預見的「依賴關係」，它們必須被一一確認、挑戰和消除。新的敏捷團隊必須與**自組織能力**結合在　起。將會有新的價值流需要辨識，而舊的價值流則需要改進。團隊必須獲得新的技能，以便根據「證據」來學習，整理他們與他人的依賴關係，以及找出並消除浪費。

如果你要深入瞭解「企業敏捷力」的真正涵義，你可以說它呈現了對大規模創新的經驗性掌握。由於大多數組織是**保守**而非創新的，高階主管必須辨識出那些與「敏捷變革嘗試」有關的障礙。組織很可能會**窩藏**一些相當反動的力量，包括那些**中階管理層**，因為他們真正相信「抵制變革」及維護「已確立和已被證明的規範」是正確之舉。經驗主義常常是在緊急情況下才會採用的東西，在危機解除時便被丟棄。高階主管必須支援企業所有部分的轉型，並提倡「經驗性的流程控制」，因為它始終是敏捷實踐的基礎。

# 失敗 16：沒有鼓勵專注於產品

選擇一個大型組織，任何一個。去總部好好地看看吧。他們是做什麼生意的？

嗯，如果你認為他們的業務就是在「做專案」，那是情有可原的。這似乎是他們無論如何都要做的事情的「主要目的」……不論他們可能提供什麼產品或服務，或他們位於哪一個部門。他們可能正在起草專案初始化文件、尋求並批准授權、確定需求範圍、以不同程度的細節建立專案計畫、編制 RAID 日誌和 RACI 矩陣、平衡資源、確保資金，並將工作套件放在一起。到處流傳的文件都是一些**價值尚未證明和交付**的本票／書面承諾（promissory notes）。在管理階層自我膨脹的扭曲表現中，這些檔案甚至可能被稱為「產品」。風險從這一方轉移到另一方，直到審判日來臨，當真正的產品被排定實現。

專案在定義上即是**暫時性的努力**。需多精力被花費在**建立**專案、在缺乏定期有效交付的情況下**監視**它們的假定進度，以及事後將它們**銷毀**。專案被用來「**維持價值流動**」以及「**保留制度知識和團隊技能（這些才是價值得以最佳化的關鍵）**」，在這些方面，專案可以說是一項**糟糕的工具**。

事實證明，鼓勵高階主管**重新思考**企業，不是從專案的角度，而是從「真正能夠釋放**價值**並吸取**經驗性教訓**的產品」的角度，將是一場持久而緩慢的戰鬥。然後，「產品本位主義」的發展可能會受到批評，因為它不一定強調「價值」和「流程」。我們可能仍然會有一些「考慮不周的產品」，且在「所有權／責任意識」（ownership）方面沒有得到很好的表現，甚至可能以「服務的有限可見性」而告終。然而，建立一個以**產品**為中心的組織，無疑是向理解「任何類型的價值流」邁進了一大步，這絕對是專案執行模式的重大改進。因此，高階主管應該注意，確保「產品」（而不是「專案」）能夠持續下去，且「產品」在所有的階層，都能有明確的所有權和代表性。

## 失敗 17：沒有重新思考角色

敏捷轉型不僅取決於人們所做的工作，還取決於他們如何看待**自己與工作的關係**。如果要使價值交付最大化，組織現存的任何角色，或許甚至是所有角色，都可能需要改變。高階主管自己可能需要重新思考如何融入企業價值流，以及他們應該增加的價值。考慮到重要資料可能會被過濾和延遲，期待別人的「報告」真的合適嗎？建立透明度呢？更重要的是，該如何利用透明度？此外，檢查和調整的責任不應該移交給那些實際執行工作的人員嗎？對「所做的各種事情」以及「人們執行這些事情的方式」建立透明度，正是敏捷開發的關鍵。

在 Scrum 中只有三個角色，而 Scaled Professional Scrum 也只是新增了一個。它們被最佳化，好每個月至少交付一次品質足以發布的成果。與此相比，大型組織可能有幾十個甚至上

百個職位描述。根據相關「資源」的可用性，如分析人員和設計人員、程式設計師和測試人員等等，他們每一個都將被安排進工作排程。工作將從一個人（或具有類似受限技能的偽團隊）傳遞給另一個。

高階主管必須明白，在敏捷實踐中，工作不是由「資源可用性」或「壁壘和階段關卡之間的工作傳遞」來安排的。反之，人們應該去**工作正在發生的地方**，如此一來，所謂的「資源」和「他們所扮演的角色」就會與「工作流程」正交。這就是「自組織團隊」背後的意圖，以及他們應該呈現的「團隊精神」。人們應該能夠在需要的時候，圍繞「需要做的工作」組織起來，並確保工作達到令人滿意的品質水準。

## 失敗 18：忽略策略、營運或戰術方面的變化

我經常發現，當我被聘請為「敏捷教練」時，他們很少思考我將進行「哪一種類型的培訓」，或者它將「如何影響組織及其利害關係人」。多數時候，他們認為我會確保一項計畫以某種方式「更快、更便宜地完成」。讓敏捷變革成為一項專案或計畫，或者依附在另一個專案或計畫之下，這樣的**典型錯誤**通常就在不遠處。不幸的是，更遙不可及的是「經驗性的流程控制」或「學習型組織的意義」。敏捷教練被認為只是另一位管理者，儘管他帶來了「敏捷秘方」或可以讓專案成功的「神奇原料」。高階行政主管沒有意識到的是，「敏捷指導」將影響整個組織，因此必須在「戰術、營運和策略」層面上加以考慮。

**戰術式指導（Tactical Coaching）**通常是「團隊取向」的，且天生就是「不可預測」的。總會有「回顧」或「其他需要加強的活動」，或者在這些活動之中，Scrum Master 需要得到輔導。可能會被要求給予一些當場的建議，必須教授「估算」或者「其他敏捷技術」，以及需要安排與「企業其他部分」的會議。戰術式指導通常是「臨時」的，而且不是「敏捷教練」真正能夠逃離（或希望能夠逃離）的事務。它是關於幫助人們「理解」和「掌握」敏捷實踐。

**營運式指導（Operational Coaching）**相對集中，並與人們需要履行的「特定敏捷角色」一致。產品負責人、Scrum Master 和開發團隊成員可能需要正式或半正式的培訓，使他們至少大致瞭解自己必須扮演的角色，以及需要與他人建立的協作關係。Scrum 課程如果能夠清晰地表達某種鑑定，就能提供一定程度的基礎。此外，在現有的角色中，如業務分析師、測試人員或專案經理，他們可能會對「敏捷變革」感到不確定或受到威脅。有時工作坊可以幫助人們進入「他們能夠勝任的新角色」。例如：業務分析師可能會從解釋「使用者故事」編

寫或「待辦清單精煉」的分組會話之中受益。簡言之，人們可能需要在營運層級上被指導如何扮演好他們的敏捷角色。

**策略式指導**（Strategic Coaching）是針對高階行政主管的。提供的協助可以是結構化或非結構化的，取決於何時發生，以及處理了哪些管理功能。開始時可能會有一個正式的工作坊或培訓課程，在此期間確定基本的職權範圍。稍後，可能會有更聚焦的會議，其間需要回答許多問題，並明確強調風險。例如：可能會探討我們在這裡提及的一些問題和陷阱。同樣重要的是，確保激勵了「企業敏捷轉型的策略願景」，並讓它擁有足夠的支持。

## 失敗 19：認為自己凌駕於一切之上

不幸的是，對敏捷變革的支援常常被證明是轉型方案的致命弱點。問題的一部分在於「**委派**的文化」，以及「認為挑戰主要是**技術**方面的」。從這裡開始，高階主管可能會錯上加錯，因為他們沒有把「敏捷教練」看作是一位值得他們花時間的「企業變革代理人」。相反地，教練被看作是「初階經理」或「技術人員」，與開發人員和其他技術人員一起工作。被邀請到頂樓或董事會議室，一邊喝咖啡一邊討論「你看到正在成型的各種組織障礙」，這種可能性是非常小的。高階主管們來到工作地點並進行徹底審查的機會就更少了。CEO 的出席是專屬於那些「薪水是你 10 倍」的管理顧問，或是帶著「團康遊戲」和「情調音樂」登場的名人教練。與此同時，你被留在下面的樓層，被安排在那些「受委派的部屬」的控制之下，而他們正是為了專案或計畫才聘請你的。

這是最關鍵的**行政失敗**，因為它導致了我們在這裡討論的許多其他失敗。它讓「敏捷企業的願景」與「實現敏捷企業所需要的積極贊助」之間嚴重脫節。

## 失敗 20：不改變自己

如果我們要從這些高階主管的敏捷失敗中尋找一個**最關鍵的教訓**，那一定是這個，即高階經理人對於**改變自己**的排斥。如果你是一位高階主管，請試著問問自己這些問題。『你準備好離開你的辦公桌，擺脫對報告的依賴，去看看公司到底發生了什麼事嗎？』、『你願意將敏捷轉型作為你的首要任務嗎？』、『你真的想要企業變革嗎？還是你認為企業變革不過是某種委派人員可以替你處理的附加功能？』、『你是否願意挑戰，並被挑戰，關於**價值**對組織的意義是什麼？』、『你是否看到流程的重要性，以及沒有經驗證據便做預測的徒勞無功？』……

現在，請這樣想。我們總是希望可以改變許多的人類行為，好讓我們的生活得到改善。然而，只有一個人的行為是我們可以真正改變的，而在你組織中的敏捷轉型就必須從那裡開始。我就不明說那個人是誰了。最後，請記住：敏捷轉型是一面**嚴苛的鏡子**。如果你不想知道自己有多醜，就不要往裡面看。

\*\*\*

# 43

# Scrum 中的蒙地卡羅預測

*作者：Ian Mitchell*

發布於：2018 年 9 月 17 日

美的本質是多樣的統一（unity in variety）。　—孟德爾頌（Mendelssohn）

## 燃燒的齒輪

我還記得，許多年前我剛上大學時，有人告訴我，資訊科技是一門計算學科。憑著高中生物的證書，我被 IT 課程錄取了。這就是我的「技術能力」。然而，教授們向我保證，我不需要成為一名數學專家。他們說，最基本的要求就是要能與「數字」打交道。

我把這句話理解為我需要學會加法和減法，而我在 6、7 歲（或 12 歲的時候）就精通這些了。不管怎樣，事後證明，他們的意思是，我沒有義務學習超過「二階微積分」以外的數學。當我衝進「補救教學的課堂」時，你甚至可以聞到我「可憐的齒輪」因磨擦而迸濺的火光。可以說，從那時候起，我等於是一直留在那裡，試圖推斷出我手指和腳趾的反曲點（inflection points）。

我大概是你在 IT 產業中遇到「最不會算術的人」。在辦公大樓販賣部工作的人都比我更懂數學。至少他們可以算出該找多少錢。但對我來說，數字讓我有一種不合理的恐懼感。它們既是我的剋星，也是我的噩夢。它們留給屬於我自己的冒名頂替症候群（imposter syndrome）。大家什麼時候才會發現我在算術上的無能？我咬著指甲想要知道，我什麼時候會終於被識破？

# 迂迴潛行

對像我這樣的人來說，「敏捷教練」可能是一個很好的藏身之處，至少在討論到「指標」（metrics）之前皆是如此。幸運的是，在這種情況真正發生之前，可能會有一段「拖延」時間。「敏捷教練」可以主張（帶著正當理由）真正的價值在於「產品增量」，而非「產出量」、「速度」或「其他代理度量」。你也可以說，「衝刺容量計畫」從來就不是一門足夠精確的科學，也不需要真正應用某種數學方法。你可以理直氣壯地宣稱，**估算**（cstimatcs）就只是估算，團隊只需要瞭解「你們認為自己可以承擔多少工作」即可。你可能還會主張『敏捷團隊成員應該注意，不要成為故事點**會計師**』，像我一樣說出最後那三個字，如同一名頑固的數字恐懼症患者。

但有時候，「敏捷教練」確實需要看看數字。舉例來說，若「產品負責人」希望做出以「證據」為基礎的未來交付預測，在這樣的情況下，如果不傳達對「燃燒速率」（burn rates）、「容量」（capacity）或「產出量」（throughput）的理解，就很難提供協助。有些時候，定量方法（quantitativc approach）可能不那麼重要，但你心裡知道這是最好的選擇。又比如說，在衝刺期間的「流程最佳化」，可能需要對「循環時間」進行分析，而不僅僅是盯著「團隊看板」尋找瓶頸。提高服務水準的期望，可能代表我們應該評估工作項目的時效／時間長度（age），因為有時對團隊績效的普遍反思，並不足以降低它。

# 資料處理時間

**衝刺計畫**（Sprint Planning）是另一個場合，一顆在數學上無可救藥的大腦，可能會被強迫進行資料處理。這是一個正式的機會，使用最好的資料，以提供最好的工作時間預測。根據可用的歷史資料，我們可以合理地期望一個團隊在衝刺中承擔多少工作？是時候挑戰一下你的計算能力了。

如果你勇敢地向目標邁進，你將會在「產品待辦清單的大小」和「團隊完成它的速度」上消耗不少腦力。「衝刺容量的預測」以及「預計的交付日期」將有望出現。更進一步，你可能還會考慮「衝刺待辦清單」在迭代期間增長的可能性。你得出一個「燃盡圖」，來呼應這種可能性，然後厚顏無恥地表達對「燃盡圖」的蔑視。除了偶爾玩弄「累積流程（cumulative flow）」和「利特爾法則（Little's Law）」之外，這大概就是我敢冒險進入神秘數字世界的幾個數學領域吧。

幸運的是，多年來我一直能夠安慰自己，因為我知道，無論我在數學能力方面多麼無能，我大多數的同僚都不會有更高的成就。儘管他們肯定比我更善於掌握度量標準，但出於某種原因，他們總是顯示出一樣膚淺的「燃燒（burn-ups）和燃盡（burn-downs）標準」。伴隨著如釋重負地一聲長嘆，我一次又一次地發現，我可以輕而易舉地跳過整個問題。似乎沒有人在乎那些實際上可以**處理得比我更精美**的「指標」。門檻還沒有提高，而即使是我，也希望能夠跨越它。

# 提高門檻

問題是，這些常用的度量方法通常只表示「有限的準確度」。比如說，如果我們必須預測「何時可能交付」，那麼我們可以提供一個「特定的數字」作為我們的答案。從「產品待辦清單」的燃燒速率來看，我們可以預測相關的增量將會在 Sprint 12 中出現。我們進行的計算將證明我們的主張是公正的。然而，我們也知道我們提供的數字是不確定的，且那個增量可能根本不會在 Sprint 12 中提供。

我們通常可以用「更模糊的術語」來展示更大的信心，例如：一個範圍。『交付可能會發生在 Sprint 11 到 13 之間』可能是更明智的說法。你看，Sprint 12 這個更精確的預測並不是很準確。這是一個精確表述的粗略數字。我們提供一個「更模糊、更真實的答案」作為密碼。這是我們與利害關係人玩的遊戲。我們知道，我們也希望他們知道，**我們預測的任何數字可能都不準確**。這只是個估算。

為什麼我們不在每次需要做出預測的時候，提供一個我們可以更有信心的範圍（range）呢？**為什麼我們總是執著於提供一個「精確的數字」，卻不管它有多麼不可靠？**

部分原因在於我們的文化**不願含糊**，即便是在高度不確定的情況下。我們認為那些不精確的人不可能在他們的遊戲之中領先。處理「精確虛幻數字」的江湖騙子是受人尊敬的，而那些提出了「範圍」並經證實無誤的謹慎分析師，則被認為成就不高。

幸運的是，有一個辦法可以擺脫這種狀態。我們可以提高門檻，但仍希望達到目標。我們所需要做的就是確保我們所表達的任何「模糊性」（vagueness），如「日期範圍」，能夠準確地捕捉到我們正在處理的「不確定性」。比如說，如果我們能夠證明速度是穩定在每次衝刺中的「**正負 20%**」內，那麼我們在未來預測中提供的範圍應該反映出被確認的變異數。事實上，我們提供的範圍一點也不「模糊」。它將是一個精確描述的範圍，而它將是準確的，因為它是建立在「硬資料」和「仔細的分析」之上的。

# 一個例子

讓我們來看一個實際的例子吧。順便說一下，這完全是取自現實生活中的範例，反映了我以 Scrum Master 的身分加入一個團隊的實際情況。所有的資料都是真實的，沒有任何編造。

現在的情況是，團隊已經衝刺一段時間了，進行了為期兩週的迭代。「產品待辦清單」還剩下大約 **510** 點。我們知道團隊在 **Sprint 4、6、7、8、10、11 和 12** 的速度，它們分別是 114、143、116、109、127、153 和 120 點。我們沒有其他 Sprint 的資料，而有一些 Sprint 顯然是缺失的。然而這其實並不重要。我們只需要一組**具有代表性**的最近速度，可以從中顯示出變異數（variation）。

我們可以看到，分布落在 109 點和 153 點之間，沒有明顯的分散模式。我們當然可以算出「平均燃燒速率」，也就是 126 點，然後估算需要**比 4 個 Sprint 再多一點**，才能完成 510 點的工作。然而，正如我們已經討論過的，當我們取「平均值」時，相當於是為了得到「我們的答案」而拋棄了變異數，因此我們缺乏對其準確性的理解。當我們決定平均某樣東西，應該是因為變異數是惱人的，而我們真心想把它扔掉。然而，隨著我們有更大的野心，我們想利用任何的變異數，以推斷出一個更有用和更可靠的範圍。

**首先**要做的是，用一種更靈活的方式，來表達我們所擁有的資料。每個 Sprint 持續了 10 個工作日。如果一個 Sprint 完成了 **X 個故事點**的工作量，這代表該 Sprint 典型的 1 點需要 **10/X 天**才能完成。我們現在可以根據已有的資料產生下表：

| Sprint | 4 | 6 | 7 | 8 | 10 | 11 | 12 |
|---|---|---|---|---|---|---|---|
| # Days | 10 | 10 | 10 | 10 | 10 | 10 | 10 |
| # Points | 114 | 143 | 116 | 109 | 127 | 153 | 120 |
| TypicalDaysPerPoint | 0.087719 | 0.06993 | 0.086207 | 0.091743 | 0.07874 | 0.065359 | 0.083333 |
| | | | | | | | |
| Backlog Size | 510 | | | | | | |

如果你被要求建立一個模擬，關於「510 點的待辦清單需要多長時間才能完成」時，你可以使用上面的資料來幫助你。你將隨機選擇一個「典型天數 / 點數」的值 510 次，然後把所有的數字加起來。如果你執行一次模擬，可能會得到 40.91 天。如果再執行兩次模擬，你將得到 40.63 和 41.35 天。每一次，你都將執行一個真實的模擬，針對該團隊將如何完成 **510 個故事點**的工作。

如果你模擬 **100 次**，你會得到更多的資料。然而，如此龐大的資料量可能會讓人有點不知所措。所以，讓我們把 100 次模擬中得到的執行時間分成 **10 組**，每組包含最快和最慢之間的十分之一。換句話說，我們將計算在「10 組相同大小的時間範圍」內的模擬次數：

| Bucket # | 1 | 2 | 3 | 4 | 5 | 6 | 7 | 8 | 9 | 10 |
|---|---|---|---|---|---|---|---|---|---|---|
| Bucket boundary | 40.51 | 40.60 | 40.70 | 40.80 | 40.90 | 41.00 | 41.09 | 41.19 | 41.29 | 41.39 |
| # runs in bucket | 1 | 4 | 5 | 15 | 16 | 20 | 18 | 8 | 8 | 5 |

OK，所有的模擬加起來是 100。不過，我們看到的是「模擬」集中在第 **4**、**5**、**6** 和 **7** 組中，在**第 6 組**達到最大值，朝第一組和最後一組減少。換句話說，與其他時間點相比，510 點的待辦清單更可能在 40.8 到 41.09 天內完成。讓我們用圖表充分視覺化這個結果吧：

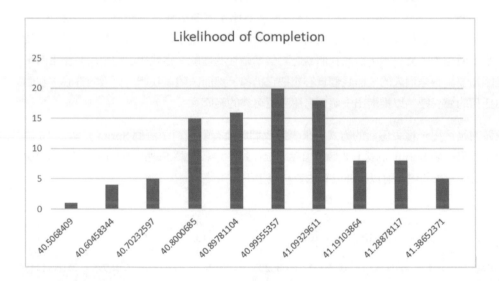

現在讓我們執行 1,000 次模擬，看看這個模式是否可以被證實，以及它是否出現得更清楚：

| Bucket # | 1 | 2 | 3 | 4 | 5 | 6 | 7 | 8 | 9 | 10 |
|---|---|---|---|---|---|---|---|---|---|---|
| Bucket boundary | 40.357 | 40.494 | 40.631 | 40.768 | 40.905 | 41.042 | 41.18 | 41.317 | 41.454 | 41.591 |
| # runs in bucket | 7 | 17 | 80 | 161 | 276 | 251 | 143 | 53 | 11 | 1 |

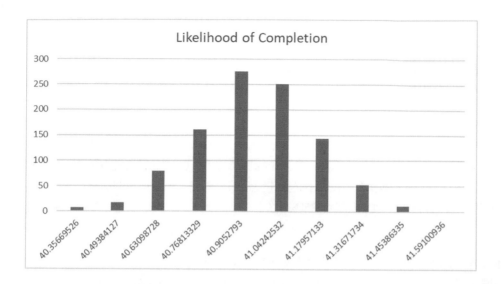

是的，確實如此！確實存在集群（clustering）。事實上，這是生物學家可能會認出的常態分布，或**鐘形曲線**（bell curve）。這種類型的曲線在研究人口分布、身高或生物量的變化、污染物濃度或其他（如果在小範圍研究）等「可能看似沒有模式的事件」時經常出現。

這代表，如果「利害關係人」希望知道某個在待辦清單中占據「特定位置」的任務何時可能完成，那麼我們可以做得比「**根據有誤導傾向的平均值**來計算時間」還要更好。相反地，我們可以向他們展示**交付可能發生的時間範圍**，以及我們對交付在其中發生的**信心等級**。

大多數的事件都集中在平均值的周圍，但很少有真正的平均值。比如說，很少有人的身高**正好是**平均身高。請記住，「平均值」可以精確地（precisely）表述，但很少被證明是準確的（accurate）。

也請注意，如果我們測量的是「產出量」而不是「速度」（或者有一個規則，每個故事必須限定在一點上），那麼 **10/X** 將有效地代表該 Sprint 的**節拍時間**（Takt Time）。這可能是一個比「故事點估算」更好的選擇，因為它使團隊更接近於度量「已完成的故事」的實際情況。

# 結語

我們永遠不能保證「預測」的確定性。工作的範圍可能會擴大、項目的優先順序可能被重新排列、不可預見的事件總是會發生……真正的價值總是在於團隊交付的「增量」，而非故事點。

然而，當我們收集指標時，比如說，從數次 Sprint 中獲得的速度，我們應該記住**變異數**中可能存在極其重要的細節。只做一次預測（如平均燃燒速率）就把可用資料的紋理丟掉，這種事情太常見了。然而，事實上，我們不必給利害關係人一個「精確但我們卻沒什麼信心」的交付日期。我們可以做得更好，向他們展示從上千個或更多的模擬場景之中投射出來的**範圍**。

我們在這裡討論的流程有時被稱為**蒙地卡羅（Monte Carlo）方法**。這是一類使用大規模隨機抽樣來產生可靠預測的演算法。這個技巧源自 1940 年代的 Los Alamos 國家實驗室，Fermi、Von Neumann 和其他物理學家透過電腦進行實作。他們研究了一些問題，像是如何計算中子對輻射遮罩的可能穿透率。它通常適用於「輸入**不確定**，但輸出的**概率**可以**確定**」的複雜現象。

我想，世界上最優秀的核子物理學家也不太擅長在美食街計算他們的找零。然而，他們絕對非常擅長的是「辨識」新的資訊（如可靠的預測），以及如何從「別人忽視或想當然的觀察」之中推斷或演繹。這是一種非常特殊的技能。

身為一位數學腦袋不太靈光的人，我對這兩種能力都不敢斷言。我能做的就是稍微展現一下。我可以將門檻提高一點點，希望也許能夠達成它。你也可以。例如：不限於計算出一個「平均速度」（好讓我們代入到燃燒速率的「預測」之中）。「蒙地卡羅分析」只是一個例子，展示了為什麼我們在剝離資料紋理之前必須小心翼翼。我們應該始終想方設法向「利害關係人」提供更好的資訊，利用我們擁有的資料，並對我們的方法進行仔細的檢查和調整。

# 44

# 反模式：不受限制的 WIP

作者：*Ian Mitchell*

發布於：2018 年 11 月 6 日

**無論是精實實踐，或是敏捷實踐，都明確禁止「承擔」超出你能力範圍的工作。那麼，是什麼促使團隊不斷承擔「過多的 WIP」呢？**

精實實踐和敏捷實踐是以「證據」為基礎的，且依賴以「經驗」為根據的價值交付，才能確保可預測性。計畫、開發和增量發布應該盡量在短時間之內完成，以利「產品」和「流程」的檢查和調整。

這種能力的基礎是平穩一致的工作流（Flow of Work）。**流（動）**來自完成工作的「明確需求」，而團隊管理「所有能夠增加價值的站台」的效率越好，「拉動」（pull）的傳播效率就越高。限制在製品（Work in Progress，WIP）有助於實現這種流動，這是一種需要精通的重要技能。它確保在開始任何新工作之前，都必須完成目前的工作。每個工作站都應該有某種限度，讓任何**低於限度的工作**都代表有能力進行新的工作。這有助於在整個「價值流」中建立拉力。

**有限的 WIP** 減少了「交貨時間」、「延遲成本」和「已開始但未完成的工作」的折舊。當 WIP 不受明確限制時，可能會出問題。新工作可能會被強推或強加至一個團隊的工程流程之中，這在一個「產品所有權」和「待辦清單管理」都很弱的活性環境中，是很常見的情況。此外，團隊成員可能熱衷於展示他們「很忙」，他們有許多工作要做。在解決這個**反模式**（antipattern）並啟動「流」之前，可能需要進行深入的文化變革。

當一個團隊有**不受限制的 WIP** 時，可能會表現出以下特徵和拘束：

- 並不是所有「進行中的項目」都正在進行。因此，關於人們真正在做的工作，其「透明度」可能很低。

- 實際上，許多被認為「正在進行的工作」可能會由於外部依賴而被阻擋，例如：團隊沒有完成工作所需的某些「技能」或「授權」。

- 正在執行的一些工作可能與「衝刺目標」不一致。

- 團隊邊界可能定義不清或不穩定，因此不清楚誰承諾了什麼、誰沒有承諾。

- 正在進行的項目可能沒有明確的接受標準；對於「完成」（Done）的時間沒有共識（或尚未決定）。

- 正在進行的項目可能不是獨立有價值的，且不能有效地構成一個批次。

## 不受限制的 WIP

- **意圖**：在目前的工作完成之前，就開始新的工作。

- **諺語**：欲速則不達。

- **別名**：無限的承諾。

- **動機**：當「利害關係人」為「不同的需求」彼此競爭時，團隊成員會有必須同時執行多個項目的義務和壓力。因此，為了安撫「利害關係人」，他們能可會宣告『這個項目正在處理中』或『這個項目已離開了等待的佇列』。

- **結構**：開發團隊接受被排入「有序待辦事項」中的項目。對於「允許成為 WIP」的項目，其數量沒有限制。

- **適用性**：在「產品所有權」薄弱和／或分散的活性環境之中，「不受限制的 WIP」是很常見的，造成「待辦清單」的優先順序失效。

- **後果**：沒有庫存限制會使「批次」變大，並降低增量發布的可能性。工作在進行的同時亦折舊了，價值的及時交付也受到影響。

- **實作**：「精實看板方法」明確地限制了 WIP。請注意，「WIP 限制」可以應用於每個工作可能被加入的看板狀態。Scrum 並不嚴格要求強制執行「WIP 限制」，因為批次大小已受到「衝刺待辦清單」的限制。所有敏捷方法都不鼓勵「無限的WIP」。

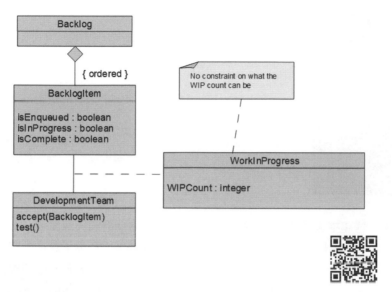

Unlimited WIP

讀者也可以參考作者的 Youtube 影片《The Unlimited WIP Antipattern》：https://youtu.be/iZBx3arpkQs

\*\*\*

## 作者簡介：Ian Mitchell

**Ian Mitchell** 在迭代和增量交付方面的經驗始於他取得「物件導向快速原型」博士學位的那一年（1997 年）。隨後，他以開發人員的身分工作了幾年，見證了許多「宣稱實作了 Scrum」的計畫挫敗。他意識到，他真正的使命是幫助團隊和組織充分理解敏捷實踐。Mitchell 博士特別關注基於證據的企業轉型，他也是 agilepatterns.org 的負責人。他是 Scrum 的支持者、專業的 Professional Scrum Trainer，以及 Scrum.org 論壇的資深成員。

# 45

## 經典階層制度的吸引力

作者：*Kurt Nielsen*

發布於：2018 年 9 月 9 日

熱浪席捲歐洲的夏季，我意識到我們大腦的小灰質細胞似乎會窒息，變得遲鈍和懶惰。在這種情況下，嚴肅思考某件事或設計某件新事物，實在是非常困難。好吧！嚴格來說，我只能替我自己說話，但最明顯的認知偏誤之一是我們都認為「每個人都跟我一樣」。

現在天氣變冷了，我又回到那些實在令我困惑、關於「領導力」和「管理」的反思。

在夏天之前，我們在挪威舉辦了一些關於「Scrum」和「敏捷精實領導力」的密集培訓課程和演講。在那裡，我們看到許多堅定投入的人，真心想要進步和學習。你不得不敬佩我們在那裡的兄弟們：他們沒有逃避承諾，他們總是想要弄清楚事情的真相。然而有一個問題，在不同的環境、公司和組織之中，一而再，再而三的出現：

為什麼站在「建立解決方案」並「服務客戶和受益人」第一線的我們，即便希望以「敏捷」和「精實」的方式工作，而我們的最高管理階層也希望組織是「敏捷」和「精實」的，但那些「處於中間的人」卻持續消失、停滯不前或不願投入？

一位參與討論的夥伴真的把「中階管理層」稱為**永久凍土**（the permafrost），他放棄並離開了。我在真實的組織中也經歷過很多次這種情況。我開始從組織的「傳統階層制度」中尋找這種「抵抗／抵制」的答案。

我和許多不同的人對話，他們每個人都為這個拼圖增加了一塊。但是，儘管我以為會有一個相當簡單直接的答案，可以用幾句話表達出來，我卻發現，有大量的「小觀察」和「傾向」，在不同的人身上以「不同的組合」發揮作用。於是我們又回到了複雜領域。

因此，我開始嘗試收集一些最重要的原因及提示，關於「如何解決許多組織顯然陷入的某種**僵局**」。這篇文章只是一道開胃菜，我將試著在後續的文章中分別討論各種原因。但本文的重點是「傳統階層制度」中對「敏捷精實實踐」的抵抗或抵制。

## 序幕

首先，讓我們看看下面這張圖，來說明這個問題。我們正試圖說服人們和組織越過**中間這條綠線**，以更有效地處理複雜的工作。

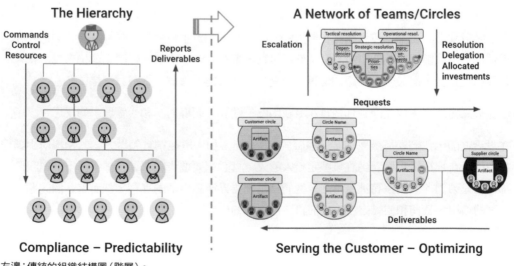

左邊：傳統的組織結構圖（階層）。
右邊：敏捷精實領導模型（網路與自組織圈）。

# 階層

**上圖的左邊**是傳統的組織結構圖：最上方是「高階行政主管、CEO」，中間幾層是一些「經理」和「專家」，最下面則是一些做真正工作的「灰色小人物」。

該系統最初的設想是為了確保威權、服從、穩定和可預測性。它本身並不是壞的或邪惡的，但顯然不適合「加速變化」或「機動作戰」的時期。其「目的」無論在過去或是現在都是相反的。

「命令」和「資源」漣漪而下；績效被監視、控制被施加，交付和報告也必須向上呈報。

特別是我們這些權力距離較低的斯堪地那維亞（Scandinavian）國家，階層制度通常不是靠蠻力，而是穿著「更現代、更柔軟的心理外衣」，就像在新公共管理（New Public Management）之中一樣。但原理是一樣的，只是使用者介面不同罷了。

# 網路

**上圖的右邊**是我們提出的「敏捷精實領導模型」，包含由團隊組成的、互相合作的自組織圈（Circles）。

該系統模型是由「個別的微小行動」所組成，每個行動都有其共同的價值和目標。關鍵的原則是跟隨著「價值流」進行組織，注意那些我們所服務的。當然，有些決定是在「個別的圈子之外」做出的，我們這裡畢竟不是烏托邦。但這些決定通常是決議（resolutions）、授權（delegations）和投資（investments）；由主要的圈子分別選出代表，組成「第 2 級圈子」，來做出適當的決定。我們稱之為**新結構**（New Structure）。

# 問題

雖然「左邊最上方的藍色傢伙」和「最下方的灰色小人物」，會讓人以為「跨越虛線」是個好主意，但是黃色的（也就是中間的那一群人）卻不太買帳。

多數時候人們會說：『是的，沒錯，這些（中間的）人將在這樣的變革中失敗，因為階層變得更加扁平了，沒有中階管理層的位置』。這似乎是在暗示，我們沒有「上對下、下對上的說話」這件事情本身就是一種損失。幾乎就像一則隱約存在的教條：『重要的是，有多少個

願意聽你頤指氣使的人，當你說**跳**，他們真的就會**跳**。」階層制度中的**地位**，正是**個人自尊／自信心**的基礎。

事實是，中間那些人可能會在他們的工作中經歷更大的變化，而某些類型的工作（管理人員的工作）將會縮減。

我認為，這對中間的人來說也是一件好事，但我不會聲稱自己在這件事上是客觀的。

# 問題的根源

以下提到的多數原因並不是獨立的，它們是高度相關的，需要綜合考慮。

# 新泰勒主義

這些是抵制「新結構」的一些明顯原因，它們與**新泰勒主義**（Neo-Taylorism）的組織觀點息息相關，讓我簡單說明吧：

1.  階層制度的模型是一種世界觀，一種範式。**人們無法想像還有別種可能。**他們從未見過「沒有階層的組織」，所以很明顯地，他們會不信任它。然而，我相信他們已經看到了。在社會上，許多人已經放棄了馬克思和列寧的「一切由**中央**計畫」的組織方式。在私人生活中，我們知道生活不可能「集中計畫」很長一段時間。不知何故，人們仍然相信這是組織中唯一的方法。

2.  **思想和行動的分離。**這是一個嚴重的問題，它帶來了「生產線製程」的所有負面特徵：無效性、無適應性、無彈性和無人性。它常帶有一種信念：思考和計畫是「上層社會的人」專屬的，而行動則是交給「下層社會的人」；它是一種新的優越感或**貴族心態**。

3.  作為上述觀點的一個必然結果，它孕育了在階層制度中的**地位競爭**。

4.  另一個必然結果是，人們普遍認為當「管理者」比當「實作者」更好，因此，有相當多的「外部激勵」會朝這個方向推動。

5.  於是「上級」變成了顧客，卻不是**真正的顧客**。因為「上級」是控制關鍵激勵因素的人：在階層中**往上爬**。

6.  階層結構中的工作、下達命令、上繳報告、詳細監控等都有**自己的生命週期**。它似乎成為了自己的「目的」，而且它孕育了更多相同的東西。

# 揭露其他原因

## 風險逆境

傳統的階層制度是建立在「控制」之上的：為了保護你的位置，你必須表現出「一切都在你的控制之中」和「可預測」的樣子。這一點深植於管理者的心中。因此，任何提議的系統或結構，如果顯示出較少的控制（儘管常常是想像出來的），都是一種威脅。

丹尼爾・康納曼（Daniel Kahneman）研究這個問題許多年了。關於另一個類似的挑戰（即「如何在決策中利用不確定性」），他在 2003 年的《*Strategy+Business*》中是這樣說的：

> 決策者不喜歡決策分析，因為它是建立在「決策是不同**賭博**之間的選擇」這樣的想法之上的。我認為商業和其他領域的決策者完全拒絕這個比喻。經理認為自己是在暴風雨中航行的船長。對他們來說，風險是有危害的，但他們正在與之鬥爭，而且控制得很好。而「你正在賭博」的想法就是承認在某個點上你已經**失去了控制**，而你無法控制超過某個點。這是決策管理者所厭惡的；他們拒絕它。這就是他們拒絕決策分析的原因。

當你長年生活在一個人們極度重視「控制」和「可預見性」的環境之中，甚至到了偽造數字，好讓「計畫」和「結果」變得賞心悅目的程度，那麼就很難從「另一個角度」去看世界。正如愛德華・戴明（W. Edwards Deming）所言：『如果一個組織中存在恐懼，數字就會被篡改！』

一個階層對計畫說「不」的次數，會比說「好」的次數多。說「不」，等於什麼也不會發生，生活還會繼續。說「好」，你就冒了風險，要是沒有達到預期和計畫的結果，你就會受到指責。因此，批准一項行動計畫，就是一場幾乎沒有機會獲勝，卻**失敗率非常高**的遊戲。

Kahneman 甚至指出，即使失敗的風險非常小，我們人類的心理也會**不理性**地將它看作是一個大得多的風險，與它真正的價值不成比例。而這影響了決策。『為了安全起見，最好什麼也不要做！』

解決這個問題的辦法是，最高階的管理人員必須傳達「願意」接受「偶爾出現不良結果」的實驗，將其視為帶來知識的好事；而這當然是合理的實驗，並非盲目的亂槍打鳥。

## 感知的地位與尊重

我相信，這種抗拒在很大程度上是以此為中心：處於階層中的管理者認為，在新的結構中，他們將會獲得更少的「尊重」、「實現自我」或「賞識」。

**權力的喪失（Loss of Power）**：不幸的是，凌駕於他人之上的權力是有吸引力的，這並不是什麼值得驕傲的事情，因為它只會從他人的恐懼中滋長。

但是，凌駕於他人之上之所以有吸引力，是因為它可以增強我們的自尊，給予我們某些能在許多組織的競爭文化中「炫耀」的東西。

在新結構中，對人的「權力」更少了，但有更多的「權力」來完成工作，並透過技能、人格特質與熱情來影響他人。

**貴族（Aristocracy）**：成為一名經理可能有點像是成為古代貴族的一員。你在某種程度是凌駕於工作之上的；在某些文化中，「不工作」實際上是高職位的象徵，是需要被尊重的。這是一種基於階級的思維，承認這一點並不好，但我們都會在某些情況下這樣做；我們透過定義自己與他人的不同，來「提升」我們對自己的看法。貴族總是創造封閉的圈子來保護特權，接著維護血統。

帶有優越感的管理職位似乎是一種特權，而若要實作新的結構，就必須犧牲它。

**害怕打破階級（Fear of Breaking Rank）**：若你屬於一個緊密聯繫的群體，你的自我理解有很大一部分取決於你在這個群體中的位置。挑戰這個核心社會群體的「核心信仰」需要很大的勇氣，而且最終可能落得很糟糕的處境。因此，對於管理者來說，考慮有關「管理」或「領導力」本質的其他信仰，是有相當大的風險的。

# 外在動機

傳統的階層制度通常會隨著「職位的上升」而大幅增加薪資和其他福利。從關於「內在動機」的討論之中我們得知，「外在動機」的應用強勢壓倒了「內在動機」。（讀者可以更進一步參考 Anders Dysvik 於 2011 年 4 月 9 日發表在《新科學人（*New Scientist*）》的文章，第 40 到 43 頁。）

因此，如果讓一位積極主動的人成為經理，讓他走上階層式的職涯路徑（『你要嘛往上爬，要嘛就滾蛋！』，就像在美國陸軍一樣），那麼根據定義，你已經廢除了或者至少**壓制**了他的「內在動機」。

我們知道，人們不想放棄這些特權。這並不是說經理們都是壞人，我們在這種情況下都會這樣。而如果階層制度提供了這些，決定維持現狀就容易得多。

自 1987 年麥克·道格拉斯（Michael Douglas）於電影《華爾街（*Wall Street*）》中飾演 Gordon Gekko 以來，這句名言『**貪婪是好的**（Greed is good）』已逐漸成為大眾所接受的事實。「貪婪」和「自私」在很大程度上被接受了，但過去並不是這樣的。媒體不斷關注那些擁有超凡購買力的人，這大幅增加了人們對於以「貪婪」作為驅動力的接受程度。大多數的我們很少在媒體上看到其他任何榜樣，而它就像一團迷霧一樣，從門縫中悄悄溜了進來：『貪婪一定是件好事！』

驅使人們想要保有「階層制度」的原因，可能是一個貪婪的點，作為通往令人垂涎的消費能力的途徑。但真正嚴重的貪婪通常出現在最高階層，而這又是另一個話題了。

# 心理因素

**自我形象的挑戰（Challenge of Self-image）**：Kahneman 書寫了關於為什麼我們總是無法吸收「會**威脅**到我們現有世界觀或信仰架構」的任何事實。他描寫了一家金融領域的公司，他呈現了，在那間公司裡，所謂「精心設計的獎金計畫」並不是基於技能（skill），而是純粹的運氣：

> （擁有）技能的幻覺不僅僅是個人的偏差行為，這在他們的文化中根深蒂固。任何「挑戰這個基本假設」的事實，是無法被他們所吸收或了解的（因為這會威脅到人們的生計和自尊）。大腦就是無法消化它們。

一位丹麥政治家有一次甚至說道：『如果這些是事實，那麼我否定事實！』

當我們介紹「敏捷精實領導力」時，我們經常會遇到這樣的問題：『我如何在傳統的階層組織中實作這一點呢？』也就是說，「敏捷精實領導力」與「傳統階層制度」背道而馳的「這個事實」還沒有被完全領悟。這些人其實並不愚蠢也不邪惡，只是這對目前的範式來說是一項巨大的挑戰，因此「這個事實」被無視了。Kahneman 繼續寫道：

> 我確信，Thaler 和我傳達給「高階行政主管」和「投資組合經理」的資訊，立刻被藏在記憶的黑暗角落裡，在那裡，這些資訊不會造成任何損害。

我們的大腦有能力**直接忽略**那些不能證實「目前觀點」的觀察和事實。

## 認知偏誤

Daniel Kahneman 被稱為「人類錯誤之王」。他列舉了無數個導致我們判斷失誤的認知偏誤（cognitive biases）。其中的幾個與我們的討論有關，特別是：

1.  **確認偏誤**（Confirmation bias）：傾向於以一種「再次確認你已經相信的事物」的方式，去尋找、偏愛和發現資訊。

2.  **保守主義**（Conservatism）：在面對新證據時，傾向於不夠充分地修正自己的信仰。

3.  **零風險偏差**（Zero-risk bias）：傾向將「小風險」降低為「零」，而不是將「大風險」降低更多。

4.  **WYSIATI**：「What you see is all there is」的縮寫。這是 Kahneman 闡述的人類偏誤之一。我們相信我們已經看過一切，我們已經圍繞它建立了一個引人注目的故事。Dave Snowden 提到，我們如何傾向把事情看作『Obvious（明顯的）領域』，尤其是當我們對它們所知甚少的時候。（**編輯注**：關於 Dave Snowden 與他知名的 Cynefin 框架，請參閱本書第 21 篇文章的第 140 到 141 頁。）

Kahneman 總結道：

> 我們知道，只要有一群志同道合的信徒支援，人們可以對**任何主張**保持堅定不移的信念，無論它有多麼荒謬。

## 信任的困難

新結構仰賴信任。在階層結構中卻不是如此，它仰賴的是「控制」。我不止一次聽到上級說：『信任很好，但控制更好！』

如果你多年來都不相信別人，那麼必須相信別人似乎就太過頭了，非常危險！傳統階層制度將你置於一場零和遊戲（Zero-sum Game）之中：如果有贏家，就必然有輸家；你要競爭，為「*lebensraum*（生存空間）」而戰！

## 不嚴肅症候群

人們通常反對這種新結構，只是因為它看起來沒有階層制度那麼「專業」和「嚴肅」。他們覺得這個提議太過「浪漫」和「烏托邦」，像 70 年代的東西，就像倖存下來的「嬉皮次文化」。

## 舒適區

許多管理職位都很舒服。好吧，當某個數字超出範圍時，你不得不忍受偶爾來自上級的預算編列或辱罵，但那都會過去的，生活又會安定下來。

你習慣了，就像 Matthew Stewart 所說的美國新貴族（new aristocracy in the US）、收入最高的 9.9%，以及『成為像我們一樣的人是一件好事！』。只要生活還算美好，「可能失去的」就比「能夠得到的」還要多。為什麼要拿它來冒險，去使用一個新結構？為什麼要自找麻煩呢？

## 我們能做些什麼？

最後，人們選擇了他們心中最想要的，真正讓他們的生活有意義的事物。雖然在一個組織中工作並不是生活的全部，但它通常會佔據我們醒著的一半時間，所以它確實扮演了一個角色。

「敏捷精實領導轉型」要想成功，那些加入的人必須**想要**並**渴望**這一點。因此，高舉旗幟和遠見的最高主管階層，必須是親臨現場和清楚可見的。

必須向人們（也包括那些階層制度中的人們）展示，對每個人來說，相較於「新泰勒主義」因思想和行為分離所創造出來的「新貴族制度」，專注於「目標、自主（自由）與精通」的生活，是具有「內在動機」的更好選擇。

必須令人信服地展示，「在團隊中工作」以及「在價值流的不同圈子中協作」可以令人同時擁有滿足與專業。

必須展示，當那些決策範圍比圈子或團隊等級更廣的人們採用了「僕人式的領導風格」，即是對主要圈子的服務，而非一種特權。管理者必須選擇成為領導者。領導力是一種服務而不是一種特權。

最高管理階層必須改變「薪酬方案」和「公開讚賞員工的方式」，以便讓人們看到新結構中的角色得到了重視和讚賞。這方面的系統也必須改變。

組織中的每個人都必須致力於提高「透明度」和「信任感」，這需要時間。正如戴明博士（W. Edwards Deming）所言：『它不是一下子就發生的。沒有速食布丁（instant pudding）！』

要使人們參與一段旅程，他們必須看到終點狀態的吸引力，並願意忍受旅行。這取決於領導階層來創造這種吸引力。

## 結論

如果你建立了一個新結構，一個敏捷精實組織，總會有人不喜歡它。因為它採用了一套截然不同的假設。如果人們不想要這個怎麼辦？如果沒有欲望或熱情呢？也許人們太舒適而不願意改變？

處於傳統階層結構中的人，通常被稱為「中階管理層」，他們有幾個很好的理由，來避免這種變化。階層制度有一種內建的傾向，以犧牲「創新」和「實驗」為代價，來獎勵「穩定性」和「可預見性」。這代表了一種當你往上爬時，來自職位、尊重和報酬的「外在動機」，而我們知道這種「外在動機」會覆蓋「內在動機」。因此，完全可以理解，這些人寧願待在階層制度之下，而不是什麼令人嗤之以鼻的新結構。

建置一個新架構，並使其成為一個有吸引力的替代方案，是最高管理階層的決定。但其他人也應該對這種變化保持**謙遜**，尊重那些以「傳統管理職位」交換「新結構角色」的人，不要

讓他們感到被降職。

看看當初那些打算征服美國西部的人（請先暫時忽略印第安人的問題）。踏上這段旅程的，並不是來自東部地區、過著最舒適生活的人，也不是那些可能失去重要職位的人。這些人是**後來有東西可以利用**時才來的。

所以，通常需要有來自外界的刺激，才能引發轉型／轉變，而這是一項不容忽視的挑戰。我在其他的文章中提到 Stanley McChrystal 將軍和指揮官 David Marquet。對他們兩人來說，（轉型／轉變的）導火線，正是他們意識到「現狀再也站不住腳了」。

許多管理工作的人通常會經歷一場他們日常生活的重大改變，因為在一個敏捷精實領導的組織當中，這類工作要少得多。我經常發現，人們真的喜歡更專注於那些有助於「價值流」的技能。行政管理是一種浪費，有些是必要的浪費，但通常許多都只是為階層制度提供燃料。

然而有一類人在這樣的轉變中就像車燈前的鹿群。即那些唯一的技能就是「官僚主義」的人們。也就是說，他們只知道轉發命令和報告。他們真的需要重新訓練，或者復甦舊的技能。在敏捷精實領導的組織當中，官僚技巧幾乎沒有什麼用處。

最終的目標是建立一個高效率、快速、永續且有心理韌性的組織。它是為那些需要它的人而存在的。

***

## 作者簡介：Kurt B. Nielsen

**Kurt B. Nielsen** 是 Agile Lean House A/S（ALH）的 CEO 和創辦人之一。ALH 的願景是幫助組織中的人們從他們的努力中獲得更多。ALH 透過教授敏捷和精實原則、現場指導和支援組織以及開發工具，來做到這一點，其中包括旗艦產品 Agemga（https://agemba.com）。

Kurt 已經在 Scrum Alliance 做了超過 10 年的 Certified Scrum Trainer，教過成千上萬的 Scrum Master 和產品負責人。身為一位多產的寫手，他已經寫了許多非常具有挑戰性和鼓舞人心的文章，發表在 LinkedIn、Medium 和 ALH 等網站。

Kurt 是一位高效率和激勵人心的演講者、老師和教練，人們經常表示與 Kurt 的互動對他們產生了深遠的影響。在領導的時候，Kurt 總是結合商業、技術、人力資源和道德觀點。他的網站：https://agileleanhouse.com/。他的 LinkedIn: https://www.linkedin.com/in/kurtbnielsen。

# 46

# 為 SWARM 喝采！

作者：*Daniel Terhorst-North*

發布於：2018 年 1 月 26 日

這些日子以來，我大部分的工作都是協助組織找出「如何更有效率地工作」的方法，包括如何辨識外部和內部客戶的需求、回應這些需求的速度，以及回應能否滿足需求。這在小範圍內是很容易的。一旦我們試圖將這些技術擴展到成百上千甚至上萬人的時候，挑戰就出現了。

新一代的軟體方法就是在這個領域之中出現的。SAFe、LeSS、DAD 及其它的框架宣稱，將幫助企業「擴展敏捷」（scale agile），無論這代表什麼意思。一個大方的解讀是，那些在這趟旅程中協助過組織並擁有好成績的人，已經設法將他們的**知識**編入了一套藍圖、指導方針、框架和方法，好讓你不必這麼做。另一種觀點認為，某個規模以上組織高層喜歡購買一套「包裝好的解決方案」，來解決他們認為存在的問題，而在這個市場上「有銷售經驗的人」精確地知道如何將「產品」包裝得足夠吸引人。

我經歷過的最成功的轉型，是你一走進辦公室，就能感受到在「能量」與「人們之間的互動」，存在著某種實際的差異。「商業和管理的利害關係人」就像「科技的利害關係人」一樣興奮和投入，每個人都認同重要的度量指標，而這些指標有朝向**正確方向**的趨勢。在那裡，能夠參與的人們皆**很自豪**能夠成為變革的一部分，而外面的人亦渴望參與。這些轉變之所以成功，是因為一小群專心致志的人，花費了時間和精力，把人們帶上了自己的旅程。他們創造並培育了一股熱情的風潮。他們參與、挑戰、教育和支援那些「世界正發生了翻天覆地的變化」的中階和高階管理人員；他們獲得高階主管的贊助和投資，以推動整個「轉型」向前發展；他們善用外界的幫助，因為他們知道無法自己完成所有的事情。而他們所做的一切，都沒有求助於「罐頭式的方法」或「如龐氏騙局般的認證」。

309

我認為這個方法值得一提，所以我提供了一個新的縮寫，SWARMing（Scaling Without A Religious Methodology，直譯即「在沒有虔誠方法學的情況下進行擴展」）。我的論點並不是說「包裝好的擴展方法」本身沒有幫助，而是它們對成功轉型而言既非必要條件，也非充分條件。它們可以是從「有用的起點」到「昂貴的娛樂」之間的任何東西，但它們唯獨不是一個解決方案。

## 沒有銀色子彈

殘酷的事實是，多數精實或敏捷轉型的計畫之所以失敗，是因為它們挑戰了組織的根基：**錢**是如何運作的、**統治權**是如何運作的、**管理**是如何運作的，以及**責任**是如何運作的。這些轉型計畫往往以 3 到 5 年的週期出現。在每一個改變週期中，總會有一名高階經理只是採用了最新一輪的措辭和儀式，卻沒有承擔起「改變組織根本的結構、行為、價值觀和信仰」的艱苦工作。3 到 5 年之後，潛伏的**構念**（Construct）獲得勝利。唯一確實的結果是，大量的現金被轉移給了外部顧問、大量的證書（帶有反覆出現的獲利模型），以及企業象徵性的聳了聳肩。隨之而來的是「不可避免的絕望」和「必須做些什麼的想法」，促成了下一個變革週期，於是命運之輪再次轉動。

**轉型不是一個「有開始、有結束，也有預算」的交易活動**，而它不應該被這樣對待。它永遠不會結束，就像演化或適應永遠不會結束一樣。目標是透過導入新的範式，來打破「導致現有系統」的思想，然後使用它並達到一個「新的穩定狀態」，使組織能夠快速有效地「回應」外部和內部的回饋，表現得像一個真正的學習組織。我們面臨的挑戰是鼓勵、促成並支援這種範式轉移（Paradigm Shift）。新模式背後的基本原則很容易描述，但它們涉及對組織基本結構的徹底反思。

我看到了實現「真正的、可測量的、持久的轉型」所必需的一些要素。我發現那些「轉型嘗試」失敗的地方，總是明顯地缺少了一個或數個這樣的要素。在討論這些之前，我想探討一下舊世界和新世界之間的一些區別，並看看是什麼讓這些「成套的擴展框架」如此地吸引人。

## 瀑布的形狀

**範式**（paradigm，或典範）是我們認為正確的一套假設或信念。隨著時間的推移，我們將它

們制度化，形成企業政策、組織結構，甚至法律。

我想強調一下新舊範式之間的一些差異，以展示我們必須涵蓋的領域。在每一個段落中，我首先描述傳統範式，然後是新世界中相應的假設。當你閱讀每一個段落時，無論你是否同意那些陳述，請提醒自己，這些組織在「做」這些行為的時候，就好像它們是正確且合理的一樣。

# 成本效率：「利用率」與「流程」

在**傳統企業**中，組織被視為許多獨立的部門，每個部門若不是「成本中心」（如 IT 或人力資源），就是「獲利中心」（如業務）。不同之處在於，「成本中心」並不直接貢獻收入。成本被分配到每個「成本中心」，而成本效率（Cost Efficiency）來自於降低「成本中心的營運成本」和最大化「獲利中心的收入」。常見的降低成本策略（尤其是在財政年度結束的時候）有：限制旅行、透過解雇承包商和其他臨時工作人員來降低員工數量、把工作轉移到成本更低的國家或地區（「把**工作**移動到人」）、傳統硬體和設備的再利用，以及強迫團隊使用標準元件，把「每一次的使用成本」降至最低。實現收入最大化的常見策略有：提供銷售佣金、設定激進的季度目標，以及在實現特定目標時提供激勵和獎勵。**收益來自最大限度地利用「資源」，也就是讓「人們」保持忙碌。**

在**敏捷組織**中（以更廣義的「商業敏捷力」來說），組織被看作是一個相互聯繫的系統。在這個系統中，所有部門都在產生「價值」，若非直接貢獻於最終產品，就是間接地使組織能夠更有效率地工作。「價值鏈」映射出組織中從頭到尾的價值創造，以滿足特定的客戶需求為終點。「成本」和「收入」在整個價值鏈上進行整體分配，而「成本效率」來自於最佳化「價值流」。降低成本的常見策略是辨識和消除非增值活動、限制 WIP 數量以減少工作的隱藏庫存，以及集結多學科團隊，來減少交接和其他延遲（「把人移動到**工作**」）。常見的收入最大化策略有：使用「小批次」迭代與遞增地工作，以便更快地兌現價值，並提高「風險調整後的資本報酬率」（RAROC）、頻繁地與客戶測試產品想法，以識別「不用做哪些工作」，以及讓團隊能夠選擇「最有效率的工具」，好盡快抵達市場。**收益來自於最佳化「流程效率」，也就是保持「工作」的忙碌（移動）。**

## 管理工作：「專案管理」與「產品管理」

在**傳統企業**中，在工作開始前便詳細地定義並鎖定了範圍（scope）。這通常是「專案」或「計畫啟動練習」的結果，以「業務需求文件」的形式呈現，並作為「業務案例」的一部分。而範圍也包含了「成本」和「資源分析」與「收入預測」。這份報告將提交「撥款委員會」，而計畫預算得到分配和簽署。成功的定義是在「開銷與時間的限制」內，提供議定的範圍。**範圍上的差異是令人不悅的**，「重新計畫」也是，這可能會在組織的其他地方產生嚴重的連鎖反應。

在**敏捷組織**中，範圍是在產品領域中動態定義的，通常是使業務指標朝「期望的方向」移動，例如：減少客戶流失或增加每次客戶訪問的利潤。資金分配是以產品領域的「持續執行率」為基礎的，並追蹤收益，作為短期指標。成功的定義是「業務指標目標」的持續達成，或者透過證明「這是錯誤的策略」來學習。**範圍上的差異是被預期和鼓勵的**，而根據市場和業務的回饋來定期「重新計畫」，是再正常不過的事！

## 專案組合的規劃和治理：「預先規劃」與「持續進行」

在**傳統企業**中，年度計畫是神聖不可侵犯的。組織上下的人員在年度預算和計畫週期中投入了大量的時間和精力。每個部門預測它將花費什麼以及它希望實現什麼，一個中央機構決定每個部門的預算。這些預算流入各個部門內的各個專案，並由一個中央集權的 PMO（或類似職務）來監控和管轄它們的進展。重新規劃的成本和努力都很高，這是不被鼓勵的，所以一旦計畫開始實施，就會盡可能**避免**偏離計畫。專案根據它們**偏離計畫的程度**被評定為紅色、琥珀色或綠色（RAG 狀態），而專案經理被要求對此負責。

在**敏捷組織**中，財務規劃的發生頻率更高了，通常使用每季回顧一次的「滾動一年計畫」。許多公司正在採用 OKR 作為實現它的一種機制。PMO 協助全域系統最佳化：綠色代表一切順利；琥珀色代表專案需要一個「超出其範圍的決策」的協助；紅色代表缺乏這樣的決策將使產出面臨重大風險。在這種脈絡下，RAG 狀態是指專案在整個組織中**得到了多少支援**。

# 框架的吸引力

我還可以做出其他的對比，但以上應該已經有助於舉例說明我們面臨的文化和組織鴻溝，並強調我們接下來的工作。社會學家 Ron Westrum 更詳細地介紹了不同的組織文化[1]，但這些是我經常遇到的一些差異。

套裝的框架是很有吸引力的，因為你很容易對這一切感到不知所措。你想要這種你一直聽說的商業敏捷魔法，但你不想（或不能）挑戰公司的資金和管理流程，無論你做什麼，都必須符合嚴格的部門成本控制。因此你先派一些專案經理參加了 Scrum Master 認證，或者派一些商業分析師參加了產品負責人培訓，然後你也嘗試了一下 Scrum。之後你可能也帶著最好的意圖，嘗試了 Scrum of Scrums、SAFe、LeSS 或其它框架。如果你能證明它在一個「封閉的 pilot 環境」中是有效的，那麼組織的其他成員一定會清醒並紛紛上門！

問題是，這種轉型要求人們在「思考方式」和「操作方式」進行**根本性的轉變**。這等於要求他們承認，他們經營方式的基礎是建立在「不再適合現代商業環境」的假設與約束之上的。儘管如此，他們仍在經營，縱然這不是因為他們繼承了這樣的管理和治理系統。沒有人喜歡承認這一點，即便只對自己承認。他們的**潛意識**強烈抵制這種範式轉移，這使他們很容易成為供應商的**獵物**；這些供應商銷售著「保證能夠轉型，同時也能方便地契合現有範式」的產品。

供應商和顧問可以這樣做，無論它是否會交付成果。他們可以安全的躲在「即使沒有交付成果，他們和他們的方法也不會被追究責任」的事實之後，因為每個人都同意：轉型是困難的，而至少我們嘗試過。這些方法的許多支持者對它們有一種宗教情結：他們的方法是有效的！如果你不相信，那你就是被誤導了、或接收到錯誤的資訊，或只是「為反對而反對」（這 3 種我都被指責過），而如果它沒有作用，那一定是你用錯了！

# SWARM

有許多因素，如果缺少它們，你就不可能實現持久的改變。它們絕對不是成功的公式。相反地，你應該將缺少其中一個（或數個）視為一種**危險訊號**，或一個需要管理和減輕的重大風險。

---

1　讀者可以參考《A typology of organizational cultures》：http://qualitysafety.bmj.com/content/13/suppl_2/ii22.full

# 1. 時間

轉型需要時間、耐心和毅力。在一個數千人或數萬人的大企業之中進行轉型,需要好幾年的時間。**技術採用生命週期**(Technology Adoption Life Cycle)適用於此,包括它的先驅者、早期採用者、早期和晚期多數派,以及落後者。你應該把精力集中在先驅者(pioneers)身上,讓他們的成功吸引早期採用者(early adopters),依此類推。有太多的轉型工作試圖一次觸及所有人。『我們從週一開始就要走向敏捷!』然而統計資料顯示,這就是行不通的。你應該預期,你的組織中有**不超過 5% 的人**是這種變革的先鋒,所以要努力辨識和招募他們,給他們成功所需的環境和工具。

# 2. 投資

正如這種轉型不會在一夜之間發生一樣,它也不會自己發生。你需要組織一個專心致志的團隊,這代表隔離和資助他們,委派或管理他們的職責。在更大的計畫之中,這只是一個微小的投資(你可以靠著少數人走很長的一段路)。然而,在一個顯然想繼續這趟旅程的組織之中,要獲得這些**人力**和**資金**的分配是多麼的困難,這總是令我感到驚訝。無論花多長時間,在你開始之前,請花時間並確保這個承諾是值得的。

# 3. 溝通

不同的受眾會對「不同的資訊」有「不同的反應」。花點時間去瞭解你的利害關係人,並思考他們會覺得有用的溝通方式:哪些管道?多久進行一次?什麼內容?每次交流的目的是什麼?你如何在他們所在之處會面?你希望他們在哪裡?鴻溝在哪裡?從覺察巡迴講座到高階主管簡報,你**架構**並**傳達**「你的願景、抱負和進展」的方式,將是大多數人對「你的世界」的主要看法。

至少你應該能夠回答每個利害關係人群體這兩個問題:『這對我有什麼好處?』以及『你需要我做什麼?』。除了與你直接互動的人之外,你也應該關心那些被轉型「間接影響」的人。這些人可以是內部和外部的供應商、客戶、合作夥伴、監督者、審計人員或任何其他人。

你也會遇到詆毀你的人,主要是晚期多數派和落後者,他們有既得利益,想要維持現狀,對

於你的努力，從一開始的漠不關心，到大肆批評，最後甚至積極地破壞你的努力。在意想不到的地方找到盟友也不要感到驚訝。擴大你的成功並中和（neutralizing）反對意見[2]，這會佔用許多時間，所以制定一個**強健的溝通計畫**，將幫助你保持在正軌之上，不會忽視重要的利害關係人。

# 4. 影響

最重要的是，你的核心團隊必須同時具有「能力」和「信譽」，能夠影響公司上下，甚至跨越整個組織。只靠自己就想把事情搞定，就像是企圖把海水煮沸一樣地好高騖遠。你正在努力創造一個風潮並鼓勵變革，而不是全靠你自己。你需要高階主管的必要支援、需要那些敢於恭敬和專業地對權力說真話的人，也需要那些知道何時該閉嘴傾聽的人。

幾年前，精實營運老將 Richard Durnall 寫了一篇文章，描述了一個組織經歷的**轉型之弧**（arc of transformation）。以下這個連結是我做過的一個演講投影片，其中包括對這條弧線的討論，因為 Richard 的部落格已經不在網路上了：https://youtu.be/T4b_MckXea0?t=18m40s。Richard 以「被打破（break）的事物」的觀點，描述了轉變的 6 個階段：

從引入「挑戰現有信念的新想法」開始（**人被打破了**）。很快地，你會發現「流程」和「工具」不再適用於你的目的（**工具被打破了**）。測量「價值流」而非「忙碌和努力的程度」，這讓你與 PMO 產生衝突（**治理被打破了**）。當你開始擴大規模，你會意識到，你需要哪些「利害關係人」與你一起繼續這趟旅程（**客戶被打破了**）。轉向「產品」，而非「專案管理」，這代表你需要定期增量的資金，而不是稀少的大規模投資，但公司的財務模型無法提供這些（**錢被打破了**）。最後，你會發現，職能部門的壁壘結構對於「企業敏捷力」來說，是完全錯誤的結構（**組織被打破了**）。

最具挑戰性的兩個階段在於**治理**（governance）和**資金**（money）。這是企業結構、策略和文化最根深蒂固的地方，也是你可能會遇到強大的朋友和對手的地方！你越早開始影響「管理」和「財務」這兩個元素，你獲得持久成功的機會就越大。反之，如果其中一個或兩個都在你的控制範圍之外，你的潛在影響範圍就會大幅地縮小。

---

2　請參閱影片《How to Win Hearts and Minds》：https://www.infoq.com/presentations/methods-political-campaigns

# 5. 教育

你和你的先驅者需要學習、練習和內化一些核心的基礎知識。在此提供我的入門清單，包括：**限制理論**（Theory of Constraints）、**系統思考**（Systems Thinking）、**產出量核算**（Throughput Accounting）、**複雜性理論**（Complexity Theory）、**精實產品開發**（Lean Product Development）、**持續交付**（Continuous Delivery）、**當代領導力**與**變革**等基礎知識。如果你是一位閱讀學習者，你可以從一些寫得很好的書籍當中收集大部分的資訊：

- Eliyahu Goldratt 的《*The Goal*》
- Donella Meadows 的《*Thinking in Systems: A Primer*》
- Jez Humble、Barry O'Reilly 和 Jo Molesky 的《*Lean Enterprise*》
- Dave Farley 和 Jez Humble 的《*Continuous Delivery*》（**編輯注**：中譯本由博碩文化出版。）
- David Marquet 的《*Turn the Ship Around!*》
- Linda Rising 和 Mary Lynn Manns 的《*Fearless Change*》
- Don Reinertsen 的《*The Principles of Product Development Flow*》

這裡的關鍵是理解核心原則，而非陷入特定實作的泥沼。這就是那些擴展框架（scaling frameworks）可以提供協助的地方，就像一張「非空白的紙」，讓你能夠向你的贊助者證明，這不是你捏造出來的，並提供一個初始詞彙表。不過，花點時間去理解方法和技術背後的原則，則讓你可以根據自己的情況來調整它們。

# 6. 練習

孔子說過：『沒有實踐的知識是無用的；沒有知識的實踐是危險的。』閱讀這些主題，就像閱讀「水肺潛水」或「外科手術」一樣。**除非你真正去做，否則你是無法領會它們的。**就像任何一項新技能一樣，掌握它需要時間。「搞砸」則是學習的必經之路。因此，你應該思考，如何能以「安全地失敗」的方式，來進行練習。你希望與 CFO 討論「更頻繁地釋出少量資金」、「減少重量級審批委員會」和「治理的小劇場」？你可能應該先和一位友善的「財務利害關係人」練習一下：當你提到「速度」和「故事點」時，他會禮貌地讓你知道他恍神了，還有，他不認為 CFO 會喜歡「治理的小劇場」這個形容。

就像瑞典一首著名的詩歌所言，『你應該使用農民的語言和農民交談，用拉丁語和學者交談』，換句話說，請練習調整你的訊息，來配合你的**聽眾**。同樣的，先嘗試在一個「小型的、友善的專案」上應用流程工具，如「價值流程圖」、「前置時間量測」和「累積流程圖」等，再嘗試將它推廣到更大的專案之中。在向 PMO 展示流程指標之前先收集**證據**。你可能只有一次機會。

# 7. 外部協助

關於一個好顧問的定義，我最喜歡的是這個：他們已經揮霍別人的金錢並搞砸許多次，所以他們不會在你這一次搞砸。你可以單打獨鬥，但你可能會落入所有人都會掉入的陷阱，而你的基本歸因謬誤（Fundamental Attribution Error）意味著你不會相信我。有兩種外部協助似乎有真正的效果：「**可信的顧問**」和「**內嵌的教練**」。前者在早期將是無價之寶，而隨著時間的推移，將變得不那麼必要。後者是當你開始建立動能（momentum），並意識到你不可能一次出現在所有地方時，你會想要接觸的人物。問題是，任何人都可以透過更新他們的 LinkedIn 個人資料，在我寫這篇文章時大約有 18,000 人，宣稱自己是一位敏捷或精實教練，所以這是值得到處逛逛並做盡職調查的。善用你的人際網路，「口碑推薦」和「過往紀錄」是目前最好的選擇標準。

當你開始建立動能時，你不會想要一支自稱是教練的**軍隊**：大家各自擁有不同水準的能力和經驗、使用不同的方法，甚至帶有不同的意識形態和忠誠，這將使你的努力支離破碎。不止一次，我看過許多轉型計畫，把他們能找到的所有敏捷教練都召集起來，過了一段時間之後又全部趕了出去，幾乎沒有取得任何進展。

令人沮喪的是，雖然這是一個「認證」（certification）可以提供幫助的領域（即確保能力的水準、一致性和經驗），但是這需要同儕的鑑定，也需要基於實踐的認證和評估。然而，沒有同行的網路可以確保任何程度的品質或一致性，尤其是市面上充斥著各種競爭的擴展方法的時候。

# 8. 一致的、投入的、堅韌的領導力

從組織的高層到底層，領導文化將決定敏捷轉型的成敗。有許多形容詞可以用來描述好的領導力。我選擇了這 3 個作為我的主要原料，儘管我相信其他人會有不同但卻同樣有效的意見。

317

**一致的領導**是作為長遠的考量。各種訊息來源都顯示，CIO 的平均任期在 4 到 5 年左右，這代表他們之中的很大一部分將在 2 到 3 年後離職。（而接近退休年齡的 CIO 往往會堅持到底，使這張圖表向右傾斜：http://www.ejobdescription.com/CIO_Tenure.htm。）我曾看過，一些「成功的轉型」在高階領導交替之後停滯不前，然後被棄置，尤其是有人被請來「控制成本」的時候。他們總是把這理解為削減部門預算，而不是試圖找出「為什麼有這麼多的努力，產生的價值卻這麼少」。諷刺的是，他們其實可以透過完成轉型而節省得更多。

2015 年，我有幸與 ING Bank 的前首席架構師 Henk Kolk 會面，他談論了他們的敏捷轉型之旅（https://youtu.be/LrWUik_I1-Y）。當我們見面的時候，這已經進行好幾年了，而且還正在進行中。麥肯錫（McKinsey）最近的一篇文章顯示[3]，儘管一些名稱改變了，但新的任職者繼承了同樣的文化和承諾。

**投入的領導**意識到這是組織的未來，而不是一個附屬專案。以「限制理論」來說，管理團隊選擇將「企業敏捷力」定義為組織的目標，並使其他一切都服從於此。高階主管們常常會被無法控制的外部市場或政治因素分散注意力，所以讓他們有一個「清楚而坦白的承諾」是很重要的。在我合作的一家銀行中，CEO 和他的管理團隊一起管理一個「看板」。他們用這個來讓工作可見，並限制 WIP 的數量，這是他們「每日站立會議」的焦點。這比任何「市政廳演講」更能表現他對「企業敏捷力」的投入。

**堅韌的領導**比有魅力的 CEO 更重要。要讓領導力具有韌性，你需要組織上下的領導者，都致力於一個共同的目標。我提倡兩種相輔相成的領導風格，即「僕人與領導者」和「領導者與領導者」。

僕人與領導者（Servant-leader）描述了一個雙重角色。你既是團隊的「僕人」（確保自治，預測並滿足他們的需求），也是他們的「領導者」（設定方向並要求他們負責）。許多自稱「僕人與領導者」的人忘記了後面這部分，只把他們的角色看作是「保護」團隊，但是沒有方向，如此一來，就失去了團隊之間的一致性。正如 Kent Beck 所言：『沒有當責的自治只是假期。』（請見 Kent Beck 大師的推特：https://twitter.com/KentBeck/status/851459129830850561。）

領導者與領導者（Leader-leader）是美國前海軍指揮官 David Marquet 在他的著作《*Turn*

---

3　《ING's agile transformation》：https://www.mckinsey.com/industries/financial-services/our-insights/ings-agile-transformation *the Ship Around!*》中創造的一個術語。這是我最喜歡的一本關於領導力的書。組織中的每個人都認為自己是其所在領域的「領導者」，且「表達企圖／意圖，而不是請求許可」。用 Marquet 的話來說明，其想法是透過『把權威移動到資訊之上』來下放「自治權」，而不是『把資訊移動到權威之上』，從而在一個「消息不靈通的高階決策者」身上產生決策瓶頸。（**編輯注**：讀者亦可參閱第 11 篇文章第 59 到 60 頁，或第 66 篇文章第 442 頁，都有關於 David Marquet 和「企圖心領導／管理」的討論喔。）

## 最後的想法

如果你已經在 **SWARM**ing 了，你將得到我的尊重和欽佩。我希望這篇文章能夠幫助你發現你的策略中的缺陷，或至少再次確認你已經包含了這些基礎。與任何複雜的適應性系統一樣，我在這裡概述的因素都是相互關聯的。**影響力**可以為你贏得時間和投資。**投資**會提升你的成果的形象，給你更多的**影響力**。**堅韌領導力**創造了一個鼓勵**實踐**的環境等等。

如果你正在考慮進行一趟企業敏捷力之旅，請注意還有其它選擇。你不一定要全面採用「擴展框架」，或是它們的「認證」和封閉又自稱專家的「社群」；也不要一面推廣「檢視」和「調整」，卻又堅持嚴格遵守它們的「品牌流程」、「工具」和「方法」。它們最多只能涵蓋我上面描述的一小部分景觀。剩下的則取決於你和你選擇一起旅行的人。

像 SAFe、LeSS、DAD 等方法都是基於可靠的原則，可能是一個有用的起點，例如：我曾看到 DAD 在許多地方被用於建立一致的初始詞彙表和術語。但是，改變你的組織的最佳人選是你自己，而最好的方法是「你怎麼想出來的」。

***

## 作者簡介：Daniel Terhorst-North

**Daniel Terhorst-North** 利用他深厚的技術和組織知識幫助領導者、經理和軟體團隊快速而成功地交付業務結果。他以人為本，經常使用精實和敏捷技術，為組織和技術問題找到簡單、實用的解決方案。擁有 30 年 IT 經驗的 Daniel 經常在世界各地的技術和商業會議上發表演講。作為行為驅動開發（BDD）和 Deliberate Discovery 的發起人，Daniel 在許多軟體和商業出版物中發表了專題文章，並參與了《*The RSpec Book: Behaviour Driven Development with RSpec, Cucumber, and Friends*》 以 及《*97 Things Every Programmer Should Know: Collective Wisdom from the Experts*》的出版。他的部落格：https://dannorth.net/blog。

# 47

# Scrum Master
# 應該嘗試的 9 件事

作者：*Ewan O'Leary*

發布於：2018 年 9 月 26 日

許多投身 Scrum Master 角色的人，總是絞盡腦汁，想要了解應該如何表現和引導團隊走向自組織。以下是一些建議，或許可以提供關於改變所需的協助。請記住，這些都只是建議，讓你可以嘗試、實驗（若你願意的話），而不是處方，所以別把它們看得太重！你可能會發現，你的團隊比你更難以接受它們。當你引進這些實驗時，請試著納入你的團隊，讓他們知道你在做什麼。這有助於破冰，讓他們也有信心嘗試自己的實驗。

# 1.『我要喝杯咖啡。』

當你在進行每日站立會議時,你應該覺得自己隨時都可以**離開**,去喝杯咖啡。試試看!讓你的團隊知道你期待什麼,然後離開會議室,讓他們互相交流;別總是認為他們是在為「你」表演,或者覺得「你」必須做些什麼。這應該會有點不舒服,但沒有關係!這是在學習為你的團隊服務的一種不同的方式。請記得,你需要讓他們的談話流暢,而他們必須擁有會議的結果。(小提醒:你可以提議,你想替他們買咖啡或點心。)

# 2. 著重任務 vs. 著重價值

你的團隊著重於任務(Task)嗎?你是根據「個人」而不是「故事」在瀏覽「看板」嗎?請記得,你的團隊不是來工作的,儘管工作有幫助!相反地,他們是來傳遞**價值**的。讓你所有的對話圍繞著交付價值(即完成使用者故事),而不僅是完成工作(完成任務)。看看當你的團隊專注於目標時,你完成故事的能力會發生什麼變化!

# 3. 停止說話,開始幫忙

有時候你能做的最好的事情就是停止說話。當團隊思考該做什麼的時候,端坐在一種尷尬、不舒服的沉默之中往往是最有幫助的做法。問一個開放式的問題,讓他們先開口,不管要花多長時間!不要害怕尷尬。事實上,你是否能「適應他人的不適」,並協助他們意識到「他們的**不適**正是他們成長的契機」,從那裡開始,他們可以建立有助於把事情做得更好的重要新肌肉,這將直接影響到你作為一位教練的效力。

# 4. 不要為團隊思考

你替團隊思考的越多,他們為自己思考的就越少。請記住,你的工作不是解決他們的問題。它是在團隊中創造**解決自身問題**的能力。這是一個非常重要的區別。永遠不要替他們思考,尤其是當他們不習慣為自己承擔責任的時候(就像在許多有著強大命令文化的組織當中,人們遵從指令,有不同的想法是不被允許的)。若你有專案管理的背景,這可能是最難放下的事情之一,所以請讓自己稍微放鬆,並意識到你可以訓練自己去做完全相反的事,並讓自己傾向於「每當看到事情可能會出錯時,別代表團隊行動」。

## 5. 少做

你做的越少（可見地和刻意地），團隊需要做的就越多。通常新的 Scrum Master 會滿懷熱情和活力地進入角色，最終成為團隊的行政助理。Scrum Master 變得傾向乘載團隊的能量，而非專注引導流程。不幸的是，這通常會產生相反的效果，使經常處於遠端的團隊成員脫離，而不是邀請他們進入一個參與性的、協作的關係。所以請讓他們知道你將會**做得更少**，尤其是在站立會議的時候，看看感覺如何。請記得，每一次衝刺（Sprint），你會有許多站立會議（最多 10 次），所以你有許多空間可以嘗試不同的方法。

## 6. 透過增加學習來減少專業化

如果你的團隊因為依賴團隊中的一個人（或依賴另一個團隊）而難以完成使用者故事，那麼你就有責任提出或解決這個問題。我建議的一種模式是，當你發現技能有所缺少時，請建立一個完成任務所需的**技能清單**，然後將其作為團隊學習的輸入。

## 7. 軸輻式 vs. 網格式

你是談話的中心，還是只從側面支援它？兩點之間最短的距離是直線，所以請在白板（或線上白板）上畫出對話的流程。在中心畫一個圓，那就是「你」。在「你」的周圍，為團隊中的「每一個人」畫一個圓圈，就像時鐘上的時間一樣。每次有人直接和別人說話時，畫一條線。最好的會議，則是那些「團隊成員之間的線」最多，而「連至你的線」最少的會議。這將視覺化地向團隊展示你們站立會議的溝通流程！讓它**視覺化**是非常有幫助的。你要尋找的是團隊成員之間的交流網格（Mesh），而不是由你處於中心的軸幅（Hub and Spoke）。

## 8. 你做的越多，他們做的就越少

如果你在協調和風險降低方面做了太多的思考（就像你作為一位專案經理單獨處理特定任務的 SME 時可能會做的那樣），團隊將不會知道那其實是他們的工作。與其替他們思考，不如想辦法制定他們的**思維框架**。透過時間限制他們的討論，甚至提出挑戰來幫助他們，例如：如果我們只有 5 分鐘，我們會如何解決這個問題？

## 9. 團隊比你聰明

總體來說，團隊將比你聰明。你的工作是駕馭他們的頭腦去實現一個共同的目標，要做到這一點，你必須讓他們有**自主性**，並創造一種他們會被激勵並發展技能的團隊文化。

請記得，要好奇，要開放，這是一段旅程！而當你嘗試這些建議時，也請記住，對自己和他人要有同情心。

***

## 作者簡介：Ewan O'Leary

**Ewan O'Leary** 在加州舊金山生活，他是 Future State 的組織和領導力教練、引導者和培訓師。他曾與各式各樣的客戶合作，包括 Paypal、Nike、Genentech、Thomson Reuters、Rockwell Automation、Express Scripts 和 Stubhub。Ewan 在「協助世界各地的人們及組織找到新的工作方式，並與他們的利害關係人進行接觸」這方面，有超過 20 年的經驗。

透過 TealShift，Ewan 是 TealWoWSM 的創辦人。TealWoWSM 是一種整合了敏捷、設計思考、精實創業和開發指導等元素的完整工作方法，能讓組織和個人釋放他們的潛力。

作為敏捷社群活動的積極參與者，Ewan 持有 IC-Agile Expert 認證、Scrum 聯盟認證，並定期為敏捷整合（Integral Agile）的持續開發做出貢獻。他偶爾在 www.ewanoleary.com 上寫部落格，並在 www.tealshift.com 上寫作。

# 48

# 5 項與衝刺有關的精髓

作者：*Stephanie Ockerman*

發布於：2018 年 1 月 21 日

衝刺（Sprint）是 5 個 Scrum 事件的其中一項。在我開設的專業 Scrum 課程當中，人們常常忽略它，只因為它是一個容器型的事件（container event），你也不一定會在行事曆上記錄它。

這個容器包含了所有工作所需的空間，用來建立可交付的產品增量，而它被限制為等於或少於 1 個月的持續時間（例如：「時間盒」的概念）。這個容器從「衝刺規劃」（Sprint Planning）開始，並在「衝刺回顧」（Sprint Retrospective）之後結束。然後下一個「衝刺」馬上接著開始。

乍看之下，「衝刺」可能只是一個簡單的管理名詞，而人們經常忽視它。

**然而，衝刺在 Scrum 中的強大影響是不容小覷的。**

這就是為什麼 Scrum 指南稱「衝刺」為 **Scrum 的心臟**（heart of Scrum）的原因吧。讓我們來看看「衝刺」為團隊和組織提供了哪 5 項精髓吧！

# 1. 專注

衝刺的目的是為組織建立具有潛在可發布的產品增量價值（potentially releasable product Increment of value）。衝刺就是這麼的單純。

衝刺目標[1] 引導了將要交付什麼樣的價值，而該目標在衝刺期間並不會改變。這是因為⋯⋯是的，因為專注！

若你曾為「產品開發」工作，就算只有一天，你也能明白那種「混亂」的感覺。新的想法及商業需求不斷跳出來。關於市場和顧客的新資訊亦不斷浮上檯面。當然，團隊正在做的實際工作，其複雜性也會持續帶來新的學習和挑戰。

每次衝刺都只擁有單一目的，即建立可發布的增量，而團隊可以專注於此。他們可以將一些與衝刺目標無關的**干擾**放置一旁。他們亦可以利用新發現的資訊，在不失去專注的情況下調整計畫。

這帶我們走向下一項精髓．可預測性。

# 2. 可預測性

一個 Scrum 團隊可能無法確保「明確的增量範圍」（例如：特性，features 或功能，functions）；但一個善用 Scrum 的團隊，在每次衝刺中交付已完成（Done）增量時，是具備可預測性的。

衝刺擁有一致的節奏（consistent cadence）。這個**一致的節奏**能讓 Scrum 團隊了解，在一段時間中，他們能夠交付什麼。當 Scrum 團隊了解這項事實，並持續一起工作[2]，他們將更有能力，來預測對交付的期望。

免責聲明（Disclaimer）：請記得，估算（estimate）和預測（forecast）這兩個單字，意味著仍有複雜度及不確定性，而這些估算與預測將不會完全準確。隨著時間的推移，衝刺能幫助我們**最佳化**可預測性。

---

1　請參閱本文作者另一篇關於「衝刺目標」的文章：https://www.agilesocks.com/creating-good-sprint-goals/
2　請參閱本文作者另一篇關於「團隊合作」的文章：https://www.agilesocks.com/team-collaboration-done/

Scrum 團隊可以更改衝刺的長度，但是他們不會一直更改它。當他們決定要更改的時候，是為了履行他們所做的承諾，即持續進步，以滿足商業需求。然後他們學習，並適應新的節奏。

接著來看看第 3 項精髓吧：衝刺提供了控制。

# 3. 控制

我經常被問到的一個問題：『我們的衝刺應該持續多久？』

我的回答總是：『您多久需要改變一次您的企業方向呢？』

請記得，衝刺目標在衝刺期間是不會改變的。這提供了開發團隊所需的穩定性，以便完成有意義的工作（參見上面的第 1 項精髓：專注）。因此，真正驅動「衝刺長度」的因素，是企業需要檢查增量並根據新資訊調整方向的**頻率**。

如此一來，可以在不為「開發團隊」帶來動盪的情況下，實現業務控制。

此外，**衝刺時間盒**（Sprint time-box）能讓業務更加透明，並更進一步地控制成本和進度。一個組織可以為許多衝刺提供資助，並看見他們在每次衝刺中所獲得的價值。這有助於在「是否該繼續投資」以及「應該投資什麼」等方面做出明智的決策。最終，這就是你能在複雜環境當中「控制風險」的方法。

# 4. 自由

衝刺提供自由。不過，要控制（第 3 項）又要自由（第 4 項），聽起來似乎有點矛盾，但事實並非如此。這就是衝刺的美妙之處。

Scrum 團隊的重點是「衝刺目標」和「時間盒」。這些界限（boundaries）為有效的**自我組織、協作**和**實驗**創造了自由。

在產品開發中，「風險」會以多樣化的方式出現。你在建置正確的東西嗎？你建置的方式是正確的嗎？什麼樣的假設可能是錯誤的？可能會發生什麼樣的變化呢？

**團隊必須「從做中學」，以檢查和適應的方式來學習。**

企業也是如此。企業也能擁有實驗的自由。

有時候會失敗。事實上，失敗也是學習的一部分。問題是失敗會產生多大的影響。 衝刺將失敗的影響**限制**在衝刺的時間盒之內。

而正是這種自由給予了我們機會。

# 5. 機會

Scrum 是「機會發現」的框架。引用 Ken Schwaber 的話來描述，Scrum 有助於我們『利用變革，來獲得競爭優勢。』最終，成功的衝刺能夠帶來**企業敏捷力**的好處[3]。

Scrum 是**可能性**的一種藝術形式[4]。為你在旅途中所發現的各種機會，敞開心扉，並做好萬全準備吧。

***

---

3　請參閱本文作者另一篇關於「企業敏捷力」的文章：https://www.agilesocks.com/business-agility/
4　請參閱本文作者另一篇關於「Scrum、運氣以及產品開發」的文章：https://www.agilesocks.com/scrum-luck-open-to-possibilities/

# 49

# 精煉產品待辦清單的藝術

作者：*Stephanie Ockerman*

發布於：2018 年 5 月 20 日

我在 Scrum 培訓課程和指導會議中經常聽到的一個問題是：『我們應該對產品待辦清單進行多少精煉（refinement），以及產品待辦清單中應該有多少細節？』

首先，讓我們來看看 Scrum 指南吧。

## 產品待辦清單精煉

根據 Scrum 指南，「產品待辦清單精煉」是指在「產品待辦清單」中添加細節、估算以及排序。但是 Scrum 並沒有規定你如何去做，這是有很好的理由的。

精煉是一個持續的過程。它從未停止，因為需求和機會從未停止變化。從一開始就詳細討論每件事只會造成浪費，也會延遲價值的交付。

不同產品和不同團隊在頻率、技術和細節等方面會有獨特的需求。

即使是同一個 Scrum 團隊，在同一個產品上工作，也需要隨著時間改進「精煉」產品待辦清單的方式，以適應新的情況。Scrum 團隊需要找出什麼適合他們。所以他們該怎麼做呢？

**自組織**（Self-organization）和**經驗主義**（Empiricism）。

應用**金髮姑娘原則**（Goldilocks Principle）幫助團隊進行實驗，並透過檢驗和調整，找到最適合他們的方法！

# 「金髮姑娘原則」與「產品待辦清單精煉」

「金髮姑娘原則」就是找到對你來說「剛剛好」的東西。
目標是「盡可能從活動之中獲得利益／好處的同時，也要
將潛在的浪費降至最低」。

我們先來看看「產品待辦清單精煉」的 6 大好處吧：

1. 增加透明度

2. 澄清價值

3. 把事情分解成「可消化的小塊」

4. 減少依賴

5. 預測

6. 整合學習

現在，讓我們更深入地討論每一項，看看如何應用「金髮姑娘原則」。我將在這 6 件有益的
事情上分別給你幾個起始問題，幫助你的團隊找出是「太熱」、「太冷」還是「剛剛好」。

# 1. 增加透明度

「產品待辦清單」是協助提供透明度的產出物。它是產品計畫的「唯一真實來源」。添加細
節可以大幅提升你計畫交付的內容及進度的透明度。

**金髮女孩的問題：**

- 利害關係人和 Scrum 團隊了解「產品計畫」嗎？

- 關於已交付的內容，「利害關係人對其感到驚訝」的頻率有多高？

## 2. 澄清價值

當你澄清了關於價值的細節時，你試圖透過產品待辦清單項目（Product Backlog Item，PBI）實現的結果就更加清晰了。你為什麼想要這個？使用者的利益什麼是？商業利益是什麼？

這有助於開發團隊建置「正確的東西」來滿足需求。隨著產品負責人和開發團隊確定實際需要什麼，這可能會影響請求的內容、估算和排序，並為所需的對話建立共同的理解。

**金髮女孩的問題：**

- 在衝刺期間，你有多常發現「沒有對商業需求的共同理解」，或者你正在打造什麼來滿足商業需求？
- 在衝刺審查（Sprint Review）或發布之後，你發現「PBI 不能滿足使用者或商業需求」的頻率有多高？

## 3. 把事情分解成「可消化的小塊」

你希望 PBI 是足夠小的，以便開發團隊可以在衝刺中完成多個 PBI。在一個衝刺中擁有多個 PBI，可以給團隊一些彈性，來達成「衝刺目標」並交付一個「完成」的增量。

**金髮女孩的問題：**

- 你有多常發現，自己沒有交付「完成」增量？你有多常發現，自己沒有達成「衝刺目標」？
- 什麼時候才將這些事歸咎於「在衝刺中期，發現 PBI 比你想像中要大得多（或者切得不夠細）」？

## 4. 減少依賴

依賴關係（Dependencies）常常會演變成障礙[1]，並可能使團隊陷入停頓。雖然你不可能完全避免，但你應該試著儘量減少它們。這對於 Scrum 團隊之外的依賴來說尤其重要。你可

---

1　請參閱本文作者另一篇關於如何處理「障礙」的文章：https://www.agilesocks.com/remove-impediments/

以使用不同的方法分割 PBI[2]。你可以重新排序，也可以與其他團隊合作，協助提前解決依賴關係。選項有很多，而至少，你希望依賴是透明的。

**金髮女孩的問題：**

- 在衝刺期間，你有多常發現「危及衝刺目標的依賴關係」？

- 在衝刺之中，PBI 被依賴關係「阻擋」了多長的時間？

- 你什麼時候必須重新排序「產品待辦清單」以對應「依賴關係」？這對產品負責人「最佳化價值的能力」有何影響？

# 5. 預測

「精煉過的產品待辦清單」結合「Scrum 團隊交付有效產品的能力」的相關歷史資訊，可以幫助你預測（Forecast）。有些產品需要預測至未來的幾次衝刺，好在發布期望這方面，與利害關係人做有效的溝通。其他產品可能不需要做當前衝刺之後的預測，而大多數的產品都屬於這個範圍。

與預測相關的，你可能還需要精煉的產品待辦清單來獲得資金。Scrum 並不禁止預先計畫（up-front planning）。Scrum 只說，要考慮你為此付出的「努力」、「潛在的浪費」，以及無論你做多少分析，你都無法在一個複雜領域「完美預測」未來的事實。

**金髮女孩的問題：**

- 使用者、客戶和其他利害關係人實作新功能的 lead time（前置時間）有多長？如果他們的前置時間更短，會有什麼影響？

- 在發布預測中，使用者、客戶和其他利害關係人需要多少細節？如果他們擁有更少的細節，會有什麼影響？

# 6. 整合學習

在你建置產品、充分理解如何實現產品願景，以及看見環境中所發生的變化時，「經驗主

---

2　請參閱本文作者另一篇關於如何分割「使用者故事」的文章：http://agileforall.com/patterns-for-splitting-user-stories/

義」能讓你把這段過程中「學到的知識」整合起來。

**金髮女孩的問題：**

- 你如何調整產品待辦清單，來反映你對產品「不斷演進的功能」的新學習，以及使用者對改變的反應為何？

- 錯過了什麼機會？是什麼阻礙了你更快速的回應？

# 齊心協力

你已經和 Scrum 團隊討論了關於精煉「好處」的金髮女孩問題。衝刺回顧（Sprint Retrospectives）是定期進行這些對話的好機會。現在是 Scrum 團隊決定如何調整他們產品待辦清單精煉「流程」的時候了。這些問題是開放式的，而非簡單的「是」或「否」，這是有原因的。

你在尋找平衡[3]，或者「剛剛好」的點。**你想在盡量減少浪費的同時獲得足夠多的好處。**

根據這 6 大好處，Scrum 團隊現在可以關注「利益／好處」及「浪費」之間的平衡，並思考這些問題。

**金髮女孩的問題：**

- 你希望多久進行一次精煉？你希望花多少時間，來詳細描述產品待辦清單？

- 你想讓誰參與精煉？需要什麼知識和觀點？你會如何實現共同理解？

- 你希望在衝刺之前「準備好」多少產品待辦清單？準備好（Ready）對你來說代表什麼？

- 你想如何傳達關於 PBI 的重要細節？什麼方法是有效的、什麼方法是沒有效果的？

- 你如何確保你能看到整體而不陷入細節？

\*\*\*

---

3　請參閱本文作者另一篇關於「敏捷平衡」的文章：https://www.agilesocks.com/agile-balance/

# 作者簡介：Stephanie Ockerman

**Stephanie Ockerman** 是 Scrum.org 認 證 的 Professional Scrum Trainer（PST）、Scrum Master 和 Co-Active Coach。她是 Scrum.org 的 Professional Scrum Master（PSM）Program 的課程管理員，並與國際培訓師社群以及 Scrum 的共同創辦人 Ken Schwaber 一起工作，以推動這個願景。她在「提供有價值的產品與服務，以及引導專業培訓」這方面，有超過 10 年的經驗。

Stephanie 是個注重結果、富有同情心的人，她喜歡與「相信可能的藝術的人」一起工作。為了實現這個目標，她開始了她的敏捷培訓與指導事業：Agile Socks LLC。Stephanie 將培訓與指導結合起來，幫助人們提升技能，並擴大影響力。她覺得自己很幸運，可以在世界各地教學和演講，並把自己「對教學的熱愛」與「僕人式領導力」和「體驗世界」結合在一起。她的網站：AgileSocks.com。

# 50

## 消除依賴關係，
## 不要管理它們！

*作者：Illia Pavlichenko*

發布於：2018 年 7 月 11 日

若你曾在大型組織中工作，你可能聽說過**依賴關係**（Dependencies）這個術語。我確信依賴關係需要被消除，而不是管理。借助本文中的系統圖（system diagrams），我將揭示 Scrum 團隊遭受依賴關係之苦的主要原因、它們如何影響組織的敏捷性，以及這個問題的根本解決方案。

## 依賴關係如何阻礙團隊的進展？

依賴關係越多，在衝刺結束時完成功能的機會就越小。因此，從「產品待辦清單」到「市場」平均花費的時間也就越多（循環時間，cycle time）。結果，敏捷性降低了，因為組織無法快速地向市場交付潛在價值。這造成了**組織壓力**。

管理階層對組織壓力的典型反應是分而治之（divide and conquer）。比如說，如果品質有問題，讓我們建立一個單獨的「品質控制」部門吧，並設定它自己的 KPI。透過建立新的職務、單位、元件團隊和協調角色，管理人員加強了組織的**碎片化**。而更多的碎片，將導致更多的依賴。

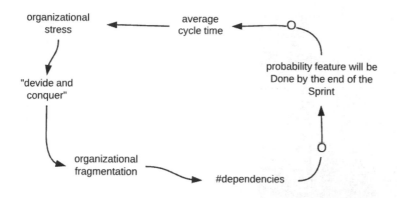

「高平均循環時間」降低了組織的敏捷性。但是 Scrum 團隊不應該有任何的依賴關係！Scrum 指南（2017）亦指出：『跨職能團隊擁有完成工作所需的所有能力，並不需要依賴其他非團隊成員。Scrum 的團隊模型旨在最佳化靈活性、創造力和生產力。』

## 為什麼會有依賴關係？

從我與大型組織長期合作的經驗來看，我發現依賴關係蓬勃發展，有幾個原因：

- 以元件團隊（component teams）為基礎的不完美組織設計（如「bus team」、「分析團隊」、「Android 團隊」、「整合團隊」等等），這將造成密集的依賴關係。
- 不完整的跨職能（缺少一種或多種技能）。
- 不合理的複雜架構設計（『我們組織裡有 256 個系統！』），這限制了跨元件和跨職能 Scrum 團隊的建立。

## 如何擺脫依賴關係？

依賴關係的問題可以透過兩種方式來解決：「權宜之計」或「根本性的長期解決方案」。

權宜之計（quick fix）是**視覺化**並管理依賴關係。例如：建立額外的協調角色，或使用特定的技術（『看板上的繩子！』）。是的，它在某種程度上協助了生存與繼續行動。你將成為視覺化和依賴關係管理的**藝術家**。你的工作看起來會像這個樣子：

根本（fundamental）的解決辦法是透過以下方式，徹底消除根本的問題：

- 人才培訓。

- 簡化複雜的架構，減少元件（components）的數量。

- 改變組織設計，建立跨元件、跨職能的 Scrum 團隊（Feature Teams，功能團隊）

在這種情況下，擴展 Scrum 的「看板」看起來就好多了（沒有依賴關係）：

功能團隊不需要繩子。因為沒有依賴關係，或者它們是無關緊要的！讓我們回到系統圖解吧（請見第 339 頁的圖）。在最左邊，我們有一個解釋「為什麼依賴關係會激增」的循環；而中間上方，是問題的一個「權宜之計」；然後是一個「根本性解決方案」的循環；最後形成了一種「管理依賴關係的文化」的循環。壞消息是，強大的「**管理依賴關係**的文化」將阻礙「根本性解決方案」的實現。

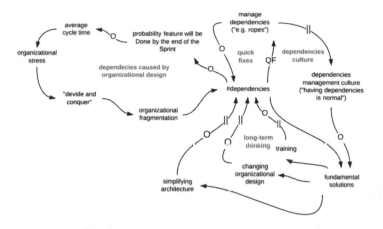

1. 依賴關係越多，組織就越不敏捷。

2. 依賴關係蓬勃發展的原因是不必要的複雜架構、缺乏技能和次優的組織設計（元件團隊，component teams）。

3. 建立額外的角色及使用依賴關係管理實踐，並不能消除根本的問題。

4. 根本性解決方案是簡化架構、功能團隊（Feature Teams）和培訓人才。

你想要管理依賴關係，還是希望消除它們呢？

繼續 Scrum 吧！

***

https://www.scrum.org/resources/blog/eliminate-dependencies-dont-manage-them

## 作者簡介：Illia Pavlichenko

作為管理顧問和產品開發專家，**Illia Pavlichenko** 在全球從事大規模的敏捷轉型工作。他將敏捷思維引入高科技、金融與網際網路等各種公司之中。他是 Certified LeSS Trainer 以及 Professional Scrum Trainer。

# 51

# 產品管理中的可持續步調

作者：*Roman Pichler*

發布於：2018 年 11 月 6 日

產品管理（Product Management）的工作是有回報但要求很高的。作為產品人員，我們身負多種職責，這常常轉化為繁重的工作量。但長時間的「工作過度」有可能會讓帶來「慢性疲勞」和「壓力」，並犧牲我們的健康。這篇文章討論了一些技巧，可以幫助你達到一個健康的、可持續的步調，並避免持續「工作過度」（overwork）的危險。

## 什麼是可持續的步調？

可持續的步調（Sustainable Pace）是一個重要的敏捷原則。《敏捷宣言》用以下方式定義它：『贊助者、開發者及使用者應當能不斷地維持穩定的步調。』我們的目標是創造一個健康的工作環境，避免人們「工作過度」、失去創造力、犯下錯誤，最終犧牲健康。像 Scrum 這樣的框架提供了特定的技巧，來確保可持續步調。不幸的是，這些技巧只針對開發團隊成員而不是產品人員。

但「可持續步調」對產品負責人來說是同樣重要的。身為產品負責人的你，工作要求高且職責多樣。這包括訪問使用者、制定產品路線圖、更新產品待辦清單、與利害關係人溝通、和開發團隊合作等等。當所有這些職責都在爭奪你的「時間」和「注意力」時，你很容易就會做得太多；工作太辛苦，讓自己筋疲力盡，然而這對你和你的產品都沒有好處。

# 勇於說不

當你發現自己「工作過度」，難以應付繁重的工作時，請從反思自己完成的任務開始。這些都是你實際工作的一部分嗎？我發現「產品人員」經常承擔「屬於其他角色的責任」，這使一項「高要求的工作」變得更加困難。一個常見的例子是照顧開發團隊。雖然關心團隊很好，但是促進團隊內的有效協作並不是您的職責。這是 Scrum Master 的工作[1]。

我知道有些「產品人員」沒有 Scrum Master 的協助，或者 Scrum Master 的工作效果不佳（這個人可能工作時間太長，或者沒有足夠的資格）。但如果這是你遇到的狀況，那麼我建議你解決這個問題，而不是包辦其他人的工作。後者將使「成效不彰的體制」成為常態，並導致你「工作過度」或忽視「你的核心職責」，而這兩種都是我們不樂見的結果。

因此，專注在你真正的工作上，即讓產品成功（或繼續保持成功）。不要承擔額外的責任，如改進開發流程、領導開發團隊、制定 UX 設計決策或建立行銷策略。那是 Scrum Master、開發團隊和行銷利害關係人的責任，不是你的。即使困難也要有勇氣說『不』。成為產品的「雜工」對你來說，並不會帶來持久的好處。

# 積極主動

其次，請儘量減少你遇到的意外工作和救火任務。我發現許多「產品人員」忙於緊急的戰略（tactical）工作，如精煉使用者故事、與開發團隊合作，或回應支援請求，以至於他們忽略了重要的策略（strategic）任務，例如：定期評估「產品策略」是否仍然有效。這可能會導致令人討厭的意外，像是競爭對手超越了你，然後導致更多的、不在計劃內的工作，因為你拼命地想要趕上競爭對手。

因此，要為策略工作留出足夠的時間。定期評估你的產品表現如何，以及你目前的產品策略效果如何，例如：透過舉行「協作策略審查會議」（collaborative strategy reviews），就像我在另一篇文章中詳細介紹的那樣[2]。這讓你可以進行一場主動的比賽，作出積極的回應（responsive），而不僅僅是必須對「意外」作出反應（react）。

---

1　請參閱本文作者另一篇文章《Every Great Product Owner Needs a Great ScrumMaster》：
https://www.romanpichler.com/blog/every-great-product-owner-needs-great-scrummaster/

2　請參閱本文作者另一篇文章《Establishing an Effective Product Strategy Process》：https://www.romanpichler.com/blog/establishing-an-effective-product-strategy-process/

# 分擔工作

若你發現，你單純只是因為太忙而無法定期制定策略，卻又不能放棄任何責任，那麼請考慮與開發團隊、利害關係人和其他產品人員分擔你的工作量。

# 與開發團隊分擔

如果你在「產品待辦清單」上花費了大量的時間，試圖建立完美的使用者故事[3]，或者在衝刺之中必須回答大量問題，那麼你可能沒有有效地分配「產品待辦清單」工作[4]。管理「產品待辦清單」應該是一個協作的工作。開發團隊成員應該積極參與計畫安排工作，與你一起發現、捕捉和更新故事，並幫助你確定「產品待辦清單」的優先順序。這將產生更好的「產品待辦清單」，減少你在衝刺中必須回答的問題數量，並釋放你的時間。

此外，你通常能夠把一些精煉的工作委派給開發團隊（假設團隊已經獲得了關於「使用者」和「產品」的足夠的知識，而你也相信這些人能夠做出正確的決策。）這將進一步減少你的工作量，讓你能花更多時間在重要的策略任務上[5]。

# 與利害關係人分擔

我看過許多「產品人員」把大量的時間花在「政治」上：談判交易、說服別人、向「重要的利害關係人」推銷想法等等[6]。因此，「利害關係人管理」感覺就像放養貓咪一樣。雖然你總是會遇到「利害關係人」的挑戰，但我發現，當你採用「參與性決策流程」時，可以節省大量協商、說服和重新調整活動的時間。

想法很簡單：讓關鍵的利害關係人（以及開發團隊成員）參與重要的產品決策，比如說，使用「共識」或「產品人員在討論後所做的決定」作為決策規則。當你發現人們沒有實作重要

---

3　請參閱本文作者另一篇文章《10 Tips for Writing Good User Stories》：https://www.romanpichler.com/blog/10-tips-writing-good-user-stories/

4　請參閱本文作者另一篇文章《Grooming the Product Backlog》：https://www.romanpichler.com/blog/grooming-the-product-backlog/

5　請參閱本文作者另一篇文章《Elements of an Effective Product Strategy》：https://www.romanpichler.com/blog/elements-definition-product-strategy/

6　請參閱本文作者另一篇文章《Getting Stakeholder Engagement Right》：https://www.romanpichler.com/blog/stakeholder-engagement-analysis-power-interest-grid/

的決定時，這將增加人們的支持，並減少持續重新安排會議或進行某些危機管理的需求。你可以在我的文章《*Use Decision Rules to Make Better Product Decisions*》中找到更多關於參與式決策（participatory decision-making）的資訊[7]。

## 與其他產品人員分擔

如果前兩個方法不適合，那麼請考慮一下您的產品有多大，以及您與多少開發團隊一起工作。根據經驗，如果有 3 個以上的團隊，那麼你可能需要更多的產品人員來協助管理產品。例如：你可以讓一個人負責產品整體，另一個人則負責產品的功能。

或者，你也可以考慮拆分你的產品，例如：將一項或多項功能拆分，然後將它們作為一個單獨的產品發布，就像 Facebook 在 2014 年推出的 Messenger 應用程式那樣。這兩種選擇都會減少你的工作量，讓你更容易達到可持續的步調。（有關如何共同管理產品的更多資訊，請參閱我的文章《*Scaling the Product Owner Role*》[8]。）

## 優先順序

多年前，我曾與負責醫療產品的產品經理討論一份冗長的需求文件（requirements document）。由於有太多的工作要做，我建議對「需求」進行優先排序（Prioritize）。我永遠不會忘記那個人的眼神以及她給我的回答。她說：『這是不可能的。它們都很重要！』當然，問題是如果我們沒有分辨「輕重緩急」的能力，我們就不知道什麼時候該說『是』，而什麼時候又該說『不』。**因此，我們可能會承擔太多的工作，試圖一次完成太多的事情。**

當你很難確定優先順序時（無論是項目應該交付的順序，或你是否應該接受一個功能請求），那麼，建立「清晰且共同的目標」對你會很有幫助。我喜歡用級聯的方式，將目標串接成連鎖的形式，如**下圖**所示，也正如我在文章《*Leading Through Shared Goals*》中所描述[9]。

---

7　https://www.romanpichler.com/blog/decision-rules-to-make-better-product-decisions/
8　https://www.romanpichler.com/blog/scaling-the-product-owner/
9　https://www.romanpichler.com/blog/leading-through-shared-goals/

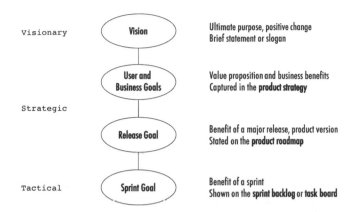

上圖中的「目標」是系統性地連結在一起的，並構成了一個階層結構：願景（Vision）在頂端，衝刺目標（Sprint Goal）則在底部。有了正確的目標，你就能夠評估是否應該添加新的功能。它是這樣運作的：如果該功能**可以幫助**你實現目前的發布目標，那麼你應該採用它；如果**沒有幫助**，但它卻對「產品策略」中提及的「使用者」或「商業目標」有幫助，那麼請把它放進『產品路線圖』之中。如果以上皆非，那就友善且堅定地說『不』。在上面的故事中，「產品經理」可以從一個清晰且獲得一致認同的「發布目標」之中受益。這可以讓她考慮每一個需求對於實現這個目標的重要性，並依此進行排序。

因此，請確保你擁有可以協助你排定優先順序的有意義且一致的「目標」。這不僅能幫助你做出正確的決定，還能減少「工作過度」的風險，進而協助你建立一個可持續的步調。

***

## 作者簡介：Roman Pichler

**Roman Pichler** 是數位產品領域的產品管理專家。他在「教導產品經理和產品負責人，並協助企業建立成功的產品管理組織」這方面，有超過 15 年的經驗。Roman 是 3 本書的作者，包括《*Strategize*》和《*Agile Product Management with Scrum*》，他也為產品領域的專業人士寫了許多熱門的部落格文章。他的網站：https://www.romanpichler.com。

# 52

# 運動教練方法和
# 敏捷教練方法

作者：*Allison Pollard*

發布於：2018 年 2 月 20 日

照片來源：Greg Goebel

將敏捷教練（Agile Coach）與運動教練（Sports Coach）進行比較是很常見的。在體育運動的世界裡，教練是個眾所周知的角色，很多人都有在運動團隊中與運動教練合作的經驗。事實上，在許多的示意圖當中，我經常看到 Scrum Master 或敏捷教練被描繪成穿戴帽子和哨子的人物，這就是在暗喻（Metaphor）他們跟運動教練很像。這種恰如其分的對照，說明了在這場名為「軟體開發」的比賽中，Scrum Master 或敏捷教練通常只會待在場外或牛棚，他們並不會參與實際的軟體開發。就如同運動教練不會上場得分一樣，敏捷教練亦不會實際動手開發產品。

這讓我想起小時候在球隊的經歷：我的壘球教練示範著如何握住球棒、如何站位，以及如何揮動球棒來擊中球。一開始的動作是很機械化、也很彆扭的。這也是為什麼「運動教練」這個比喻讓我開始感覺困擾。我們可能會花費很多的時間，來教導團隊關於每一項敏捷活動或產出物的機制。而對於團隊來說，要吸收這些知識並實際將之應用，負擔其實是相當大的。敏捷教練方法（Agile Coaching）的其中一個面向是**教學**（teaching）；但還有其他的面向，包括**輔導**（mentoring）、**引導**（facilitating）以及**教練式指導**（coaching）。很多人認為，敏捷教練一開始必須要教導（teaches）團隊，然後，隨著團隊變得越來越成熟，教練再將立場轉移到引導（facilitating）跟指導（coaching）之上。這是教練可以工作的其中一種方式。不過，還有另一種可能，即不需要預先進行全部的教學課程，並提早在團隊的敏捷實踐中採納「引導手法」與「指導方法」。在這部關於網球的影片當中（https://vimeo.com/41343451），John Whitmore 說明了教練式指導方法（coaching）與教學（instruction）之間的差異。

與其花時間做「先期教育」或「逐步解釋該如何做某些事」，教練其實能夠給予團隊更多的幫助，協助團隊探索他們做這些事的經驗。教練可以凝聚團隊的意識，讓他們意識到「正在做什麼」以及「如何用不同方式來做」。如此一來，團隊就能在**初期**先擁有某種完成工作的方式，繼而學習辨識「有效」與「無效」的做法，並持續思考如何改進。這麼做，能讓團隊持續嘗試如何工作，且不斷從實作中學習。從一開始就能潛移默化地導入檢視（inspect）與調適（adapt）的循環。想像一下屆時團隊將會如何擁抱敏捷吧！

\*\*\*

# 作者簡介：Allison Pollard

**Allison Pollard** 幫助人們發現他們的敏捷本能，並協助他們開發教練能力。身為 Improving in Dallas 的敏捷教練，Allison 樂於指導他人成為出色的 Scrum Master，並持續培育能為「敏捷轉型」提供續航力（sustainability）的社群人才。根據她的經驗，應用敏捷方法可以改善交付、加強關係並建立企業與 IT 之間的信任。Allison 也是 Certified Professional Co Active Coach、美食家，更是一位自豪的眼鏡配戴者。她的部落格：www.allisonpollard. com。

# 53

## 你問對問題了嗎？

作者：*Lizet Pollen*

發布於：2018 年 6 月 25 日

我喜歡從事**教練式指導**（coaching）的其中一個原因，就是客戶提出的各式各樣挑戰、目標或願望。有些客戶明確知道自己想要什麼，但是不知道該如何達到目的，或是他們需要一位責任夥伴，陪他們一起堅持完成。其他人則是在生活或工作當中有太多事情要處理，導致他們不知該從何開始。

無論客戶當初想要什麼，總是會歸結於這項需求：『人們之所以聘請教練，是因為他們希望在生活的一種或多種領域當中，進行某種**改變**。』

## 「缺陷」或「可能性」？

有兩個濾鏡可以讓你審視改變：**缺陷濾鏡**（deficit lens）和**可能性濾鏡**（possibilities lens）。

# 1. 關注「缺陷」的濾鏡。

若你透過這個濾鏡去檢視，你會放大「錯誤的」、「破碎的」或是「行不通的」的人事物。
這種「負面又消極的觀點」將成為你改變的起點。

你將看著你的生活並發現：

- 我對「我必須做的所有事情」都感到焦慮和不知所措
- 因為擔心別人會討厭我，所以我一直讓其他人越過界限
- 我的同事表現得比我好

你可能正深陷苦惱，而你想要改變你的生活：

- 我不想要精疲力盡
- 我不想要任人擺布、一點也不尊重我
- 我不想永遠陷在這份工作裡

透過這個濾鏡觀看你的人生，會喚起你消極的態度，像是焦慮、羞恥、憤怒或抑鬱等情緒。當這些情緒被喚醒的時候，人腦的原始部分就會被啟動，你將自動切換到生存模式（survival mode）。這不僅會讓我們與周圍的人失去連結，變得只關注**我自己**（me）而不是**我們**（we），這也會導致隧道視野（tunnel vision）現象，讓我們無法看清全局，也無法發現可能存在的所有資源和解決方案。

當你想在生活中創造改變時，這並不是一個好的方案，對吧？

## 2. 關注「可能性」的濾鏡。

若你透過這個濾鏡去檢視，你會放大「美好的」、「更棒的」以及「充滿可能性的」人事物；這種「正面又積極的觀點」將成為你改變的起點。

你將看著你的生活並發現：

- 休息過後，我變得專注且滿足
- 有時候我會對親近的人說『不』
- 如果我有耐心並付出努力，我就有能力在這份工作中發展

透過這個濾鏡觀看你的人生，會點亮希望、釋放自信和自我效能。當這些情緒狀態被喚醒時，大腦中更進化的部分（新皮質）就會被啟動，你將切換到興盛模式（thriving mode）！

當你想在生活中創造**改變**的時候，你是否發現了運用**可能性濾鏡**取代**缺陷濾鏡**的好處呢？

## 翻轉

David Cooperrider 說過的這句話，為這篇文章做了十分合適的總結：『**改變**是從**你問的問題**開始的』。所以，不要再問你自己（再也）不想要什麼了。請問問自己，生活中發生了哪些好事？你想要以怎樣的方式成長？你想要獲得更多的「什麼」呢？

這個翻轉看起來就像這個樣子：

- 我不想要精疲力盡→**我想要變得更專注、更滿足**

- 我不想要任人擺布、一點也不尊重我→**我想要變得更自信、更果斷**

- 我不想永遠陷在這份工作裡→**我想在這份工作中獲得成長和發展**

在你的人生中，你還想要更多的**什麼**呢？

*\*\**

## 作者簡介：Lizet Pollen

**Lizet Pollen** 是一名擁有認證的教練、培訓師和心理學家。她是 ImPowered Coaching & Training（www.impowered.net）的創辦人。她熱衷於向人們展示如何提高績效和成果並改善他們的生活，進而幫助個人、團隊和企業蓬勃發展並取得卓越成就。她幫助建立覺察、提升自信心、擺脫精神和／或情感上的「障礙」、建立新習慣，最終將「所需的改變」融入人們的工作和／或生活之中。

ImPowered 提供 Life & Career Coaching（生活和職業指導）以及（客製化的）Training Modules & Programs（訓練模組和課程），結合了「以優勢為本的方法」與來自（正向）心理學領域的「以證據為本的見解和策略」。

Lizet 在荷蘭出生和長大。她嫁給了一位愛爾蘭男子，育有兩位女兒，一家人快樂地在德州生活。她喜歡旅行、攝影、品酒和美食、戶外活動和閱讀。

- 她的臉書：https://www.facebook.com/impoweredcoaching/
- 她的 Instagram：https://www.instagram.com/impoweredcoaching/
- 她的 Linkedin：https://www.linkedin.com/in/lizetpollen/

# 54

# 工作場所中的恐懼，
# 讓你無法敏捷和 DevOps

作者：*Dana Pylayeva*

發布於：2018 年 11 月 23 日

Fear in the Workplace（工作場所中的恐懼）是一種談論嚴肅話題的有趣小遊戲。朝著「不畏懼的組織」邁出第一步吧，這並不代表你必須從「你現在所在的地方」離職。

## 成功的錯覺

自 Google 發布了「亞里斯多德專案」的結果以來，「心理安全感」一直是敏捷研討會和聚會上的熱門話題。DevOps 實踐者早已明白支撐 DevOps 的第 3 個原則，即持續實驗與學習的文化 [1]。

---

1  這篇文章討論了支撐 DevOps 的 3 個原則／方式，即「系統思考方法」、「放大回饋循環」，以及「持續實驗與學習的文化」：https://itrevolution.com/the-three-ways-principles-underpinning-devops/

你覺得怎麼樣？DevOps 的第 3 個原則有沒有可能與「心理安全感」有關？我在 Agile + DevOps East 2018 大會上第一次提出了這個問題。令我吃驚的是，只有幾個人舉手確認這種關聯。從那時候開始，我持續對每一位新聽眾進行這項「非正式調查」，而結果是一致的：很少有人意識到這兩者之間的關聯。

我對這種「脫節」的解釋是，在企業開始他們的「DevOps 之旅」時，這不過是進行「自動化計畫」的副產品。他們聘請 DevOps 工程師、建立新的 DevOps 團隊，甚至只是簡單地重新包裝他們的系統管理員，卻沒有進行任何重要的事情來真正打破開發與營運之間的隔閡。這些組織中的人員可能會繼續在「恐懼」之中工作，且無法體驗「擁抱 DevOps 文化」所帶來的種種好處。更糟糕的是，Amy Edmondson 在她的著作《*The Fearless Organization*》中寫道：『缺乏心理安全感可能會產生成功的錯覺，最終導致嚴重的商業失敗。』

這種 DevOps 實踐的成功錯覺（illusion of success）甚至出現在 Puppet 和 Splunk 的 2018 年 DevOps 狀態報告之中 [2]。在該報告的資料收集過程中，C 字輩高階主管、管理階層和團隊成員被問及一系列的問題，其中 15 個問題與他們組織中各種 DevOps 實踐的滲透等級（penetration levels）有關。

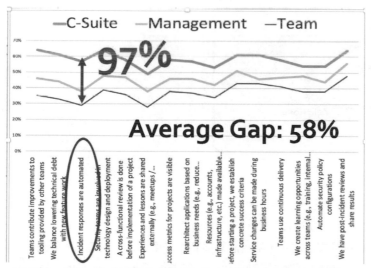

Based on data collected by Puppet for State of DevOps Report 2018

---

2 https://puppet.com/resources/whitepaper/state-of-devops-report

我根據這些回答建立了一個簡單的圖表。每個群體認知之間的差距變得更明顯了！平均而言，「C字輩主管」回報的滲透水準，比身處戰壕中的「團隊」所觀察到的高出了58%，其中對『事件回應是自動化的』這項描述的回應差異，達到了令人震驚的97%。

若「團隊成員」覺得與「C字輩主管」分享「DevOps採用進度的真實狀況」並不是一件安全的事，當「團隊成員」與「高階管理人員」不一致時，他們就幾乎不可能願意談論模糊的威脅、提出問題或分享他們的觀點。在過去的幾年裡，我們已經看到了許多這樣的案例，這些案例導致了災難性的失敗，給組織帶來了巨大的經濟損失。從福斯汽車集團（Volkswagen）的廢氣排放醜聞，到富國銀行（Wells Fargo）偽造帳戶的詐欺行為，**恐懼的文化**讓任何可能提出問題、拒絕不合理要求或批評不道德解決方案的人，選擇了沉默。

## 關於恐懼

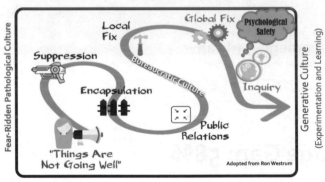

恐懼削弱了資訊的流通

社會學家 Ron Westrum 將組織文化分類為：病態的（Pathological，充滿恐懼）、官僚主義的（Bureaucratic）和有生產能力的（Generative）。DevOps 和敏捷在有生產能力的文化中茁壯成長，但在官僚主義或病態文化之中，卻可能引發新的恐懼或甚至面臨強大的阻力。其實事情不必往那個方向發展！是的，改變組織文化肯定需要全體的努力。是的，這需要來自高層的強力支持。然而，我相信我們每一個人都有踏出第一步的力量。（**編輯注**：讀者也可以參考第46篇文章《為SWARM喝采！》或《*A typology of organizational cultures*》：http://qualitysafety.bmj.com/content/13/suppl_2/ii22.full。）

在你的工作場所中，展開一場**對話**，談論關於「恐懼」的影響，並練習認出它的症狀吧！

如果你一直關注我的工作，你就會知道我喜歡和客戶一起設計和使用敏捷小遊戲。我最近一直在實驗的一個遊戲是 Fear in the Workplace，即「工作場所中的恐懼」（https://www.thegamecrafter.com/games/fear-in-the-workplace）。這款遊戲包含了我從「各種客戶活動」收集而來的、從大量的「安全感文獻」挑選出來的，以及在「教練指導對話」識別出來的「常見的**恐懼**及**恐懼的症狀**」。

我在實驗中使用恐懼卡牌（Fear cards），來協助引導這些對話，使團隊成員之間更加開放。不知怎的，當手指向一個傻氣的怪獸圖像時，似乎更容易使一個人的情感**外顯**，且願意後退一步，來進行有效的對話。在其中一個組織，我甚至引入了恐懼牌組（Fear deck），來引導「新任的遠端經理」與「她的同處團隊」之間的對話。也正是因為如此，我們發現該名經理「害怕」不愉快的團隊。牌組中的每一張牌都有一個故事，能進行豐富的對話。這套牌組還包括多張「ClassifyMe 卡牌」，這些是在受「恐懼」影響的工作場所當中典型的場景與言語。雖然最初是從特定的組織收集而來的，但隨著時間的經過，這些場景已被證明在「其他的工作場所」中也是很常見的。

## 展開恐懼對話的有趣方式

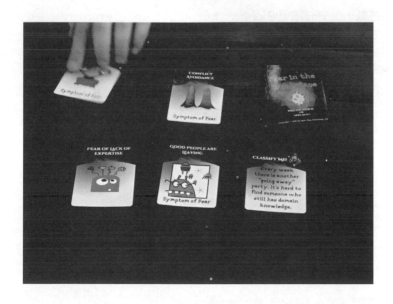

# 1. 簡單的選擇：給喜歡競爭的團隊

開始談論「恐懼」最簡單的方法之一，是和你的團隊玩一個簡單的遊戲，以 Cards Against Humanity（反人類卡牌，或毀滅人性卡牌）的動態為基礎：

一、將「恐懼和恐懼症狀卡牌」發給所有的玩家。將「ClassifyMe 卡牌」放在中間（面朝下）。

二、讓一位玩家（朗讀者）閱讀一張「ClassifyMe 卡牌」，讓其他人從他們手中選擇最匹配的「恐懼」（Fear）或「症狀」（Symptom）卡牌。

三、討論每一個配對，最後讓「朗讀者」從他們的「ClassifyMe 卡牌」中選擇最好的配對。

四、打出最佳配對的玩家贏得「ClassifyMe 卡牌」。棄掉這輪所有其他的「恐懼卡牌」。繼續遊戲，輪流扮演「朗讀者」的角色。

五、在遊戲結束後與團隊做一個彙報。幫助他們反思自己與工作場所之間的連結。

當你有一個小團隊和至少 15 分鐘的時間時，這個版本是最適合使用的。

# 2. 簡單協作的選項

許多團隊會選擇協作版本的遊戲，主要有兩個原因：

**首先**，有許多的「恐懼」或「症狀」可以追溯到一張選定的「ClassifyMe 卡牌」。事實上，隨著團隊逐漸建立一個完整的故事，對話將變得更加豐富。卡牌整理了各式各樣的恐懼／恐懼症狀，幫助團隊探索它們的因果關係。在這些討論中，與「恐懼怪獸」戰鬥的團隊聚集在一起，發展同理心，並展開更深入的對話。正如一名參與者的回饋所言：

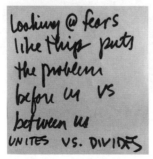

『這樣看待恐懼的方式，能把問題放在我們面前 vs. 我們之間。統一 vs. 分裂。』

偏好協作遊戲的**第二個原因**是，這個版本讓每一位玩家提供的所有「恐懼」都是有效的。與競爭版本不同的是，玩家不會丟棄「恐懼／症狀卡牌」；反之，每位玩家將「一張卡牌」和「他們的故事」加進團隊重建的整個構圖之中。

在一個更進階的小組中，你可以使用這些卡牌進行 LeanCoffee 式的討論（https://leancoffee.org/）。先對「恐懼」和「恐懼症狀」卡牌進行「點點投票」（dot-voting），然後為你的「限時對話」建立一個「討論待辦清單」。這個版本在與 Safety in Workplace（「工作場所中的安全感」遊戲組）結合使用時，將變得更加強大（這是一組可用於個人、團隊和領導層級的「心理安全增強劑」）。

## 3. 大團隊／短時間限制的選項

如果你的團隊很大，而時間限制（timebox）很短，該怎麼辦？這正是我在 Agile + DevOps East 2018 大會的 lightning keynote（閃電主題演講）挑戰！我用這個牌組在 **5 分鐘**內帶領 **400** 人進行了關於「恐懼」的第一次討論。以下是對我有效的方法：

一、發給每一位參與者一張「恐懼／恐懼症狀卡牌」。

二、簡單介紹「恐懼」對我們創新能力的影響，並將「DevOps 的第 3 個原則／方式」與「心理安全感」連結起來（2 分鐘）。

三、邀請他們組成 2 或 3 人一組，互相問 3 個問題（2 分鐘）：『你叫什麼名字？』、『你的角色是什麼？』、『你有多常在工作中發現這種恐懼？』

四、在最後 1 分鐘，邀請他們繼續與剛剛練習中的同伴（或工作場所中的夥伴）進行對話。

即使只是關於「工作場所中的恐懼」的簡短介紹，也能幫助人們理解，他們不需要在「有毒的文化」中默默忍受。正如另一位參與者所言：『它是一個能讓你**思考**的有趣遊戲！』

# 4. 淺嚐解放結構（進階選項）

這個版本源自於我最近對 Liberating Structures[3] 的著迷。團隊經歷 Fear in the Workplace 遊戲的熱身之後，他們可能已經準備好更深入地挖掘自己「工作場所中的恐懼」。這就是你可以介紹 **Drawing Your Monster**（畫出你的怪獸）的時候了！（這是正在開發中的 LS，以 Lynda Barry 的作品[4] 為基礎）。我的第一次 LS 體驗，是在 Nancy White 的 LS 沉浸式工作坊裡跟隨她的時候，而我立刻發現了關聯！

當我和我的團隊（或在一個會議上）進行它的時候，我會帶一疊彩色紙，讓這個練習更愉快，並要求參與者：

一、列出他們在工作場所中最擔心的事情。

二、圈出 4 件最可怕、最令人擔憂的事情。

三、把紙翻到另一面，畫出 4 種不同的形狀：圓形、方形、尖刺形狀和隨機形狀。這些變成了他們的怪獸的身體。接下來，他們添加了各式各樣的特徵，如腿、鰭、眼睛，並將他們在第二個步驟圈出的「恐懼」連結到他們的怪物圖上。

這就是最神奇的事情發生的地方。當人們列出他們的「恐懼」時，他們首先會感到憂慮：『我們必須與別人分享這些嗎？』當他們畫完怪獸的時候，他們笑著、說著，還想要與更多人分享。這就是 **Monster Walk**（怪獸散步）登場的時候了！

他們被邀請帶著他們的怪獸散步，把牠們展示給其他人看，並徵求如何處理這些怪獸的建議。他們從這些對話中獲得了能量和力量，與團隊成員建立了更強的連結。而他們的「恐懼」呢？走完這段路之後，它們變得不那麼可怕了。

我希望我的實驗能激勵你在工作中邁出第一步。試試看吧！把 Fear in the Workplace 遊戲介紹給你的團隊與領導階層，體驗「解放結構」的力量。最重要的是，請分享你如何採取行動和打造一個「不畏懼的組織」的經驗吧！

---

3　解放結構，縮寫為 LS，請參考：http://www.liberatingstructures.com/。

4　https://www.drawnandquarterly.com/syllabus

***

https://www.linkedin.com/pulse/agile-devops-you-wont-get-fear-your-workplace-dana
pylayeva/

## 作者簡介：Dana Pylayeva

**Dana Pylayeva** 是一位獨立的敏捷／ DevOps 教練和培訓師，有 18 年的 IT 經驗。她與美國、加拿大、愛爾蘭、日本和俄羅斯的組織合作，並在國際上談論 DevOps、敏捷和心理安全感。Dana 是一名遊戲設計師，著有《*Introduction to DevOps with LEGO, Chocolate, and Scrum Game*》、《*The Self-Selection Game*》以及《*Fear in the Workplace*》遊戲。她是一名 Certified Training from the Back of the Room Trainer、Open Space Facilitator、CSM、CSP、CSPO、ICP-ACC 和 Certified LeSS Practitioner。作為一位熱情的協作者，她建立社群、組織會議，並喜歡與來自世界各地的敏捷實踐者聯繫。Dana 是紐約市 Big Apple Scrum Day 會議的創辦人、NYC Liberating Structures meetup 的組織者，Agile 2019 會議的專案主席之一，以及 Global Scrum Gathering SGNYC20 的 NAGT 成員。她的 email：dana@agileplayconsulting.com。

# 55

# 無畏部落的四大支柱

*作者：Garry Ridge*

發布於：2018 年 12 月 11 日

多元化的領導風格和理念，可以為任何 CEO 帶來他期望的市場表現結果，無論是在主街還是在華爾街（Main Street 和 Wall Street，即社會大眾 vs. 金融資本）。只是，隨著 CEO 將可持續績效（sustainable performance）加入工作事項之中，選擇變得越來越少了。再加上一種理想中的安樂、熱情以及投入的文化氛圍，滲透到公司所有利害關係人在整個時代和全世界的活動之中，讓你只有一種領導風格可以選擇。

CEO 必須完全致力於創造和維持一種文化，讓所有的參與者都可以自由地專注、創新、暢所欲言、做自己、犯錯、快樂工作，並全心全意地將自己的「個人目標」與「公司的目標」結合起來。這是必要的條件，即使是在那些需要一定程度的個人犧牲以及信任領導階層的罕見時期，亦是如此。

這種在宏觀層面上對正向文化的投入，是如何符合 CEO 對公司成功的期望的？這樣的投入，又是如何隨著時間的推移（年復一年、十年又十年地）帶來可持續性？這種對文化的持續投入，創造了一個相互依賴以及相互支持的社群。在 WD-40 公司，我們稱這個社群為**部落**（Tribe）。部落成員為他們的工作、事業、人際關係和生活帶來以下幾個關鍵的屬性：

- 勇敢無畏

- 韌性

- 信任

- 推動持續的學習和教學

- 工作時熱情參與；計畫成功時大肆慶祝

- 無私地（在健康、合理的範圍內）服務社群以及部落成員的優先事項

- 明確的使命

- 為目標奉獻

- 跨越海洋、跨越時區、融化國界、擁抱 WD-40 公司部落獨特的人類精神、歡樂的團結以及綿密的歸屬感。

除了與我們關心的人一起工作的日常經驗之外，從這種文化之中產生的是驅動 WD-40 公司成功的關鍵指標，以及真正令人羨慕的績效歷史。無論我走到哪裡，在世界上的任何地方都會有人問我：『你是怎麼做到的？』

套句老話：流程很簡單。但並不容易。當領導人想要追求多一個百分點的利潤時，甚至當領導人必須決定一個合乎環境的因素、毛利率，或消費者負擔得起的價格點的時候，比較不堅定的領導人可能會放棄。也就是說，它需要對崇高理想的承諾。

商業文獻中充滿了許多優秀的故事，講述了 CEO 們努力的故事：招募優秀的員工，並以創造一個商業成功的故事為使命。從長期的、真誠的努力，到短期的、如噱頭般的嘗試，你可以在自己的公司裡實驗的想法從來不曾缺少。但根據我長久以來的觀察，在四個基本原則到位之前，任何事情都不會以有意義的方式持續下去。

我稱它們為**無畏部落的四大支柱**（Four Pillars of the Fearless Tribe）。試想一下，一座壯觀的摩天大樓地下室。那裡肯定沒那麼迷人。它大多是平淡無奇的混凝土，經過特殊的配方和灌注，以承擔所有上方的重量：所有的細節與設施，被選擇用來取悅、啟發、交流、改造、啟蒙和點燃所有與「建築」和「居住者」互動的人們的想像力。

但你不太可能在地下室看到這些。你所看到的是巨大的、沒有裝飾的柱子。考慮到它們所承載的總重量,它們的數量少得驚人。**事實上,柱子越少,工程越好。**

無畏部落的四大支柱也是如此。隨著時間的經過,我們設計了 WD-40 公司的文化結構,我們發現,正是這「四大支柱」支撐著在公司內部執行業務的整體經驗。每一根支柱都非常重要。它們分別是:

- 關懷
- 真誠
- 當責
- 負責

這些都是基本的結構性支持,提供了分散的基礎,支撐著組織心理學家稱為「工作場所**心理安全感**」的情緒負擔。在本文中,我將首先講述 WD-40 公司在矩陣形式上的成功故事。然後我將向你們介紹當今學者所提出的「心理安全感」基本概念。最後,我將描述我們的「四大支柱」,因為我們已經確定,它們正是 WD-40 公司得以成為今天這樣一個快樂、成功的部落文化的支撐關鍵。

## 如果你所有的員工都喜歡每天來上班?

為了探索我們部落文化的成功「秘方」,首先要做的就是定義**部落**(Tribe)這個詞彙。賽門‧西奈克(Simon Sinek)提到了一個**安全圈**(Circle of Safety),在這個圈子裡,所有的參與者都被一種明確的「相互認同的價值觀、行為、使命、目的和做事方式」所聚集和保護。在環境中有一種持續的**歸屬感**(sense of belonging),就像我們呼吸的空氣一樣穩定和可靠。一旦我們被這個團體接納,我們就互相信任。我們自由公開地分享知識。我們總是假設對方的意圖是好的。我們為彼此犧牲。我們互相慶祝。我們尊重我們作為「個人」的貢獻,同時也不會忽視對「整體社群」有價值的正面影響。雖然沒有組織能夠持續地(或未經測試地)達到這種狀態,但我們的目標是,至少有 95% 的時間,我們皆是努力達到這種狀態的。

Sebastian Junger 在他的著作《*Tribe: On Homecoming and Belonging*》當中這樣寫道:『部落最早和最基本的定義,就是你要養活和保護的一群人。』

努力在你的公司中定義和創造一個部落，是有「明顯意義」和「明確獎勵」的。Dave Logan、John King 和 Halee Fischer-Wright 在他們的著作《*Tribal Leadership: Leveraging Natural Groups to Build a Thriving Organization*》中漂亮地闡述了他們的觀點：

- 受「價值觀」的推動，人們會因一項崇高的事業而投入協作與工作。

- 降低一起工作的「人際摩擦」，恐懼和壓力也會隨之減少。

- 整個部落從「抵抗」領導力，轉變為「尋求」領導力。

- 人們在公司裡找工作並決定留下來，這讓公司在「人才爭奪戰」中取得了很大的優勢。

- 人們對工作投入得更深了，他們從「無所事事但仍在領薪水」，轉變為「全心投入和參與」。

- 「組織學習」變得毫不費力，部落成員積極地傳授他們最新的思想和實踐。

- 人們的「健康水準」提升了。受傷的頻率和病假也因此減少。

- 當人們的願望、市場知識和創造力被釋放和分享時，制定和實作一個成功的競爭策略就變得格外容易。

- 人們表示他們現在更有活力了，也得到了更多的樂趣。

我們對「部落文化」的承諾，如何顯現在 WD-40 公司的工作經歷之中，以及我們的市場表現之中呢？2018 年的員工參與度指數（Employee Engagement Index），其結果最能表示這一點。以下是我們 26 個問題中的一部分，這些問題對我們在全球市場上的表現至關重要，同時也是我們確保能為員工提供「安全、支持、賞識、激勵、創新、好奇和樂觀的工作場所文化」的關鍵。約 94% 的全球雇員，以 7 種語言完成了這項調查：

| | |
|---|---|
| I am clear on the company's goals. | 97.2% |
| I am excited about WD-40 Company's future direction. | 93.4% |
| WD-40 Company encourages employees to continually improve in their job. | 92.9% |
| I understand how my job contributes to achieving WD-400 Company's goals. | 97.9% |
| I know what results are expected of me. | 97.4% |
| I feel my opinions and values are a good fit with the WD-40 Company culture. | 98.1% |

其中我個人最喜歡的是這一項：『我喜歡告訴別人我在 WD-40 公司工作。』

| I love to tell people that I work for WD-40 Company. | 99.0% |
|---|---|

所有答案都是基於經驗的。我們部落成員在 WD-40 公司的經歷，決定了他們對這家公司的看法，以及他們是否認為這是一個投資他們的時間、才能和激情的好地方。對 WD-40 公司的所有人來說，提供這些經驗是一項神聖的責任，原因有許多。我們意識到，人們醒著的大部分時間都在工作。那麼，為什麼他們不應該感到完全的滿足，並得到他們認識的人的支持呢，例如：信任和尊重。在這個世界上，作為人類的一部分，難道我們不應該每天都有這樣的期待嗎？在一天結束的時候，他們會把這些「正向的情緒」帶回家。所以我們知道，我們的部落成員對工作的「正向感受」確實有助於他們的家庭成員對他們的未來感覺樂觀。

這種「部落式的參與」如何表現在公司的業績之中？大量的文獻表示，在不同的公司和行業當中，「高參與度」的得分與「公司績效」之間存在著關聯性。所以我將只關注我們在 WD-40 公司的經歷。

在過去的 20 年裡，我們致力於這些「支柱」，我們的銷售額成長了 3 倍。我們的市值已從 2.5 億美元增至近 25 億美元。我們的年複合成長率（Compound Annual Growth Rate）是 15%。

俗話說：『「布」好不好，吃了才知道。』這些數字代表了一大堆產品。但我們第二個重要的價值是，『我們在所有的關係中創造正向持久的記憶。』員工參與度（Engagement）以及個人對組織的投資，能在團隊內部創造正向的體驗，而正是這種體驗帶來了亮眼的業績。

## 心理安全感的簡單介紹

> 在這種動態環境中，想要管理成功的組織，需要把組織視作一個複雜的適應性系統，而非複雜精細的受控機器。　── Amy Edmondson，《*Teaming*》

自「生產力專家」將他們的注意力轉向公司如何透過改進「組織系統的人力方面」來最佳化生產以來，已經過了將近一個世紀。在最初的幾十年裡，他們的注意力集中在如何改善人類和機器的互動，一步一步、一點一點地改進，以「人」為「機器」服務。然後，可以預見的是，隨著「知識經濟」在製造業佔據主導地位，重點轉向了如何使「個別員工」成為「獨立的功能實體」並表現得更好（他們的工作站主要在他們的耳朵之間，即他們的大腦），以及

透過創新、原創的思維，產生每個公司的競爭優勢。

因此，隨著時間的推移，「組織心理學家」和「企業領導人」逐漸充分瞭解到「心理健康」在公司績效中的關鍵作用。隨著「知識經濟」的發展，我們這些領導人開始意識到，我們正在創造（甚至對我們其中的一些人來說，是正在擁抱）一種讓我們的人感到安全而自由的文化，並盡其所能地成為這樣的角色。正如 Maslow's Hierarchy of Needs（馬斯洛的需求層次理論）所證明的那樣，沒有安全感（生存、家庭維繫），就不可能有長遠的思考，也不可能保持忙碌。在這些基本的、衛生的需求得到滿足之後，人們需要感覺到他們屬於一個友好的、不加評判的部落，在那裡他們可以依靠別人的支持。然後他們可以專注於自己的表現，安心地相信他們的同事（即他們的部落）會給他們最好的祝福。這種感覺是互相的。

這被稱作**心理安全感**（Psychological Safety），是由組織文化先驅 Edgar Schein 首先提出的（**編輯注**：讀者可以參考本書第 4 篇文章，有 Edgar Schein 的訪談）。哈佛商學院領導力的 Novartis 教授 Amy Edmondson 後來發展了將整個團隊的經驗囊括其中的概念。Edmondson 的研究鼓勵人們將工作的重點，從生產（她將之形容為「組織起來去執行」）轉向支持協作、創新和組織學習的新工作方式。

『在當今的組織中，學習涉及所謂的互惠式依賴關係（reciprocal interdependence），其中反覆溝通對於完成工作來說是非常重要的。』Edmondson 在著作《Teaming》之中寫道，並列出了一些「心理安全文化」至關重要的工作場所狀況：

- 工作需要人們在最少的監督下處理多個目標的時候。

- 從一種情況轉移到另外一種情況的時候，人們必須同時保持緊密的溝通與協調。

- 當整合不同學科的觀點有幫助的時候。

- 必須跨越分散的地點／位置進行協作的時候。

- 由於工作的多變天性，預先計畫的協調是不可能（或不切實際）的時候。

- 當複雜的資訊必須被快速處理、綜合和利用的時候。

在當今的全球商業環境之中，哪一種文化不具備「要求團隊成員自由、慷慨和無畏地一起工作」的要素？然而，在每一家企業的每一個工作日中，有太多機會，即使是最好的意圖、最好的想法，都有可能因為「誤解」或「背叛」而成為泡影。

Edmondson 補充：『只有讓所有階層的員工重拾自尊、自主的成年期，知識經濟才能發揮良好的作用。』

為了讓這種方法有效，他們需要有安全感，不僅是身體上的安全感，在情感上也要有安全感，如此一來，他們才能專注於自己的工作，把新想法帶到談判桌上，而不用擔心遭到報復。就在 WD-40 公司慶祝我們所謂的學習時刻（learning moment）之際，Edmondson 呼籲企業領導人，企業需要強調「學習而不報復」的價值觀，這是「心理安全文化」的一個關鍵組成部分。

『這需要知道如何實驗、如何獨立思考、如何在沒有規則的情況下工作，以及如何快速適應的員工。』她寫道：『知識在學科內部的變化很快，當跨學科整合時，知識會變得更混亂、更不確定……以便在新的工作場所之中完成工作。為團隊合作和學習創造一個合適的環境，需要不同於那些在重複任務的環境之中所需要的管理技能和期望……今天的管理者需要員工成為問題的解決者和探索者，而不僅僅是改革者。』

為了培養這些自信、獨立、相互依賴的團隊成員文化，領導者越來越瞭解，他們整個團隊的人才需要被相同的價值觀和期望所融合。當這些都到位了，他們就可以自由地集中精力、創造，並使你的公司在其競爭力和能力方面脫穎而出，吸引和留住最優秀的人才，繼續邁向未來。

在 WD-40 公司，這種文化始於「無畏部落的四大支柱」。

# 四大支柱

> 知識只是謠言，直到深入骨髓。
> ── Papua New Guinea 的 Asaro 部落，由 Brene Brown 引用於《*Dare to Lead*》

當其他公司的成功故事之中，隱含了我們如何將其「案例」轉化為「可執行的洞察」，並應用於我們的組織時，這些「指標」就特別有趣。瞭解備受推崇的公司的「成功指標」是一回事，但真正的價值在於，如何在適合您公司的程度內，複製 WD-40 公司的方法。

你們的文化是不同的，它也應當如此。因此，複製 WD-40 公司案例的所有細節（就像照抄一本食譜一樣），可能會讓你走向失敗。然而，我在上面介紹的基礎支柱可以被複製到任何地方。無論你的產業、商業、市場、人口統計、地理位置為何，這「四大支柱」都將支持你自己的文化，讓你的員工每天都能自豪地去上班。安裝這「四大支柱」，您將獲得建立業務所需的基礎支持，您的所有利害關係人都將為此感到自豪！

# 關懷

> 人生苦短。盡你所能去幫助別人。不是為了地位，而是因為 95 歲的你會記得你幫助了
> 別人而感到驕傲。如果沒有，他會感到失望。　　— Marshall Goldsmith

想像一下你和你的員工每天上班的公司環境。身為部落的一份子，你為「比自己更大的事物」做出了貢獻，你學到了新東西，你感到安全，你快樂地回家。這就是所謂的**關懷組織**（caring organization）。

在 WD-40 公司，我見證了關懷概念的實現，我看到我們致力於建立關懷組織，使健康社群的生活成為一個良好的、有意義的、令人滿意的地方。關懷文化的環境給予人們自由，得以應用基本人性之善的原則，感謝我們所擁有的一切，追求正義、信任、以及整個組織之中彼此關係的透明度，還有真誠對話的安全體驗（我們將在下一根「真誠支柱」之中繼續探討這個主題）。

讓我們先來探索一下，關懷組織不是什麼：它不是週五晚上大家一起唱聖歌的聚會。它並非做出短期內對「個人利益」影響最小的決定。關懷組織不是一個擁抱、一朵花，或一片巧克力蛋糕，來撫慰受傷的感覺。關懷組織並非創造一個故事，讓 CEO 對自己作為一位關懷領導者而自我感覺良好，卻以犧牲「長期目標」為代價。

將會有艱難的決定。關懷組織在「堅強的意志」和「仁慈之心」間取得了平衡。這是無條件的愛（在商業環境中的適當範圍內），結合了你必須做的事情，來確保人們安全的承諾。關懷組織創造的環境，期望你完成「你必須執行的嚴格商業計畫」，使它能禁得起時間的考驗。關懷也代表每個部落成員都有責任「關懷他人」。

當我想到關懷組織的基本要素，以及它最基本的承諾時，「信任」這個詞彙就會浮現在我的腦海裡。這是關懷組織的終極價值主張。為了將這個概念分解成可執行的要素，我們參考了 Cynthia Olmstead 的信任模型（Trust Model），如同《*Trust Works!*》所述（Cynthia Olmstead 與 Ken Blanchard 及 Martha Lawrence 合著）。它遵循簡單的 **ABCD** 格式：

A：你可以（**A**ble）嗎？你足以勝任嗎？

B：你值得信任（**B**elievable）嗎？你的言行一致嗎？

C：你有聯繫／連結（**C**onnected）嗎？你會花時間，以一種有意義的、感情上真實的方式與人們相處嗎？

D：你可靠（**D**ependable）嗎？你是否說到做到？人們能依靠你嗎？

「信任」是關懷社群的基本體驗。當你有了信任，你就會有一個相信你總是把他們的最佳利益放在心上的部落。他們會跟隨你進入高風險、長期的領域，也是會發現偉大商業成果的地方。

# 真誠

溝通失敗所產生的空虛（void），很快就會被毒藥、胡言亂語和誤傳所填滿。

― C. Northcote Parkinson

Olmstead 的信任模型的第二個要素是 B，值得信任的。在一種所有人（不只是領導者）都可以信任的文化中，每個人都會覺得說出他們所知的真相是安全的。這並不是自動假定每個人都會同意所陳述事實的每個版本。但是，如果沒有一種「人人都可以表達自己意見」的安全文化，整個社群將喪失所有觀點可以帶來的豐富利益。

而且，正如 Parkinson 所言，限制真相的結果，就是基於「部分資訊」、「破裂關係」、「壓抑熱情」所做出的關鍵決定，這是一鍋片面且充滿誤解的毒藥，不久之後，你最珍視的人才將令人遺憾地離去。

真誠支柱表現在實際的行為之中：不說謊、不偽裝、不躲藏。就這樣。這如何表現在領導者身上：他們必須隨時準備好接受不愉快的資訊。這如何表現在整個部落之中呢？每個部落成員都覺得「冒險說出真相」是安全的。事實上，當這個支柱正確安裝時，在文化層面上，部落成員反而會感到「不說出來」將有更大的風險。

安全感在於溝通。這是傳遞每個部落成員最好自我的開放途徑。真實（以尊重和正向意圖訴說）將創造安全感。

大多數的人都不會認為自己是騙子。但可以肯定地說，許多人在覺得必須保護自己的最大利益時，會選擇「偽裝」或「隱藏」。他們害怕報復。

**偽裝**（Fake）就是不忠於自己和自己的價值觀。我們都聽過『弄假直到成真』，人們會想：『我只是假裝一下，因為我擔心人們會發現，我並不知道其他人似乎都已經知道的事情』（鄭重宣告一下，他們可能也在假裝！）或『當人們意識到，我是會議室中唯一針對這件事有完全不同看法的人時，他們可能會看輕我。』

**隱藏**（Hide）發生在當他們隱瞞一些事情時，因為害怕失敗；害怕來自部落或部落首領的負

面反應；或者是害怕被逮到做錯事，或是做對的事情，但用了錯誤的方法。

在心理安全的工作場所，我們都珍視這樣一個原則：當我們帶著良好的信念和意圖行動時，我們所做的任何事情都不會讓我們想要隱藏。而學習時刻（learning moment）的精神（這是心理安全工作場所的重要成分）就是忠於自己，與我們的部落成員分享我們的錯誤。當我們這樣做的時候，我們為整個團隊帶來了更多的智慧和知識。如果我們隱藏我們的錯誤，我們就剝奪了整個團隊必要的學習。

如前所述，心理安全工作場所的核心價值是透過消除摩擦（friction）來促進流動（flow）。缺乏信任的職場文化是一種充滿摩擦的經歷。真誠移除了明確性的缺乏，消除了混亂，撫平了情感膠著點那粗糙又支離破碎的表面。真誠為明確的思想交流奠定了基礎。這就是能夠促進「高績效工作文化」的價值所在。

這並不是說真誠的談話是容易的。有些是很難發起的，有些甚至更難以接受的。真誠並不是允許你以誠實的名義變得「殘忍」。真誠必須伴隨著關懷。所有部落成員（尤其是領導者）應該格外小心，用正向和相互支持的關係來填滿同事的情感銀行存款。這樣，當需要進行不舒服的真誠對話時，他們已經建立了信任。

即使是最艱難的對話也會帶來更強的信任，這種信任將戰勝揭露與討論所帶來的短暫不適。

## 當責

> 當責是困難的。責備很容易。前者建立信任。後者則摧毀了它。
>
> 　　　　　　　　　　　　　　　　　　　　　　　　　　—賽門・西奈克（Simon Sinek）

在現代，當責（Accountability）似乎被看作是一件負面的事情，即一個懲罰某人的場合，如果這個人沒有達到商定的標準或目標的話。那個人已經如坐針氈，現在還必須對他們令人失望的表現負責。

在 WD-40 公司，我們與「當責」這個詞彙有著不同的關係。我們認為這是一條雙向車道，在這條路上，領導者和他們的直接下屬同樣掌握著我們履行職責的方式，以及我們的努力會帶來什麼結果。出於這個原因，我們告訴領導者，他們的工作是確保他們的直接下屬擁有他們成功所需的一切，而我們所有的部落成員都負責確保他們擁有成功，並帶領公司實現目標所需的一切。

當責作為一根支柱是一項相互（mutual）的紀律。但這不是一個需要自律的場合。在實踐中，對結果的嚴格承諾本身就是一種自由。當公司致力於在其團隊中推行當責時，表現出當責的個人也有權做任何必要的事情，來實現這種當責。

WD-40 公司的 Maniac Pledge（瘋狂誓言）就是這個理念付諸實踐的一個例子。幾年前，一名直接下屬花了大量時間向我解釋為什麼一個目標沒有在商定的時間之內完成。人們把責任歸咎於缺乏採取必要行動所需的關鍵資訊。聽完部落成員的話後，我大聲說出了一個簡單的事實：『你花費這麼多的時間，向我解釋為什麼這個承諾沒有實現，不如一開始就用來取得完成工作所需的資訊。』

就在那一刻，Maniac Pledge 誕生了，它以澳洲高爾夫球手 Greg Norman 命名，此人同樣以他的瘋狂（maniac）精神而聞名。誓言如下：

> 我有責任採取行動，提出問題，得到答案，做出決定。我不會等著別人告訴我。如果我需要知道，我有責任去問。我沒有權利因為我沒有「早點得到這個」而生氣。如果我在做一些別人應該知道的事情，我有責任告知他們。

這代表自由：我們的部落成員認為完成他們的工作、履行他們對直接下屬和直接上司的義務所必需的自由。在我們的部落裡，我們沒有被害者心態；有許多的理由，沒有藉口。我們面對事實、學習並進步。

對 WD-40 公司的我們來說，當責表現在每個部落成員履行承諾的承諾上。這是一種文化上的理解和期望，即我們每一個人都將負責期望的結果和實現該結果所需的所有步驟。為了我們自己，也為了整個組織中依靠我們幫助他們取得成功的人。

當責是一種成就，也是一種學習，我們有責任與部落的其他人分享。而社群在實現這個成果時大肆慶祝。

現在流行談論當責夥伴（accountability partners）。這些人是我們在健身房、志工團隊或工作小組之中會遇到的，在實現目標的過程中，我們必須經常依靠他們相互支持。然而，實際上，我們的第一個當責夥伴就是鏡子裡的臉。作為個人，我們是否對自己的行為和選擇感到平和？如果我們（與自己面對面地）談論我們有多尊重自己的良心，我們在調查中的表現如何？正如我們在 WD-40 公司所言，當一切順利時，請看看窗外，找到所有其他貢獻的人。當事情出錯時，請先照照鏡子。

我們每個人都是自己的監督者。我們每個人都是自己的直接下屬。我們是否提供了自己所需的一切，能夠確保我們成功，也幫助我們的公司成功？

# 負責

有太多領導者，他們表現得好像羊群……他們的子民……是為了牧羊人的利益而存在的，而不是因為牧羊人對羊群負有責任。　— Ken Blanchard

讓我們再次複習 Maniac Pledge。你可能已經注意到，誓言的每一項都是這樣寫的：『我有責任……。』責任（Responsible）在 Maniac Pledge 中出現了三次。在當責中，我們談的是結果。在負責中，我們談的是「每一位部落成員」與「產生結果的理想」之間的關係。

簡單地說，負責是當責的渦輪增壓版本。作為一個部落，現在我們知道了我們承擔的責任，我們必須負責確保那些期望的結果被付諸實施。我們每個人都對結果擁有個人所有權（ownership），這取決於我們每個人盡一切努力實現它。結果（獎勵及各種形式的負面回饋）將附在責任支柱之上。

負責是每個部落成員與其在實現「理想結果」中所扮演的角色的「個人關係」。當世界提出『有誰能行動？』的問題時，它要求每個部落成員回答：『我』。

說到工作場所內的心理安全感，當每位部落成員都有信心，其他人都對公司的成功共同分擔責任時，整個社群都會感到安全，都會投入他們的心力、思想、才能、努力和風險，來實現每個人都同意的公司願景。每個人都有自己的角色。每個人的表現都與預期完全一致，因為每個人都分擔著取得成功的責任。

這讓我想起了橄欖球比賽中的一種策略，叫做盲傳（blind pass）。在美式足球中（American football），甚至非球迷也知道這有多麼不可思議：看著一名四分衛將球長傳（long pass）至看似無人的空中（但帶著所有期望），這時某位團隊成員正在奔跑，他將來到正確的位置，在球結束飛行時將它接入手中。你不必是一位專業的美式足球迷，也會對這個長傳的技巧、力量、準確性以及團隊合作的默契留下深刻印象。

嗯，在澳洲的英式足球的比賽中（Australian rugby），傳球基本上是向後進行的，盲傳因此得名。四分衛跑著，但把球向後扔，看不見是否有隊員可能接住球。這就是負責的體現，因為四分衛在心理上是安全的，相信傳球會完成，比賽的目標會實現。我們不會浪費時間、精力、努力、信心、信任或雄心，因為每個人都認為責任的理想是由所有人平等分擔的。

## 現在你有了一個基礎

這四大支柱是你的基礎，在此之上，你可以在仰賴您領導的人們之間，建立牢固和持久的正向關係。如果你是 CEO，你最有可能將這種文化基礎傳播到整個組織。若你不是 CEO，你仍然可以透過「以身作則」來影響其他領導者。人們會願意為你工作。當你有職位空缺時，內部候選人會蜂擁而至地申請。你的團隊將更經常地達成並超越目標。其他部門會覬覦你的員工。你每天都會有個人成長的機會，因為你會為自己的成長投資，努力工作，建立並維護一個無畏部落的支柱！

\*\*\*

https://www.linkedin.com/pulse/where-theres-friction-flow-four-pillars-fearless-tribe-garry-ridge/

## 作者簡介：Garry O. Ridge

**Garry O. Ridge** 是 WD-40 公司（WD-40 Company）的 CEO 和董事會成員。1987 年加入 WD-40 公司，在 1997 年被任命為 CEO 之前，他在公司擔任過各種領導職務。他也是聖地牙哥大學的兼任教授，負責「領導力發展、人才管理與繼任計畫」的 Executive Leadership 理學碩士學程。在協助 WD-40 公司建立學習與授權的組織文化這方面，他充滿了熱情。2009 年，他與 Ken Blanchard 合著了一本書，概述了他有效的領導技巧，書名為《*Helping People Win at Work: A Business Philosophy Called "Don't Mark My Paper, Help Me Get an A"*》。Ridge 先生是澳大利亞人，擁有聖地牙哥大學 Executive Leadership 的碩士學位，以及 Modern Retailing（現代零售）與 wholesale distribution（批發經銷）的證書。他的網站：https://thelearningmoment.net/。

# 56

# 敏捷教練方法並不是目標

作者：*Johanna Rothman*

發布於：2018 年 12 月 18 日

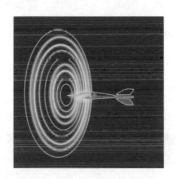

我最近遇到了一些敏捷教練。他們告訴我，他們被聘請為 Scrum 教練或是 Scrum Master。他們覺得他們的工作是更好的 Scrum。

如果這是他們唯一的任務，那真是再好不過了。然而，這些教練服務的組織當中，有許多才剛剛開始進行文化轉型。

雖然客戶說他們想要的是「敏捷教練方法」，但這可能並非客戶所需。

與其假設你需要的是「更好的敏捷」或是「更好的 Scrum」，不妨思考以下的問題：

- 你希望在 30、60、90 天內，看到哪些業務結果？（為何是這樣的短期思維呢？因為顧問、教練和敏捷方法都需要證明他們／它們能夠提供「價值」和「快速產生成果」。）

- 你要用什麼來衡量？（詳述如後。）

- 我在此的角色界限為何？

這些問題與「更好的敏捷」或「更好的 Scrum」一點關係都沒有，這些問題談的是「業務成果」。

教練（敏捷或是其他的方式）並非某種具體框架的安裝者（installers）。如果他們這麼做了，他們只能算是「老師」之類的角色，而非「教練」。

教練為選項提供支援，即教練經常協助人們透過思考來做取捨（也有可能是實作替代方案）。我卻不這麼認為：該如何在不了解「業務成果」或「組織需求」的情況下，協助客戶透過思考來做取捨呢？

了解組織需求的教練可以協助組織（或個人、或團隊）完成這些需求。

也就是說，教練的首要任務是了解經理人想要達成的指標。萬一經理人弄錯他們想要的特定指標呢？那就去了解經理人真正想要的是什麼。

我經常看到經理人提出以下這些問題：

- **完成百分比**或**實獲值**（Earned Value）：經理人想要知道何時可以資本化，或者何時可以做第一次發布？教練該如何協助團隊更頻繁的發布？而頻繁發布會遇到什麼阻礙？你會如何將這些數據視覺化？

- **精準預測**：經理人想要對人（組織內外）設定一個期望值，也許教練可以協助建立更小的故事或更好的路線圖。或者，教練可以揭露「多任務／多工」（multitasking）會為「專案估算」及「專案組合」帶來浩劫。

- **如何看見一個人的價值**：人資（HR）會迫使經理人使用傳統的「績效管理方式」。而教練該如何協助經理人去克服這個壓力？該如何協助團隊成員來評估自己，或與經理人合作，來獲取更迅速的回饋？

現在是時候了：我們必須改變「敏捷教練要先協助團隊推展他們的工作協定，或先引導回顧會議」的這個想法。

沒錯，敏捷教練也許需要做這些事。然而，我不認為在不了解「目標是什麼」、「經理人如何衡量成功」、「如何定義教練的成功」的情況下，能夠建立或引導一個成功的敏捷團隊。

若你不知道組織想去哪裡，那該如何透過你的支援來產生選項呢？

這個資訊就是「組織的需求」以及組織將如何定義這些需求的指標。

是的，那只能被稱為教練方法（coaching），它並不是敏捷教練方法（agile coaching），它只是教練方法！一旦你了解經理人或組織想要的，敏捷教練方法就會是一種逐步完善的做法。

我經常發現，許多敏捷教練並不清楚精實思維。他們不明白為何經理人可能需要關注週期時間，而非速度。他們得到的只是**名義上的敏捷**，或是其他毫無意義的類似名字，這可能都比「不使用敏捷」還更加糟糕。

如果你是教練，你該如何協助人們或經理人去達成目標呢？如何幫助他們看見「選擇」？而你的服務又將如何協助他們達成「業務目標」？請思考一下這些問題吧！而如果你的組織正在嘗試敏捷方法，竭誠歡迎你們加入我們的工作坊：Influential Agile Leader：https://www.influentialagileleader.com/。

\*\*\*

## 作者簡介：Johanna Rothman

**Johanna Rothman** 被稱為 Pragmatic Manager（務實經理人），為人們遭遇的棘手問題提供了坦率的建議。她幫助領導者和團隊發現問題、解決風險並管理他們的產品開發。

Johanna 是 2009 年敏捷會議的主席，也是第一版《*Agile Practice Guide*》的聯合主席。Johanna 是 14 本書的作者，主題涵蓋了徵才、專案管理、程式管理、專案組合管理與管理。她近期的著作有：

- 與 Mark Kilby 合作的《*From Chaos to Successful Distributed Agile Teams*》
- 《*Create Your Successful Agile Project: Collaborate, Measure, Estimate, Deliver*》

她的網站：www.jrothman.com。

# 57

# 使用《東京之王》
# 進行出色的回顧！

作者：*JM Roxas*

發布於：2018 年 3 月 14 日

回顧（Retrospective）是團隊進步的關鍵活動之一。作為一名引導者（facilitator），當你嘗試新的形式或方法時，總是令人興奮的。桌遊《東京之王（*King of Tokyo*）》是我最喜歡的桌遊之一。我想，若我們能以某種方式「使用遊戲的機制」來進行回顧，應該會很有趣。我們是這樣做的。

## 開始前你需要什麼

1. 桌遊《東京之王》。《東京之王火力全開擴充（*King of Tokyo : Power Up!*）》雖不是必要的，但如果你有的話，那也很好。
2. 在參與者坐著的地方，擺放一張桌子（或一張平面桌遊板）在中間，讓大家有足夠的空間來進行回顧。
3. 你的團隊。

# 如何進行回顧

接下來,將描述活動的不同部分,以及我們是如何做的。

## 為回顧會議準備空間

1.  把「怪獸卡牌」(面朝上)放在桌子上。確保它們都是可見的。
2.  讓團隊圍坐在桌邊(或平面桌遊板的四周)。

## 選擇你的怪獸!

選擇你的怪獸,這將成為團隊的 check-in(簽到),以及主要活動的熱身。首先,讓每一位團隊成員選擇一隻怪獸,作為他們的遊戲角色。指示是,選擇一個「你認為可以代表你的怪獸」,或是「你對最後一次迭代的感覺」。參與者可以透過許多方式與他們選擇的怪獸連結起來。對那些熟悉遊戲的人來說,他們可能會根據「怪獸的技能」以及「這些技能與自己的個性有多麼相似」來做選擇。對於另一群人來說,他們只是根據「審美觀」或因為「覺得可愛」而選擇它們。

在每個人都選擇了他們的怪獸之後,他們向小組展示他們選擇的那隻怪獸,然後解釋為什麼選擇那隻怪獸。最後一件要做的事是分發怪獸 tokens(遊戲指示物)給參與者、拿走怪

獸卡，然後把圖版（game board）放在桌子中間。一旦完成，就是轉移到下一個活動的時間了。

# 開始玩吧！

在每個人都完成選擇怪獸的活動之後，下一步就是解釋遊戲規則。我們使用的規則如下：

1. 每位玩家每輪有一個回合，遊戲至少持續 3 輪。在第 3 輪之後，團隊將決定是繼續遊戲還是停止。

2. 在輪到玩家時，他或她將擲一個骰子。骰子的結果將決定玩家採取的行動。「不同的行動（action）」代表玩家必須提供的「不同類型的問題或回饋」。以下將描述這些行動。

3. 第一個擲出「爪子」（claw）的玩家將自動進入「東京」。當另一名玩家擲出「爪子」時，「東京」內的玩家可以選擇離開，擲出「爪子」的玩家將代替他進入「東京」。

4. 所有在「東京」之外的玩家將提供「回饋」，或回答「與東京內的玩家相關的問題」。而在「東京」的人會就「整個團隊」提供回饋或回答問題。

5. 在遊戲進行的過程中，團隊中的某人（或引導回顧的人）應該記下團隊提供的「爪子」和「能量」（energy）回饋。這些將在活動的後半部分使用。

# 不同的行動

骰子有 6 個面，但只使用 3 個動作。骰子上的數字 1、2、3 將代表愛心（治療）、爪子（爪擊）或能量符號。以下是我們基於骰子所做的動作：

**愛心（治療）或數字 1**：遊戲中的愛心（Heart）代表恢復健康。在我們的版本裡，愛心是你想給人或團隊的「正向回饋」。例如：『嘿，John，我真的很感謝你昨天幫我解決了那個問題。』或『我真的很喜歡這個團隊；我們在辦公室播放音樂，透過喜歡的歌曲建立聯繫！』

**爪子（爪擊）或數字 2**：遊戲中的爪子就是『SMASH！』在我們的版本中，爪子指出我們應該改掉的習慣，或我們做過的（說過的）讓我們想要砸毀東西的所有事情。簡言之，爪子代表玩家必須提供「建設性的回饋」或一些「可以改進的內容」。舉例來說，可能是：

『Donald，你真的需要在提交程式碼之前執行那些單元測試。你上週三度破壞了建置。』或『作為一個團隊，我們都需要改進把事情寫下來。我們總是忘記我們達成的協議！』

**能量或數字 3**：在原本的遊戲中，能量被用來收集能量磚，讓你購買提供特殊技能的卡牌。在我們的回顧裡，能量代表玩家必須提出一個「實驗」來激勵團隊。例如：『我認為我們應該做一個儀表板（dashboard），讓我們可以檢查我們所有的測試環境。』或『我真的希望我們可以試著在下午進行站立會議，而不是讓它成為早上的第一件事！』

# 行動項目時間！

經過 3 輪或當團隊決定不再進行下一輪後，就開始活動的最後一部分。最後一部分是團隊檢視他們的「爪子」和「能量」回饋，並決定他們感覺最強烈的是什麼，以及討論他們想要解決這些問題的行動項目（action items）。

# 格式的一些變化

**在行動項目時間之前的「開放空間（Open Space）時間」**：團隊決定不再玩另一輪遊戲時，我們通常會進行一種「開放空間」類型的活動。我們投入一小部分時間，讓團隊可以自由地彼此交流和回饋。這是為了給每個人機會，來分享他們可能因為「擲骰子的結果」而沒有分享的東西。

**每輪之後換座位**：這是一種讓人們相互回饋的方式。比如說，如果在 Tom 之後才輪到 Gina，那麼 Tom 就不太可能有機會直接對 Gina 採取行動。在遊戲進行一輪之後換座位，有助於緩解這種情況。

**配置骰子**：由於數字 1、2、3 與愛心、爪子或能量配對，我們可以很容易地配置骰子，以獲得更有目標的回饋。例如，一個正在經歷困難時期的團隊可能會決定 1 和 2 是愛心，而 3 是爪子。這增加了他們互相給予「正向回饋」和提升「士氣」的機會。另一方面，如果一個團隊做得很好，他們可能會想要增加「爪子」和「能量」，如此一來，他們就能得到更多關於如何進一步推動自己的想法。

**不能待太久**：在我們玩過遊戲的一個小組中，我們一致認為，如果一名玩家在「沒有被驅逐出東京」的情況下完成了一輪遊戲，那麼他就會被驅逐出東京。這樣做的原因是為了避免一

個人在「回顧」中得到「所有的關注」，同時也是為了在一輪中沒有人擲出「爪子」的情況下保持遊戲的平衡。

**重擲骰子**：我們曾經試著讓每一位玩家在整個遊戲中都有一次重新擲骰的機會。這為一些人增加了一層策略，他們會重新擲骰，以避免給予令他們不舒服的回饋。對另一群人來說，它增加了一些喜劇價值，尤其是當某些人重新擲骰還是得到相同結果的時候。當他們不知道我們最後會有一些「開放空間時間」的時候，這是最有效的。

## 我們學到的重要事項

1. 骰子的**不確定性**在遊戲中給人一種興奮感。這讓人們對下一個骰子是什麼感興趣。這也適用於那些對輪到自己而感到興奮的人。所以，記錄下「他們還需要多久才能輪到自己」，這是一件很重要的事情。

2. 讓骰子告訴我們應該提供什麼樣的回饋，會讓我們**走出舒適區**，提供我們通常不會提供的回饋。舉個例子，如果你的團隊中有某些成員不常說話，他們也不太可能給彼此回饋。這將驅使他們那樣做。

3. **能量／實驗回饋**總是人們遇到最多問題的地方。

4. 東京內的遊戲機制允許人們給予更個人／私人的回饋。這是在推動回顧時需要注意的事情，因為有些人可能**不擅長**給別人「爪子」回饋。謝天謝地，我從來沒有遇到過這個問題。

## 最後的想法

在與幾個團隊合作之後，我傾向在將來再次使用它。我發現，一個人拿著《東京之王》的盒子走進回顧會議的景象，就足以讓大多數人感興趣，所以在做回顧的時候，這總是一個加分項目。和所有的格式一樣，我不會每次都使用這種格式，因為新奇感會逐漸消失，但我覺得它會讓團隊充滿活力，或者至少會激發他們的興趣！

\*\*\*

## 作者簡介：JM Roxas

**JM Roxas** 是一位來自菲律賓的敏捷教練，在軟體產業工作多年。從他早期當開發人員開始，他就熱衷於使工作場所變得更有趣和令人興奮。作為一名敏捷教練，他指導團隊全身心投入工作，並根據他們的傾向調整敏捷實踐。JM 也是《*Agilist Field Guide*》的作者，這本書幫助新手開始他們的敏捷之旅（https://leanpub.com/theagilistfieldguide）。他的網站：https://www.jmroxas.com/。

# 58

# 如何改變你的組織文化？

作者：*Michael Sahota*

發布於：2018 年 7 月 12 日

你將學習如何改變你的組織文化（Organizational Culture）。沒錯，就是如何改變**你的文化**。這需要專注和努力，且這是有可能做到的。我已經做到了。世界各地的領導者們也應用了相同的資訊，來改變他們的文化。以下內容是針對「已被證實的步驟」所做的概述。我也將提供一些補充資訊。

## 步驟 1：渴望成長

文化變革（culture change）的起點就是渴望（desire），這是創造變革的一種強大動力。沒有什麼比它更能取得成功。所以這就是起點。任何對轉變文化感興趣的人，都需要深入了解是什麼驅使他們，並確保他們有動力去做所需的工作。

我曾訂閱過 Kotter 的《*Sense of Urgency*》，甚至支持這個論點。但現在我卻不這麼認為了。因為事實已經證明，「急迫感」（Urgency）與「恐懼」及「較低層次的心理安全感」是息息相關的。這抑制了個人和組織的成長。因此，「渴望」將是一個更好的選擇。**強烈的渴望對成長而言是不可或缺的。**

過去幾十年來，能持續成長的組織，都將「改進」（improving）視為每天例行工作的一部分。他們之所以投資在「成長」上，是因為他們認為它很重要。這是「正確」的事，並不是因為「急迫感」才這麼做的。

## 步驟 2：了解現有的文化

下一步是了解你現有的文化。但什麼是文化（Culture）呢？我們可以將其定義為「我們如何在這裡執行事務」。我已經嘗試過很多文化模型，而我特別推薦兩個已被證明是「簡單有力」的模型。你可以將它們一起用於診斷你的文化，並朝「成長」邁進。

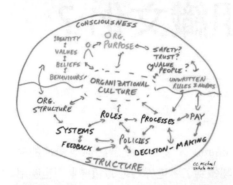

透過鑑別「塑造」文化的「相互連結的元素」，**Sahota 文化模型**（Sahota Culture Model）[1] 提供了對文化的清晰理解。它強調，不僅要關注結構（Structures），也要關注系統的意識（Consciousness；或心態，Mindset）。我們經常落入關注結構（特別是流程）的陷阱，而忽略人們是如何一起工作的。這個模型提醒我們，它實際上是關於意識（或心態）與人群，而非結構或流程。

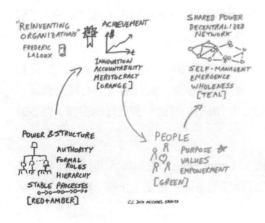

---

1 http://agilitrix.com/2016/04/culture-centre-organization/

另一個非常有用的模型是 **Laloux 文化模型**的修改版本 [2]。它可用於評估組織的現況。它也有助於激勵「渴望表現得更好」的工作方式，如第 388 頁下方的圖所示：綠色文字（右下角的 **[GREEN]** 區塊）或藍綠色文字（右上角的 **[TEAL]** 區塊）。使用這個模型的一個關鍵原因，是它擁有大量的案例與研究，能支持「表現得更好」的主張。它也能與許多其他的「模型」及「文化與行為理論」相提並論，例如：McGregor 的 X 理論和 Y 理論。

# 步驟 3：打造明日之星

下一步就是檢視「案例研究」，以及探討「你想要成為的那種公司」的實例。有許多很棒的資源，如《*Reinventing Organizations*》這本書，或我寫的另一篇文章：《*Diverse Paths to High-Performance Organizational Culture*》[3]。

運用這些資源來啟發靈感，是一個很好的主意。我們的目標是打造一位「明日之星」（Star on the Horizon），來支持對「改變」的渴望。不要嘗試複製結構。複製（Copying）只會帶來沒有文化變遷的結構。**請找到屬於自己的路。**

這裡的秘訣是找到屬於自己的路。而該選擇哪一條路，則是依據這兩件事情的結果：**一、組織中的現況。**我們只能從我們所處的地方成長和逐步發展。**二、人們對於開創新未來的共同渴望。**這種渴望可能只是來自最高領導階層，或是他們可以與整個組織的員工共同打造它。

# 步驟 4：就地發展組織文化

一個常見的誤解是，以為文化變革是針對整個組織的。但重要的是，要了解在大多數的組織中，文化會因團隊、部門和地點而異。就像每位經理一樣獨特。所以請記住這個關鍵重點：文化是一種在地化現象。

因為它是一種在地化現象（a local phenomenon），所以你可以在你所屬的組織內部進行局部改變。文化成長最常見的方式是文化氣泡 [4]。當然，當我們這樣做時，就會出現文化隔

---

2　http://agilitrix.com/2015/01/laloux-culture-model/

3　請參閱作者的另一篇文章，關於「通往高績效組織文化的各種途徑」：http://agilitrix.com/2013/04/diverse-paths-to-high-performance-organizational-culture/

4　作者另一篇關於「如何打造文化氣泡（Culture Bubble）」的文章：http://agilitrix.com/2013/05/how-to-build-a-culture-bubble/

閣，進而造成緊張和質疑。

緩解緊張局勢的關鍵想法，就是培養文化適應者[5]。在氣泡內部和氣泡外部將有不同的工作方式和不同的價值。文化適應者的構想，是藉由在工作方式之間培養許多位「適應者」（adapters），來減少與組織其他部門的衝突。這是創造「永續文化氣泡」的關鍵模式。

# 步驟 5：領導者先踏出第一步

「文化」主要反映了「領導階層的行為」。組織基層所發生的事，正是組織高層所發生的事情的碎片（感謝 Glenda Eoyang 的睿智見解）。團隊的表現，就是領導階層的倒影，這是眾所周知的；大約在 20 年前，這已經透過 Gallup 的 Q12 核心問題得到了驗證，並在真實世界的研究當中獲得證實。

**文化的改變，是無法委託他人完成的。**改變文化的方式，就是讓「領導者」改變他們與「員工」和「組織系統」互動的方式。一個很重要的觀念是，組織的行為都是遵循著領導者的行為[6]。若有一種新型的組織行為工作方式，則需要領導者們先採用新的工作方式。因此，成功的轉型需要領導者先踏出第一步[7]！

# 步驟 6：領導階層必須成長

我在職業生涯中學到了一個很重要的教訓，即領導者是成長的限制[8]。我發現，想要建立一個高績效的組織系統，領導者必須從人的立場來開發自己，讓自己進步；他們必須成長為「我們在高績效的組織環境中，所看到的那種領導人」。這代表需要內心世界的修行（inner work），以此耕耘信任感、安全感及彼此之間的緊密連結。身為領導者的我們，必須控制自己的自負和自滿，不要以自我為中心，如此一來，才能在我們的身邊培養更多領導者。

這不適合膽小又不想改變的人。我們不只是以領導者的身分，更要以人的立場來談論自我成

---

5　作者另一篇關於「不讓敏捷失敗，打造文化適應者」的文章：http://agilitrix.com/2013/05/culture-adapters/

6　http://agilitrix.com/2016/08/organization-follows-leadership/

7　http://agilitrix.com/2013/02/transformation-leaders-go-first/

8　http://agilitrix.com/2016/07/leader-is-the-limit/

長。和你一樣，我也正在這條路上努力。我打造了 **4A 意識領導力模型**[9]，用來記錄我用於自我成長的循序漸進方式。這是一個強大的工具，它能協助我們重整「無意識的行為」，而正是這些行為妨礙我們成為「理想中的領導人」。社會深深地制約了我們，導致我們經常做出與「高績效表現」背道而馳的行徑。全力以赴的專注和努力，才能改變我們的「習慣」（habits）和「無意識的行為」（unconscious behaviors）。

**一個懂得持續學習的組織，就是每一個人都能獲得成長的地方。** 還記得**步驟 1** 中，提到對組織成長的渴望嗎？這就是你需要它來幫助你成長的地方。個人的成長需要一個強大的動力，來讓你持續努力。

這就是改變文化的秘密：**只要我們改變自己的行為，文化就會跟著改變。**

# 這是一段旅程

以上的步驟，對於改變組織文化而言，是足夠且必要的。這裡所分享的是改變文化的關鍵**啟動**元素。當然，針對如何實作這裡列出的所有步驟，還有很多細節；還有更多細節，是關於如何支援這趟旅程的。

# 無論你的角色為何，你都可以這麼做

我所訓練的高階主管、經理和教練，都能成功採用我在此分享的所有步驟。**其實我們都是領導者。** 我們是領導者，或許是因為有人向我們「匯報」進度；我們是領導者，或許是因為我們擁有更多的「年資」或「專長」；我們是領導者，可以是因為我們選擇「表現自己」的方式。

# 你可以立即實作

無論你的角色為何，你**現在**就可以決定，去展現未來組織的領導者風範。你能完全掌握你的行為。

---

9  作者在另一篇文章中，講解了他的 4A 意識領導力模型（4A's Conscious Leadership Model），這 4A 分別是 Awareness（覺察）、Acceptance（接納）、Aspiration（仰慕／期盼）及 Ask for help（尋求幫助）：http://agilitrix.com/2016/10/awareness-leadership-model/

# 你不需要許可、預算或權力。

你不需要許可、預算或權力，就能開始仿效高績效行為。我們所有的人都能立即改變我們本地的文化。這裡唯一的限制是**你的渴望**和**你對自我成長的投資**。

這對身為領導者的我們來說是一個很大的轉變。當然，我們仍然需要支援身邊的人，並協助他們成長，如此一來，我們才能在組織的各個層級中，都擁有領導者。但這只是次要的。首要的是「我們的自我成長」，好讓自己能夠打造「理想中的未來組織文化／組織」，並成為「夢想中的組織領導者」。

## 總結

以下是 6 個改變你的文化的重要步驟：

1. 渴望成長

2. 了解現有的文化

3. 打造明日之星

4. 就地發展組織文化

5. 領導者先踏出第一步

6. 領導階層必須成長

以下則是必須記住的**重要**提示：

- 這是一段旅程

- 無論你的角色為何，你都可以這麼做

- 你可以立即實作

- 你不需要許可、預算或權力

***

# 59

## 如何複製 Spotify 的成功？

作者：*Michael Sahota*

發布於：2018 年 11 月 22 日

在這篇文章中，你將學習如何複製／重現（Replicate）Spotify 的成功，並透過複製 Spotify 方法（The Spotify Approach），來建立一個高績效的組織。

在 Henrik Kniberg 製作的著名「工程文化影片」之中，亦提到了關鍵的模式（影片分為兩部，請參見第一部）：https://vimeo.com/85490944 和 https://vimeo.com/94950270。但每個人似乎都落入了常見的陷阱，因而無法複製 Spotify。（**編輯注**：讀者亦可參閱第 31 篇文章《如何建置自己的 Spotify 模型》，特別是第 204 頁的「不要複製模型」小節。）

# 陷阱：複製結構

讓我們從「陷阱」開始討論吧。

每當提到 Spotify，人們總是充滿了興趣與興奮之情，並把它視為高績效敏捷的研究案例。不過，當我在世界各地的培訓和聚會之中詢問人們，如何「努力複製 Spotify」時，他們的回答幾乎是一致的：人們並沒有取得成功。情況通常是這樣的：

1. 人們複製 Spotify 的結構，例如：小隊（Squads）、公會（Guilds）和分會（Chapters）。

2. 它並沒有帶來預期的好處。

所以究竟是發生了什麼事情呢？

原來複製（Copy）別人的結構是行不通的！

向別人學習是個很好的主意：可以獲得靈感、獲得想法。但請不要依樣畫葫蘆。

## Spotify 方法

如果你仔細聽 Spotify 的影片，他們清楚解釋了他們是如何成功的，以及你能做什麼來創造成功。這是你應該做的：看看你在哪裡，並從那裡開始成長。不要試圖複製／模仿（copy）別人。

Spotify 建立「小隊」、「公會」和「分會」這些名稱的原因，是因為這樣他們才能制定適合自己的解決方案。如此一來，他們不會落入「抄襲」別人解決方案的陷阱。這就是成功的關鍵模式：**根據你自己的情況建立解決方案。即找到自己的道路。**

## 如何複製 Spotify 的成功

OK，所以我們應該如何複製／重現（replicate）Spotify 的成功呢？

聽這段影片時，很明顯地他們有一種支持「信任」、「創新」、「自主」、「實驗」和「減少官僚主義」的組織文化。有了這些文化元素，他們可以發展非常強大的解決方案，來釋放他們的潛力，並持續演進。時至今日，他們持續走在這樣的道路之上。例如：對於許多人想要複製「Spotify 模型」，他們會感到困惑，因為他們自己並不遵循這種模型。

你可以這樣做：建立一種支持「信任」、「創新」、「自主」、「實驗」和「減少官僚主義」的組織文化。或更實際一點，讓你的組織文化朝這個方向移動。一般的情況下，你的文化需要下了許多功夫，才能接近 Spotify 的文化。

這就是複製（replicate）Spotify 的方式：效法（Emulate）Spotify 的文化，而不是它的結構。

澄清一下，我並不是真的建議複製（copy）Spotify 的文化。我的建議是，看看他們的文化以及其他高績效的組織，藉此獲得靈感。然後根據你組織的歷史和現狀找到自己的道路。

## 3 個關鍵要點

以下是這篇文章的 3 個關鍵要點：

1. 不要陷入抄襲別人結構的陷阱。
2. 找到自己的道路／你自己的解決方案。
3. 使用 Spotify 和其他標範組織，來激勵你自己的組織文化計畫。

## 致謝：Henrik Kniberg 和 Spotify

首先，我個人要感謝 Henrik Kniberg，謝謝他在社群中所做的出色工作，感謝他透過寫作、影片、演講和個人交流幫助了我。特別是這部關於 Spotify 的影片，已經在全世界啟發了許多變革。

其次，非常感謝 Spotify 公開分享它的工程文化（Engineering Culture）。在研究「高績效組織」應該具備的要素時，它提供了一個很棒的案例。

## 在哪裡可以學到更多

文化變革並不容易。而關於文化變革，還有許多內容可以討論。如果你想瞭解更多，可以閱讀我其他的文章：

■ 想知道如何有意識地應用「敏捷」，以達到持久穩定的「高績效」，請參閱：http://agilitrix.com/2017/10/consciously-approaching-agile/。

- 本書第 58 篇文章：《如何改變你的組織文化？》

- 想知道如何在任何文化中成功地使用「敏捷」，請參閱：http://agilitrix.com/2018/09/how-to-be-successful-agile-any-culture-with-bubble/。

***

# 60

# 邀請的力量

作者：*Michael Sahota*

發布於：2018 年 12 月 3 日

## 如何克服敏捷轉型中的阻力？

幾乎所有的敏捷轉型專案都遇到了來自經理、員工以及其他部門等的阻力（resistance）。在這篇文章中，我們將解釋為什麼你會遇到阻力，以及如何消除或減少阻力。

「敏捷」為什麼會遇到的阻力？它難道不是為了改善人們的工作環境，讓他們更有效率嗎？讓我們暫時假設「敏捷」是一個好主意。那麼，我們將它導入組織的方式究竟出了什麼問題？

## 「推」產生了阻力

「像平常一樣地轉型」的關鍵挑戰是，變革被「推」（push）給沒有參與決策的人員。而他們抗拒它。

## 「推」對你有什麼影響？

推（Push）的方式有多少，產生阻力的方式就有多少。當你閱讀以下的文字時，想想當某個權威人士對你做出這樣的行為時，你的感受如何：

- 吩咐
- 推銷

- 驅使（迫使）
- 說服

對多數人來說，這些話會讓他們感覺不舒服。我們不喜歡別人告訴我們應該做什麼。我們不喜歡別人強迫我們做某些事。我們不喜歡別人試圖向我們「推銷」或「說服」我們相信他們的觀點。當這些事情發生在我們身上時，我們會「抵制」它。

## 敏捷轉型反模式

結果是，每個人的反應都和我們一樣。我們「推」得越多，就會產生越多的阻力。以下是一些關鍵的反模式（Anti-Patterns），可以幫助你理解「我們是如何製造了阻力，進而導致失敗的敏捷轉型」：

- **要求整個組織／部門的改變**：許多人認為這是一個巨大的成功：『萬歲！現在每個人都必須做敏捷！』但是這個勝利是空洞和短暫的，因為它很快就變成一個普遍的「敏捷的貨物崇拜」（Cargo Cult Agile）案例。許多人進行了實踐，但是除了名稱之外，什麼都沒有改變。

- **敏捷福音主義（Agile Evangelism）**：在我們的領導力培訓當中，我仍然遇到許多人，他們認為自己是敏捷的傳道者。正向的一面是想讓事情變得更好的渴望。負面（或破壞性的一面）則是推銷和說服。後者帶來的阻力和傷害，往往超過了正面的影響。我所見過的「每一個成功轉型專案」都不僅是關於敏捷的。

- **敏捷指標（敏捷警察）**：另一種立意良善但在實踐中嚴重錯誤的方法是去測量團隊有多「敏捷」，並為他們設定了「更敏捷」的目標。這很清楚地告訴人們，「做敏捷」（Doing Agile）比「變得敏捷」（Being Agile）更重要。如果你想在這裡取得成功或者獲得獎金，你必須「做」敏捷！這傳達的訊息是「流程」比「人」更重要，這是與「敏捷」背道而馳的。

## 敏捷是關於「拉」

當你深入瞭解「敏捷」的核心，你會發現，它不是基於「推」，而是基於「拉」（Pull）。和「精實」一樣，Scrum 團隊也會「拉入」他們能在下一次衝刺之中完成的工作。看板團隊在準備好時就會去「拉動」。

# 「推」不能產生「拉」

我們如何使用「推」的方法，來建立一個支援「拉」的環境？這根本不合理。證據顯示使用「推」就是行不通的。當然，我們也許能創造出一些表面上看起來有效的東西。然而，需要一些不同的東西，才能真正讓行為發生深刻的轉變，讓那些積極、敬業的人投入到工作之中。

# 「拉」是什麼？

如同我們為「推」建立的清單，我們也可以為「拉」建立相反的清單。當你閱讀以下的文字時，想想它們帶給你的感受：

- 邀請
- 聆聽
- 啟發／鼓舞
- 共同創造

對多數人而言，這些文字是正向的。這就是我們想要在組織中創造的效果，藉此促進成功。

我們喜歡「有選擇」的自由。我們喜歡別人「邀請」我們，而這是有選擇的。這讓我們可以自己做決定。我們喜歡別人「聽」我們說「我們想要什麼」。當我們因某些事情而感到興奮和被鼓舞時，感覺真的很好。我們喜歡參與那些「影響我們的決定」的事。你能想像當人們有這種感覺時，你的變革計畫會多麼有效嗎？

# 「拉」的成功模式

看見我們做錯了什麼，比看見我們做對了什麼，要容易得多。讓我們看看使用「拉」的一些關鍵成功模式吧。若你對這些不熟悉，或者抱持懷疑，我們邀請你進行一個實驗，來嘗試它們。

- **聆聽**：大多數人都想要成功。大多數的團隊都想成功。一個巨大的挑戰是我們經常沒有花時間去「傾聽」人們的需求和想法。花點時間去聽別人說他們想要什麼吧。幫助他們。在告訴他們「你的想法或要求」之前，請先聆聽他們的想法。你將因此走得更遠。

- **去有能量的地方**：創造廣泛成功的方法是先取得小的成功，並在此基礎上繼續努力。與需要協助的人或團隊一起工作。給予他們想要的幫助（聆聽），讓他們成功。過了一段時間，其他人或團隊可能已經準備好了，或者他們可能看到了正在發生的事情，並且也想要它。

- **共同創造的解決方案**：「敏捷」是關於協作的，對吧？如果我們遵循敏捷方法，我們在轉型時也應該與人們協作，這不是很明顯嗎？我喜歡共同創造（Co-Create）這個術語，因為它是關於讓「受變革影響的人們」參與到「變革」之中。這和精實變革（Lean Change）以及開放空間敏捷（Open Space Agility）所提倡的方法是非常類似的。我所見過的一個「有用的不同之處」在於，經理和主管們也需要和員工一起參與這個流程。當然，這通常需要對管理人員進行培訓，讓他們學會如何以「有利而無害的方式」放棄權力。

## 「推」vs.「拉」

下圖有助於比較和對比我們在「敏捷轉型專案」中與人員和團隊合作時的選擇。

| Resistance | Agile |
| --- | --- |
| Push | Pull |
| Tell | Co-Create |
| Sell | Listen |
| Make | Invite |
| Convince | Inspire |

AGILITRIX
HIGH PERFORMANCE REDEFINED
© 2018 @MichaelSahota

將我們的心態轉換到這種新工作方式（敏捷）的一個關鍵挑戰是，它讓人感覺不舒服。特別是我們在「拉」的字詞技能水準通常很弱。請花點時間，真正瞭解你是如何在不經意之間用「推」的字詞技能製造「阻力」的。一旦我們理解「推」的這些字詞並不管用，它可能會給我們勇氣，讓我們成為一位使用「拉」模式的新手。關於以「對人友善（拉）的方式」運作還有很多可以討論的，所以如果你認為這不是全部，你是正確的。

# 敏捷應該關注的是「人」

敏捷的核心是「人」優先於「流程」。敏捷核心的關鍵成功模式是,當我們更關注「人」而不是「流程」時,成功就來了。多數的敏捷轉型都把它弄反了,將重點放在「流程」。常見的「推」行為清楚地展示了大多數的「敏捷轉型」實際上根本與「敏捷」無關。

# Wave2Agile

我們需要從根本上重新思考「敏捷」,以克服當今的挑戰。我們將這個重新發明(reinvention)稱為**敏捷的第二波**(Wave2 of Agile)。它代表以「人」為本。即「**邀請變革**」。放棄破壞性的「推」行為。它不是關於驅使任何人做這個、做那個。這是關於身為領導者的我們從「自己」開始,建立「我們希望在別人身上看到的行為」的模範。你準備好加入 Wave2Agile 了嗎?

# 明天該做什麼?

1. 注意別人在哪裡使用了「推」行為,以及它是如何影響你的。
2. 注意你在哪裡使用了「推」行為,以及它是如何產生阻力的。
3. 增加你的「敏捷／拉」行動,看看人們的反應。

# 哪裡可以學到更多?

我有一個免費的線上培訓,探討了「推」與「拉」以及「使用敏捷心態(Agile Mindset)創造成功」等相關主題,讀者可以參考《*Top 3 Secrets of Agile Transformation: Using the Agile Mindset*》:https://training.agilitrix.com/on-demand。

\*\*\*

## 作者簡介：Michael Sahota

**Michael K. Sahota** 訓練和引導「領導者」建立高績效的組織。他透過備受讚譽的「敏捷文化和領導力（CAL1）培訓」，為全世界的經理和教練提供了「持久成功」所需的心態轉變。2012 年，他出版了開創性的書籍《*An Agile Adoption and Transformation Survival Guide: Working with Organizational Culture*》。他創造了一個經過驗證的系統，其透過實際的教學來引導變化。他的 Consciously Approaching Agile 模型為建立「文化與領導力的環境」提供了指引，使「敏捷」可以產生持久的組織成果。他的公司 Agilitrix 提供了敏捷轉型的「重新定義」，並擁有一支專門研究開放／解放文化的顧問精英團隊。

# 61

# 讓 Daily Scrum 變得更好的 5 種方法

作者：*Ajeet Singh*

發布於：2018 年 10 月 31 日

## 摘要

**如果每個人只是做做樣子，Daily Scrum 可能會變成一件敷衍的例行公事。**而 ScrumMaster 的職責就是確保這樣的情況不會發生，並讓「會議」（meetings）成為團隊成員們的助力。透過這 5 種方法，ScrumMaster 可以主動協助團隊完成有效的 Daily Scrum，並促進團隊成員之間的溝通、透明性以及高效率的價值交付。

開發團隊主要是透過 Daily Scrum 來保持同步、討論目前的進度，並計畫接下來的 24 個小時該做些什麼工作。通常 ScrumMaster 在 Daily Scrum 之中是引導者（facilitator），而其他的利害關係人（stakeholders）也能參與旁聽。

團隊可以自由地決定他們要如何利用這 15 分鐘的會議，但這樣的自由度也會為 ScrumMaster 帶來額外的責任，以確保會議仍然可以產生兩種重要的結果：

- 團隊將會專注在「影響進度的關鍵要素」，包含如何制定一個實際可行的當日計畫以及如何移除阻礙。

- 產品負責人（Product Owner）跟利害關係人（Stakeholders）能夠取得進度方面的關鍵資訊，包含給予客戶更多價值以及產生可發布的程式。

透過以下這 5 種方法，ScrumMaster 在引導團隊進行 Daily Scrum 時，可以執行得更好，讓團隊能夠實現上述兩種結果，並促進團隊成員之間的溝通、透明性以及高效率的價值交付。

# 1. 嚴格地控管 WIP

**情境**：有一位開發人員在 Daily Scrum 上說她計畫進行一個新的故事，她並沒有提到目前有何阻礙。ScrumMaster 詢問她：『昨天進行的故事是否已經完成了呢？』此時，這位開發人員才透露「昨天的那個故事」被擱置了，她必須等待「架構師」研究完技術的架構問題之後，才能進行，所以她才計畫要做些別的故事。

這位 ScrumMaster 做得很棒；透過詢問，他「挖掘」（unearth）原來這個故事正被擱置，並發現「阻礙」（impediments）也沒有被提出來討論或被註記。現在這位 ScrumMaster 可以建議她和其他人直接去找架構師討論，**加速排除阻礙**，讓這個「被擱置、但是優先順序比較高的工作」可以繼續執行。

透過專注在「進行中的工作」來控管「**在製品**」（work in progress，**WIP**），在完成工作之前，都不要做新的工作。這種做法也提醒了團隊，在同一個時間內需要掌握正在處理的故事**數量**，將 WIP 的數量控制在團隊都同意的範圍之內。

# 2. 促進每天的協同合作

**情境**：有一位測試人員在 Daily Scrum 上說他將繼續測試「昨天正在做的故事」，且沒有提及任何阻礙。ScrumMaster 詢問：『假如這個測試工作能在今天完成，那接下來要做什麼呢？』測試人員這才意識到，他**忘了**提出「在午餐過後，他將會認領一個新的故事來進行測試」，且他也還沒跟「相關的開發人員」討論這件事。

ScrumMaster 必須確保當工作從「一個故事」移轉到「另一個故事」時，重要的協同合作將會發生。整個團隊都知道有什麼事情會發生，任何一位知道相關知識的成員都能夠提供相關的知識，這是非常有幫助的。

ScrumMaster 必須確保「開發」與「測試」之間每天都在協同合作，而當他們在進行開發與測試時，必須能夠互相討論。

## 3. 識別出所有的阻礙

**情境：**有一位資料庫管理員說她昨天完成了一個故事，今天準備做另一個故事，並沒有碰到什麼阻礙。但 ScrumMaster 想起，這位資料庫管理員最近跟中小企業客戶往來的一些 email 當中，提及這個故事還有需要釐清的地方。於是 ScrumMaster 詢問：『這些問題是否已經解決了呢？』這位資料庫管理員也承認，的確有**很多需要釐清的問題**，實際上也需要 ScrumMaster 或其他人來幫忙移除這些阻礙。

ScrumMaster 必須**追蹤**（track）這些尚未解決的問題，這是相當重要的；除此之外，也必須確認團隊能夠開放地討論這些問題，如此一來，才能讓團隊中任何一位有能力解決問題的成員，能夠快速地協助並將阻礙排除。

這種**引導**所帶來的效益，能讓團隊變得更加關注「未解決的問題」，團隊也會記得這是善用「ScrumMaster 的角色作用」來移除這些問題。

## 4. 協助團隊確定問題的優先順序

**情境：**有一個團隊正在處理**產品的正式上線問題**（production issues）與**新功能的開發**，這讓團隊不得不分配時間，來「同時」處理這兩項事務。ScrumMaster 針對「**高優先順序的產品上線問題**」提出詢問：『目前的優先順序（prioritized）是合適的嗎？』、『有將它們平均分配給團隊成員嗎？或至少有適當地考慮到每一位成員？』以及『是否會影響新功能的完成？』團隊意識到他們將無法完成所有的新功能，於是團隊要跟產品負責人討論，以獲得重新調整「優先順序」和「分配」的指引。

ScrumMaster 需要協助團隊持續地設定業務端的**期待**；ScrumMaster 也需要為下一次衝刺的開發範圍提出更好的**協商**。如此一來，業務端始終都會知道目前的狀況，於是在衝刺結束時也不會感到驚訝。

## 5. 支持 Daily Scrum 的其他替代方式

**情境：**團隊決定不使用標準版的 Daily Scrum 提問方式，即：『你昨天做了什麼？』、『你今天預計要做什麼？』以及『你碰到了什麼阻礙？』反之，團隊決定改用「一次討論一個故事」的方式，直接討論每個故事。不幸的是，這種做法將導致「會議」所花費的時間比預期

的 15 分鐘還要更長。

在下一次的「回顧會議」，ScrumMaster 建議團隊研究看看，該如何讓 Daily Scrum 可以在 **15 分鐘之內**結束。而 ScrumMaster 也需要掌握團隊舉行 Daily Scrum 的時間，協助團隊學習如何有效地溝通及更新資訊。

因為這是屬於團隊的會議，團隊需要自我組織（self-organize），並決定他們想要的做法。如果團隊認為這是可行的，ScrumMaster 就需要支持這個 Daily Scrum 的替代方式，然而**最高原則**還是 ScrumMaster 必需確保這個替代方式有達到 Daily Scrum 的目的。

當每個人只是做做樣子，Daily Scrum 可能會變成一件敷衍的例行公事。而 ScrumMaster 的職責就是確保這樣的情況不會發生，並讓會議成為團隊成員們的助力。透過這 5 種方法，ScrumMaster 可以主動協助團隊完成有效的 Daily Scrum，來達到預期的目標。

*\*\*\**

## 作者簡介：Ajeet Singh

**Ajeet Singh** 是一位 IT 領導者，在應用程式開發、系統整合與軟體測試等領域擁有 18 年的豐富經驗。他在敏捷之路上已耕耘超過 4 年，為美國、英國和澳大利亞等各個地區的敏捷團隊提供服務，分別擔任敏捷教練、Lead Scrum Master 和 Delivery Manager 等職務。

# 62

# 敏捷力的 2 個 T：
# 透明度與信任

*作者：Sourav Singla*

發布於：2018 年 4 月 26 日

請閱讀以下的問題並自我反省，了解自己在「敏捷」方面的現狀：

- 團隊的每日例會（Daily Scrum）只是一個狀態會議（status meeting）嗎？

- 在故事梳理（Grooming）的會議當中，團隊的產品負責人（Product Owner，PO）是否對開發團隊的估算提出了挑戰？

- 你的開發團隊是否每隔一個故事就抱怨它需要進一步的梳理，儘管故事已經滿足了「準備好」（Ready）的定義？

- 團隊的 PO 是否說過這樣的話：『你為什麼需要 X 個小時？我認為在一個小時內就能完成。』

如果以上皆是，作為一位教練，這是你必須嚴肅關注的，因為這些是「失敗」的主要指標。它可能會導致 **Gun Point Agile** 或 **Lipstick Agile**（「槍口下的敏捷」或「口紅敏捷」，術語和定義由「TCS Agile Ninja 工作坊」提供）：

- **Gun Point Agile**：團隊被限制必須透過「命令」和「控制」以「固定的時間成本和範圍」來交付。

- **Lipstick Agile**：團隊實際上採用瀑布方法，不常採用 Scrum 實踐，但他們卻自稱「敏捷 Scrum 團隊」！

你能感覺到它背後的原因嗎？我將其稱為「敏捷中的 **2T** 因素」（透明度，**Transparency** 與信任，**Trust**）。可能是 PO 和開發團隊之間缺乏「透明度」，導致他們之間缺乏「信任」。這是我最常遇見的挑戰之一，也是「敏捷轉型」的最大障礙之一。

事實上，「信任」就像儲蓄帳戶（savings account）。為了開戶，我們需要一筆初始存款；與此類似，當一個組織決定採用「敏捷」時，領導者需要對他們的團隊進行投資，透過「信任」團隊來給予初始的「信任」存款，直到有理由不信任團隊為止。

為什麼「信任」這麼重要呢？

讓我們參考提及「信任」的敏捷第 5 原則吧：『以積極的個人來建構專案，給予他們所需的環境與支援，並信任他們可以完成工作。』我認為，「信任」也是 5 個 Scrum 價值觀的基礎：開放、勇氣、尊重、承諾和專注。

沒有「信任」，這些「價值」就無法實現。此外，「信任」有助於團隊的心理安全，影響團隊的績效。如果團隊覺得不安全，檢查、實驗與反思等行為就不可能發生，而這些是任何成功的團隊必須擁有的。

# 團隊如何失去產品負責人的信任

1. **部分完成的工作**：如果團隊經常在衝刺結束時交付「部分完成的工作」，PO 很難掌握目前的進度，也失去了適應下一次衝刺的靈活性，團隊將因此失去 PO 的信任。

2. **沒有透明度**：團隊宣稱工作已經完成，實際上並非如此。後來 PO 發現了。團隊失去了 PO 的信任。

3. **過大的評估**：如果團隊在給予承諾時過分強調「安全感」，就不會為自己設定具有「挑戰性」的目標，團隊就會失去 PO 的信任。

4. **速度不一致**：由於 PO 使用速度（Velocity）進行長期的計畫，若速度變化很大，PO 就失去了可預測性。當團隊的速度在一段時間後沒有穩定下來，團隊就會失去 PO 的信任。

# 產品負責人如何失去團隊的信任

1. **命令與控制**：PO 透過 Excel Trackers（如專案時程進度表）對衝刺的進度進行微管理（micromanage）。

2. **PO 承諾故事（而非團隊）**：在衝刺計畫期間，PO 逼迫團隊在衝刺中承諾〔故事」。

3. **截止日期與強制承諾**：PO 忙於提供以及追蹤「截止日期」，而非激勵團隊的指標和目標。

4. **PO 期望速度能以「指數」增長**：PO 期望在每次衝刺中增加速度，最終逼迫團隊過度承諾。

5. **PO 開始決定「如何」的部分**：如果 PO 進入實作領域，干擾了團隊的「自組織」（即「如何做事情」），他就失去了團隊的信任。讓團隊自行決定怎麼做吧。

6. **專案目標不明確**：如果 PO 沒有與團隊分享專案願景／目標，團隊會有「與專案或 PO 之間沒有連結」的感覺。

# 敏捷教練能做什麼呢？

教練可以採取不同的步驟／做法。

# 第 1 步

作為一名教練，我通常會儘量深入挖掘團隊與 PO 之間缺乏「信任」的真正原因。為此，我會進行信任評估練習（Trust Assessment Exercise）。

# 信任評估練習

■ **給「產品負責人」的信任評估練習**：PO 可能會提出極端的想法，像是『團隊完全不值得信任』甚至『我完全信任所有的團隊成員』等等。其他類似的問題可能是『我的

團隊在任何事情上都需要我的批准』或『我的團隊為實現衝刺目標而承擔風險』。分數與每一個選項有關，例如：分數低代表更多的「命令」和「控制」，反之亦然。

- 給「開發團隊」的信任評估練習：團隊成員如何看待「PO 值不值得信任」的程度。在這裡會有像這樣的問題：『我在做任何故事之前，必須得到批准』或『我有 100% 的自由來做我的工作』。同樣地，問題可以是從「命令」和「控制」到「充分授權」的描述。分數與每一個選項有關，例如：「命令」和「控制」越多，分數就越低，反之亦然。

根據這些分數，可能出現以下三種情況：

一、**PO 和團隊分數一致，平均而言偏向高分**：這表示所有人都有共同的理解，以及 PO 和團隊之間有良好的團結／信任。

二、**PO 和團隊分數一致，但平均偏低**：這表示所有人都有共同的理解，但 PO 和團隊之間缺乏信任。

三、**PO 和團隊的分數有差距**：這表示 PO 和開發團隊之間缺乏坦誠（openness）與信任。

# 第 2 步

若分數較低或有巨大的差距（即上述的情況二或三），可以嘗試以下的方法：

1. **信任的共同理解**：使用信任畫布（trust canvas）進行腦力激盪會議，其中團隊提出「信任」對他們而言代表什麼，然後使用以下的問題，向 PO 展示畫布，並達成共識：『哪些事情可以增加信任感？』、『哪些因素對建立信任來說是非常重要的？』、『哪些事情你無法控制，但卻導致了不信任和缺乏透明度？』

2. **結對工作**：邀請開發團隊成員與 PO 進行一天的結對工作，讓他們參與利害關係人 PBI 路線圖的討論。團隊成員將更瞭解 PO「典型的一天」是什麼樣子的。看看 PO 的世界，團隊將能理解 PO 的挑戰。

3. **Management 3.0 網站的授權撲克（Delegation Poker）小遊戲**：引導一場「授權撲克小遊戲」吧，它讓 PO 能夠發現「僕人式領導」的脫節之處。它為團隊成員提供了一個很好的平台，可以與 PO 公開討論並找到問題的答案。

4. **不要微管理**：與 PO 一對一地討論他們的目標和發人深省的問題，讓他們意識到「微管理」是適得其反的。團隊只有在感覺被授權的情況下，才能實現創新與當責。也要

讓 PO 瞭解格蘭效應（Golem Effect）與畢馬龍效應（Pygmalion Effect），以及它們對團隊表現的影響。（**編輯注**：「管理者／家長／老師」對「部屬／兒女／學生」的態度，會影響後者的表現。使用激勵、稱讚的言語，「部屬」將回應「管理者」的期望，並發揮潛力，這就是「畢馬龍效應」；反之，若「管理者」總是使用否定、消極的言語，「部屬」將因此表現不佳，無法符合期待，這就是「格蘭效應」。）

5. **可持續的步調**：與 PO 密切合作，指導 PO 可持續步調的價值，讓 PO 意識到「員工滿意度」如何能自動提高生產力，以及員工只有在沒有過度疲累的情況下，滿意度才會提昇。

6. **支持高階領導人為團隊創造安全的環境**：安全是人類的基本需求，也是開啟高績效的關鍵。人們害怕改變，害怕表達自己的觀點，害怕犯錯。如果你有一種恐懼的文化，你所有的新奇流程或實踐都不會對你有幫助。透過評估團隊的心理安全，展示他們的實踐和領導風格對團隊的影響。

7. **開啟面對面的交流**：如果團隊是分散的，沒有直接交流，就無法避免地會出現文化差異和語言障礙，這會造成誤解和困惑，影響信任。因此，如果團隊是分散的，透過讓 PO 瞭解敏捷的原則和價值，請讓他投資視訊會議設備，進行面對面的交流。

8. **讓 PO 明白估算不是死線**：開發團隊在預測「衝刺」內可能完成的工作時，請讓 PO 明白估算是可以改變的，而他應該將這點納入考量。

9. **使用資訊輻射體（Information Radiators）**：幫助團隊使用「視覺化的 Scrum 看板」來查閱他們的進展。它將幫助團隊實現他們的承諾和衝刺目標，提高 PO 對團隊的信任。

10. **限制在製品（WIP）**：支持團隊限制他們的 WIP，讓他們知道像是蜂巢式開發（Swarming）之類的技術，讓團隊能夠達成他們的承諾。

11. **團隊工作協議**：引導「工作協議」的建立，透過團隊協作來建立信任。

12. **處理文化鴻溝**：如果團隊是分散的，文化差異將是一個主要的障礙。為了應對文化的挑戰，可以使用「文化工作偏好工具」來反映團隊的偏好。然後將分數彙整到一張圖表上，並以開放的討論來觀察差異，這有助於彌合文化鴻溝。

13. **善用遊戲化的力量**：使用遊戲能讓 PO 與團隊分享他的個人生活。我曾為此進行了 2 Truths and a Lie 小遊戲（**編輯注**：《虛虛實實》，即 3 件敘述當中只有 2 個是真相，1 個是謊言。）。

14. **清楚的專案目標／願景**：Informal Constellations（非正式星座方法）可以讓專案目標更加清晰（**編輯注**：又稱 Constellation Exercises，星座練習，這是一種「體驗式」的練習，可以協助小組成員培養自我覺察和創新思維。）在這裡，向團隊成員提出一些簡單的陳述，如『我有清晰的專案願景』，並與他們進行開誠布公的對話，就能產生神奇的效果。我曾經看過，在這個練習之後，團隊成員與專案之間的連結更緊密、也更投入了。為了分享願景和目標，也可以使用目標和關鍵結果（OKR）。

15. **推動僕人式領導文化**：幫助 PO 推動僕人式的領導文化，來取代「命令」和「控制」。「Schneider 的模型象限」可以協助辨識他們的工作方式。然後利用「SCARF 模型」來影響 PO。藉由解釋大腦的運作方式，讓 PO 理解最小化「威脅」和最大化「獎勵」的好處。（**編輯注**：想進一步了解 Schneider Culture Model 的讀者，可以參考 Michael Sahota 的手繪圖解：https://agilitrix.com/2019/02/are-you-using-the-right-culture-model/。該圖中描述了 4 種文化，每個象限有 1 個。橫向：以人為本 vs. 以公司為本，垂直：以現實為本 vs. 以可能性為本。這是一種觀察「文化關聯性」的方法。而 SCARF 則是 David Rock 於 2008 年所提出的模型，取以下 5 個單字的字首：地位（Status）、確定性（Certainty）、自主性（Autonomy）、關聯性（Relatedness）及公平性（Fairness），它們是影響我們社交行為的 5 大關鍵領域。）

16. **更多的協作**：蜘蛛網圖（Spider Diagram，亦稱雷達圖，Radar Chart）的練習，可被用於將「PO 的領導風格」映射到「團隊關係」之中（團隊成員使用粗線、細線、虛線來描繪各種與利害關係人之間的關係）。然後透過公開討論並顯示結果，讓 PO 能夠建立有效的協作策略，進而為「信任」打下基礎。

## 結論

當所有的階層都擁有**信任**（Trust）與**透明度**（Transparency），才能讓團隊不僅僅是「做敏捷」，而是「變得敏捷」。我相信打造高績效團隊的基礎就是這 2 個 **T**，而非才能（Talent）。你們覺得呢？

\*\*\*

## 作者簡介：Sourav Singla

**Sourav Singla** 是一位擁有 TCS 的企業級 Agile Ninja Coach，他利用敏捷實踐的基本原理為財富 500 強公司提供持續的最高價值交付。他是 1,000 強 TCS 敏捷教練社群的一員，該社群是 TCS 企業敏捷願景的一部分。他也是一位 Certified Team Coach（CTC）。

透過與團隊、專案和領導階層的緊密合作，Sourav 瞭解他們的潛力、挑戰和策略目標，指導了許多大型企業進行敏捷轉型，並協助他們在產品開發能力的持續改進之路上前進。Sourav 熱衷於幫助團隊交付即時價值，透過建立高績效的團隊，以及實作經過驗證的敏捷方法，來達到超乎預期的成果。

身為一名教練，Sourav 追求明確的目標、共同的願景和價值觀，以實現成就、創新和可持續性。他相當重視「變革」當中屬於「人性」的那一面，專注於在組織之中引入有意義的變革，進而改善人們生活。在敏捷實踐、領導力培訓、組織演進和敏捷擴展等方面，擁有非常豐富的實戰經驗。他是「分散式敏捷模型」（Distributed Agile Model）的堅定信仰者，在建立與領導分散式敏捷團隊這方面也有豐富的經驗。他在印度孟買生活。他的 LinkedIn：https://www.linkedin.com/in/sourav-singla-SAFe-agilist-csp-icp-acc-csm-cspo-ssm-lssg-35b65924/。

# 63

---

# BDD 與商業敏捷力的四本柱

作者：*John Ferguson Smart*

發布於：2018 年 6 月 14 日

人們經常會問，在其他敏捷實踐當中，行為驅動開發（Behavior Driven Development，BDD）究竟適合用在哪些地方？管理階層也許會說：『BDD 聽起來很棒。但我們如何讓敏捷轉型策略與 BDD 的採用保持一致？』而有些人可能會問：『BDD 是否可以跟 Scrum ／SAFe ／ Kanban ／ [ 請在此插入你最喜愛的敏捷方法 ] 一起使用呢？』甚至有人會納悶：『我們現在做的到底是 BDD 還是敏捷？』

為了回答這些問題，本文試圖將 BDD 置入各種敏捷實踐方法的 context 之中，並進行討論。

BDD 其實是一種協作方法，它可以幫助團隊專注於「更快速地提供高價值的功能」。BDD 以敏捷實踐標準為基石，例如：衝刺計畫（Sprint Planning）、待辦清單梳理（Backlog Grooming）、使用者故事（User Stories）和驗收標準（Acceptance Criteria）等等，並更進一步地擴展、使它們的效果更佳。

實踐 BDD 的團隊，通常會透過包含「商業邏輯」（Business Rules）以及「實際案例」（Concrete Examples）的結構化會談，在他們需要解決的問題上，建立更深層的共識。他們經常透過「自動驗收測試」或「可執行的規格」（Executable Specifications）等形式，來自動化「驗收標準」；這些標準提供了關於應用程式「能做些什麼」的文件，也提供了關於應用程式「是否能有效執行」的回饋。

但若是你想讓一個「大型組織」更加敏捷，那麼 BDD 只是其中的一塊拼圖而已。

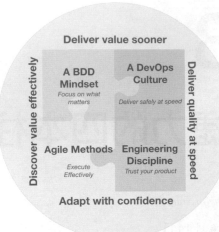

The Four Pillars of Business Agility

## 商業敏捷力的四本柱

事實上，有四個關鍵的推動因素（支柱），可以促進商業敏捷度：

- 敏捷方法（**Agile Methods**）
- BDD 心態（**A BDD Mindset**）
- 工程紀律（**Engineering Discipline**）
- DevOps 文化（**A DevOps Culture**）

**敏捷方法**（如 Scrum 和 Kanban）主要專注於團隊的組織、協調和變革管理。也許有人會說，像 Scrum 或 Kanban 這樣的框架，其價值並不是為了讓你能夠更快速地交付，其價值是為了讓你明白，什麼才是你做得不對的地方。為了在實際上能有更快速的交付，你還需要其他的三本柱。

**BDD 心態**是讓團隊發現並專注在「真正重要的功能」上（即「建置對的東西」），如此一來，才能加速價值流（flow of value），並減少浪費和重工（rework）。

**工程紀律**包括一系列的工程實踐和技術，可以幫助我們更快速地建置「更可靠、更易維護的程式碼」。測試驅動開發（Test Driven Development，TDD）、持續整合（Continuous

Integration）、自動驗收測試（Automated Acceptance Testing）和無瑕的程式碼（Clean Coding）都屬於這一類別。如果你想快速且可靠地交付，這些做法是不可或缺的。

最後是 **DevOps 文化**，使團隊能夠快速安全地把產品功能交付到正式環境之上（即「及時安全地交付對的東西」）。

這四本柱是相互交疊且相互影響的。來自於 BDD 的**需求探索實踐**（Requirements Discovery practices），例如：影響對照圖（Impact Mapping）、產品功能對照圖（Feature Mapping）和案例對照圖（Example Mapping），在發布、衝刺計劃及待辦清單梳理（Backlog Grooming）當中扮演了非常重要的角色。可執行的規格（executable specifications），即 BDD 的另一面，則非常依賴**紮實的工程實踐**，如此一來，才能降低維護成本，並確保快速且可靠的回饋。

總而言之，這四本柱是缺一不可的；若單獨改進也不會產生很好的結果。若你想獲得永續性的結果，你需要採用**協調**的方法來處理這四本柱。

## 致謝

在 Peter Suggitt 和 Jan Molak 的協助下，本模型得到了精煉和重構。這個模型的雛型是幾年前我與好友 Marco Tedone 閒聊出來的，就在我們從印度的浦那（Pune）開車前往孟買（Mumbai）的山路上。

\*\*\*

## 作者簡介：John Ferguson Smart

**John Ferguson Smart** 是國際知名的演講者、顧問、作家和培訓師；在敏捷社群中，他以許多的著作、文章和演說而著稱，尤其是在 BDD、TDD、測試自動化、軟體工藝與團隊合作等領域。

John 是暢銷書《*BDD in Action*》以及許多其他書籍的作者（https://johnfergusonsmart.com/about/）；透過更有效的協作和溝通技巧，以及更好的技術實踐，他幫助許許多多的全球組織和團隊，更快地交付更好的軟體。

John 在開源社群當中非常活躍，他還領導了創新的 Serenity BDD 測試自動化函式庫的開發，該函式庫被描述為『最佳開源 Selenium Web 驅動程式框架』。 John 還是 Serenity Dojo 的創辦人（https://serenitydojo.teachable.com/），這是一套專業的線上培訓課程，旨在幫助測試人員成為 BDD 和測試自動化方面的專家。

# 64

# 想要敏捷轉型嗎？
# 請先關注這些事！

作者：*Jonathan Smart*

發布於：2018 年 7 月 21 日

那是一個星期六的早晨。我在一家咖啡店排隊，思考著關於「流（動）」（Flow）的種種一切，就像我在排隊時經常做的那樣。我拿起手機打發時間（當時我被困在咖啡店的工作系統之中），然後發了這則推文：『如果你想要進行敏捷轉型，請不要這麼做。請先關注**流**、**品質**、**快樂**、**安全感**和**價值**。』這則推文瞬間爆紅了（以我的標準來說啦），按讚和轉發的次數突破了二位數。它似乎引起了某些共鳴。

**本文是系列文章的第 1 篇**，我將分享一些**反模式**（anti-patterns），以及與其相對應的**模式**。值得注意的是，一切都必須視情況而定。一個情境之中的反模式，可能是另一個情境之中的模式。話雖如此，我相信這裡提出的「反模式」在大多數的情況下都是適用的。（**編輯注**：系列文章第 2 篇，請參閱第 65 篇文章；系列文章第 3 篇，請參閱第 66 篇文章。）

這是基於「從做中學」的教訓，包括從「失敗」中學習。從 1990 年代初期開始（也就是《敏捷宣言》面世的十年之前，當時使用的術語還是「輕量級流程」），我們與許多有才華的人一起擔任「僕人式領導者」，並致力於各種大型的（8 萬人）、古老的（超過 300 歲）、全球的、並非生來就是敏捷的、高度控管的企業之中，實作「更好的工作方式」（敏捷應用、精實、DevOps、設計思考、系統思考等等），以及應用「敏捷心態、原則和實踐」等個人經驗，來交付變革。「反模式」與「模式」也是從「社群」中習得的經驗（從其他相似旅途中的「馬匹」身上，而非從「獨角獸」身上獲得），因為我們都身處**數位時代**的轉捩點。

# 反模式：大寫 A 和 T 的「敏捷轉型」

從一個員工的角度來看**敏捷轉型**（Agile Transformation），其暗示無論你喜不喜歡，都要對你進行非自願的、強制性的改變（change）。

大寫的 T 代表你**必須**改變，而大寫的 A 代表你將**如何**改變。這兩個詞都帶有包袱。

不意外地，這引發了恐懼和抗拒，原因有許多，包括：失去控制、不確定性、改變習慣、害怕失敗、害怕無能、更多的工作、對改變感到疲勞，以及「寧可跟你熟悉的魔鬼打交道」。

照片來源：Ross Findon（https://unsplash.com/@rossf）

從進化的角度來看，根據資訊傳遞的原因（why）以及如何（how）應對變化，特別是對於那些有定型心態（fixed mindset）的人來說，變化驅動了「生存」的恐懼，導致「抗拒」和「較不理性的思考」，並由「原始大腦」接管一切。

我能改變嗎？如果我不能適應的話，該怎麼辦？我還能付得起這些帳單嗎？

此時，丹尼爾・平克（Daniel Pink）所定義的驅動力（《*Drive*》），即知識工作所不可或缺的三大人類動機（自主性、目的與專精），如今已缺少了兩個：缺乏「自主性」（因為你必須做這件事！），以及缺乏「專精」（在經歷了漫長的職業生涯之後，你又回到初學者的狀態了！）如果原因是為了降低成本或獲取利潤，有意義的「目的」也跟著消失，三大人類動機全數被奪走了！

Robert Maurer 博士在《*One Small Step Can Change Your Life: The Kaizen Way*》中寫道：『如今，杏仁核（Amygdala）與它在戰鬥或逃跑時的反應，其問題在於，每當我們想要偏離我們安全的日常生活時，它就會敲響警鐘。任何新的挑戰、機會或欲望都會引發某種程度的恐懼，這就是大腦被設計的方式。無論這個挑戰是一份新工作，還是認識一位新朋友，杏

仁核都會提醒身體的各個部分，要我們為行動做好準備，而我們對大腦皮質（即大腦中負責思考的部分）的使用受到限制，它有時甚至是被關閉的。』

這種演化上對改變的「恐懼」也表現在對損失的「厭惡」之上。人們傾向避免「損失」，而不是獲得同等的收益。這種對「損失厭惡」的演化趨勢，更進一步地鞏固了人們「維持現狀」的欲望。如維基百科對「損失厭惡／損失趨避」（Loss Aversion）的描述：『人類可能是天生厭惡損失的，這是由於損失和收益不對稱的進化壓力：有機體在接近生存的邊緣運作，失去一天的食物可能會導致死亡，然而獲得多一天的食物，卻个見得能導致多一天的生命。』

敏捷不應該有大寫 A，除非它是一個新句子的開頭。敏捷不是一個名詞。它不是一個商標。你不可能買到盒裝敏捷（真的，你不能）。敏捷在複雜環境中「表現最佳」的這個事實，就代表其不可能有一個「放諸四海而皆準」的解決方案。「什麼」（What）和「如何」（How）本質上是不可知的，空間中的行為改變了空間本身。它是關於展現敏捷力，關於「**變得敏捷**」而不是「做敏捷」。它是一種「**心態**」，指導每一個深思熟慮的決定和自動反應。

正如 Joseph Campbell 所言：『如果前方的道路是一條康莊大道，那麼你就走在別人的道路上。』

大寫 A 的敏捷心態導致了敏捷－工業複合體（Agile Industrial Complex）[1]。它會導致許多「反模式」，例如：將實踐強加於人，以及價值有問題的認證騙局。我們不想為了敏捷而敏捷，也不想為了 DevOps 而 DevOps。這可能導致局部最佳化，使得預期的商業利益（端到端）無法實現。

有必要關注我們「為什麼」（Why）要這麼做，以及期望的商業結果是什麼。敏捷、精實、DevOps、設計思維等等是知識的主體，它們是工具箱裡的「工具」，用來實現那些結果。請應用那些在你「獨特的環境」之中有效的，並透過「實驗」來不斷改進。

# 模式：從「為什麼」開始並關注「結果」

首先，正如 Simon Sinek 所闡述的，請先從「為什麼」開始[2]。應該要有一個明確以及良好

---

1 http://newtechusa.net/aic/
2 https://www.ted.com/talks/simon_sinek_how_great_leaders_inspire_action

溝通過的「為什麼」：為什麼需要改變組織的工作方式？為什麼需要不斷改進？每個組織中的「子組織」，可能都有自己的文化規範、歷史、民俗及繼承而來的工作方式，而關於「為什麼」，這些都應該要有細微的上下文相關性與定義。

照片來源：Gaelle Marcel（https://unsplash.com/@gaellemarcel）

「為什麼」應該比獲利能力、股東回報或股價還更重要。能夠激勵領導者的，往往不會激勵大多數的員工。研究顯示，當員工被問及在工作中「什麼」最能激勵他們時，他們將影響平均分為 5 種類型：**社會、顧客、公司、團隊、個人**。領導者所關心的（一般來說，至少有 80% 的資訊是基於他或她傳給其他人的訊息）並沒有觸及大約 80% 的員工主要激勵因素，然而後者卻必須付出額外的心力，投入到變革計畫之中。

最先進的 Teal 組織[3] 是由更高層次的目標所驅動的。Daniel Pink 在著作《*Drive*》中也呼應了這一點。書中人們被一個超然的目標所激勵。確保「為什麼」的定義具有更高層次的目的，並涵蓋社會、客戶、公司、團隊和個人。

在此基礎上，確定高水準、主題明確的預期結果。從「令人讚嘆」是什麼樣子開始，到「目前的現實」是什麼，以及「障礙」有哪些。接下來，推導、排序並確定主題的結果，讓你達到你的卓越狀態。

對我們來說，我們想要的結果被描述為「**更快速、更安全、更快樂**地得到**更好**的**價值**」，每一個都是可以度量的。

- **更好**→品質→生產事件、韌性、靜態程式碼分析措施。

---

3　青色組織：http://www.reinventingorganizationswiki.com/Teal_Organizations

- **價值**→針對每一季的業務結果，使用特定上下文的獨特度量標準（例如：客戶的淨推薦值增加了 10 分；碳的使用量減少了 10%；性別多樣性增加 15%；中小企業貸款增加了 100 萬英鎊；資產負債表上減少了 20% 的風險加權資產等等）。

- **更快速**→流→前置時間、產出量，發布節奏、流動效率。小心不要成為「功能工廠」。減少交付時間，花更多時間與終端使用者在一起，進行重構與創新。

- **更安全**→ GRC 控制合規（例如：InfoSec、Know-Your-Client、資料隱私、GDPR 類型的強制性要求等等）‧速度與控制。敏捷而不脆弱。

- **更快樂**→透過問卷調查與回饋循環，增加客戶和同事的滿意度。

最終，一切都是關於流（Flow）。這需要平衡的措施，因為任何事情都可能做得很糟糕，如此一來，它就不會以犧牲品質、快樂、安全感或價值為代價。

每隔一段時間就會呼叫高階領導人，並提供上述的措施，包括向量措施、改善速度等等。每個人都可以看到其他人的資料。此外，還可以使用帶有深度探討／向下鑽取（drill down）功能的即時儀表板（dashboard）。

範圍是整個組織，使組織靈活而有彈性。它是漸進的、顛覆的、開發和探索的。它的目標是在取悅「現有市場客戶」的同時，也要取悅「新市場的新客戶」。

然後，基於上述的原因，圍繞著「**為什麼**」以及圍繞著「已確定**結果**的改進」，來制定改變，開始發布一系列規定的「實踐」或規定的「框架」，而不是進行「大寫 A 大寫 T 的、為了敏捷而敏捷的轉型計畫」，

這要求「內在動機」。這要求人們把他們的大腦帶來工作，理解和內化使命，並以一種授權的方式，負起個人責任並找出如何實現預期結果的方式。敏捷原則和實踐、精實、DevOps、系統思考、設計思維等等都是工具箱中的工具，並透過以上下文為主的、非一體適用的、基於「拉」而非「推」的方式，來支持培訓、教練指導與心理安全感。

***

# 65

# 想要擴展敏捷嗎？
# 請先縮小規模吧！

作者：*Jonathan Smart*

發布於：2018 年 8 月 18 日

照片來源：chuttersnap（https://unsplash.com/@chuttersnap）

**本文是系列文章的第 2 篇。**在這個系列，我會分享一些觀察到的**反模式**（anti-patterns），以及與其相對應的**模式**，主題是組織敏捷力（又名「數位轉型」）。（**編輯注**：系列文章第 1 篇，請參閱第 64 篇文章；系列文章第 3 篇，請參閱第 66 篇文章。）

我們正處於一個 50 年週期的轉捩點，一個數位時代，正如 Carlota Perez 於《*Technological Revolutions and Financial Capital*》一書中所闡述。在撰寫本文時，市值前 10 的公司中有 7 家是科技公司。在不到兩個月前（即 2018 年 6 月 26 日），歷史悠久的道瓊工業平均指數（建立於 1896 年），其僅存的最後一個「元老級成員」通用電氣（General Electric，GE）脫離了該指數，因為它的貢獻還不到 0.5%。2004 年時，GE 是世界上市值最高的公司；而兩年前（也就是 2016 年），GE 還是前 10 名。這代表我們正站在一個轉捩點之上：過往的工業巨頭萎靡不振，而擁有「新商業模式」和「新工作方式」並利用「技術的重大變革」的公司，卻成為人類組織的新主導形式。

在分享「反模式」和「模式」時，值得注意的是，所有內容都須視情況而定。一個情境之中的反模式，可能是另一個情境之中的模式，特別是基於組織目前的文化規範。話雖如此，我認為這裡提出的「反模式」適用於多數大型、老舊、官僚與全球性的企業（「馬匹」而不是「獨角獸」）。

這是基於「從做中學」的教訓，包括從「失敗」中學習。從 1990 年代初期開始（也就是《敏捷宣言》面世的十年之前，當時使用的術語還是「輕量級流程」），我們與許多有才華的人一起擔任「僕人式領導者」，並致力於各種大型的（8 萬人）、古老的（超過 300 歲）、全球的、並非生來就是敏捷的、高度控管的企業之中，實作「更好的工作方式」（敏捷應用、精實、DevOps、設計思考、系統思考等等），以及應用「敏捷心態、原則和實踐」等個人經驗，來交付變革。「反模式」與「模式」也是從「社群」中習得的經驗（從其他相似旅途中的「馬匹」身上，而非從「獨角獸」身上獲得）。

## 反模式：大寫 T 的「轉型」越大，「變化」曲線也越大

Kübler-Ross Curve（庫伯勒‧羅斯改變曲線）源自精神科醫師 Elisabeth Kübler-Ross 關於哀傷（Grief）的著作（1969 年出版）。該曲線已被證實符合絕大多數與「變化」有關的情境，而在「同事問卷調查」的回饋之中，我們亦不斷發現這種模式。

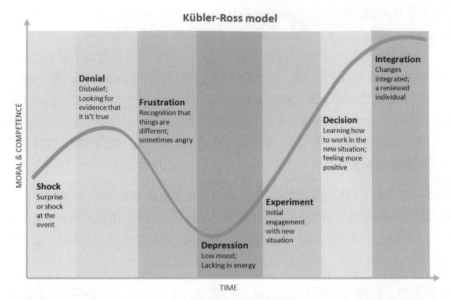

**Kübler-Ross model**

**Denial**
Disbelief;
Looking for
evidence that
it is't true

**Frustration**
Recognition that
things are
different;
sometimes angry

**Integration**
Changes
integrated;
a reniewed
individual

**Decision**
Learning how
to work in the
new situation;
feeling more
positive

**Shock**
Surprise
or shock
at the
event

**Experiment**
Initial
engagement
with new
situation

**Depression**
Low mood;
Lacking in energy

MORAL & COMPETENCE

TIME

庫伯勒·羅斯改變曲線：震驚、否認、沮喪、抑鬱、嘗試、決心、融合。

大寫 T 的「轉型」越大，「變化」的曲線也越大。若你啟動了一個龐大的、全面的「轉型」，那麼，請準備好面對一個巨大且深入的下沉曲線。跌得越深，就越難爬出來，花的時間也就越長。考慮到一些公司正面臨「生死存亡」的威脅，他們可能沒有足夠的時間爬出低谷。

在大型、多元化、受監管的跨國組織之中，文化規範（cultural norm）最有可能以「控制」或「能力」為基礎，此時出現一個帶有巨大下沉曲線的大寫 T「轉型」，將使這趟旅程變得更艱辛、更具挑戰性。否認、沮喪和憤怒將排山倒海而來。這種「變革」有更高的可能性會受到文化組織（cultural tissue）的排斥，為那些不願意改變的人提供更多的彈藥。事情在好轉之前會變得更糟。

對那些全面採用這種方法的組織來說，情況可能是這樣的：讓人們於週五的時候，以「專案經理」的身分離開，週一的時候，再以「Scrum Master」的身分登場，在某些情況下，他們甚至需要重新適應一個新角色，這時候，產生「真正的、嵌入的、內化的、持久的、成功的改變」的機會大大降低了，亦無法得到「更好的商業結果」（反之，產生的僅是「貨物崇拜」或為目前的工作方式貼上「新標籤」）。正如我在第 64 篇文章中所述，這引發了恐懼，進而導致了「消極」與「抵抗」。

## 艱難的開始

開始的時候尤其艱難，無論是決定改變工作方式、增加組織靈活性，或是展開「數位轉型」。面對轉型時，產生的「抗體」是非常頑強的：既得利益者感覺受到「威脅」；「更好的工作方式與流程」將面臨種種阻礙；眾多的依賴關係將成為「流（動）」的障礙；理解力低落；帶有認知偏見的力量卻很強，沒有來自組織的軟事證據或硬資料可以挑戰它們；『又來了！又一次轉型！』（是時候把頭埋進沙子裡了。）用「滑雪」來比喻吧。學習「滑雪」的時候，過程可謂又冷又痛又慢。一開始的 Snow Plough（「全制動剎車」，又譯「犁式剎車」或「內八字剎車」）是最困難、最耗費體力的。突破那個關卡，一旦能夠開始併腿轉彎（Parallel Turn），樂趣和速度將顯著提升，能量與時間的消耗也將隨之減少，滑雪將變得有趣和令人上癮。在沒有足夠滑雪教練的情況下，讓一大群人在同一時間去 Snow Plough，在一個還沒有為滑雪做好準備的環境中練習、在品質很差的雪地上相互碰撞，這樣做，合理嗎？

## 有限的重新學習速度

此外，「大型、老舊、官僚、傳統的組織」能夠隨著時間改變的「能力」和「容忍度」是非常有限的。組織的「重新學習速度」（re-learning velocity）是有限的。重新學習需要組織「忘記」，這比從一張白紙（最基本）開始學習還要困難。行為科學的研究顯示，認知超載（Cognitive Overload）是拒絕改變的主要緣由。認知推理（Cognitive Reasoning）是有限的，而且很容易耗盡。根據 Wendy Wood 博士的研究，人們每天做出的決定，有近 40% 不是決定，而是**習慣**。從傳統的工作方式轉變為新工作方式時，則需要「捨棄」這些習慣之中的絕大多數：『深思熟慮且有意識的思維是很容易脫軌的，人們往往會依賴習慣的行為。有40% 的時間，我們不會思考我們正在做什麼。意志力是一種有限的資源，當它被用盡時，你又回到習慣的懷抱。』（請參閱《*How we form habits, change existing ones*》：https://www.sciencedaily.com/releases/2014/08/140808111931.htm。）

當「改變」沒有內化和嵌入，而是在整個組織中被全面強迫的時候，就像一條**大橡皮筋**，一旦領導者命令「丟下」大寫 T 轉型，組織（人們的習慣和系統化的流程）將立刻反彈回「以前的工作方式」。在最好的情況下，大型傳統組織需要 3 至 5 年的時間來發展新的肌肉記憶。而「持續改進」是沒有終點的。關於這個主題的更多討論，請參見 Barry O'Reilly 的《*Unlearn*》。

# 大爆炸，大風險！

這種方法同時也沒有實現自己的價值觀或應用自己的原則。它不是應用「敏捷心態」來提高組織的敏捷力。它是大批次、大爆炸（Big Bang）、大風險！它是以一種與同事要求的變化「相反」的方式來展開變化。

# 官僚主義

根據帕金森定理（Parkinson's law）：『（在工作得以完成的時限內），工作量會一直增加，直至填滿所有可用的時間。』

我對此提出了一個推論：『（被雇用的）審計與控制人員，其人數越多，流程、控制點和標準也會隨之擴大。』這出現在一個沒有競爭的空間之中，比如說，有一群員工，卻沒有任何人專注於最佳的工作方式。

Parkinson 接著說：『無論工作量的變化如何（如果有的話），官僚組織中的雇員人數，每年都會增加 5% 到 7%。』

他列舉了兩個因素：『1、官員想要多位下屬，而非競爭對手；2、官員會為彼此製造工作』。他以英國殖民辦公室為例。從 1935 年到 1954 年，有將近 20 年的時間，只看和平時期的話，殖民地辦公室的員工平均增長率是每年 5.89%（在一個狹窄的 5.24% 到 6.55% 的範圍內）。而大英帝國的領土在同一時期內卻縮水了 76%，從 1 千 7 百萬平方英里，變成了 4 百萬平方英里。殖民地辦公室的大小與帝國的大小成反比。

Parkinson 認為：『在發表 Parkinson's law 之前，（大眾）假設這些帝國領土的變化將反映在中央政府的規模之上，這是很合理的。但簡單檢視一下資料就會發現，員工總數自動上升是不可避免的。**而這種成長，與帝國的規模甚至存在與否，都毫無關係。**』

無論企業是多麼地大型和老舊（帶著多年的組織疤痕與 100 年前的工作方式），他們還是會維持「他們的收入」可以支持的「效率低落」和「官僚主義」（或許在「數位時代」就會是「無法支持」），這就是為什麼選擇在該組織中「一次性」地應用「擴展敏捷的框架」是不理想的原因之一。

在「擴展敏捷力」之前（scaling agility，不是擴展「大寫 A 的敏捷」喔，「大寫 A 的

Agile」是「做敏捷」而非「變得敏捷」），對組織和工作進行 descale（縮小規模）是很重要的。

以「**小**」**實現**「**大**」！請先從小型團隊、小塊價值與小額投資開始。

『（把事情）做大之前，先做好它！』（特別感謝 Cliff Hazell 提供這句話。）

## 模式：為了擴展，請先縮小規模。

照片來源：Serhat Beyazkaya（https://unsplash.com/@serhatbeyazkaya）

與其進行「大爆炸式的轉型」（伴隨著巨大下沉的曲線），不如透過「早期的、經常的和小塊的價值片段」來實現大的結果。

追求與結果一致的「演進」和持續的「轉型」，將一系列「更小的變化曲線」連接起來。請從那些「天生就善於接受的領域」或那些「天生的冠軍」開始吧。如此一來，（曲線的）下沉不會那麼深，學習和回饋將會更快，風險也會更少，而冠軍們（無論公司如何，在過去早已一直試圖這麼做）最有可能在「組織的叢林」中披荊斬棘、開闢道路，他們通常擁有「成長心態」與「個人韌性」。

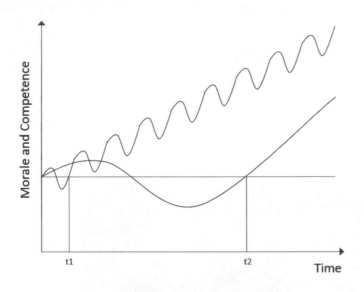

這種方法符合「看板方法」（Kanban Method）原則：『同意追求增量的、漸進的變化』。隨著時間的推移，我發現自己越來越重視 David J. Anderson 的「看板方法」原則和實踐，無論是在「組織敏捷力」的上下文之中，或從「策略」到「團隊」的各個層面。

因此，請不要強迫一個「大型的、以傳統方式工作、打造傳統產品（無論 IT 與否）的團隊」，一次性地應用「變革」。在推行敏捷的過程中，請採用「敏捷心態」。透過「建立**小型團隊、小額投資**和**小塊價值**」、「支持以**能力**建置、培訓和指導」以及「協助**移除**組織障礙」，來實現**大的結果**。當一個「傳統瀑布式的團隊」開始進行轉型時，它可能遵循著 Conway's Law 並帶著龐大的系統，請找出哪裡有可以交付的 elephant carpaccio（**編輯注：**「大象 carpaccio」是一種軟體工程師將「故事」分解成垂直切片的方法，就像把大象切割為「薄薄的生肉片」一樣）。最終，房間裡面不應該有大象。領導者也應該建立一個擁有心理安全感的環境，每一個人都可以安心地進行實驗和學習。

## 縮小規模的工作案例

舉一個我熟知的情境為例子：有一支大約 100 人的團隊，多年來，他們多次嘗試以「瀑布式的方法」交付商業價值，但都失敗了。在此之後，他們任命了一位有成功交付工作經歷的

領導者，建立了一支 5 人團隊，並開始使用敏捷的原則和實踐。在 12 週內，產品於正式環境之中交付、解決了客戶的需求，並提供了非常有用的學習和回饋。從那時候開始，團隊規模始終維持在 3 支之內（每一支團隊由 9 人或更少的人組成），即便由於第一條業務線的成功，支持的業務線的範圍顯著地擴張了，亦是如此。

當初要是強迫那 100 位團隊成員申請「認證」，或以「不同的職稱」開始工作，或套用「一體適用的方法」，是無法解決當時的內部困境，也無法內化改變並成為「學習型組織」的。尤有甚者，因為沒有依據情境進行「最佳化」，更要付出「昂貴的代價」，無法最大化商業結果或讓客戶滿意。

## 碎形

對於擁有多個事業單位的大型組織來說（每個單位都大到足以成為獨立的公司，實際上也曾經如此，因為它們帶有自己的文化和習俗），以「小」實現「大」的方法可以與一種「碎形（Fractal）的方式」合併執行（同時也要限制 WIP）。每個事業單位都從肥沃的土壤開始追求一系列「有限的小改變」實驗。設立一個小型的中央實施中心，負責提供「僕人式領導」的支持，並處理任何浮現的組織「障礙」。「敏捷心態」被應用於「授權」方面，而非「規定你應該如何做」。這又可以在「次部門」的層級之中進行，以此類推。來自每個事業單位的領導者每週聚在一起，形成一個虛擬團隊。應用敏捷心態，所有部門（或子部門）領導者的虛擬團隊，都是敏捷團隊的規模（即個位數）。如此一來，將能立即察覺「常見的組織限制」，並集合眾人的力量，來減緩這些限制。

## 擴展 agility 而非 Agile，垂直而非橫向

我們過去所犯的錯誤，即是從「團隊」層級開始，然後配合高層的支持「橫向發展」（更多的團隊）。然而，即使有專門的培訓，也可能無法吸引「中階管理層」的參與，即所謂的冰凍的中間地帶（Frozen Middle），或好一點的說法，「Pressurised Middle（被壓縮的中間主管）」。這是因為，在這種變化中，他們並不總是有明確的角色可以扮演。這是大型組織中任何文化變革的一個常見特徵，它不是人們的反映，而是人們所處環境的反映，以及扮演這些角色的人是如何參與其中的。

我的個人經驗是，當從「小規模」開始時，從人的角度來看，應該先從組織的「垂直層面」

下手。領導團隊是第一團隊。在現有的結構下，讓組織垂直部分的「自願者」走在前面，包括所有階層的領導者（最好是天生的冠軍），盡可能不要依賴其他的團隊。理想的情況下，這將是價值流／產品／服務保持一致的部分，而非「專業角色同盟」，例如：只有業務分析師或工程師或 PM。盡可能讓許多的中階管理人扮演明確的角色，在工作方式上指導（和被指導）持續改進，如同豐田的 Coaching Kata[1] 所示，並採用多層組合的「看板」，來專注於「視覺化」和「限制 WIP」。

然後，以「可持續的速度」橫向擴展敏捷力（agility，不是大寫 A 的 Agile），使組織成為相互依賴的服務網路。在組織中尋找更多「價值流／產品／服務」保持一致的切片，由一個小型的部門實施中心支持，提供指導、培訓、分享學習，為團隊開闢道路。追求增量的、進化的、結果導向的、持續的轉變。

這並不代表不能使用「擴展敏捷框架」（scaled agile frameworks）。這取決於每個團隊和地區，來決定什麼是最適合他們的。每個框架都是有價值的知識架構，可以作為一個很好的起點。在某些情況下，它們可以提供一個通用的詞彙表，而在所有情況下，它都是關於嘗試：在您獨特的情境之中，什麼是有效的，並專注於更好的商業結果（如我在第 64 篇文章所述）。我們的目標是避免框架基本教義，寧願成為 Omnist（信仰一切的人）。關於這個主題的更多討論，請參閱 Dan North 的優秀文章，即本書的第 46 篇《為 SWARM 喝采！》。

---

1 http://www-personal.umich.edu/~mrother/The_Coaching_Kata.html

再次強調，開始的階段總是最困難的，因為組織的其他部分並不是以「持續任何事情」（Continuous Everything）的方式設置的。只要幾年的時間，透過「許多支援功能（GRC類型功能、InfoSec、合規、審計等等）」、「小型與持續的工作方式」、「關注溝通而非合約」、「建立跨職能的永續小團隊」、「讓價值流與上下文相符」以及「不要採用一體適用的方法」，就能取得良好的進展。

## 模範社群

為了幫助擴大學習、克服障礙以及採用更好的工作方式，我們有一個模範社群（Exemplar Community）。會員身分有許多好處，例如：額外的培訓、外部演講者、分享學習以及拉下虛擬「安燈繩」（andon cord）示警的優先權。你不需要成為模範才能加入，它是自願的，並且有一個心理契約：團隊同意努力成為模範，全心投入，專注可測量的業務結果（而非活動或輸出）。始終如一地，這些團隊呈現出遠為優秀的結果（例如，正式環境事件平均減少了 23 倍），為受硬資料影響的批評者提供好處的硬資料，為情感購買提供故事，並透過細胞有絲分裂傳播更好的工作方式。

## 英國政府的數位服務團隊

英國政府數位服務（Government Digital Service，GDS）也採取了類似的做法。引用 GDS前敏捷交付負責人 Adam Maddison 在 Agile Cambridge 2016 的話：『我們在 GDS 的擴展方法是什麼呢？我們不擴展。但我們確實有一些大型專案。……在 GDS，我們絕對沒有忽視擴展框架。我們很樂意使用它們的功能，如果它真的能交付價值的話。但我們絕對不拘泥於任何方法或框架。我們總是會根據自己的需要來調整功能。』

在 GDS 和我們的環境之中，以「小」實現「大」中的「大」是透過路線圖來表達的，路線圖闡明了長期價值流／產品／服務的策略目標和季度業務成果。這些又被分解成價值的垂直小塊，就像洋蔥一層又一層，作為結果而非活動，並透過「持續任何事情」（Continuous Everything）的方式來交付。透過許多的小步驟和持續學習，來取得大的成果。

## 總結

- 以「小」實現「大」。

- 先替組織和工作縮小規模（Descale）。

- 先做「好」，再做「大」。

- 以可持續的步伐，在擁有支援的情況下擴展敏捷力（agility），而不是大寫 A 的敏捷（Agile）。

- 領導者先行。

- 努力使組織成為相互依賴的長期服務網路，具有高內聚力、低耦合性並以「客戶」為中心。

- 在採用敏捷時應用「敏捷心態」。

\*\*\*

# 66

# 組織敏捷力：
# 賦予人們 VOICE

作者：*Jonathan Smart*

發布於：2018 年 9 月 28 日

不要單向地「強制要求」別人。你是特別的。
你是美麗而獨特的雪花，你的團隊也是，你身處的複雜適應性系統也是。
照片來源：Aaron Burden（https://unsplash.com/@aaronburden）

**本文是系列文章的第 3 篇**，分享了一些關於組織敏捷力主題的**反模式**（anti-patterns），以及與其相對應的**模式**。（**編輯注**：系列文章第 1 篇，請參閱第 64 篇文章；系列文章第 2 篇，請參閱第 65 篇文章。）

我們正在進入一個新的部署時期、一個 50 年的週期、一個數位時代，正如 Carlota Perez 於《*Technological Revolutions and Financial Capital*》中所言。

傳統組織需要採用「新的工作方式」，為了生存和發展，為了利用雲端以及我們口袋中的運

算、資訊與通訊能力，為了跟上競爭對手和挑戰者並取悅客戶。如今，面對複雜的知識工作，許多人仍在應用「20 世紀初期的管理模型」，然而，這種模型卻是專為「工廠的技術勞動」量身打造的。

這是基於「從做中學」的教訓，包括從「失敗」中學習。從 1990 年代初期開始（也就是《敏捷宣言》面世的十年之前，當時使用的術語還是「輕量級流程」），我們與許多有才華的人一起擔任「僕人式領導者」，並致力於各種大型的（8 萬人）、古老的（超過 300 歲）、全球的、並非生來就是敏捷的、高度控管的企業之中，實作「更好的工作方式」（敏捷應用、精實、DevOps、設計思考、系統思考等等），以及應用「敏捷心態、原則和實踐」等個人經驗，來交付變革。「反模式」與「模式」也是從「社群」中習得的經驗（從其他相似旅途中的「馬匹」身上，而非從「獨角獸」身上獲得）。

## 反模式：金色鐵鎚

整個組織被「強制執行」了一套規定的實踐，通常會和「大寫 A 的敏捷」與「大寫 T 的轉型」等反模式結合。Abraham Maslow 在 1966 年在描述**金色鐵鎚**（Golden Hammer）反模式時，是這樣說的：『我想這是相當吸引人的，當你手上只有鐵鎚時，會把所有東西都當作是釘子。』在這裡，存在著兩個反模式：「金色」和「鐵鎚」。

## 反模式的第 1 部分：金色

在人員和團隊身上「強制要求」（Mandating）任何一套實踐都是反模式。正如 Martin Fowler 所言：『將一套流程強加於團隊，完全違背了敏捷的原則，而且從一開始就是如此。一個團隊應該選擇自己的流程，一個適合他們與他們的工作環境的流程。從外部強制敏捷流程，剝奪了團隊的自主權，而自主權正是敏捷思維的核心。團隊不僅應該選擇自己的流程，還應該控制流程的發展。』（請參閱：https://martinfowler.com/bliki/AgileImposition.html。）

《敏捷宣言》強調「個人與互動」重於「流程與工具」，「協作」重於「合約協商」，積極的個人被賦予「支持和信任」來完成工作，自組織的團隊定期自省「如何更有效率」，並據之適當地調整他們的行為、實踐和流程。

Martin Fowler 在 Agile Australia 2018 的主題演講中亦表示：『有這麼多的差異，我們怎麼

能說，有一種方法對每個人都有效呢？我們不能。然而，我太常聽到的是將**敏捷－工業複合體**（Agile Industrial Complex）強加給人們的方法，這對我來說完全是拙劣的模仿。我本來想說悲劇，但我認為**拙劣的模仿**是更好的形容，因為沒有放諸四海而皆準的解決方案。』（**編輯注**：讀者亦可參閱本書第 39 篇 Uncle Bob 的文章《軟體工藝的悲劇》。）

不幸的是，強制執行「規定的流程」，在當前的跨團隊與跨組織之中是非常普遍的。而我們不應該這樣做。將「大寫 A 的敏捷」強加於人，這並非授權，它一點也不尊重人，它只會帶來恐懼和阻力，此外，它亦沒有採用敏捷的方法來實現敏捷力。它把控制點移到外部，減少了「心理所有權」和「內在動機」。

也許並不令人感到驚訝，許多大型傳統公司的領導者，即便帶著他們「簡化、預測、命令與控制的心態」，卻也達到了他們想要的目標。於是這就產生了「敏捷－工業複合體」：一種「舊的工作方式」的觀點正被應用於「新的工作方式」。在某些情況下，可能需要新一代的領導人。正如 Peter F. Drucker 所言：『知識工作者本人最適合決定如何進行工作。』

# 反模式的第 2 部分：鐵鎚

對於組織的敏捷力來說，沒有「放諸四海而皆準」的方法。沒有一種方法可以在所有情況下都最佳化結果。

你的組織、你的客戶、你的價值主張、你的環境、你的流程、你的工作系統、你的領導、你的團隊、你的限制、你的起點、你的行為規範、你的傳統、你的品牌、你的團隊和你……都是獨一無二的。

正如 Joseph Campbell 所言：『如果前方的道路是一條康莊大道，那麼你就走在別人的道路上。』

組織是異質的（heterogeneous），而不是同質的（homogeneous）。組織是自然發生的，而不是可預測的。組織是複雜適應性系統（complex adaptive systems）。根據維基百科的定義：『一個複雜的適應性系統是一個交互作用的動態網路，它們之間的關係不是單一靜態實體的聚合。也就是說，總體的行為不能由組成部分的行為來預測。它們具有適應性，這是因為個體和集體行為會根據引發變化的事件，來產生變化和自我組織。』

在企業之中培養敏捷力（而非擴展「大寫 A 的敏捷」）是關於利用複雜性、多樣性和自發性，而不是讓每個團隊都變得一模一樣。提高組織敏捷力的方法不能是一體適用的餅乾模具。

你的情境／上下文（context）是獨一無二的。為了展示這一點，這裡有一些組成你的情境
／上下文的因素：

| Organisation | People | Products |
|---|---|---|
| Impediments | Culture (org, BU, dept, team) | Criticality (life critical) |
| Starting point | Leader & leadership team buy in | Cost of Delay |
| Industry volatility & disruption | Prior experience in different ways of working | Rate, predictability and size of work entering the system |
| Competitors | Psychological safety | Level of uncertainty and risk (degree of knowability) |
| Urgency | Customer expectations | Degree of 'scaling' needed |
| Cost of Delay of changing | Customer elasticity | Degree of coupling |
| Org Size | Ease of getting customer feedback | Degree of cohesion |
| Org Age | Diversity | Type (shared, customer journey aligned, channel) |
| Locations | National cultural norms | # handoffs to deliver value |
| Diversity of businesses | Survival anxiety | Current lead time |
| Purpose, Values | Duration that team members have worked together | Current flow efficiency |
| History, folklore | Org structure | Current quality |
| Past mergers & acquisitions | Geographical distribution | Amount of regulation |
| Org Identity | Permanent vs. outsourced | **Technical** |
| Safety criticality | Skill level | Architecture. Monolithic vs. microservices |
| Public vs. private | Knowledge & insight | Tehnologies used |
| Short term vs. long term pressure | Capabilities | Degree of coupling |
| **Process** | HR processes (promotion, recognition, reward) | Degree of cohesion |
| Policies | Tenure | Engineering skills |
| Standards | Orthodoxies & Beliefs | Engineering practices |
| Processes | Defined roles | Environment provisioning |
| Regulation | Incentivisation | Degree of automation |
| Funding | Training, coaching, support availability | Branching strategies |
| Hiring | Career paths available | Build & deployment strategy & frequency |
| Procurement | Working environment | Observability |
| Degree of framework fundamentalism | Ability to collaborate across boundaries | Resilience |
| Audit | Existence of Communities of Practice | Embedded |
| Governance, Risk & Compliance | **Tools & Data** | |
| Product vs. Project | Wallspace to be able to radiate information | |
| Environment provisioning | Degree of data-led insights being mined | |
| | Availability of data-led insights | |
| | Speed of data feedback loop | |
| | Ability to drill into the data | |
| | Tools available (incl. paper) | |
| | End to end integration of tools | |
| | No choice, some limited choice or wild west | |

情境／上下文的標準

值得注意的是，中間的 **People** 類別擁有與「情境」最相關的標準，而「工具」最少，這再次證明了「人員」的重要性。

腦力激盪出這些「情境」標準，對我來說是一項快速練習，而讓我驚訝的是，在短時間之內出現了多達 90 個標準。這是 $1.2 \times 10^{27}$（1.2 octillion）個獨特組合標準，假設條件是二元的話。如果不是，那還有更多的組合。很明顯地，你的情境是獨一無二的，在一個大型組織中有許多獨特的情境，就像指紋一樣。而你的環境也會改變。而且改變的速度會越來越快。

我特別想指出兩個情境標準：**Scaling Agile**（擴展敏捷）和 **Culture**（文化）。

- **Scaling Agile**（擴展敏捷）可以有許多解釋和涵義，它可以是一個大型產品上的幾個團隊、依賴關係沒有中斷，或是整個組織敏捷力的多樣性和複雜性，以及成千上萬的價值流、團隊和情境。取決於你為什麼想要「擴展敏捷」，以及你所說的「擴展」是什麼意思，你的方法會有所不同。

- 理解現有的 **Culture**（文化）是關鍵。在一個大型組織中，由於歷史、民間傳說、地理位置、領導風格等原因，可能會有許多不同的流行文化。在不同的文化中採取「同一種方法」是不智的。有許多文化模式可以作為指引。以 Westrum 的類型學（typology）為例。如果一開始的文化是「病態」的（Pathological），那麼「心理安全感」就會很薄弱。專制文化是普遍存在的，在最糟糕的情況下，還有一種「恐懼」和「習得性無助」的文化。我和那些不敢檢視和適應的團隊對談過。在這種情況下，改變工作方式的「革命性方法」是不太可能成功的。我曾目睹強制實施 Scrum 與同步衝刺的失敗，這是在「缺乏安全感的環境」之中進行革命的一個例子。在這種情況下，一個更好的方法是邀請「演進」而非強加「革命」，從你現在所做的開始，原因我將在後續討論。

正如弗雷德里克・萊盧（Frederic Laloux）所言：『一個組織的意識／意志水準，是不可能超過其領導人的意識／意志水準的。』如果一開始的文化是「有生產能力的」（Generative），如果有「心理安全感」，如果已經掌握了一些東西，如果有「強烈的生存焦慮」而延遲的代價很高，那麼在這種情況下，邀請「革命性的改變」可能是更好的選擇。

# 框架

在緊急的情境之中，任何「實踐框架」所面臨的挑戰，都是為了在這兩者之間取得平衡：為「初學者」準備的處方，以及隨著人們駕輕就熟而「保持靈活」。一個框架要嘛透過「不規範實踐、照亮問題並讓人們找出解決問題的方法，明確地迎合對環境的適應性」，要嘛就只是「規範和教條」。在後者的情況下，當你越來越熟練，你可以把「框架」當作一個出發點，並在此基礎上進行檢視和適應，因此它不再只是「完成」了，如果這能改善你的結果的話。

Scrum 及其擴展的變體（如 SAFe、LeSS、Nexus 和 Scrum@Scale）是革命性的，而不是進化性的，因為它們導入了新的角色、產出物、事件和規則。新的角色、產出物和事件是無法商量的。你要嘛做，要嘛不做。擴展的變體在垂直擴展的情境之中演化，許多團隊在一個大型產品上具有依賴關係。Disciplined Agile（DA）提供符合情境的指引和選擇。它適合企業敏捷力以及橫向擴展的環境，滿足多樣性和湧現性（emergence），也有護欄（guardrails）。「看板方法」則是進化的，你把它應用到你的流程之中，它將照亮流程和阻礙。在後面的文章中會有更多關於這個主題的討論。

這些全部都是「工具箱」中有用的工具。但同一種尺寸（規則），並不適用於所有的人。

# 模式：賦予人們 VOICE

不要在整個組織中強制執行一套規定的實踐。反之，請在「組織敏捷力」當中應用「敏捷心態」，並賦予人們 VOICE：

- 價值觀與原則（**V**alues and Principles）
- 結果（**O**utcomes）
- 企圖心領導（**I**ntent Based Leadership）
- 教練式指導（**C**oaching）
- 實驗（**E**xperimentation）

照片來源：Ian Schneider（https://unsplash.com/@goian）

以你清晰和現代化的**價值觀和原則**，來指引你的每一個決定。

在有一個明確「為什麼」的前提下，以「度量」和「快速的回饋循環」來關注**結果**（例如：更快、更安全、更快樂、更好的產品）；不是為了敏捷而敏捷，也不是因為你的競爭對手正在這樣做。

以「指揮官企圖」的原則為基礎，來實踐**企圖心領導**與授權，分散決策制定，為「高度自治」和「高度一致」而努力，包括團隊自己制定「如何在他們的情境之中改善結果」。透過「邀請」實現敏捷，而非「強制」敏捷。領導者先行，透過一個清晰的「員工參與」模型，為「期望的行為」樹立榜樣。

提供**教練式指導**和支援，藉此捨棄舊習慣、養成新習慣，提升熟悉度並移除組織的障礙。利用許多知識架構，以及在工具箱中準備許多工具。成為一位 Omnist（信仰一切的人）。各階層的領導者皆指導並支持「持續改進」與「技術卓越」。

在所有層級進行**實驗**，並提供快速的回饋。在組織、業務部門和團隊層級進行調查、理解與回饋。實施雙迴圈學習（Double-loop learning）。成為一個學習型組織。在「做得更好」這件事情上，做到最好。

## 價值觀與原則

確定、更新並反覆傳達組織中為每個決策提供資訊的**價值觀和原則**。這些是行為的護欄（guardrails）。它們發出「企圖心」的訊號，能指出不符合規則的行為。這包括團隊對其領導者的行為負責，幫助團隊向上管理。它們應該是永恆的（例如：對顧客癡迷（Customer Obsession）或持續改進），並適用於不同的環境。

定義了你的「原則」之後，在許多獨特的「情境／上下文」之中，實踐將有所不同。如同 Dan North 所言[1]：『實踐＝原則（上下文）』。透過將你獨特的「上下文」應用到你的「原則」之中，透過「教練指導」和「實驗」以及利用許多的知識架構，實踐將由此而生。

# 結果

正如本書第 64 篇文章所述，對於組織來說，你**為什麼**（Why）要尋求改進工作的方式，以及期望的**結果**為何（例如：更快、更安全、更快樂，更好的產品），每一種都有一個或多個度量。將障礙轉化為結果（From Obstacles To Outcomes，FOTO）是有助於確定「結果」的工具之一。另一個可以帶來靈感的參考則是 Gene Kim 等人所寫的《*Accelerate*》，書中列出了與「更高的組織績效」有關的能力。

# 企圖心領導

採用以「現代軍事指揮」為模型的**企圖心領導**[2]。它提供了高度的一致性，賦予人們高度的自主權，並透過快速的回饋、資料和支援，來授權團隊改進他們認為合適的結果，從「小地方」開始。把權威帶給資訊，而不是將資訊帶給權威，分散決策。不要強加規定。使「期望結果的改進」公開透明。採用「拉」而不是「推」的方式。在護欄內使其敏捷而不脆弱。重要的是，培養心理安全感，讓人們覺得實驗是安全的，把控制點轉移到內部。成為一位變革型的領導者，離開從 20 世紀初期開始的「命令與控制型領導風格」，擺脫在可預測的環境中進行體力勞動的情境。根據 2017 年的 DevOps 狀態報告，變革型領導力（Transformational Leadership）與「更高的組織績效」是密不可分的。

為了讓同事參與到變革之中，有一些參與性、包容性和內在動機的參與模式（如 Agendashift 或 OpenSpace Agility），可以提供一些協助。正如 Antoine de Saint Exupéry 所言：『如果你想打造一艘船，請不要叫人去撿木頭，也不要替他們分配任務和工作，而是要教他們渴望無邊無際的大海！』（**編輯注**：讀者亦可參閱本書第 11 篇文章第 59 到 60 頁，或第 46 篇文章第 318 到 319 頁，都有關於 David Marquet 和「企圖心領導／管理」的討論喔。）

---

1　https://speakerdeck.com/tastapod/you-keep-using-that-word?slide=16

2　《What is leadership? - With David Marquet》：https://www.youtube.com/watch?v=pYKH2uSax8U

## 教練式指導

提供**教練式指導**並**支持敏捷力**，而不只是一個規定的框架。藉由設定「卓越的技術水準」、排除組織流動的「障礙」，並以小的改善（*Kaizen*）和大的改革（*Kaikaku*）持續改進，來提供指導和支持。

小型實施團隊（Enablement Teams）的「聯合、碎形結構」是我們已經成功使用的模式。他們扮演「僕人式領導」的角色。僕人：培養文化、清除組織的障礙、支持領導者和團隊、有自主權，以及「拉」而不是「推」。領導：確保高度一致性，有明確的結果與回饋循環，並提供組織的護欄，以確保它是敏捷而不脆弱的，此外，也要執行速度和控制。

## 實驗

現在你有了一個假設驅動的期望結果和測量，你有了在護欄內的自主權，有了教練式指導和碎形式的支持，從小地方著手，是時候進行快速回饋的實驗，以便在你期望的結果上取得進展了。

當你在一個獨特的「複雜適應性系統」中執行獨特的複雜工作時，你需要依序進行探測、理解和回應。就像任何實驗一樣，一切都是要驗證的假設。由於工作系統是突發性的，實驗結果不能得到保證。在空間裡行動將改變空間本身。因此，必須了解許多實驗可能是不可逆的，也不能被複製，因為「複雜的適應性系統」已經對「輸入」做出了反應。正如「系統思考」所述，這並沒有線性的因果關係。

首先，我發現這個來自 Dan North 的模型[3]，在探索變化時很有幫助：『視覺化、穩定、最佳化』。

- **視覺化**：在你可以進行實驗之前，首先你需要「看見」和測量你目前的工作系統。找一面大牆，並實際繪製出你的工作流程步驟與系統之中的工作。從端到端，而不只是IT。對於絕大多數的團隊來說，他們從來沒有「看」過他們的知識像工廠一樣工作，這肯定是一大衝擊。障礙變得明顯了。為 Tickets 加上時間長度，說明時效性與期限。在大型機構中，通常有 90% 的工作時間都在等待。這就是「浪費」所在之處，它讓系統減速，就像高速公路上有太多的汽車一樣。你應該知道你的流程。請檢視那

---

3　https://speakerdeck.com/tastapod/swarming?slide=18

些沒有「工作」的地方。

- **穩定**：控制 WIP 的數量來穩定「流（動）」。請開始減少高速公路上的汽車。導入 WIP 限制，這代表在有空間之前不能啟動任何工作。現在系統是一個「拉」系統，工作被「拉」到右邊。請停止「（不斷）開始工作」，請開始「完成工作」。

- **最佳化**：找出你認為你最大的流動限制是什麼，並集中你的努力來改善它，從小地方開始，利用快速的回饋。進行一個實驗（探測）並檢查結果的度量（理解）。請記得，因果關係不是線性的。弄清楚你的下一個改進實驗是什麼，然後再次進行實驗（回應），放大正向的實驗，抑制負向的實驗。利用所有的知識架構，考慮所有的框架，為你獨特的情境找出最佳實踐。系統思考的「因果循環圖」（Causal Loop Diagram，CLD）會是一個有用的工具。一旦從改進實驗中產生了洞察，就要進行雙迴圈學習（Double-loop learning），來反思最初的原則和結果。當你獲得更多洞察時，透過情境證據來反省，是否應該更新它們。

## 成為信仰全部的人

任何框架、實踐或工具都是起點，而不是終點。請成為一位 Omnist（信仰全部的人）。從多個知識庫中取得知識，不要在工具箱中只有一個工具。找到你自己的路。根據維基百科的描述，『一個人可以根據個人的經驗、參與和探索，來達到對現實的理解；同時，這個人也可以接受他人的不同理解，並肯定這些理解的正確性和合法性。Omnism 肯定了以上敘述的必要性，而在這種情況下，存在著一種隱含的價值體系。』

## 總結

根據 Daniel Pink 的著作《*Drive*》，真正能夠激勵自我的要素為**自主**（Autonomy）、**目的／使命感**（Purpose）和**精通／掌控力**（Mastery）。

**價值觀與原則**以及**企圖心領導**賦予人們在護欄內的自主權。**結果**提供了目的。**教練式指導**和**實驗**則幫助人們做得專精。

哦，這感覺不像轉型，因為受變化影響的人正是推動這些變化的人

這種方法將「複雜適應性系統」的控制點向內轉移，這樣人們就被邀請成為自己命運的主人，並獲得安全感與支持。在某些情況下，這需要克服整個職業生涯的條件反射，即控制點

是外在的、即「如何做」和「為什麼」都是被規定好的。對於某些人、文化、環境和複雜的適應性系統來說，*Kaizen* 和進化式的改變是最優先的，好證明天不會塌下來，進而建立信心。

為了交付更好的業務結果，為了讓同事參與進來，為了讓客戶高興，為了讓變化成功而持久，請不要將「敏捷」強加於人，而是賦予人們 **VOICE**。

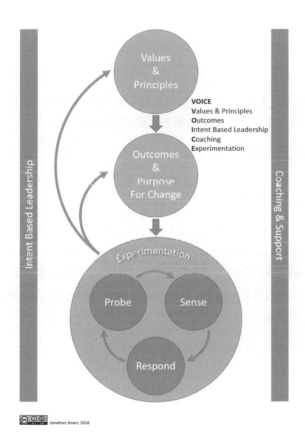

***

https://medium.com/sooner-safer-happier/organisational-agility-give-people-a-voice-5d5e68449aa7

## 作者簡介：Jonathan Smart

**Jonathan Smart** 負責 Deloitte 的企業敏捷力實踐，透過在整個組織範圍內應用敏捷、精實和 DevOps 的原則和實踐，幫助組織更快、更安全、更快樂地交付更好的價值。

Jonathan 曾經領導 Barclays Bank 的全球工作方式。Barclays Bank 有 328 年的歷史，有來自 40 個國家的 8 萬名員工。3 年後，團隊平均在 3 分之一的時間內交付了 3 倍的工作量、生產事件減少了 23 倍，員工敬業度的得分亦達到歷史最高。

在變革之中採用與領導敏捷方法，在這方面，Jonathan 有 25 年的豐富經驗。他的團隊獲得了 Agile Awards 2016 的 Best Internal Agile Team 獎項。他是 Enterprise Agility Leaders Network 的創辦人、Disciplined Agile 顧問委員會的成員、Business Agility Institute 顧問委員會的成員、DevOps Enterprise Summit 的 Programming Committee 成員，以及倫敦商學院的客座講師，每年在 6 到 7 個會議上發表演說。

# 67

# 什麼是敏捷領導力？

作者：*Zuzana Šochová*

發布於：2018 年 4 月 21 日

什麼是敏捷領導力（Agile Leadership）？你將如何定義它，又該如何解釋它呢？這些只是人們最近提問的幾個問題。

敏捷領導者能夠鼓舞他人、創造並傳達具有吸引力的願景或更高的目標，進而激勵組織的積極性。他也會透過不斷（聽取）回饋，來尋求更好的工作方式。這是包容性（inclusive）的精神，在他人的領導旅途中給予支持。對新的思想、實驗和創新保持開放的態度。支持創意／創造力。能夠耕耘正確的心態，並建立「以協作為基礎的文化」。敏捷領導者做教練的同時，也是一位好的聆聽者。

敏捷領導力與「工具」、「實踐」或「方法」無關。它是一種能力（ability）：從系統的角度來檢視組織；了解系統的動態；能夠了解正在發生的事情，了解它、理解它，並成為系統不可或缺的一部分；最終能夠採取行動，使用教練指導方法對其產生影響，並展開變革。

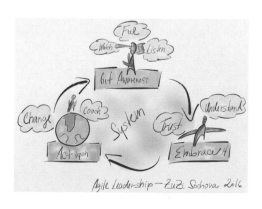

447

新的管理範式（paradigm）是關於「協作與信任」、「去中心化」、「持續適應與保持彈性」以及「配合與團隊合作」。從工業時代的「靜態管理」，到上個世紀的最後 20 年，我們轉向「戰略管理」，並迅速進入「動態管理」，我們努力跟上這個不斷變化的現代複雜世界，並與之保持同步。而這個世界迫切需要「敏捷領導力」，因為其他任何事物都不夠靈活，無法應付當今的挑戰。公司需要更多的創造力、協作與創新，也就是所謂的**敏捷力**（Agility）。這就是成功的方式。這就是實現目標的方式。這就是生存之道，好讓我們不會成為新一代的恐龍：如此龐大、緩慢又缺乏彈性，以至於牠們最終從這個世界上消失了。

***

# 68

# 敏捷 HR

作者：*Zuzana Šochová*

發布於：2018 年 8 月 31 日

敏捷人資（HR），或所謂的人才管理（Talent Management），能夠扭轉整間公司的局面。它以員工為中心，並為整個組織交付價值。乍看之下，變化不大。我們仍然需要雇用員工，也需要關注員工的成長並進行一些評估。然而我們的工作方式卻發生了極大的變化。讓我們一個個討論吧！

## 招募

招募過程變得不是很注重技能（skills），因為技能是可以習得的；技能也會根據「商業價值的優先順序」以及「團隊的需求」而改變。招募過程重視的是人，看看他／她是否能與公司文化和團隊相輔相成。在敏捷組織中，我們會優先選擇那些可以快速學習的人。他們可以加入任何跨職能的團隊並交付價值。我們尋找的是沒有固定心態且願意改變的人。話雖這麼說，HR 和經理通常不會參與招募人才的流程（**團隊才會參與**），HR 在此過程中只會負責諮詢和指導團隊。固定職位的世界已經結束了。所有的招聘機構也需要跟著適應。在招募過程中，我們會邀請**團隊成員**參與其中，並讓他們在此流程中勇於表達自己的意見。我們不再尋找 C ++、Java 或 C# 專家，而是尋找充滿活力、對自己所做的事情充滿熱忱的人。我們想聽有關他們喜歡做什麼的故事，即便只是一件他們晚上會做的小事。我們讓與工作有關的一切**公開透明**，我們亦強調了（公司與團隊自身的）缺點，因此來面試的人都能擁有明確的期望。**透明度**是關鍵，所以，一個好主意是，可以邀請「候選人」加入團隊，只要一個工作天的時間。就像去約會一樣，可以更清楚地了解彼此，雙方都能感受並想像一下「將來一起共事的情景」。

一個截然不同的面試例子，是要求「候選人」使用一組創意的樂高積木，並**視覺化**地展示他們加入組織後的情境，並就該模型進行對話。這是你在面試中很少看到的事物，但它卻顯示了很多關於「候選人」的訊息。

# 評估

敏捷空間中的評估（Evaluations）和績效考核（performance reviews）亦發生了顯著的變化。這與審查、績效或評核無關，而是與「發展」以及「未來和成長的願景」有關。由於敏捷組織的內部運作週期非常短，透過「激進的透明性」和「回顧（會議）的即時回饋」，組織可以立即檢查、調整和解決任何問題。我們真的不需要傳統的 KPI，因為它們並不支援敏捷組織所需的「適應性」和「靈活性」，而且也缺少了團隊方面所需的一切。首先，你可以從設置團隊目標開始，而不是個人的目標。這會有幫助的。但是，最終，你需要從頭開始重新設計整個概念。重點必須放在教練式指導對話（coaching conversations）、透明性，以及來自同儕的坦率回饋。

讓我舉一個「激進變革」（radical change）的例子吧，你可以使用「團隊導向的回饋」（team-oriented feedback）。首先，你發給團隊或組織中的每一個人（是的，它可以擴展）一定數量的金錢，由他們來捐出這些錢。假設每個人有 100 美元吧，你要求他們將這些錢分配給同事。唯一的規則是本人不能保留這些錢。想像一下，「某人收到 0 美元」所暗示的訊息，是多麼強而有力的回饋啊！這遠比「經理針對你的績效所做的評論」還要強烈。確實，我們需要很多指導，來幫助人們理解和處理正在發生的事情。但是總的來說，這是一件好事。如果你將其擴展到整個組織，那麼它會變得更加有趣，因為經理和員工都會得到即時的回饋。

# 人才管理

正如我在本文開頭提到的那樣，我們談論的是人才開發而非人力資源。是什麼激勵著人們？我們如何培養人才？我們如何為他們的旅途提供支援？我們如何協助他們取得成功？答案是**指導**（coaching），**支持**他們建立自己的開發目標、**提高**他們的興趣、**賦予**他們權力、**提升**他們對自我的認識。雖然這也沒有什麼好奇怪的，但是有多少 HR 真正擔當了這樣的支持角色？而又有多少公司只把 HR 視為流程和治理的角色呢？

以上是一些關於如何促進人們成長的指導對話範例；它們可以使用一些類別，而這些類別對於組織來說，是**構架對話**的當前戰略。**首先**，你需要讓人們知道教練擴展的工作原理，並明白它與（傳統的）評估方法有很大的不同：它不必按季度成長、它總是有一種更好的做事方式，且它是一項**工具**，可以協助人們確定自己的潛力，找到如何自我成長並支援組織的方法。**下一步**，你要讓人們以 1 到 10 的相對比例，對自己進行評分，其中 **1** 等於「不擅長這個領域」，而 **10** 等於「我很擅長這方面」。他們需要能夠與組織中的其他人進行比較，並說明情況如何：當人們比當前水平高 2 分時，將會有什麼改變？這對組織有何意義？目前有什麼正在阻撓他們……等等。所有這些都是很好的教練式指導問題。沒有魔法。它只是碰巧像魔法一樣。（笑）

***

# 69

# 團隊管理階層的敏捷力

作者：*Zuzana Šochová*

發布於：2018 年 9 月 27 日

「敏捷」不能只是停留在**團隊**層面。若是如此，「敏捷轉型」只會在管理階層和員工之間造成**困擾**和**鴻溝**。團隊越敏捷，兩者背離得就越遠。經理們感到迷失、被遺忘，並對那些「自組織團隊」最終可能不再需要他們而感到沮喪。問題的一部分是，他們**從未加入**任何敏捷或 Scrum 團隊。經理看到了團隊成員們的工作，也加入了他們所謂的審查（Reviews）並聆聽了他們的故事，但這些和「敏捷」是不一樣的。人們需要「親身經歷」，才能理解另外一種工作方式。當有人告訴你「敏捷」和「Scrum」很棒的時候，你可能還記得你的第一個直覺反應：『什麼？』你心想，『這個愚蠢的流程是永遠不可能成功的，萬一……』嗯，至少我還記得自己幾年前的感覺啦。

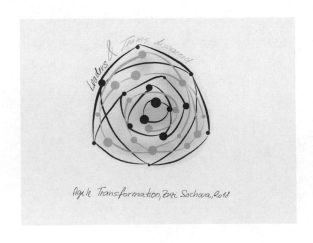

Agile Transformation, Zuzi Sochova, 2018

公司在「敏捷轉型」的過程中，經常忘記的一件重要事情，就是如何讓**管理階層**也參與進來。經理們非常需要擁有屬於他們自己的敏捷和 Scrum 體驗。他們不能只是閱讀它。否則，你會繼續聽到像是『我明白了，你們是一個團隊，你們協作，但是誰來負責？』、『我們不需要 ScrumMaster，某些開發人員可以身兼其職』、『我們不需要產品負責人（Product Owner），我們有一個產品委員會（product committee）』之類的有趣對話。如果你認真想要「敏捷轉型」，那麼該是改變實作方式的時候了。這不僅僅是「由 C 字輩高階主管決定，卻在沒有引起他們注意的情況下偷偷實作」的不同流程。這是文化和思維方式的重大變革。那麼，為什麼不從另一側開始，由高階主管們組成第一支團隊呢？讓他們體驗敏捷和 Scrum。讓他們感受一下**痛苦**：團隊裡面充斥著一群擁有各自目標、沒有共同熱情、沒有信任的人們；甚至沒有一個統一的目的或宗旨。讓他們體驗一下「自組織」的意義，以及「跨職能」的工作原理吧。讓他們進行精煉、計畫、站立（會議）、審查和回顧。結果總是很有趣的。就像第一次 pilot（試驗新產品）對「產品開發團隊」來說是多麼痛苦和難熬一樣，對高階主管們來說，更是苦不堪言。他們會討厭這一切。如果可以，他們會將你踢出大門。

因此，請為此做好準備，並擁有足夠強大的 Sponsor（專案的贊助者或發起人），他知道這些痛苦的經歷對「組織的成功」來說是非常重要的。就像任何其他的練習一樣。一開始總是很困難的。我們所有人都擅長尋找藉口：『為什麼今天要跑步呢？這似乎不是一個好主意，我明天再跑吧！』、『等天氣變好的時候再來跑！』，或是『實際上，我認為我不需要跑步，沒有它我還是很好啊。是其他人需要**它**，不是我』。聽起來很熟悉，對吧？如果你強迫自己開始並養成一個習慣，而那個習慣很有趣，即使只跳過一天（不使用或不進行它），你甚至會開始想念它。Scrum 也是一樣的：第一次真正體會「團隊精神的力量」時，你再也不願走回頭路了。無論你在公司的組織圖中處於哪一個位置，實現這一切的歷程都是相同的。

不幸的是，高階主管們卻不太（願意）這樣做。有兩個原因。**首先**，這是一個痛苦的旅程：『這就是為什麼我不是每天都會跑步！』、『我必須這樣做，然而事情也沒有那麼糟糕，是吧？』、『公司還不是好好的。』、『努力得還不夠啊！』但也許當他們決定想要身體力行的時候，想要改變卻為時已晚。**其次**，多數的敏捷教練需要一份正職工作。他們希望擁有大約 6 個月以上的合約。他們擔心如果「逼得太緊」就會失去這份工作。他們常常忘記，他們的工作不是取悅客戶，而是要**改變**他們。引導他們度過痛苦的經歷，體驗他們不喜歡的所有風險，然後停止。很多時候，你會從他們那裡聽到：『我知道它不應該是這個樣子的，但這是一間大公司，你必須用不同的方式來做……』。因此，他們仍然擁有 PMO（專案管理

辦公室）、沒有產品負責人、ScrumMaster 使不上力，也沒有真正的團隊。對於參與其中的每個人來說，這都是一次更痛苦的經歷，然後一次又一次地反覆進行這種虛假的轉型。

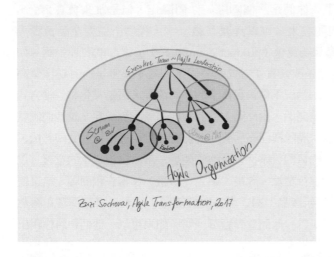

如果你是認真的，請找一位真正的敏捷教練，而非顧問。請尋找可以指導你如何做的人，而不是代替你做。尋找可以與你在「每一次的 Sprint ／每一個月／每一個季度」並肩作戰的人。讓他們干預、向你展示下一步的重點，並讓你練習。從較小的 pilot（試驗新產品）開始。第一個敏捷氣泡，而氣泡越多越好。以我們自己的經驗和學習為目標，檢視並適應。不要忘記，你的高階主管團隊是最初的氣泡之一，他們必須在第一波學習。如果你這麼做，敏捷心態將有機地成長，很快地，你將能夠分享自己的敏捷成功故事，並啟發他人做得更好。

***

# 作者簡介：Zuzana Šochová

**Zuzana (Zuzi) Šochová** 是一位獨立的敏捷教練、培訓師和 Certified Scrum Trainer（CST），她在 IT 產業擁有超過 15 年的經驗。2005 年，她首次接觸敏捷和 Scrum，並開始在美國實作敏捷方法。從那時候起，她協助世界各地的許多公司和團隊進行敏捷轉型和實作，也因此深受讚譽。透過建立和維持敏捷的領導力，Zuzi 相信工作和生活的世界可以變得更加幸福和成功。Zuzi 創辦了捷克的 Agile Association（https://agilniasociace.com/），以及世界知名的布拉格敏捷研討會（http://agileprague.com/）。

Zuzi 在 2017 年當選為 Scrum Alliance 董事會的成員。她是《*The Great ScrumMaster: #ScrumMasterWay*》的作者。她的網站：sochova.com，以及部落格：agile-scrum.com。

## ※ 編輯注：

《The Great ScrumMaster 中文版：#ScrumMasterWay》由博碩文化出版。

# 70

# 遠端團隊與虛擬引導

作者：*Ram Srinivasan*

發布於：2018 年 10 月 10 日

我有我自己的偏見：在經歷過「身處同一個地點的團隊」工作得很好，然而「位於不同地點的團隊」卻遭遇困難之後，我經常建議我的客戶重新考慮「異地」的團隊。我所謂的**異地**（dislocated／dislocation），並不是說你不能擁有在 10 個時區之外的團隊。異地團隊是指：有 3 個團隊成員，在同一個時區，但在不同的地點，而其他的團隊成員則在不同的地點和時區。（從技術上來說，稱它們為「工作小組，workgroup」可能比「團隊」更合適。）一個非異地的團隊是指所有的團隊成員都坐在彼此旁邊。

這些研究指出，「異地」的代價要比「同地」的代價高昂許多[1]。團隊成員經常會因為錯誤

---

1　https://ieeexplore.ieee.org/document/1019481；
https://ieeexplore.ieee.org/document/5071401；
https://www.microsoft.com/en-us/research/wp-content/uploads/2016/02/coordination-techreport08.pdf

的原因而異地工作（在此我就不深入討論了）。我的建議通常不被理會，這有許多原因，例如：客戶需要處理更重要的問題；決策者站在圖騰柱最頂端，太高了，我的資訊沒有辦法傳達給他們；或是客戶寧願追求有形的成本節約（如成本），而非檢視無形的損失（比如說，因為時區和技術挑戰，導致喪失了開發團隊成員之間的高度溝通，最終增加了功能的循環時間）。

上週四，我的朋友挑戰我去參加一個關於「遠端引導」（remote facilitation）的工作坊。我知道我有許多學生和客戶都在為這個問題苦苦掙扎，因此我接受了這個挑戰。工作坊的內容讓我大吃一驚！（作者小提醒：同地的團隊仍然比異地的團隊好，我沒有改變我的想法。我只是分享一些我學到的點子，你會發現它們是有幫助的！）以下是我的一些主要收穫：

1.  引導者的小技巧：與其只是嘗試複製一種適用於「面對面會議」的技術，不如嘗試解構這種技術的原理，並為「虛擬會議」重構這種技術。

2.  以相同的注意力和參與度（或更多）來投入「虛擬會議」，就好像這是一次「面對面的會議」一樣（代表不准一心二用）。

3.  關於「虛擬會議」，有一個自我實現預言（self-fulfilling prophecy）：你經歷了糟糕的「虛擬會議」，你期待糟糕的會議，你得到了糟糕的會議，然後這個循環會自行持續下去。

4.  預先設定期望：非常明確地，這些就是你打破「自我實現預言」的方法：

    ➡ 禁止只用電話開會，所有會議都必須使用視訊。人們在看得到臉的時候會得到許多暗示，視訊有助於非語言溝通，更不用說它還能吸引人！此外，你是否在電話會議中聽過沖馬桶的聲音（因為有人忘了將他們的電話靜音）？我打賭當你讓你的參與者打開視訊時，你不會聽到這些。

    ➡ 你得上鏡頭，否則我們馬上結束會議。你開著視訊加入，不然就別加入！

    ➡ 你必須在一個安靜的地方參加會議，而不是在回家的公車上「撥號」。而你一定要開視訊！

    ➡ 即使只有一個人打破了期待，我們也會馬上結束會議。我們打破它一次，它就會成為打破第二次的藉口，然後我們就回到糟糕「虛擬會議」的自我實現預言循環。

5.  將「溝通管道」標準化：其中一個人是遠程的？那麼每個人都必須透過筆記型電腦的視訊遠端加入。不能兩個人使用同一個視訊加入。沒有攝影機？那就買一個！

6. 引導者和參與者的小技巧：試著把視訊放在攝影機的正下方（而不是放在不同的螢幕上）。當你看著視訊的時候，會給人一種你正在看著攝影機的感覺。

7. 「面對面的會議」和「同地團隊」之所以有效，是因為我們「社交」了不少。試著在虛擬會議中安排一些社交時間。嘗試「帶你自己的汽水！」（飲料的選擇取決於參與者的時區。）

8. 身為引導者，你必須讓每個人都參與進來，而這裡有一些建議：

   ➡ 讓每個人都必須上鏡頭：這樣可以將參與者的一心二用／多工傾向減至最低。此外，這也可以防止人們匿名窺探。你是否遇過有人參加了電話會議，但沒有宣布自己的姓名？你會讓某人帶著**面具**走進你的會議嗎？如果不會，你為什麼要讓別人窺探你的虛擬會議？

   ➡ 避免使用 PowerPoint：這只是單向的廣播。請使用支援「虛擬 breakout rooms（分組討論的房間／場所）」的工具。

   ➡ 增加心理安全感，讓人們可以暢所欲言。

9. 引導者的小技巧：

   ➡ 就像我的朋友 Mike Dwyer 所言（使用 NOSTUESO 規則），在每個人都說一次之前，沒有人可以說第二次。參與者有跳過的權利。這給了人們暢所欲言的空間。此外，如果參與者在開始的 5 分鐘內開口，他們更有可能再次開口。

   ➡ 引導「輪流討論」的時候，在「虛擬會議」中很難傳遞一根「發言棒」並確認接下來誰應該發言。請試試這個點子：讓一個參與者發言，然後請他提名下一個人。重複，直到每個人都發言。

   ➡ 準備！準備！準備！你不能在「虛擬會議」上即興發揮。你需要更多的準備。你還需要一個 B 計畫。如果網路連接失敗了怎麼辦？如果你的筆記型電腦當機了，該怎麼辦？

   ➡ 注意不適：參與者沒辦法在一個地方坐太久。

   ➡ 把「心理安全感」和「參與感」放進工作協議之中。我們有哪些可能破壞心理安全感的方式（即便有時是無意識的）？

   ➡ 請某人重複「發言者」的話。這讓人們更加注意，也能確保「發言者」的訊息有預期地傳達給每個人。

➡ 若合適的話，可以使用像是 Mentimeter 或 Kahoot! 等工具，讓參與者回答問題，來提高會議的參與度。

10. 當女性先發言時，其他女性發言的可能性會更高。

11. 「遠端會議」（Remote meetings）比「面對面的會議」要小得多。在一個「虛擬會議」中，很難有超過 12 個人（還要期望他們參與進來）。如果你剛起步，請先從 6 個人開始，再慢慢增加。

我知道你在想什麼，『但是……但是……但是……在我們公司，我們不能……。』如果你期望不同的結果，你需要改變！因為有人曾經說過，『瘋狂就是一遍又一遍地做同樣的事，卻期待不同的結果！』

我給你的問題是，「什麼」是你有可能改變（並不斷改進）的，好讓你獲得更好的結果？

*** 

https://innovagility.com/2018/10/10/remote-teams-and-virtual-facilitation/

## 作者簡介：Ram Srinivasan

**Ram Srinivasan** 擁有兩項人人嚮往的認證：Professional Scrum Trainer（Scrum.org）以及 Certified Scrum Trainer（Scrum Alliance）；他是北美地區第一位（也是全球第二位）得到這兩項認證的人。協助客戶建立傑出組織是他的使命，而他透過關注人、流程以及產品開發來做到這一點。

Ram 最初是一名開發人員，後來擔任各種角色，包括軟體架構師、專案／程式經理和敏捷教練。他曾為許多行業（金融、保險、零售、銀行、媒體、電信、政府等）及不同規模的組織提供指導、輔導和諮詢。具備深度與廣度的經驗，讓 Ram 能從不同的角度看待客戶的挑戰，並提供實用的解決方案，這使他成為敏捷教練的熱門人選。

除了敏捷和 Scrum，Ram 的興趣還包括情緒智慧與社會智能（個人和團體）、組織和文化變革的應用神經科學、系統思考、複雜適應系統（Complex Adaptive Systems），以及理解組織中的人類系統。他經常在敏捷聚會與會議之中演講。Ram 有時也舉辦免費的教練社交圈和讀書俱樂部。Ram 擁有亞利桑那大學的工程碩士學位，目前在麻州的波士頓工作。他的網站：https://innovagility.com/。

# 71

# 敏捷如何協助
# 非技術團隊完成工作？

作者：*Michelle Thong*

發布於：2018 年 8 月 15 日

San Jose 市政府的工作人員如何採用敏捷方法，來提高效果與生產力？
照片來源：Thomas Hawk

政府提高效果（effectiveness）和效率（efficiency）的最佳方法是什麼？在 San Jose 市政廳，我們採用了一種非傳統的方法：**非技術團隊的敏捷**。公務人員在執行「緊急管理」與「公園專案」等工作時，他們發現「敏捷方法」可以協助他們面對最基本的挑戰：在頻繁的「干擾」之中完成任務，並不斷調整「優先順序」。（**編輯注**：San Jose 位於美國加州南灣，是矽谷境內的著名城市之一。）

去年 9 月，我在這篇文章 [1] 宣布：『Scrum 是我們政府團隊中最棒的事情！』我們的創新團隊有 5 個人，他們發現，以小的增量來規劃和交付工作，可以使我們保持專注、協調和持續改進。我們還不知道，我們的經驗是否可以被組織中的其他團隊複製。我們為 10 位同事提供了敏捷培訓，看看會發生什麼事。

9 個月後，我們組織中的 12 個團隊和 100 多名員工正在使用「敏捷方法」來組織他們的工作。值得注意的是，「敏捷」在市政團隊中的傳播，在很大程度上是有機的（organic），而不是受「由上而下的命令」所驅動的。

## 什麼是敏捷？

**敏捷**（Agile）是一種方法，讓組織團隊能以迭代、增量和高度協作的方式工作。敏捷有許多不同的形式，但最常見的兩種是**看板**（Kanban）和 **Scrum**。「看板」是一種輕量級的框架，專注於視覺化「看板」上的任務（以物理或數位的方式呈現）。而「Scrum」則有更多的規範，也更複雜：有特定的角色、會議和定時的衝刺。「看板」和「Scrum」都重視回應變化（而非遵循計畫）、關注持續改進流程，並給予團隊自主權來決定如何完成工作。

雖然敏捷方法有很多變形，但以下是我們 San Jose 市府各團隊的共通點：

- 團隊維護一個「所有潛在任務的清單」，我們稱之為「待辦清單」（Backlog）。
- 確認「優先順序」之後，才開始執行任務。
- 透過追蹤「公開看板」上的任務，讓工作變得清晰可見。
- 團隊定期進行簽到會議（Check-in Meetings）。
- 團隊定期召開「回顧會議」，以找出哪些有效、哪些則需要改進。

「敏捷」最初雖然是由「製造業」開發出來的，並以「軟體開發框架」聞名，但它也適應了其他的領域，包括政府部門。

---

1　《Scrum is the best thing that happened to our government team》：https://medium.com/re-iterate/scrum-best-thing-government-team-75104b922db4

## 城市領導者為何選擇敏捷？

使用「敏捷」的 12 個 San Jose 市府團隊之中，幾乎沒有人在交付軟體，且在一年前，幾乎沒有人聽說過「敏捷」。

為什麼這些團隊決定採用「敏捷」呢？以下是我們從內部的「敏捷支持者」那裡聽到的最重要理由。

**團隊合作**：當 Ramses Madou 開始管理 San Jose 的交通規劃小組時，他認為有必要將其才華洋溢的團隊成員的「貢獻」，整合成「一致的努力」，以推進該部門的整體優先事項。他說：『在實作 Scrum 之前，每個人都在自己的軌道上跑。』

**關注重點**：在啟動一項新的撥款計畫之後，San Jose 的「公園、娛樂和鄰里服務部門」突然發現必須在 6 週內處理 47 份合約。為了協助團隊處理這些工作，專案經理 CJ Ryan 請我們的敏捷教練 Alvina Nishimoto 指導團隊，建立「看板」來視覺化地追蹤合約。兩週後，CJ 發現團隊並沒有按照需求快速進展，所以她決定，她需要 100% 的專注。她用整整兩天的時間來為她的團隊制定「日程表」，並為他們提供『空中掩護』，讓他們可以忽略其它需要佔用他們時間的事情。排除了「持續的干擾」，她的團隊在兩天內完成了 25 份合約草案。

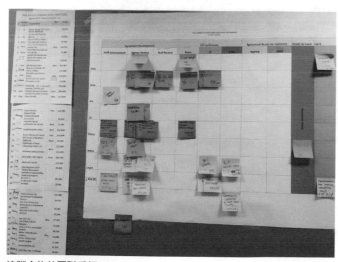

追蹤合約的團隊看板。
照片來源：Alvina Nishimoto

管理「干擾」：San Jose 公共圖書館的「web 團隊」不斷收到來自其他圖書館部門的請求，這讓團隊很難在重要的長期專案上取得進展。當團隊實作 Scrum 時，Laurie Willis（團隊的經理及產品負責人）成為所有請求的「過濾窗口」，確保這些請求只有在「特定的衝刺」中確定「優先順序」之後，才會被處理。團隊成員 Stacy Tomaszewski 立刻開始感受到「不用立即回應」的好處：『我們覺得我們可以說不。』在一切都被視為最優先的政府部門之中，可以說出『等到我們下一次衝刺』的能力，確實非常強大。

每日的站立會議能讓團隊成員分享進展。
照片來源：Andrea Truong

# 5 個入門小技巧

從基礎開始，讓工作清晰可見：「透明度」是多數團隊最先體驗到的好處之一。在開始之前，你真正需要做的是把「排好優先順序的任務」放在同一個地方，如此一來，你就可以從「待辦清單」、「進行中」到「完成」，逐一執行。團隊成員可以從優先順序的「視覺化提醒」之中獲益，並與團隊分享他們的進展。管理者和利害關係人對「正在進行的工作」有了更多的瞭解。我們建議從一個簡單、輕量級的系統開始。如果你的團隊位於同一地點，那麼在視覺提醒方面，很難有比「物理看板」更好的選擇。大多數的 San Jose 團隊仍然使用「便利貼」來追蹤任務。一些團隊使用 Trello 或其他數位工具，並成功地使團隊成員養成定期檢查和更新 Trello 的習慣。

「加號＋」和「三角形符號 △」的紀錄顯示，在 8 個月的 15 次衝刺之中，哪些是有效的、哪些則是需要改進的。
照片來源：Michelle Thong

**隨著時間迭代和改進**：持續的、增量的改進是敏捷力量的真正秘密。San Jose 的所有團隊都會定期進行「回顧」，反思工作情況和需要改進的地方。這個流程能讓團隊推動逐漸累積的「小實驗」並克服阻力，讓「敏捷」為他們服務。公園部門的 CJ Ryan 團隊最初反對「每日站立會議」的想法，她決定不去推動它們。相反地，團隊從一個簡單的「看板」開始。過了一段時間之後，團隊決定「每日站立會議」將是有用的，他們可以藉此在更細微的等級上分享進展。接下來，他們決定以團隊的形式開始定期的「計畫會議」，以確定優先事項。事實上，團隊相當於逐步採用了許多「類 Scrum」的實踐，但這是以一個對他們來說「合理的速度」實作的。

**尋求專家的指引，幫助你進入下一個階段**：雖然開始採用敏捷實踐看似容易，但若是你的同事和團隊之前沒有在各種環境中使用敏捷的經驗，那麼「故障排除」可能會很困難。我們發現，善用「敏捷教練」的豐富經驗與智慧來支援團隊、提供指引、給予現場培訓和教練指導是非常重要的。我們透過 Encore fellow 的方案（https://encore.org/fellowships/）找到了兩位教練，但你也可以聘請一位敏捷顧問，或者從私營部門找到公益志願者。

**要有耐心**：敏捷幫助團隊建立高效率的習慣，如優先排序、尋求幫助和反思。但敏捷並不是一顆神奇的子彈，它不會在一夜之間解決你所有的問題。事實上，它甚至可能讓你的一些問題更加明顯。給自己一點時間，弄清楚如何讓這個流程為你的團隊工作。

**最後，玩得開心**：敏捷的一大好處是它在團隊成員之間建立了連結，促進了更深入的協作，提高了團隊的效率。所以不要太嚴肅。反之，你可以嘗試一些創意方法，讓敏捷成為團隊文化中令人愉快和不可或缺的一部分。

讓我們知道你一路上學到了什麼吧！

***

# 作者簡介：Michelle Thong

**Michelle Thong** 是一名公務員、產品負責人和服務設計師。作為 San Jose 數位服務的領導人，她建立了團隊和策略，為 100 多萬名居民以及 6 萬家企業提供了以「使用者」為中心的政府服務。

Michelle 曾擔任過電路設計師，專案經理和城市經濟顧問。她擁有史丹佛大學電機工程和女性主義研究的學士學位，以及加州大學柏克萊分校的都市計畫碩士學位。

# 72

# 輕輕飛上雲端和
# 重重摔到谷底

作者：*Cass Van Gelder*

發布於：2018 年 8 月 1 日

## 關於敏捷團隊的心理健康議題

我在「敏捷領域」工作的十多年當中，我看到了許許多多的患者：ADHD（注意力不足及過動症）、OCD（強迫症）、焦慮症、亞斯伯格症、自閉症以及第一型躁鬱症與第二型躁鬱症等等。此外，由於「敏捷」鼓勵團隊一起工作，這些問題可能會成為絆腳石（有時會成為一道 50 英尺的高牆），讓團隊停止成長，甚至無法運作。儘管許多主管主張擺脫這些「難以應付的團隊成員」，但我一直提倡保留這些團隊成員並調整我們的方法，使其更具有**包容性**（inclusive）。

## 1. 前言

深陷在情緒、資訊及渴望知道更多的風暴之中，我提筆寫下了這篇文章。到此文章發表的那一刻（從現在開始的幾個月之後），我預計會有更多的變化。

今年年初，Kate Spade（知名設計師）和 Anthony Bourdain（安東尼・波登，知名主廚與主持人），這兩位非常傑出的人物自殺身亡了。他們的家人將死亡歸因於他們兩位自身所經歷的精神問題。Spade 女士的家人講述了 Spade 的恐懼，她害怕若她尋求治療的事情曝光了，

將可能導致她的公司遭受經濟損失。Bourdain 先生的家人則描述了他是如何尋求治療，但後來卻又立即忽略了它。

在我們自己的軟體開發社群當中，我們聽到許多與 Joseph Thomas 相似的故事（請參考《今日美國（*USA Today*）》的報導：《*An Uber engineer killed himself. His widow says the workplace is to blame.*》）。在加入 Uber 之前，他是一位出色的工程師，卻在 Uber「緊張又激烈的文化」裡工作了 6 個月之後，選擇了自殺。『在 Joseph 加入 Uber 之前……他從未發生因壓力而崩潰的情況。』他的家庭律師 Richard Richardson 如是說。

窗戶慢慢地敞開了，門縫底下的黑暗煙霧正悄聲低語。這些極其重要且必要的對話正開始訴說……

將這些事件放在心底，我繼續朝著我認為極度重要的話題前進，即敏捷團隊的**心理健康**議題。

# 2. 無關他人，是我自己

我對這個主題的理解，其實比我自己「想要知道的」還多，即使在我絕大部分的人生中，我都是在缺乏必要資訊的情況下度過的。自我有記憶以來，我與母親一起的生活，若非充滿了「如旋風襲來的思緒」和「極端的行徑」，就是毫無動靜可言，我稱這樣的生活狀態為「**輕飛雲端**」和「**重摔谷底**」（The Flying and the Thud）。

「**輕飛雲端**」有時是神奇有魔力的，充滿了興奮刺激與創造力，有如飛揚的精靈之塵環繞在靠近的每一個人。小時候和母親去沃爾瑪（Walmart）商場時，我們會呆呆地望著她，看她依照想像中的購物清單，把想到的東西全放進購物車裡。她挑選了一支鐵鎚、許多釘子、一個通風口蓋子，還有油漆，然後她眼角瞄到一個針線包。在那一瞬間，我們需要修補破洞與鈕釦的衣服掠過她的腦海。然後她開始從展示牆上取下針、線、拆線刀；抓取一些預先裁切好的布料，開始談論要用那些小碎布幫我們做拼布被；然後她想起家裡還有一些剩餘的木材必須用掉，若有一台新的燃木暖爐，那不是很完美嗎？於是她又在另一個通道貨架上，拿了更多的釘子和一本教人蓋壁爐的書。

我們有時會在商場裡逛好幾個小時才結束，購物車總是很快就塞滿了，最後母親開始覺得疲憊。這時「**重摔谷底**」的時刻來了，這一摔讓她**忘記**這一切確實曾經發生過。

469

當我們終於抵達結帳櫃檯時，母親對於購物車裡的東西，要嘛除了家具貼紙（contact paper）、還沒熟的香蕉和髮夾之外，其他通通都不要，要嘛就是買下所有的東西，但她幾乎沒有力氣把任何東西拿出購物車，更無法將所有東西搬進家裡。她拖著腳步走進臥室，關上了門，在黑暗的房間裡睡上整整 10 個小時。這一堆又一堆買回來的物品，就這樣被放置好幾個月，積了一堆灰塵，直到最後，所有東西又被放到前院的車庫拍賣。

從小在這樣環境長大，我從不知道別人的生活有什麼不同，總覺得每個人的經歷都像我一樣。

這不是我第一次搞錯了。

我有我自己的「**輕飛雲端**」與「**重摔谷底**」。一波接著一波的浪潮會連續三天忽隱忽現，不斷在我腦中強烈撞擊。這時我會感受到非常突出的創造性思維。我會在不同話題之間打轉、打斷任何人說話，因為針對他們可能會說什麼，我已經徹底思考了至少 5 個可能的結果，甚至已經編造出一個回應。我會放棄睡覺，以便可以彈鋼琴直到凌晨 2 點；或者像是被催眠般，寫下一篇 200 頁的故事；或是在桌燈下，為一部想像出來的戲劇設計一整套場景。這些思潮起伏讓我完成了管弦交響樂、整套戲劇和繪畫，而這一切是當我所謂的「第二個腦袋」裡充滿著「有聲書」或「PBS 公共電視紀錄片」時所完成的。尤其事後回頭檢視我畫的圖時，我可以想起我畫畫時聽的紀錄片的每一個細節，一切仍記憶猶新。這就是我的「**輕飛雲端**」。

我的「**重摔谷底**」總是尾隨著這些奇麗美好的日子；難堪的墜地瞬間總是狠狠地摔斷我的情緒骨頭。它們被觸發的原因，可能是看了可怕的新聞、聽到令人難受的悲傷歌曲，或看了一部充滿感人情節的電影。通常這種「**重摔谷底**」的感覺會冒冒失失地闖進來，將我從高處拉下，並讓一切都染上一層厚厚的深灰色。「**重摔谷底**」很少讓我掉眼淚；取而代之的是，我持續地感受到，連結我與世界的那條拴著氣球的線，好像被切斷了。我感到與世隔離，也沒有想再與之重新連結的欲望。

學校讓我能夠隱藏自己的問題；總會有那麼幾天，我無法全神貫注於任何事物，在不著邊際的想法之間跳躍。不過我總能輕鬆地提早繳交作業，同時吸收所有的課程內容。

成年之後，工作難度更高了。我不像其他跟我有相同狀況的人，我不會下意識地自我療癒，我也不會借助酒精或毒品。我毫無緩衝地承受著「**輕飛雲端**」與「**重摔谷底**」的全力衝擊。

跟在學校裡不同，我突發的創造力總是伴隨著煩躁、魯莽與自負，也因此惹惱了同事和上

司。我無法強迫自己好好工作的生病日子飛快地流逝。當我在感情生活中遭遇了毫無預警的分手之後，我不斷惡化、不斷捲入「**重摔谷底**」的狀態，並在這片大地上留下深深的壓痕。連續好幾天，即使我聊著再普通不過的話題，我還是坐著就哭了起來。一位關心我的同事／朋友開車送我去醫院，不得不向我解釋，我的反應並不尋常。

多數時候，我總覺得像是被偷偷打了一針強效藥物，一遍又一遍，卻無法控制會發生什麼事。

在我之前的一位雇主中，當時的上司對我指出相同的狀況：我在會議中的無法專注、任意打斷、缺席、遲到、分心……不但激怒他，也令他感到非常棘手。因此他對我提出嚴格要求，若要繼續雇用我的話：我絕對不准使用手機、必須控制打斷別人的習慣、休假要事先申請、任何會議都不能缺席或遲到、在超過一小時的長時間會議當中也必須完全集中注意力。如果我要繼續在公司工作，我就得在他的監督下，持續遵循這些規定六個月。

在這些要求實施的第一週，我感覺一舉一動彷彿都被粗重的鐵鍊綁住。跟學生時期不同，我身邊沒有隨時可以讓我在會議期間保持專注的工具。我真的有可能會失敗，而我也清楚明白，公司毫無疑問將會擺脫無法好好執行工作的員工。

前一年，我的同事 Carl（化名），他有著與我類似但更嚴重的狀況。我看著他為了這件事情奮鬥。在我被下達「限制令」之前，我曾多次引導他；在「限制令」之後，我也曾幫助他尋求成功克服這一切的方法。我看著他在努力達成老闆期望的同時，他的身體也在痛苦中掙扎。Carl 告訴我，這不是他工作的方式。他覺得自己好像被放進一個盒子裡，然後被迫在裡面伏地爬行五英里。當他被下達與我類似的限制要求、且在某次衝刺未能達成要求時，他的上司便解雇了他。

另一位成員 Jack（化名）在同年稍後時，因為被記下三次「累犯」而束手無策。身為 Scrum Master 的我，也曾經歷過像 Jack 一樣的「無法專注」；我看著他必須同時應付各式各樣的突發狀況，僅僅只是路過他座位的人都會讓他分心。

Jack 聽得到在他附近的每一場談話、急切地想加入能加入的話題、插嘴、打斷別人、糾正別人，並輕易地惹惱別人。當他被記下前兩次狀況後，他不僅質疑清單上所列的每一項問題，還讓每一項問題更加惡化，造成更多爭議。雖然俗話說：『下一次／第三次一定會成功（The third time is the charm）』，但他第三次再犯時，公司就在最後通牒失效前資遣他了。

我的決定非常簡單：**我不想失敗，而且我並未失敗**。然而這麼做就代表我可能必須面對我之前不願意承認的各種起因、代表我可能會被貼上我過去多年來已有病狀卻否認的標籤⋯⋯

**所以我決定去接受診斷。**

在這之前，雖然我的祖母和母親是第二型躁鬱症患者、有一個小孩確診有同樣的疾病、有一個姐妹看得出徵狀，我依然說服我自己那是隔代遺傳的疾病。

診斷花了 6 個小時，在我離去之前，醫生說出他的推測，那正是我一直猶豫且不願意去談的事實；不願去談的原因，就像任何正在讀這篇文章的人，如果他／她也被診斷出相同疾病，也會感到遲疑，是一樣的心情。這是一個我從小就糾結掙扎的事實，卻沒有病名、沒有藥物、沒有訓練或方法可以預期或控制我的精神扭曲和轉變。就像雲霄飛車在我腦裡走走、停停、向前跳躍、突然中斷、過彎、把原本的想法拋在腦後，只為了追求一個看似紅色氣球的全新想法。

所以，現在看來，我曾經是這樣的一個人。

我曾經是第二型躁鬱症患者。

# 3. 來談談一些事實吧！

整體而言，我們會認為**心理健康問題**並不普遍，但美國職場精神健康中心（The Center for Workplace Mental Health）的資料顯示，每 5 個人當中，就有 1 個人在職業生涯中被診斷出精神疾病，那是百分之二十的人，這情況是橫跨所有行業，不只是軟體開發產業而已。

上述有一半的患者會選擇不做治療。他們會默默忍受，並持續忍受煎熬。除此之外，許多人認為他們不能丟下工作去治療精神問題，因此，雖然仍在工作，但實際上他們的憂鬱和／或其他症狀，將導致他們無法完全勝任，這就是所謂的「假性出席／勉強工作」（presenteeism）。

美國衛生總署一份 1999 年的精神健康報告指出，未接受治療的心理健康失調，會導致生產力下降以及缺勤，進而造成一年 790 億美元的商業損失。這是將近 20 年前的數字。

Kessler 等人於 2006 年的報告《*The prevalence and correlates of adult ADHD in the United States: results from the National Comorbidity Survey Replication*》更指出，因情緒失調引起

的生產力下降，會造成一年 500 億美元的損失，並浪費 3 億 2120 萬個工作天數。

2008 年，de Graaf 等 人 針 對 ADHD 的 症 狀 調 查《*The prevalence and effects of adult attention-deficit/hyperactivity disorder (ADHD) on the performance of workers: results from the WHO World Mental Health Survey Initiative*》，其篩選了來自 10 個國家、超過 7000 位的工作者。這份研究摘要顯示，這些來自各行各業的所有研究對象當中，有 3.5% 的人表現出 ADHD 的症狀。儘管如此，卻只有**極少數的人**接受過治療。

綜上所述，這些工作者是：

- 擁有高中或大學學歷的可能性較**低**

- 平均而言，與**沒有症狀**但接受過**相同**教育及訓練的同事相比，他們的收入減少了 20% 至 40%

- 然而，**曾接受過 ADHD 治療的員工**，其中 80% 的員工在工作滿意度和生產力方面都得到改善，這是相當驚人的結果

# 4. 我看不到和諧關係

在我過去十多年的敏捷工作經驗中，我察覺到為數眾多的 ADHD（注意力不足及過動症）、OCD（強迫症）、焦慮症等等在敏捷團隊中的問題。我們得不到團隊其他人的調整來幫助我們苗壯成長，反之，得到的卻是訓誡和背後的耳語。經理們寫報告指出我們的違規行為，但其實那些是我們的症狀而非真實的問題。但我們周遭的人們只挑選他們所能理解的部分，對於不能理解的部分則棄之不理。

當 Carl 完成了大量的創意專案工作後，獲得了升遷；曾經是他的「隊友」、如今成為「下屬」的那些人，卻採取了**被動型攻擊**（passive-aggressive）的冷暴力行為：刻意忽略工作的指示、把 Carl 排除在重要的討論之外、當 Carl 不在辦公室的時候模仿他的肢體語言……。在 Carl 和他們一樣還是團隊成員時，他們本就排斥使用 Carl 的方式來工作。現在他們更拒絕讓 Carl 來擔任他們的管理者。

在一個特別的時機點，Carl 安排了一個名為「藍天」的會議（a Blue Sky meeting，即一種以發想創意為主的模式），讓團隊探討有哪些新方法可以改進團隊整體的能力和表現（也就是說，假設藍天之中擁有無限可能，你會怎麼做呢？）所有人都坐在會議室裡，團隊看似沉默不語，這樣的寂靜卻反而有如雷鳴。沒有人願意說話或貢獻。**他們不了解 Carl 的想法，**

**而 Carl 也不懂為何會變成這樣。**

在一週內，Carl 被降職了。

如同我先前提過的，Jack 對於他與同事及老闆之間的關係感到緊張，尤其當他們在工作上拒絕他時，他的症狀變得更加惡化了。當這樣的事情發生時，他的老闆及團隊成員的負面反應又增強了。因為他們本身缺乏對 Jack 的認識，加上 Jack 也無法自然地「像他們一樣」，於是，Jack 被排擠了。

從那一刻起，主觀的認知介入了這些事務，任何 Jack 所做的正面的事情都會被忽略，而所有負面的事物則被放大檢視。

有趣的是，人們若是排斥像我一樣有心理問題的夥伴，他們會錯過我們大腦內暗藏驚喜的神奇洞穴。

在更早之前，當我為一間超過 24,000 個註冊學生的學院工作時，我負責整理及寄送所有的學期成績單。因為郵寄標籤（mailing labels）與成績單（transcripts）是在不同的場所印製的，送來的這些郵件標籤和成績單常常會發生「無法匹配」和「順序不同」的問題。為此，我們雇用了 190 位志願者來完成這些工作。最後的結果是，每一個學期常常有近 3,900 份的成績單，會因「配對錯誤」而被退回。

那些年我負責監督流程與志工；我本能地了解如何匹配標籤與成績單，以及如何為志工們提供足夠的資訊，來讓這些事務更簡單易懂。

我的心思緊緊環繞著這些問題，我讓自己的思考更緊貼問題的邊緣，我探索那些引起麻煩的蟲洞。我負責的第一個學期，被退回及錯誤配對成績單**只有 4 份**。

只因為我們不是典型（typical）的工作者，並不代表我們就是不值得的。

# 4.1 暫停一下，說個悄悄話吧

我將在這裡暫停一下，來澄清一些事情：我是第二型躁鬱症的患者，並養育多名子女：兩個有 ADD（注意力缺失症），其中一個還有社交焦慮症（social anxiety）；另外一個則有躁鬱症；還有一個則是有亞斯伯格症（Asperger's Syndrome）。我避免使用**正常**（normal）這個單字。取而代之的是，在我們家，我們使用**典型**（typical）這個單字。

「**正常**」，更多的是形容一種「存在」的狀態，彷彿我們人類只能以一種形式「存在」。任何「正常界限」之外的都屬「異常」，包括超優表現的人。「**典型**」，則是指我們是「中位數」。它抓住了某件事物的整體感覺。例如，在學校時，你可能會說：『**通常**（Typically），在這個年紀，6 歲的孩童就可以讀懂多數蘇斯博士（Dr. Seuss）的書了。』

「**典型**」（typical）這個概念是很重要的，因為我們都不是相同（identical）的人，所有的人都不是。因此，請不要因為我們這些「**非典型人物**」與眾不同，以及這樣刻板的「第一印象」，就把我們當成特立獨行的異類，準備打入冷宮。

雖然我們可能會在彼此身上發現一些特定的模式，但我們並非標準一致的機器人。我們不按照相同的方式移動。我們不表達跟別人一樣的聲音。我們的想法截然不同。這也是我們不斷演進的優勢。

# 5. 可是，為什麼需要敏捷呢？

研究顯示，在一個 5 人以上的敏捷團體當中，至少有 1 人是經常處於精神疾病的狀態的。當中絕大多數的人都有憂鬱（depression）的困擾，其成因多半來自基因或是某種經歷（PTSD 創傷後壓力症候群、心理創傷等等）。因此，假設有 3 個團隊，每個團隊有 5 位成員（總共 15 人），那麼他們之中，有 3 個人很可能正為心理健康問題所苦。**但其中只有 1 個人會尋求協助。**（請參考《*Mental health in software engineers. II. Classification of occupational stressors, and relationship between occupational stressors and psychiatric disorders*》。）

軟體開發應用了敏捷。反過來，軟體開發者卻出現了為數眾多的 ADHD（注意力不足及過動症）、OCD（強迫症）、亞斯伯格症、自閉症以及躁鬱症等等。

此外，由於「敏捷」鼓勵團隊一起工作，這些問題可能會成為絆腳石（有時會成為一道 50 英尺的高牆），讓團隊停止成長，甚至無法運作。

兩年前在 Nashville 的一場研討會中，我參與了一個看板工作坊（Kanban workshop）。在問與答的時候，房間的後方有一隻手舉了起來。該名男士站起來，述說了某位團隊成員如何造成他與其他成員的困擾。他描述了該名成員的行為：缺乏信任感（他用了 distrustful 這個

單字)、打斷別人、只能專注在一件事情上、在面對最後一刻的變化時會退縮和迴避……等等，罄竹難書。他描述完畢後，重重地嘆了一口氣，大家都能感受到他是多麼的氣餒。

研討會的演講者並未像該名男士一樣沮喪。他只簡單地說：「開除他吧」。

開除他吧。

這是一個殘酷卻典型的回應；這讓「有這些狀況的我們」面臨充滿敵意／困難重重的環境。然而，擺脫「像這樣的人」，不應該是我們的第一選擇。

我並不是一位醫生。我甚至沒扮演過電視節目上的醫生，所以我無法假裝我有醫學背景；我無法只從人們訴說某一個人的故事，就去診斷一個人。我的觀點是（這是依據我的個人經驗），像這樣的團隊成員確實需要一些調整或修正，即使當事人並沒有察覺到這件事情的必要性。

之後，我把這故事告訴我的同事，嘗試「誘導」他們說出建議的解決方法。相當有趣的是，許多人表示，這要看「他／她的能力有多強」，來決定是否值得大家的付出和妥協。

讓我換個情境來說明吧：假設你有一位同事是生來就必須坐輪椅，你是否會因為他或她非常傑出，而只為他／她一個人去調整或修正辦公室的佈置？如果是，當他／她不再那麼有價值時，你心中的價值底線又在哪裡呢？

許多人在出生時即帶有精神上的問題，而有一些人則是因為經歷過戰鬥、虐待或其他創傷。許多人在出生時即遭遇這些痛苦，且很有可能他們本身並不知情。如果我們只對那些卓越的人們進行調整，那麼我們將使「低度就業」、「持續的污名化」、「缺乏適當照護」以及「失去情感支持」等終身問題持續惡化。

記住，你之所以聘僱這個人，是有原因的。因此，那個原因就是一個非常好的理由，值得你去努力和付出。

# 6. 我為何在職場上討論我的心理健康問題

對我來說，要隱藏診斷結果（甚至在正式結果出爐之前），就已是一個非常沉重的負擔。我無時無刻害怕被人發現、亦花了很多時間擔心會被發現，然後再雙倍地擔心後果會怎樣。

我之所以最後決定要與我的同事們談一談這個問題，其動機是非常私人的。由於心理健康問

題本身仍帶有「負面標籤」，開誠布公的**風險**亦是你必須仔細思量的。

從很多角度看來，在職場上討論我的心理健康問題，對我和我的團隊都有幫助。他們認為，終於能夠理解我某些行為的背後原因，對他們來說，亦減輕了不少心理負擔。某些時候，一起工作的夥伴就像是我的**緩衝保險桿**，在我察覺自己的症狀之前，他們已經先注意到了。此外，我們之間有充分的溝通，如此一來，就能更容易（而非更費力地）做出調整。對我來說，做出調整之後，在縮短**週期**（cycle）這方面是非常有幫助的，因為我不會同時嘗試「處理一個週期」、「完成我的工作」並「企圖掌控不切實際的情緒期望」。

讓我的工作夥伴能夠理解，有時我並非自願做出某些行為、或者我需要某種支持，對我而言是很大的解脫。此外，有時候我並非無法察覺我自己的行為。我終究得逼自己透過運動、冥想及其他自然療法，來自我管理我的心理健康問題，而了解臨界點在哪裡，亦有助於立即解除某些狀況。

同時，當我對自己的心理健康問題保持開放態度，也能讓其他人更容易討論他們經歷過的狀況。

## 7. 因此，我想告訴我的同事，我有心理健康問題

**在你的問題被揭露之前，你可以選擇你要公開它的時刻。**很多時候，危機會讓你被迫進入對話。如果你有機會，請你選擇想要談論此主題的時間和地點。找一些安靜的地方，讓你在談話時能感覺平靜、自在。

**熟能生巧。**在實際告訴他人之前，透過腦內自我對話可以幫助你解決問題，也能讓你感到平靜，因為你已經消弭了主題本身的尖銳之處。更好的情況是，如果你的朋友已經了解你的情況，或者你正與諮商師晤談，請嘗試與他們一起練習，讓你感覺更自在。

**可教育的時刻。**不論你正向誰揭露你的診斷結果，他們很可能對你的精神健康問題知之甚少。事先準備好，該如何回答一些像是「它是什麼」的基本問題。在某些情況下，有一些網站可能會有所幫助，來填補資訊不足的地方。

**如果需要說抱歉，請說出來。**我覺得最困難的事情之一，就是回頭為我的行為道歉。這並不是因為我覺得沒必要道歉。因為我已傷害了某些人的感情，並讓他們感到不舒服，可當我得知了診斷結果之後，有一部分的我甚至覺得『嘿，這不是我的錯。這是因為疾病的關係。』

對我來說，我學會了去「調整」這樣的想法；也就是說，雖然這是疾病，並不是真正的我，但我仍然要對我的行為負責，畢竟這跟「我的行為」有直接相關。舉起雙手說『嘿，這不是我的錯』，這並不是一個令人信服的答案。雖然我沒有選擇這種疾病，但我不能成為它的受害者，更不能讓它牽著我的鼻子走。

即便我無法完全控制自己，我也需要承擔責任。

**你可能不知道你需要調整。**對於你的開誠布公，別人的回應將有所不同；有趣的是，我感到最難應付的是『我能做些什麼來幫助你呢？』

第一次被詢問這個問題時，我不確定該如何回應。我知道我做了一些表面功夫，來幫助自己進行自我調適，但是這些都是屬於比較本能的反應。我是真的不知道答案。

當我談論此事時，我開始閱讀更多關於「如何在家及在工作中做調整」的資訊；這些資訊有助於規範我的循環週期。如果你被問及相同問題，我會建議，你可以提議嘗試一些事物，來進一步了解你自己的回應。某些方法適用於其他人，並不代表那對你也會有幫助。同樣的，某些方法對其他人沒有助益，並不代表那就不適合你。

# 8. 什麼是典型症狀？（我該如何為同事做調整？）

**注意：即使在具有相同診斷的患者中，症狀也會有所不同。**

當你在別人身上看到以下這些症狀時，代表他們或許需要一些調整：

## 8.1 衝動（Impulsiveness）

**問題：**

患有 ADHD、亞斯伯格症或自閉症等的成年人，在工作場所中，可能經常會表現出衝動和情緒暴衝。有以上問題的人可能會打斷談話、雞同鴨講、突然結束對話，或毫無預警地走出房間⋯⋯等等。在海軍陸戰隊員的一次演講中，我那位當時還是青少年且患有亞斯伯格症的兒子突然站了起來，走過演講者的面前，就這麼離開了大廳。當老師追上去詢問他時，他說，他只是不喜歡這個演講「已經變成了一場募兵大會」，而且他不覺得有留下來繼續聽的必要，反正他也無法加入軍隊。

**可以試著調整：**

- 建立一個以角色扮演為主的團隊，尤其是當你的團隊成員需要為困難的對話做好準備的時候。

- 鼓勵團隊成員嘗試放鬆和靜坐。

- 鼓勵團隊成員記下觸發因子；一起考慮各種方式來緩和這些情況。

- 試著識別出那些你想要打斷別人的時刻；用手指輕敲膝蓋 3 次，協助自己規範這樣的衝動。

- 運用筆記本和筆，寫下那你想要訴說、但會破壞當前對話流程的事項。這會讓你更專注於當下的對話，且你將避免「不斷地想起自己想談論的話題」。

# 8.2 過動（Hyperactivity）

**問題：**

患有「過動表現型 ADHD」的成年人，通常在允許大量活動的工作當中（如業務），其表現較為良好。至於文書方面的工作，他們可能會坐立難安、搖晃、敲打或做其他動作，藉此保持部分心靈的清醒。多數情況下，他們不會意識到這些行為，但會議中的其他人卻看得很清楚，甚至可能很惱火。許多團隊成員會在會議中出現這些症狀：煩躁、搖晃、畫畫。一名患有躁鬱症的成員曾經形容，她好像有兩個大腦：一個用來畫畫，另一個則專注地聽台上的人說話。

**可以試著調整：**

- 提醒團隊成員暫停，甚至很簡單地，如站在辦公桌前，或者在辦公室裡走一會兒。這些活動可以促進氧氣回到體內，有助於調節過動。

- 提示團隊成員帶 ADD 或 fidget toys（專注或紓壓玩具）到會議之中，或在會議中寫下筆記，以防止煩躁不安。

# 8.3 分心（Distractibility）

**問題：**

對患有 ADHD 的成年人而言，外部注意力分散（周圍環境中的噪音和騷動）與內部注意力

分散（白日夢）是最大的挑戰。事實上，許多有心理健康問題的工作者都曾抱怨，過多的訊息，將會加劇或導致發作。

**可以試著調整：**

- 值得注意的是，分心可能是最難解決的問題之一，無論是在團隊成員的工作桌面上或是在會議之中。

  ⇒ 私人辦公室、安靜的小隔間或無人使用的會議室，可以提供遠離干擾的機會，藉此降低每一位成員的挫折感。

  ⇒ 另外，考慮讓成員在家工作。

  ⇒ 成員可以擁有不間斷的工作時間（大塊時間）；提供一個計畫好的片段休息時間表；這將有助於克服焦慮或分心，並防止延遲交付或無法完工的情況發生。

- 另一個可以考慮的是，建立一個靈活的時間表，讓團隊在早上或下午有一段不受干擾的時間。

- 鼓勵降噪耳機。考慮柔和的音樂或白噪音，可蓋過來自會議室、印表機或同事大聲講電話等令人分心的噪音。

- 團隊成員可考慮將電話轉接到語音信箱。然後，預留特定時間聽取電話留言及回覆。

- 書寫時，關閉文法和拼字檢查，這些功能可能中斷你的書寫。完成初稿後，你可以隨時打開文法和拼字檢查功能。

- 攜帶小筆記本，寫下靈光一閃的創意，如此一來，你可以快速返回原來的工作，無需切換思維。

- 避免多任務處理及切換。

- 會議中，考慮使用過動症專用的紓壓小工具（ADHD-specific fidget gadgets）來幫助你集中思考；讓你的雙手忙碌，腦袋卻很專注。

# 8.4 記性差（Poor Memory）

**問題：**

無論是忘記截止日期，還是忘記其他工作責任，都會惹毛一起工作的夥伴；尤其在團隊合作

中，大家都需要用心處理每一項看到或聽到的資訊，也要過濾不必要的資訊，而有些資訊可能會在你的拖延中遺失。有許多（字面上的和隱喻上的）雜訊將不停「轟炸」你的短期記憶；很難判斷什麼值得被保留下來。就像你手上抱著太多書本一樣，這時如果你跟蹌跌倒的話，你是不太可能抓住最重要的那幾本書的。

**可以試著調整：**

- 在會議中充分運用錄音器材或多做筆記。

- 遇到複雜難懂的工作時，列出工作清單。

- 善用布告欄或電腦的提示清單來做通知和提醒。

- 考慮使用手錶，或是印刷／手寫的工作日誌，而非使用手機（可能會因為一時的衝動和分心而造成問題）。

- 將提醒事項寫在便利貼上，並貼在非常明顯的地方。

# 8.5 厭煩（Boredom）

**問題：**

因為他們強烈需要刺激，有些患有 ADHD 的成年人在工作上會很容易感覺厭煩；尤其是在注重細節的文書工作和例行工作上，很多人發現，發想新點子或創造新設計是很容易的，但要解決看似平凡的任務並真正完成工作，卻很困難。

**可以試著調整：**

- 給自己一個時間限制，比如說，設定一段時間或特定時間的鬧鐘警示。這可以幫你專注在任務上。

- 如我們在敏捷管理中所知，將冗長的任務劃分成多個簡短的小任務，如此一來，將能更輕鬆地管理任務，也讓進度更有感。

- 休息一下，喝口水，站起來並走動一下。

## 8.6 時間管理（Time management）

**問題：**

對患有 ADHD 的成年人而言，時間管理是一大挑戰。

**可以試著調整：**

- 如同我們將史詩般的大計畫切割成小任務一樣，可把大專案分成許多個小專案，並自我規定完成日期。

- 每次於規定日期達成任務時，記得給自己獎勵。

- 考慮你需要多少時間去準備參加一個會議，並在電腦中設定提前提醒鬧鈴。比如說，有些人喜歡在會議前 15 分鐘給自己一個提醒，讓自己有機會變換思維，帶著全新和開放的心情去參加會議。

- 考慮提前結束你主持的會議，留一點時間給自己再聚焦，再前往參加下一個會議。例如，我會將 1 小時的會議於開會後 50 分鐘時結束；對於 30 分鐘的會議，我只排定 20 分鐘。

## 9. 輕飛雲端和重摔谷底

在我腦海裡的魔幻畫面，讓我每晚輾轉難眠卻於日出時分消失無蹤的謎樣思緒，這些種種，可能會惹惱和擾亂我周遭的人。不過，就如我那位患有色盲的朋友所言，當別人詢問他，看不見光譜上的所有顏色，會不會感覺遺憾，他總是說：『一直以來，我看到的世界就是這個顏色。』

而這也是我。

從一開始，我每一天都在感受「陶醉**輕飛雲端**」或「狼狽**重摔谷底**」的洗禮。我走路時能感受到地殼在搖動，但我已經適應了這樣的律動；其他人行走時，卻有可能會被絆倒，甚至掉落裂縫之中。

隨著年齡的增長，我的身體自然產生化學變化，情緒高低起伏的形式也隨之轉變。

憂鬱的塵土曾像魔鬼一樣如影隨形，如今我的內心已能像天堂一樣寧靜。抑鬱的感受有如火山熔岩，變硬、再逐漸碎裂，所產生的刺鼻硫磺味提醒了我，無論我如何避開內心的那座火

山，它卻是真實存在的。

當要點開一封關於「最新校對」的 email 時，我仍然會遲疑；那些享受戲劇化人生的朋友來電時，我仍會避免接聽；我一想到愉快的事，依然樂不可支。

我已學會預料變化的種種方法；我已學會避開撕裂內心傷痕的種種事物；我已學會，**不要站在懸崖的邊緣往下看著峽谷。**

更重要的是，我已經了解：我擁有的這些問題，並不能代表我是誰。

**我為此所做的努力，才能定義我是誰。**

\*\*\*

# 作者簡介：Cassandra D. Van Gelder

**Cassandra (Cass) D. Van Gelder** 從劇院開始工作，學習戲劇和即興劇（improv games）。身為敏捷教練，她使用它們來發現阻礙團隊前進的因素，無論是協助團隊當中的個人，或是幫助團隊整體。

Cass 居住在奧地利的維也納；她創作遊戲、在國際上談論心理健康，並撰寫他人不願意討論的話題。她最近的專案包括：Mom UniverCITY、Presenting When You'd Rather Do Laundry 系列，以及她的著作《*Creating Your Own Agile Games*》。

她在紐約的亨特學院（Hunter College），接受了 Ruby Dee 的碩士課程訓練。她曾在拉斯維加斯的 Second City 工作，並與以下的名人合作：

- Jason Sudeikis（《SNL 週六夜現場》、電影《老闆不是人》）
- Kay Cannon（電影《歌喉讚》系列、影集《俏妞報到（*New Girl*）》）
- Joe Kelly（《SNL 週六夜現場》、影集《追愛總動員（*How I Met Your Mother*）》）

她曾在紐約、舊金山和拉斯維加斯的大型作品中演出，其中包括音樂劇《*Jerry Springer: The Opera*》在 MGM Grand（米高梅大酒店）的北美首映場。

她也是一位風趣幽默的人。通常啦。

她的 email：AgileIsMyName.O@yahoo.com；她的推特：@AgileIsMyName_O。

# 73

# 別緊抓著包袱不放

作者：*Robert Weidner*

發布於：2018 年 1 月 29 日

敏捷的目標非常簡單：擁抱變革（embrace change），以追求更高的價值。那麼，我們該如何擁抱變革呢？這也相當簡單。為了擁抱變革，我們必須降低變革的阻礙。因此，我們必須降低變革的成本。你如何知道你是否在「敏捷」上取得了成功？改變路線（change course）應該相對容易一些，而且「這樣做」的成本應該遠遠低於「不這樣做」的成本。

某些擴展的框架在「降低變革的成本」這方面徹底的失敗了。如果你正在使用這些框架的其中一個，你可能正在做一些「很像敏捷的事情」，但這些並不是「真正的敏捷」。你只是接受了市場天花亂墜的宣傳。沒關係，我們都經歷過類似的情境。這是一條『電視獨家銷售、限時限量的吸水毛巾！』，可是它卻無法完全吸乾游泳池裡的水。或者是那些美好得令人難以置信的投資，結果卻成了「老鼠會詐騙」。即使是最優秀的人也會遇到這些情況。但我們遲早會意識到自己「上當了」。

簡單的事實是：「某些敏捷框架」比「其他的敏捷框架」還更加敏捷。

聰明的 CEO 們正在意識到一個事實：當他們購買 SAFe 時，他們被銷售的是一袋商品（a bag of goods）。問題是，他們從來不是要買 SAFe……他們想買的是敏捷（Agile）。更重要的是，他們買的是結果（results）。敏捷僅僅是一種手段（means），而不是目的。然後一隻偽裝成推銷員的「狼」出現了，這隻狼告訴他們，有一種「千篇一律的、萬無一失的方法」。狼群們向 CEO 們兜售「敏捷」的理念。直到後來，這些 CEO 才意識到，他們被獨自留了下來，手上拿著一大袋……包袱。

每個人似乎都在尋找一個可以實作的預先定義好的模型（pre-defined model），該模型允許他們將「目前的組織結構」直接映射到「新模型」之中。只要改變一些術語，然後……嘿嘿！我們變敏捷囉！或者應該這麼說，我們認為自己是「敏捷」的。但我們真正改變了什麼呢？階層制度還是相同的。以應用程式為基礎的世界觀亦沒有改變。相同的季度計畫週期。相同的功能壁壘。但這時候你卻驚呼：『等一下！現在我們可以看到我們的依賴關係了！』

有多少公司試圖複製 Spotify 的模型？一件有趣的事情是：唯一一家似乎不再使用 Spotify 模型的公司，正是 Spotify 自己。他們說，在那個特定的時間和地點，這種方法對他們有效，這取決於他們組織的規模，以及他們在旅途中的位置。他們已經超越了這個模型，他們工作的方式也在不斷演進。

世界上最好的公司之所以是最好的，都是有原因的，而我可以告訴你：這不是因為他們使用 SAFe（他們不這麼做）。那麼，他們究竟是怎麼辦到的呢？

在採訪了來自 Google、Amazon 和其他地方的人之後，我得到了以下的關鍵結論：

1. 它們度量的是**業務結果**（business outcomes），而不是 Eric Ries 所說的「虛榮指標」（vanity metrics）。

2. 它們不允許**擴展**（scaling）。

3. 他們**不強制**要求「敏捷」，也不需要強制。許多這樣的公司甚至不使用這個詞彙。這已是這些組織中公認的最佳實踐。正如某人對我吟誦的那樣，它只是「軟體被建置的方式」（the way software gets built）。

4. 「商業」（business）和「技術」（technology）是**同一件事**。他們是產品技術公司……而不是擁有「前端業務單位」並由「後端 IT」支援的公司。

最好的公司會找到自己的定位，找到自己的**敏捷之路**。他們不會模仿別人。他們開闢了自己的道路，旅程永遠不會結束。


敏捷不是終點，而是一種**處世方式**（way of being）。有些人和公司擁有敏捷。大多數則沒有。你不能花錢買到它。但是你可以學習它。你需要一位**懂這一切**的導師，而非一個在市場變熱時才將「專案管理辦公室」轉變成「敏捷轉型團隊」的供應商（vendor）。

你需要一個在「敏捷」中生活和呼吸的人。不只是文字,而是文字的真正涵義。**你需要一位真正的老師,而不是一位推銷員。**你必須真心想要變得「敏捷」,而不是成為一位失業的CEO,拿著一大袋「便便」。當然,我聽說資遣費還算是挺優渥的啦。

*\*\*\**

## 作者簡介：Robert Weidner

**Robert Weidner** 在適應性產品開發（adaptive product development）有超過 20 年的經驗，領導大規模的組織「重新設計」，以促進「業務敏捷力」。在此期間，他幫助了許多公司（從新創公司到財富 500 強的公司）實作了「以客戶為中心」的軟體開發實踐。從培訓到指導高階主管，Robert 與數百個產品團隊合作，消除浪費並最佳化流程。他的網站：https://www.livemindllc.com/。

# 74

# 反敏捷：
# 誘騙伴侶幫你洗衣服

作者：*Adam Weisbart*

發布於：2018 年 12 月 18 日

你是否太過樂於助人，而剝奪了團隊「自我組織」的機會？

即使你的出發點是好的，你也可能剝奪了這樣的機會。

以我妻子 Erin 為例……她很棒。我們是在舊金山相識的，當時她正在攻讀分子生物學的博士學位（意思是，她比我聰明），而對我們兩歲的孩子來說，她是個了不起的母親。

『嘿，Erin……我想不起來了……我應該用什麼溫度洗這件襯衫？我不想把事情搞砸。』

Erin 已經不知道回答過這個問題多少次了。她翻了白眼，說道：『把它給我吧，我來幫你洗。』

任務完成！

只要問一個簡單的問題，我就不用再洗衣服了。

歡迎來到**習得性無助**（learned helplessness）的美妙世界！

我是成年人嗎？是的。（據說啦）

我可以自己洗衣服嗎？是的。（呃，有一次因為一只紅色的襪子，我「製造」了一大堆淺粉紅色的衣服。不過，是的，我會洗衣服！）

我需要洗衣服嗎？不！我已經掌握了「一個簡單的問題」的技巧！只要說出口，我的衣服就會自動洗好。我不僅不用洗衣服，也不用為不小心把白色變成粉紅色負責。這可是雙贏咧！（對我和我來說！）

在工作中，這種**習得性無助**通常會以一個「失去動力」的人或團隊來呈現。我想說的是，多數時候那個人並沒有失去動力，他們只是知道，如果他們聳肩等待，就會有人跳出來填補那個空洞。

如果你像我一樣，希望團隊成功、快樂，於是有時候你會「幫他們洗衣服」，而不是讓他們自己組織起來。或許你會在 Daily Scrum（每日站立會議）時詢問：『誰願意下一個去？』也許你會說：『我下週會去和另一個團隊討論，我們需要他們的幫助。』

好奇的人會想知道，你如何幫助你的團隊打破這種**習得性無助**的模式？團隊真的需要自己洗衣服嗎？

當然。

我建議你做一個實驗：在下一次 Daily Scrum 之後，把這篇文章讀給你的團隊聽。向他們解釋，你希望「在他們不太需要你的時候」，你將不再插手，並在他們覺得「你在幫助他們」的時候，讓他們說下面這句話，來協助你成為一位更好的 Scrum Master 或教練：

『**請不要幫我洗衣服。**』

我還建議你詢問他們，如果他們似乎放棄了自己的責任，你是否可以說出下面這句話：

『**我不想幫你洗衣服。**』

如果這些短語對你或你的團隊來說實在太愚蠢了，那就選擇你自己的。或者更好的做法是，讓他們保持現狀，把責任推給我。

無論你使用什麼短語，都要協助對方創造一個能讓**自組織**有機會實現的環境。

（順便一提，我剛剛讓 Erin 校對了這篇文章。她告訴我，她不想幫我洗「明天 Scrum Master 認證教學課程要穿的襯衫」了。謝謝各位，謝謝！）

\*\*\*

# 作者簡介：Adam Weisbart

**Adam Weisbart** 以幽默的方式對待嚴肅的組織變革工作，協助團隊和個人打破舊的模式，發現新的改進方法。他相信努力工作不一定是一件令人沮喪的事情，他所做的每一件事都充滿了這種信念。

Adam 的職業生涯始於軟體開發人員，並在早期的 web 時代建立了一家成功的開發公司。後來，作為矽谷的一名專案經理，他接受了這樣的一個事實：他是一個無情的控制狂。幸運的是，他發現了「敏捷」並解放了他的團隊。從那一刻起，他一直專注於指導高績效的自組織團隊。

如今，Adam 利用他從傳統管理到 Scrum 的個人經驗，來幫助組織實現同樣的轉變。他是 Build Your Own Scrum 的建立者（weisbart.com/byos），也是「RecessKit.com 回顧工具箱訂閱服務」幕後的邪惡首腦。他的熱門影片《*Sh!t Bad Scrum Masters Say*》已有數十萬次點閱，而影片中詳細告訴我們，在採用 Scrum 時千萬不要做什麼：https://www.youtube.com/watch?v=GGbsgs611MM。

Adam 是一名 Certified Scrum Trainer，他在世界各地教導 Certified ScrumMaster 和產品負責人的課程，定期在會議上發言、指導團隊，並透過他的播客 Agile Answers 幫助那些還沒有機會見面的人。

如果你想知道如何使用 Adam 的技術讓你的回顧變得非常棒，你可以免費取得一份 Adam 的 Agile Adlibs，用於你的下一次回顧：https://weisbart.com/free。

# 75

# 沐浴在陽光底下的自組織

作者：*Steve Wells*

發布於：2018 年 5 月 24 日

giffgaff 的公司會議：自組織的實驗

## 敏捷不是只有便利貼和站立會議！

有誰跟我一樣，厭倦了各種關於「敏捷事物」的文章，例如：燃盡圖（burn down charts）、速度變化（velocity variation）、各種 Scrum 認證，以及其他敏捷流程和方法的細枝末節？我很想知道，那些專注於這些事物、或是僅關心這些事物的敏捷公司，**到底有多敏捷？**他們的數位轉型是否發生了很大的變化？他們是否只將 Scrum 視為裝飾用的薄木板（veneer），而仍然把專案的成功與否，侷限在其是否「準時」和「符合預算」的定義之中（而非他們是否交付了「客戶價值」）？又或者，他們只是在 Scrum 的寵物鼠滾輪上跑個不停，一心只想快點把事情「完成」，卻沒有頻繁地「交付」、也沒有頻繁地評估「回饋」，甚至也不估算「已交付的價值」？如果我們進入了這樣的一間公司，而我們決定進行一場**實驗**（experiment），我們將會看到什麼？

我們最近（不經意地？）嘗試了一個自組織（self-organization）的實驗。其實這並不是一個正式的實驗，我們是直到後來才意識到這是一次實驗。但我很想知道，如果我們在其他的公司也進行這個實驗的話，會產生什麼樣的影響。事實上，這個實驗有沒有可能是一次機會，用來測試**「敏捷心態」**（agile mindset）在公司的每個人心中，嵌入有多深？

讓我娓娓道來……

每個月，我們會有一次會議。這個月的會議「議程」是『帶一瓶水和一雙訓練鞋到公園，我們要來悠哉、放鬆一下，在陽光下玩一些遊戲』。就只有這樣，沒有其它內容了。

於是我們整裝出發，成群結隊地前往公園。是的，我們每一個人。我們攜帶了棒球遊戲組、迷你美式足球門框，以及玩具板球組。在幾分鐘之內，我們（一百多位成員）已自我組織成 **3** 個遊戲組別，每個組別的敵我兩派各有合理的人數（well，棒球的總人數是比較多沒錯啦……）。然後我們制定規則，開始玩遊戲。我們甚至為棒球和板球都指派了裁判。（美式足球也應該要有一位裁判的，但我從來沒有越位喔（offside），呵呵。）這是**行動中的自組織**：團隊已經很習慣於自我組織了，因此這就是他們正在做的事。沒有簽到表、沒有指定的隊長、沒有選邊站。他們只是**順其自然**。事實上每個人很自然地找到了自己的位置：CEO 是棒球的捕手；在其中一支足球隊中，CFO 與其他應屆畢業生們一起排好了隊。在 Rockingham 運動公園，**我們沒有階級之分！**所有這些都發生在很短的時間之內。

然而，這一切遠比看起來的還要深遠。這個活動的歷史是，這些每月會議，都是由公司裡「不同的團隊」組織而成的。通常，這意味著它將依循公司戰略，或一些計畫，或是一些遠大的意圖甚至專案的狀態。總之就是一些類似的東西。然而，在這個特殊的月份，由於這一週是「心理健康福利週」（且陽光正好），所以我們的體育部[1]決定讓每個人都到陽光下舒展一下。領導團隊建議我們可以「這麼做」，且他們提議了幾個選項，但也僅止於此。從**建議**到**實作**只不過幾天的時間：沒有長篇大論的計畫會議、也沒有需要釐清細節的小組會議，**請直接帶著這個想法去執行吧！**沒有進一步的干預，也不需要更進一步的許可。

---

1　我們所有員工加起來，相當於一個介於小型到中型規模之間的國家，所以（A）我們稱自己為歡樂的共和國（Joyous Republic）；（B）我們需要管理事物的部會（Ministries）：體育部（Sports）、慈善部（Good Deeds）、福利部（Wellbeing）等等。

在這裡，我們意識到，這些敏捷／青色組織（Teal）的價值觀（賦權、自主、信任、自組織和下放決策等），在公司內部是多麼根深蒂固。這就是敏捷在這裡可以發揮成效的原因：整個公司已經**內化**了這些價值觀，這就是**我們的文化**。這就是我們公司的 *giffgaff way*，就這麼簡單。我們充滿好奇心，我們積極向上，我們只是嘗試了一些新的東西，然後看看會發生什麼事。

我很想看看這在其他公司是如何運作的。我問了一位不願意透露姓名的人：如果我們嘗試這樣做，他們的公司會發生什麼事情呢？她推測，『每個人都會抱怨他們不知道現在發生了什麼事情，且沒有人（願意）承擔責任。當有人站出來接管事物時，他們就會抱怨「他不適任」、「這裡和那裡又做錯了」。』我懷疑類似的情況可能會在許多組織之中發生。如果能在不同文化的各種公司當中進行實驗，看看實際的情況，那將會是一件很有趣的事情。

如果我能做到這一點，我一定會把它寫進部落格，而別忘了，把你嘗試過的任何實例留言給我吧！……

\*\*\*

## 作者簡介：Steve Wells

**Steve Wells** 在科技界已經有一段時間了。他在 80 年代，用打孔卡（punched cards）寫了他的第一個程式，而他已經在無數的編碼、管理和教練崗位上工作了許多年。身為一名耕耘多年的敏捷和 XP 開發人員，他在大約 10 年前開始擔任 Scrum Master 和敏捷教練，此後一直在 Sky、M&S 以及後來的 giffgaff 中積極參與變革。他是「OKR 驅動的精實 UX」（OKR-driven Lean UX）的忠實支持者，讓我們正視事實吧，遠在所有這些框架和證書主導一切之前，誠如「精實 UX」最初倡導的理念，它基本上是敏捷的。Steve 也經常發表關於這個主題的演講。他是一位定期發表的部落客，也是一位定期參與 Agile Cambridge、Agile Business 和 CIPD 等會議的演講者。他總是樂於挑起討論，即使不受歡迎，特別是與 QA 們和 Jira 的愛好者們（辯論）……

# 76

# 敏捷讓壞老闆無所遁形

*作者：Ed Wisniowski*

發布於：2018 年 10 月 22 日

壞老闆是辦公室毒瘤！

當我走進辦公大樓的電梯時，我決定和電梯中那位前往別的樓層的陌生人寒暄幾句（small talk）。

『我已經準備好，要讓全球經濟陷入大火！』我開玩笑地說。

我的「旅伴」眼中閃過一絲光芒，他答道：『火勢真是猛烈哪。』

抵達了我的樓層之後，我走出電梯，嘆了一口氣。這個「蓄意縱火」的比喻，在某種程度上，玩笑似乎有點太過頭了。這個經歷與我們許多人在商業世界裡的疲憊，形成了鮮明的對比。在現代化的辦公室裡工作，每天都會遇到挫折，這迫使許多專業人士做出見利忘義的行為，把傷害他人當成一種自我滿足的手段。這是有悖常理的，也是不正確的。電梯裡的冷嘲熱諷正是我如此熱切支持「敏捷」的原因之一。我堅信，必須要用「更好的方式」來組織工

作，使其可以永續、使其保有理智，且令人滿意。

Inc. Magazine 和 Monster.com 指出[1]，76% 的業界老闆是「有毒的」（toxic）。正是這種有害的領導方式，導致許多人依賴這些令人厭倦的冷嘲熱諷作為宣洩。身為敏捷教練和 Scrum Master，打破這個「充滿毒性的循環」是非常重要的。根據 Inc. Magazine 的文章，「**有毒的壞老闆**」會表現出以下部分或全部的特質（traits）。

1. 他們非常渴望權力（power-hungry）

2. 他們非常龜毛（micromanager）

3. 他們總是缺席（absent）

4. 他們沒有能力（incompetent）

像我這樣的人，應該向組織揭穿（expose）這些壞老闆的假面具，並指導他們變得更好。

## 渴望權力的領導者

為一味渴望權力的老闆工作，就有點像是扮演《冰與火之歌：權力遊戲（*Game of Thrones*）》當中的配角：到頭來下場悽慘，只為了滿足他人的野心。令我驚訝的是，許多商業領袖認為「僕人式領導」就等同於「主人和僕人」（Masters and Servants）的遊戲。然而「僕人式領導」的真實面貌則大不相同。最後，每個人都需要明白，一個渴望權力的老闆只關心一件事：**他們自己**。一個渴望權力的老闆會把「個人利益」置於公司和員工的需要之上。「敏捷」可以揭露對權力的渴望，不讓它成為發布解決方案的絆腳石！

## 龜毛的領導者

領導力中最困難的部分，就是我們無法「掌控」人類。一個領導者可以花費數年時間訓練人們做正確的事情，並達到一定的績效水準，但這些人仍然可能在關鍵的時刻讓人失望。為了克服這種無助感，管理者建立了許多的「流程」和「步驟」，並希望人們能像「機器人」一樣地遵守。這創造了一種**控制**的幻覺：讓員工做他們能做的，盡其所能地避免麻煩，而非「為了成功」而做「需要做的事」。因此，報表有完美的排版和適當的定位字元間距，但報

---

1 請參閱《Monster Poll: 76 Percent of Job Seekers Say Their Boss is 'Toxic'》：
https://www.inc.com/gene-marks/monster-poll-76-percent-of-job-seekers-say-their-boss-is-toxic.html

表中的資料卻顯示 lead conversion（潛在客戶的轉化率／銷售商機的轉換率）正在下降。讓「敏捷」所強調的「可運作的解決方案」取代「細節繁複的文件」吧！如此一來，就能揭穿「龜毛上司」的假面具。

## 缺席的領導者

多年來，我們講述了無數個關於軍事領導人「站在前線領導」而不是「坐在桌子後面領導」的故事。我現在正在讀一本關於 William Slim 如何在第二次世界大戰期間指揮緬甸第 14 軍的書：《*Burma '44: The Battle That Turned Britain's War in the East*》。人們很容易陷入**權威**的陷阱。在一個有許多小隔間的工作區裡，擁有屬於自己的辦公室是一種身分的象徵。它讓你有權把別人拒於門外，專注於管理的職責。這種「誰能擁有我的許可」的自主權和控制權，是人們想要晉升領導階層的一股強大動力。可事實上，一位領導者必須讓他所領導的人們更容易看見他。一位領導者應該理解那些讓他們成功的人。如果領導者不在這些人的身邊，一旦領導者成為遙遠的形象，這些讓領導者成功的人，在危機時刻來臨時，就會選擇忽視領導者。「敏捷」試圖透過強調「面對面的交流」，來對抗這種毒性。

## 無能的領導者

領導者無須勝任你的工作，但他們至少應該明白「做你的工作」需要什麼。多年來，我發現那些從未管理過電腦網路或從未寫過一行程式碼的人，往往領導著技術團隊。這些領導者知道如何「操縱預算」和「控制專案」，但他們不知道如何指導「技術專業人員」，因為這些領導者認為他們與運輸職員或工廠工人沒有什麼不同。「敏捷」所強調的「跨職能的團隊和交付」，能夠揭露這些無能的領導者。

我堅信，無論你在哪裡找到真相，你都應該把它說出來、揭露出來。總有一天，某個有權有勢的人會根據這個事實採取行動。我有這種感覺，因為這就是我們如何擊敗含鉛汽油和油漆的 [2]。這就是為什麼自 1964 年以來，美國的吸煙人數減少了一半 [3]。這正是一種導致「敏捷」誕生的方法。

---

2　請參閱《'Cosmos' Recap: What Lead Poisoning and Earth's Age Have in Common》：https://www.space.com/25579-cosmos-recap-earth-age-lead-poisoning.html

3　請參閱《Current Cigarette Smoking Among Adults in the United States》：https://www.cdc.gov/tobacco/data_statistics/fact_sheets/adult_data/cig_smoking/index.htm

如果我們對自己誠實，我們就應該指出那些「渴望權力的、龜毛的、缺席的、不稱職的管理者」，並揭露他們，以便減輕他們對工作場所的有害影響。這很重要，如果我們不能成功，我們所能做的，就是眼睜睜地看著世界燃燒時的美麗顏色。

我們下次見！

＊＊＊

# 作者簡介：Ed Wisniowski

**Ed Wisniowski** 是一位擁有 20 多年經驗的技術老手。他已經在敏捷領域工作了 10 年，是一位 Certified Scrum Professional - Scrum Master 和 Certified Scrum Professional - Product Owner。他目前是芝加哥 Agile Coaching Exchange（敏捷教練交流中心）的共同創辦人，也是提倡商業團隊應該變得更健康和更自我負責（Healthy Ownership）的支持者。他在敏捷 2018 年的大會上講述了《*Delivering Value and Defeating the Cobra Effect*》（即交付價值和擊敗眼鏡蛇效應）。他專門協助產品負責人變得更加成功，並幫助企業衡量變化。

他正為了成為一位 Certified Team Coach with the Scrum Alliance 而努力。

在他的業餘時間，Ed 收集玩具士兵、玩桌遊、喝精緻調酒（Craft Cocktail），他也喜歡各種形式的電影。他住在大芝加哥地區，房子裡種滿了植物。他的部落格：goeeethree.blogspot.com 或 email：ed.wisniowski1968@gmail.com。

# 77

# 理解 Scrum 團隊的
# 看板指南

作者：*Yuval Yeret*

發布於：2018 年 3 月 14 日

聽到新發布的《Scrum 團隊看板指南》以及隨之而來的 Professional Scrum with Kanban 課程[1] 獲得了這麼多正面的回響和關注，真是令人興奮。對我來說，與 Daniel Vacanti 以及 Steve Porter 一起建立課程和指南，然後和 Scrum.org 的員工一起以專業的方式（應該沒有別的方式了吧？）將其推向市場，這真是一個很棒的經驗！這也是我過去幾個月以來，特別關心的領域。

你可以想像，伴隨著「關注」而來的是一些「提問」，關於我們在設計「指南」和「課程」時所做的一些選擇。有幾個最常被提及的問題。我想在這篇文章中探討其中的幾個。

## 看板的一些核心實踐在哪裡？

這是一個最常出現的問題，來自那些經驗豐富的看板實踐者們。他們發現，我們在《Scrum 團隊看板指南》中對「看板」的描述，與他們所熟悉的定義不同。（例如，包括我的另一篇文章《*A Kanban primer for Scrum Teams*》：https://www.scrum.org/resources/blog/kanban-

---

[1] Kanban Guide for Scrum Teams：https://www.scrum.org/resources/kanban-guide-scrum-teams；
Professional Scrum with Kanban Training，PSK 課程：https://www.scrum.org/courses/professional-scrum-with-kanban-training。

primer-scrum-teams。）這並不是我們的疏忽。這是經過**精心設計**的。當我們著手建立為「Scrum 團隊／方法」建立「看板指南」時，我們的腦海中已經有了一個特定的 context（上下文／脈絡）。那個 context 就是，在理想且專業的前提之下，團隊最好依據「Scrum 指南」來使用 Scrum。

在《Scrum 團隊看板指南》中，我們專注於「協助」這種 context。這些團隊已經擁有「協作檢查和調整實驗」的流程了，且他們也使用了一組「明確的回饋循環」。因此，我們著手定義這些 Scrum 團隊需要新增的「最精簡的**看板實踐集**」（minimal simplest set of Kanban practices），以實現更穩定、更健康、更永續的流動（我想說的是，這就像是從一個「看起來像**沼澤**」的衝刺，轉變為「看起來像一條**河流**」的衝刺）。

經過了一些討論，我們決定，以下這些「實踐」實際上可以成為「專業 Scrum 團隊正在做的事情」的補充：

- 工作流程**視覺化**
- 限制 **WIP** 的數量
- 對**正在進行的工作項目**進行積極管理
- 檢查並調整其**工作流程**（Workflow）的定義

雖然我們認同「協作改進（使用模型和科學方法）」以及「實作回饋循環」的重要性，但我們認為，在「專業的 Scrum 環境」之中，它們是多餘的。

## 看板的一些先進概念（如服務等級、延遲成本、流程效率）在哪裡？

它們不是指南的一部分；這是因為，我們認為，它們並非 Scrum 團隊在試圖改善「流程」時應該關注的「最少可行的實踐集」（Minimally viable set of practices）。即便如此，我們的指南（尤其是 PSK 課程）為人們提供了一些關於「看板／流程實踐／指標」的進階補充資料，至少有一些人可以使用它們，來繼續他們的學習和改進之旅。

不過，有些可能在某些 Scrum 環境之中有用，有些則不然。

# 這是不是看板方法的應用？

在我看來，只要你認為「專業的 scrum」是你的起始點，它就很接近了。（請參考我 2012年寫的文章《*So what IS Scrumban?*》：http://yuvalyeret.com/so-what-is-scrumban/）。你的起始點是一個使用 Scrum 的團隊，而你尊重他們目前的 Scrum 流程和角色。顯然你有興趣追求「增量式的**漸進式變革**」，你想藉此提高自身的「績效」以及對流程的「滿意度」，而這遠遠超出了「你目前使用的 Scrum」所能實現的範圍。有一種觀點認為，**限制你的 WIP**根本不算是一場漸進式變革（evolutionary change），頂多是一次顛覆性的革命（disruptive revolution）。我個人的看法是，是的，「限制你的 WIP」並轉移至一個「有紀律的拉動模式」（a disciplined pull mode）絕非易事，但與「更改團隊結構、角色和流程」相比，它仍然是漸進式的。無論如何，這也是在 Scrum context 之外有關「看板方法」的爭論。實際上，一個專業的 Scrum 團隊，應該比大多數的人更容易「限制 WIP」。

# 這是 ScrumBan 嗎？

這取決於你問誰（這個問題）。有些人對 ScrumBan 的定義是『一種幫助團隊從 Scrum 過渡到看板的方法』。這个是我們要在這裡討論的。

另一個定義（請參考我的文章《*So what IS Scrumban?*》），則是把 ScrumBan 看作是在 Scrum context 中導入「精實／看板流程」的一種方式，同時亦保持 Scrum 核心流程的完整性。這與我們對 Scrum 團隊「如何將 Scrum 和看板**有效結合**的過程」的理解，是非常相似的。

最後，這個定義的另一個版本，是將 ScrumBan 簡單地視為「**Scrum+ 看板**」的組合，而不用擔心你的起始點和旅程。在我看來，這正是《Scrum 團隊看板指南》所描述的。

# 為什麼／什麼時候應該在 Scrum 中加入看板？

我想探討的最後一個問題，也是你首先必須考量的問題之一。這個問題本質上是『為什麼要這麼麻煩呢？只使用 Scrum 不是已經夠好了嗎？』

自 2010 年以來，我所合作過的多數團隊，都認為「**Scrum+ 看板**」是最理想的組合。透過在 Scrum 團隊的流程中增加「看板」，我幫助他們實現了更健全、更順暢的流程。透過增

加「節奏／韻律」和「明確性」，我幫助「看板團隊」加快了改進的步伐。透過使用「看板系統」，我可以協助團隊在「端到端的流程」之中（從想法到結果），看得比他們的衝刺（Sprint）還要更**遠**。我曾協助組織使用「看板系統」管理多個 Scrum 團隊之間的流程。

當 Scrum 團隊想知道我對「新增看板是否是個**好主意**」的看法時，我通常會讓他們思考一下，他們在衝刺中有多困難，以及他們是否覺得自己在衝刺中有良好的流程。（如前所述，他們覺得流程是一個**沼澤**呢？還是一條**河流**？）就是這麼簡單。我發現，大多數的 Scrum 團隊都在努力實現良好的、永續的、健康的流程，而「看板」可以幫助他們做到這一點。

## 什麼時候「在 Scrum 中加入看板」會是一個壞主意？

來自一些專業 Scrum 培訓師的提問：『什麼時候「在 Scrum 中加入看板」會是一個壞主意？在 Scrum 中，應該停止使用「看板」的哪些指標呢？』我想不到有哪個團隊應該停止使用「看板」。如果他們理解「看板」並且做得很好，那麼通常不會出錯。當他們不理解「看板」，或者把它當作「逃避 Scrum 挑戰」的解套方案時，問題就出現了。是的，「看板」可以幫助你，讓你的 Scrum 更永續、更健康；但如果你只是因為困難而想要逃避，請不要導入「看板」。「看板」做得好的話，會讓你的 Scrum 變得更有紀律。導入「看板」的另一個糟糕時機，就是團隊不求上進的時候。如果事情進展順利，或者更重要的是，如果團隊認為事情進展順利，他們將沒有足夠的精力，來成功地將「看板」增加到他們的流程之中。所以，在你開始實作「看板」之類的東西之前，請確保你們對「痛點／動機」達成共識。

## 看板是一個重歸 Scrum 的方法！

作為「導入看板是一個好主意」的收尾：每當我看見一個團隊／公司將 Scrum 用作另一種「命令與控制」的專案管理方法，並藉此將更多的注意力集中在「任務、故事點、速度和燃盡圖」之上，而不是經驗性地利用「潛在可發布的完成產品增量」時，我都會感到痛苦萬分。

我發現，導入「看板」思想有助於這些團隊／公司最終理解 Scrum 的真正意義，並擺脫許多不必要的甚至有害的包袱，重新關注核心 Scrum 事件、角色和工件所帶來的**透明性**（transparency）、**檢視性**（inspection）以及**調適性**（adaptation）。這樣很棒，不是嗎？

有興趣了解更多關於「看板」和「Scrum」如何相輔相成的資訊？歡迎參加 Professional Scrum with Kanban 課程，或為你的團隊申請私人培訓。

\*\*\*

https://www.scrum.org/resources/blog/understanding-kanban-guide-scrum-teams

## 作者簡介：Yuval Yeret

**Yuval Yeret** 是 AgileSparks 的專業 Scrum 培訓師（https://www.scrum.org/yuval-yeret）以及 SAFe SPCT。他被稱為「Mr. Kanban Israel」（以色列看板先生），並榮獲精實／看板社群領導力的獎項。他是 Scrum.org 上的專業管理員，負責 Professional Scrum with Kanban 課程以及《Scrum 團隊看板指南》。自 2007 年以來，他一直在幫助世界各地的團隊和組織將「Scrum」和「看板」結合在一起。他是《*Holy Land Kanban*》和《*SAFe from the Trenches*》以及部落格上許多文章的作者。他的部落格：https://www.agilesparks.com/blog/；他的 email：Yuval@AgileSparks.com；他的 Linkedin：https://www.linkedin.com/in/yuvalyeret。

# 78

# 最佳化內部產品的溝通

作者：*Daniel Zacarias*

發布於：2018 年 1 月 26 日

身為 PM 的我們，花費了許多的時間在「與組織的其他人進行溝通」這件事情上面。有高優先順序（high-level）的溝通和討論，也有低優先順序（low-level）的交流（比如說，針對產品開發和營運等日常活動，與利害關係人進行互動）。由於我們大部分的溝通時間，通常都花在**戰術**上面，所以讓我們對此進行討論。

我們似乎無時無刻都在提供（或尋求）任何與產品有關的**答案**。這是自然發生的，因為我們的角色是整個流程的中心，而這個流程決定了要建置什麼、建置它，然後把它推向市場。我們所做的一切都是跨職能性質的，這意味著我們必須**通知**我們周圍的**每一個人**，並與他們**密切合作**。

多數時候，我們會**回答**許多像這樣的問題：

- 該功能現在進行得怎麼樣了？

- 我們的下一個發布將會有什麼？

- 我們為什麼要做這個？

- 為什麼要花這麼長的時間？

- 那個東西已經解決了嗎？

- 我們還要當機（down）多久？

- 你知道當人們嘗試做「某件事」的時候會出現 bug 嗎？

- KPI 表現得如何？

或者我們也會向其他團隊求援，並詢問一些問題，例如：

- 本週報告了哪些 bug ？

- 客戶在我們的支援頻道（support channels）中提出什麼樣的請求？

- 我們在銷售電話中，最常接到的反對意見有哪些？

- 現在產品中最大的問題是什麼？

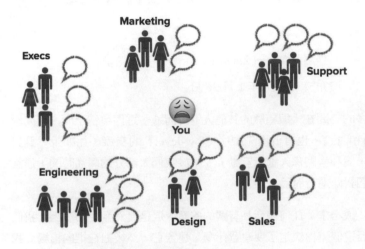

當然，這並不是我們原本的夢想，也不是我們投身產品（工作）的原因，但它仍然是我們成功的關鍵。身為效率至上的 PM，大多數的我們至少都嘗試過以下其中一種策略，來確保每一個人（針對某些事）都有一致的理解和共識。

- 只需不斷回答問題即可，以節省「會議」和「狀態更新」的時間。但後來發現，我們總是多次被問到同一件事情；人們總是忘東忘西；或者那些沒有發問（卻應該被告知）的人們總是在狀況外。

- 建立內部儀表板（dashboards）、文件或 Wiki 頁面，然後，只是因為人們找不到它、不知道如何使用這些工具，或忘記該去哪裡尋找，我們這才意識到，訊息已落入黑洞之中。

- 寄送大量帶有更新的內部 email，但人們抱怨其中包含了太多的資訊；email 的寄送過於頻繁（或不足）；『喔，我們還沒空看 email 耶』，或其他類似的回應。

- 在 Slack 中寄送更新，但是人們說那裡面發生太多事情了，他們錯過了那些更新；他們不在正確的頻道（channel）中；或者他們當時沒有關注（那些頻道）。

- 設置同步會議（sync meetings），來讓每一個人保持一致；但這些會議需要時間，來進行準備和引導，且它們並不總是對每個人有幫助、或是與每個人相關；此外，很難讓每個需要這些資訊的人都參加（要不是因為他們不在辦公室，就是因為他們手邊正在忙其他事）。

最終的結果是，我們明明知道（或懷疑）這不是真正有效的做法，卻在某件事情上花了許多的時間。我們常常認為這些問題是不可避免的，但其實我們不應該這樣認為。

如果我們停下來思考一下我們內部的**溝通策略**，我們不僅可以更有效地傳達資訊，還可以減少我們花在這上面的時間。（為 PM 們準備專門的溝通工具會更有幫助，但為此我仍在努力當中。）

## 溝通的各種面向

有一個簡單的練習，可以讓我們清楚地瞭解，我們該如何針對『產品』並建構「我們與利害關係人之間的溝通」。這並不是什麼高深的學問，但我發現，我們大多數人都太深陷於其中，以至於沒有真正去嘗試。讓我們把需要傳遞（或取得）的每一份資訊，分解為 4 個面向吧：**內容**（content）、**聽眾**（audience）、**時間**（timing）和**格式**（format）。換言之：

- 我們在說（或問）**什麼**（What）？
- 我們應該跟**誰**（whom）說？
- 我們**什麼時候**（When）應該說？
- 我們**怎麼**（How）說？

讓我們依序討論它們吧。

## 內容

首先，我們需要寫下利害關係人詢問我們（或我們詢問利害關係人）的問題列表。本文的開始有一些這樣的例子，你可能還有更多類似的例子。這是比較容易的部分。

我發現，列出那些「沒有被問及、但應該被提起的問題」也很有價值。也就是說，如果其他人（或你自己）能夠定期獲得一些資訊，許多高（或低）優先順序的問題、對話和討論，將能因此避免／更簡單／更迅速。

以上多數的範例問題，都是關於產品開發的交付端（delivery side），會有這些疑問是很自然的。然而，不太常見的情況是，團隊需要定期更新流程，並與發現端（discovery side）所發生的事情保持一致。你知道的，就像以下這些問題：

- 我們目前正在學習什麼？

- 下一步將要做什麼？（以及為什麼？）

- 我們在實現目標這方面做得如何？

- 即將發生哪些重要的事件／里程碑？

- 客戶告訴我們什麼？

- 什麼是有效的，什麼又是無效的？

將這類問題納入我們的內部通訊「目錄」（catalog）之中，無疑會使「跨組織的不同團隊」更容易保持一致。

| Area | Topic | Question |
|---|---|---|
| Delivery | Progress | % Progress per Epic or Theme |
| | | What we did last \<period> |
| | Releases | Upcoming releases |
| | Quality | Reported bugs last \<period> |
| | ... | ... |
| Discovery | Goals | Current Status vs Target |
| | | Upcoming milestones |
| | Learning | What we learned this \<period> |
| | ... | ... |

# 聽眾

每個問題都應該有一位聽眾（受眾），而聽眾取決於**誰**問了你這個問題（或者**誰**應該知道這個問題的答案）。聽眾當然也包括你自己：你可以成為「你想透過其他團隊來了解的主題」的聽眾（這些團隊通常是面向客戶的），而這可以為你帶來「有關團隊正在交付（或正在考慮）的工作」的寶貴回饋。可以將其視為「自行匯集式」（inbound）或「主動向外式」（outbound）的溝通。

為了簡化這個過程，我傾向先**確認**有哪一些團隊或人員小組，是必須了解這些主題的。然後，為了避免向「不需要資訊的人」寄送資訊的風險，我將範圍縮小至這些小組中的關鍵人物（通常是與產品最相關的人）。最後，根據對主題感興趣的程度（例如：高、中、低或 ++、+、−），來對它們進行分類。

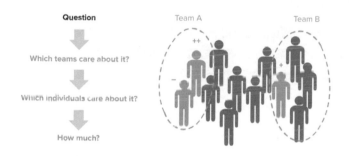

# 時間

有兩種資訊是關於時間的：

- **一旦發生就需要分享的事情**有哪些？
- 在過去或即將到來的一段時間裡，回答問題的方式是什麼？

實際上，需要「立刻」與利害關係人分享的事情並不多。最明顯的例子是「最新的發布」或「某種嚴重的 bug 或停機」。這代表一些問題的**何時**（When）面向有可能是**馬上**（right away），但我們該永遠放在心上的是，「事件發生的頻率」以及「聽眾有多麼關心它」。如果這些問題的答案是「經常發生」或「不太關心」，那麼最好將這些事件分組，並隔一段時間報告它們。

我們需要告知或詢問的大部分資訊，多半不是即時的，而是與「即將要發生什麼事情」或在一段時間內「發生了什麼事情」有關。這是很好的，因為產品開發有一定的節奏。事情（在某種程度上）以「可預測的頻率」發生：開發週期、計畫、發布、策略／目標設定、實驗結果等等。當某些利害關係人對特定主題「投入」得更多時，就應該為他們保持「狀況更新」的頻率；其他的人，則可以不用那麼頻繁地更新狀況。

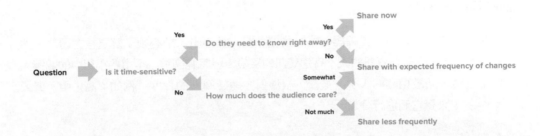

無論你選擇在什麼樣的時間點傳送每一份資訊，請保持一致。即使你分享的內容沒有變化，你也要遵守時間表。人們需要**信任**你的「系統」，並相信他們會可靠地得到他們所關心的資訊。當他們沒有（如期）獲得資訊時，他們就會直接求助於你，一切又回到原點。

# 格式

在需要確定的面向當中，這是最棘手的，因為它在很大程度上，取決於組織的**文化**，最終取決於每位**利害關係人**。

但是，我發現有一種方法是很有用的。將溝通的「意圖」和「細微性」看作是兩個正交的維度（orthogonal dimensions）。溝通的目的，其範圍可以從「資訊傳遞」到「決策制定」。細微性的範圍則從「低」到「高」，也就是說，你討論的是「執行」還是「最頂層的目標和計畫」？如果你對此進行繪圖，那麼該使用哪一種格式，才能讓其變得更加明顯？

雖然這篇文章關注的是「資訊傳遞」方面的事情，但是當我們進入不同型別的溝通時（例如：決策），對「格式」差異的考量是很有幫助的。

讓我們以**會議**（meetings）為例子吧。我們一直在關注它們。關於這個主題的書簡直有成千上萬本：為什麼會議如此糟糕、為什麼會議這麼棒、如何成功地領導一場會議……等等。無論我們對會議的感覺如何，它們都是我們在討論「尚未完全結構化的主題」時最容易使用的交流工具（例如：決策制定），而這正是它們最有價值的地方。另一方面，如果我們所做的只是定期地聚在一起，與每個人共享更新，那麼「會議」不會為我們增加多少價值，特別是如果我們可以「自動化」這個流程的話，例如：從一些應用程式當中取得資料，或是使用像Basecamp（https://basecamp.com/how-it-works）這樣的工具。

## 把它們放在一起

以上這些演練，可以指引我們完成以下的步驟：

1. 列出所有我們被問到的**主題**；我們詢問別人，或我們想讓別人知道的**主題**。

2. 列出對每個主題感興趣的**人**。

3. 根據主題變化的頻率和聽眾的興趣多寡，為每個主題和聽眾找到**合適的時間**。

4. 為我們所交流的內容和聽眾找出**最有效的格式**。

這本身就很有價值，因為它為我們留下了這樣一張地圖：

- （理想情況下）我們需要進行哪些內部溝通，而溝通的範圍又有哪些？
- 我們與每一個人／團隊的溝通頻率／互動次數。

然而，真正的價值是，有了這些資訊，我們可以：

- 重新排列**我們對每位聽眾所說的話**，並進行優先排序，這樣他們就不會負荷太多，並了解與他們最相關的更新內容。
- 根據每個主題所需的**工作**和它為聽眾提供的**價值**，重新排列我們的**時間**，並進行優先排序；我們會發現，某些主題可能「不值得」我們投入時間。
- 控制不同的面向，以測試最能有效傳達訊息的面向。
- 請隨時留意「正在進行交流的主題」和「沒有進行交流的主題」分別有哪些，以便我們在出現這些問題時能做好準備，並予以處理。

## 接下來是什麼？

在接下來的第 79 篇《減少狀態會議的報告範本》中，我將分享一些技巧和範本，它們可以協助你在實踐中實作這一點。

此外，如果你是喜歡訂閱電子報（newsletter）的使用者，你可以提前使用（並享有特別折扣）我即將推出的一個工具，它可以為產品經理／專案經理（Product Managers）節省許多更新資訊的時間喔。

\*\*\*

# 79

# 減少狀態會議的報告範本

作者：*Daniel Zacarias*

發布於：2018 年 2 月 13 日

在我之前的文章中，我描述了一種思考我們內部產品溝通的方式，以及它如何幫助我們最佳化時間，使身為產品經理的我們更有效率。（**編輯注：**請參考第 78 篇《最佳化內部產品的溝通》。）透過思考我們需要在什麼時候（when），和誰（who）溝通什麼（what），我們可以找到**不同的方式**來傳遞資訊，且不需要花費太多時間。

這篇文章將進一步討論一組指導方針、範本以及 JIRA 和 Excel 小技巧，讓這些想法更具體化，如此一來，你就能快速建立有效率的狀態和進度報告、減少會議，並離開大樓，到你需要去的地方[1]。

在關鍵維度中（**內容／ What**、**受眾／ Who**、**時機／ When** 以及**格式／ How**），格式（Format）可能是最難做的部分。你可能還記得（第 78 篇文章的）這張圖，它顯示了哪一種「格式」更適合用於我們需要的每一種「溝通類型」：

---

1　《How To Get Out Of The Building and Talk To Your Market》：https://alltheresponsibility.com/get-out-of-the-building-talk-to-your-market/

身為專案經理的我們總是感覺自己「深陷困境」，原因之一是我們花了太多時間與其他團隊和利害關係人分享「狀態」和「進度」更新，尤其是在會議之中。然而，你會發現，這張圖中沒有太多「會議」的空間。原因很簡單，尤其是當你思考每一種溝通的「目的」時：

- 高階決策（High-level Decision-making）是關於討論大局，制定我們產品的**策略**。
- 低階決策（Low-level Decision-making）是關於日常執行的**跨職能協作**，來建造產品。
- 高階資訊傳遞（High-level Information-passing）是告訴其他人我們目標的狀態和進展，以建立**一致性**。
- 低階資訊傳遞（Low-level Information-passing）是確保其他人瞭解我們正在進行的工作以及發布的最新狀態，以便他們能夠**更有效率地**完成他們的工作。

問題是，在**上圖左邊**（特別是**左下角**）發生的大量事情，很容易驅使我們成為「兼職專案經

理」，試圖讓「每個人」都瞭解正在發生的事。在「產品」最近的過去和不久的將來，總是會發生許多的事情。以下都是利害關係人最關心的區域：

**工作／進展**

- 你正在做什麼（為什麼）？
- 你在 X 方面取得了什麼進展？
- 有什麼是需要我們關注的嗎？
- 你最近做了什麼？

**發布**

- 我們的下一個版本什麼時候發布？
- 你在這次發布中有什麼進展？
- 有什麼是需要我們關注的嗎？
- 你最近發布了什麼？

**目標／KPI**

- 我們目前的目標／KPI 狀態是什麼？
- 目標（Goal）是如何移動的（vs. 標的，Target 又是如何移動的）？
- 為什麼會這樣移動呢（moving）？
- 有什麼是我們應該知道或思考的嗎？

如果我們把它們畫在圖上，它們會佔據這個區域：

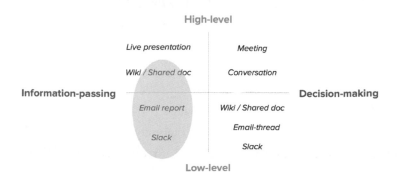

以上所有的問題，都是關於確保人們得知「最新的進度」，但它們卻與**討論**（discussion）無關。我們的目標和工作在不同的時間被定義在不同的地方。有很好的工具／技巧可以使用（例如：面對面的討論、簡報、路線規劃、產品設計和協作工具等等）。然而，為了回答這些「日常的、追蹤的問題」，我們大多數人最終都會選擇安排「定期的狀態會議」，只因為「它們更簡單」。我認為這是浪費每個人寶貴的時間，而我們應該把我們的會議時間留到「最有效的時候」，也就是當我們需要「決定」事情，而不只是「分享更新」的時候。

## 減少狀態會議的範本和技巧

我們設立「會議」（而不是與利害關係人分享報告）的主要原因之一，是因為我們的「專案管理工具」需要我們下一些功夫，來將「資料」轉換成對他們實際有用的格式。另一個原因是技術以外的人員「不喜歡／不知道／不想要／不記得」使用 JIRA 和 Confluence。

因此，選擇一種你知道他們可以「方便取得資訊」的通訊媒介是很重要的。在大多數的地方，這個工具仍然是 Email。在某些情況下，它可能是 Slack，或具有簡單格式的共用文件／ Wiki 頁面，人們知道如何存取它（而你也經常需要提醒他們查閱）。我們必須定期在「利害關係人所在之處」與他們聯繫，讓他們（而不是我們）非常容易就能取得資訊。

現在讓我們來看看，我認為可以有效解決上述問題的一些報告範本，以及一些 JIRA 與 Excel 小技巧吧，它們應該可以幫助你更快地做好準備。本篇文章將著重於「**工作／進展**」和「**發布**」這兩方面，因為它們共用相同的來源，且它們的報告可以使用類似的方式產生。本篇文章將不會討論目標／ KPI。

請點擊這裡下載試算表（spreadsheet）並依循以下的範例操作：https://s3-eu-west-1.amazonaws.com/foldingburritos/public/reporting-templates-v1.xlsx。順便一提：建置它時候，我用的是一個相當有限的 Excel 功能集，因為我使用的是 Mac；若你使用的是 Windows，你可以使用其他樞紐分析表（PivotTable）功能，如時間表（Timeline）。

## 工作

對於我們的工作，利害關係人需要兩個常見的視圖（views）：我們目前工作的進展（progress）或狀態（status），以及我們最近完成的工作（recently completed）。也請記得我們在這裡處理的時間框架：現在（present）、最近的過去（recent past）和不久的將來

（near future）。關於未來，尤其是在「路線圖」和「待辦清單」之中，哪些應該優先獨立出來，請充分利用「會議」和「簡報」討論它們，因為它們與「產品策略」息息相關。

## 進展／狀態

對某些人來說，這是以我們在一個 **Epic**、**Theme** 或 **Initiative** 上取得的進展來呈現的。其他利害關係人亦需要瞭解正在進行的低階任務。這個報告範本處理這些視圖，以及圍繞它們的常見問題：

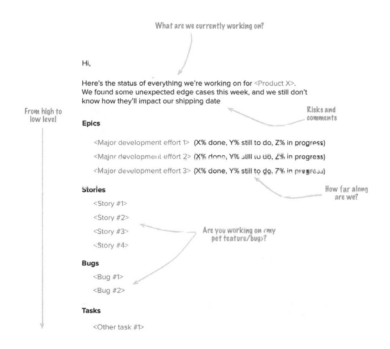

## 如何使用 JIRA 和 Excel 建立它

在你的 JIRA 專案中，請選擇 **All Issues**，並確保「任何狀態（status）的所有 **Issue**」都被顯示出來，且前幾行（columns）皆是按此順序排列。Excel 試算表假設它們將位於這些位置，但你之後可以自訂篩選器（filter）和試算表：

將「任何狀態的所有 **Issue**」都包括近來，這樣做的原因是，你仍然可以在 Excel 中輕鬆地篩選它們，同時也可以更輕鬆地根據 **Epic** 的「組成 **Issue** 的狀態」來計算它的進展。儲存這個篩選器，這樣你以後就不必再次執行此操作，並將結果匯出為 CSV 格式。

清除試算表中 **Issues** 分頁的內容（從 B 行開始，因為 A 是保留給之後將幫助我們的公式的），並匯入 CSV。

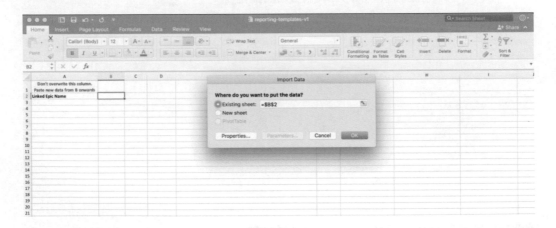

現在，進入 **Progress–Epics** 分頁並重新整理樞紐分析表。你會有一個所有 **Epic** 的清單，根據狀態顯示他們的進度百分比，也就是 **To Do**、**In Progress**、**Done** 或你可能擁有的任何自訂狀態。

| Progress by status | Column Labels ▼ | | | |
|---|---|---|---|---|
| Row Labels ▼ | Done | In Progress | Released | To Do |
| ⊟ Gallery view (web) | 0,00% | 25,00% | 0,00% | 75,00% |
|   Infinite scroll not loading after second data screen | 0,00% | 100,00% | 0,00% | 0,00% |
|   List / Gallery view toggle | 0,00% | 0,00% | 0,00% | 100,00% |
|   Research how to optimize page load | 0,00% | 0,00% | 0,00% | 100,00% |
|   Responsive photo gallery view | 0,00% | 0,00% | 0,00% | 100,00% |
| ⊟ Lifecycle emails and notifications | 0,00% | 12,50% | 0,00% | 87,50% |
|   Billing failed message | 0,00% | 0,00% | 0,00% | 100,00% |
|   Billing succeeded message | 0,00% | 0,00% | 0,00% | 100,00% |
|   New user welcome message | 0,00% | 100,00% | 0,00% | 0,00% |
|   Onboarding stuck user message | 0,00% | 0,00% | 0,00% | 100,00% |
|   Pro upgrade message | 0,00% | 0,00% | 0,00% | 100,00% |
|   Tips and tricks message | 0,00% | 0,00% | 0,00% | 100,00% |
|   User notification preferences (in-app or email) for all notification types | 0,00% | 0,00% | 0,00% | 100,00% |
|   Warm user message | 0,00% | 0,00% | 0,00% | 100,00% |
| ⊟ Nested comments | 25,00% | 25,00% | 25,00% | 25,00% |
|   Add indentation level to comments in DB | 0,00% | 0,00% | 100,00% | 0,00% |
|   Expand/collapse toggle button | 0,00% | 0,00% | 0,00% | 100,00% |
|   Nested comment thread view | 0,00% | 100,00% | 0,00% | 0,00% |
|   Nested reply button | 100,00% | 0,00% | 0,00% | 0,00% |
| ⊞ Notification actions | 0,00% | 0,00% | 100,00% | 0,00% |

對於那些需要更多關於「低階任務」詳細資訊的人，可以進入 **Progress–By type** 分頁。它根據「類型」對任務進行分組，然後你可以根據「對你來說」代表 **In Progress**（正在進行中）的任何狀態，對其進行篩選。

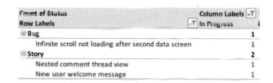

現在您可以輕鬆地過濾，來選擇目前正在進行的 **Epic**；如果需要的話，還可以添加更低階的任務，並把它們貼到與利害關係人分享的 Email 或 Slack 訊息之中。透過一些調整，很容易就能重現我們一開始的範本格式。

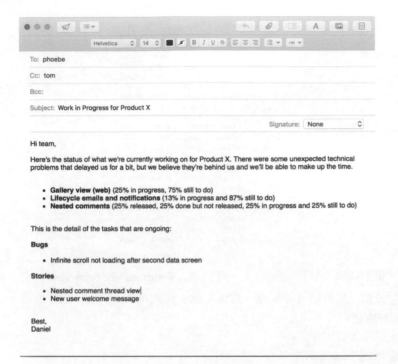

**進階技巧**：你可以設定「JIRA 篩選器」的個人訂閱，以便收到其結果的 email 通知（如這篇文章所述：https://confluence.atlassian.com/jira064/receiving-search-results-via-email-720416706.html）。你仍然需要進入 JIRA 以獲得 CSV 版本，但是它可以作為你寄送報告的定期提醒。（你當然也可以讓一組 JIRA 使用者訂閱並自行接收搜尋結果，但你將會看到，這種格式對於與「非技術人員」的溝通來說是非常糟糕的體驗，此外，這也要求他們都必須具有 JIRA 許可證。）

## 最近完成的工作

有時候，我們只需要彙報我們所做的事情。我們需要告知在過去一段時間裡發生了什麼，並添加更多的情境，來解釋我們**是否／為什麼**表現**良好／不佳**（根據之前的計畫）。

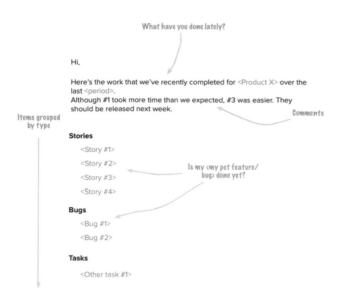

# 如何用 JIRA 和 Excel 建立它

此報告的基礎位於 **Recently completed** 分頁之中。選擇代表 **Done** 的 **Issue** 類型，並按「解決日期」進行篩選，僅顯示上次寄送報告之後解決的問題。這假設你的 JIRA 在「**Done**」Issue 上設定了解決日期。你還可以根據「最後更新日期」篩選所有的「**Done**」Issue。

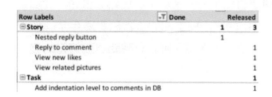

# 最近發布和即將發布的

最近（Recent）和即將（Upcoming）發布版本的範本基本上是相同的，但變更的是「參考點」。有些人需要知道接下來會發生什麼事，或什麼東西會被發布；而有些人只需要關注「正在發生的事情」。這個範本解決了關於發布的所有常見問題。

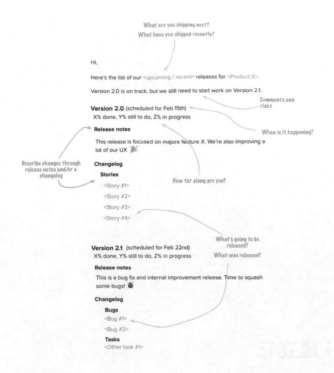

請注意，範本的「變更」（changes）部分是指「**發布紀錄**」（Release Notes）和／或「**變更日誌**」（Changelog）。理想情況下，你與利害關係人分享的內容是很容易閱讀的，而且是非技術性、動人的發布紀錄，其中你們最關心的是這個發布版本的「主要變更」和「好處」。「完整的 Issue 清單」是發布（即變更日誌）的一部分，對於需要這類「詳細資訊」的某些利害關係人來說，這個清單是非常有用的。由於下面的流程已經產生了一個按「Issue 類型」分組的變更日誌，為了使它更具可讀性，你現在應該有時間建立適當的發布紀錄。

## 如何用 JIRA 和 Excel 建立它

從 JIRA 中得到這個並不簡單。理想情況下，我們能夠從我們之前做的 Issue 搜尋中獲得發布日期，但據我所知，這是不可能的。我還沒有找到更好的方法來實現這一點，因此，在建立這些報告時，需要更多的「手動」工作（但是如果你使用我正在建置的工具，它將是全自動化的，詳情請見本文的最後一段）。無論如何，如果你進入試算表中的 **Reports** 分頁，你將得到一個所有發布的「清單」，其與 JIRA 中的 **Issue** 連結。

| Row Labels | Done | In Progress | Released | To Do |
|---|---|---|---|---|
| ⊟ Version 1.9 | 0,00% | 0,00% | 100,00% | 0,00% |
| ⊟ Story | 0,00% | 0,00% | 100,00% | 0,00% |
| Reply to comment | 0,00% | 0,00% | 100,00% | 0,00% |
| View new likes | 0,00% | 0,00% | 100,00% | 0,00% |
| View related pictures | 0,00% | 0,00% | 100,00% | 0,00% |
| ⊟ Version 2.0 | 14,29% | 28,57% | 14,29% | 42,86% |
| ⊟ Story | 16,67% | 33,33% | 0,00% | 50,00% |
| Expand/collapse toggle button | 0,00% | 0,00% | 0,00% | 100,00% |
| Nested comment thread view | 0,00% | 100,00% | 0,00% | 0,00% |
| Nested reply button | 100,00% | 0,00% | 0,00% | 0,00% |
| New user welcome message | 0,00% | 100,00% | 0,00% | 0,00% |
| Onboarding stuck user message | 0,00% | 0,00% | 0,00% | 100,00% |
| User notification preferences (in-app or email) for all notification types | 0,00% | 0,00% | 0,00% | 100,00% |
| ⊟ Task | 0,00% | 0,00% | 100,00% | 0,00% |
| Add indentation level to comments in DB | 0,00% | 0,00% | 100,00% | 0,00% |

這讓我們可以根據「發布」和「Issue 類型」對它們進行分組，進而建立一個簡潔的「變更日誌」。你也可以從 JIRA 發布分頁的「**Changelog** 功能」得到它，但是這種方法更快，而且它來自你用於其他報告的相同文件。

從這個清單中，你需要選擇「希望人們瞭解的發布版本」（即將發布的版本或最近的版本），並手動新增他們的日期（透過查閱 JIRA 或你自己的記憶）。

# 朝著正確方向邁出第一步

這些範本和指示應該可以協助你擺脫一些狀態會議，並節省時間。然而，由於 JIRA 的運作形式，以及你如何設定自己實例的方式，它們仍然需要一些手動工作，也有許多小問題需要注意。這是朝著正確方向邁出的第一步，但還不夠。確保每個人都能掌握產品的每日更新，這是非常重要的，但我們不應該把所有的工作和時間都花在這上面。

這也是為什麼我正在打造一個專為「產品經理」設計的工具，以簡化和自動化許多內部的產品溝通流程。若您有興趣，請至我的部落格註冊。最新的資訊以及「搶先體驗」，將首先對訂閱者們開放，而您的回饋和支持將使我們的工具變得更好！

\*\*\*

## 作者簡介：Daniel Zacarias

**Daniel Zacarias** 是 Substantive 創辦人，這是一間數位產品管理顧問公司，主要協助團隊改進他們的策略、發現及交付流程。製作軟體產品的人性化一面，總令 Daniel 深深著迷：一方面，他需要瞭解客戶的問題和需求；另一方面，他必須處理所有內部的利害關係人、團隊、限制和決策，這些都是將產品推到市場所必須的。他的部落格：https://foldingburritos. com/。他的公司網站：https://www.substantive.pt/。

# 提名委員會

**Saif Ahmed** 是一位 Certified Scrum Professional；他也是 CTC 特別興趣小組（special interest group）的成員。他正積極地從 Scrum Alliance 獲得 Certified Team Coach 的身分。他在 IT 和企業轉型方面擁有 20 多年的經驗。他始終在學習和發現新的工作方式。他在**大規模敏捷轉型**（large scale agile transformations）方面擁有豐富的經驗。他曾訓練和指導過許多個人、團隊和組織，指導他們關於精實價值（lean values）與敏捷原則等觀念。他曾帶領並輔導了許多全球性的團隊，提供應用程式的交付和支援。他目前在美國銀行（Bank of America）擔任敏捷轉型教練（agile transformation coach）。他的 email：safahmed@gmail.com。他的 Linkedin：https://www.linkedin.com/in/saifuahmed/。

***

**Raj Chandler** 是一位 CSP（Certified Scrum Professional）；他正積極地從 Scrum Alliance 獲得 Certified Team Coach 的資格。在過去的 15 年中，Raj 支援了許多的大型企業，協助將「交付的複雜企業解決方案」，從「傳統的專案管理」轉型為「敏捷」。最近，Raj 一直專注於協助「非技術團隊」接受並採用敏捷的價值觀、原則與實踐，以便交付適時價值（timely value）。Raj 熱衷於開發高績效的團隊，這些團隊是以許多的承諾、責任、溝通、信任和幽默所組成的。Raj 目前是一位敏捷

教練，正帶領著大型企業展開「敏捷轉型」的旅程。Raj 的 email：rajeevchander@gmail.com；他的 Linkedin: https://www.linkedin.com/in/rajchander/。

\*\*\*

**Laisa de Almeida** 是一位經驗豐富的僕人式領導者（servant leader），目前與佛羅里達州 Tampa 市的 Scrum 和 Kanban 團隊一起工作。她幫助許多組織、團隊和個人邁向敏捷之旅。她在領導跨功能（cross-functional）、分散式（distributed）以及和多元文化（multicultural）的團隊這方面，有非常豐富的經驗，且大家對她的「訓練技巧」和「實踐方法」亦讚譽有加。Laisa 擁有會計系的大學學位和 MBA 學位。她以一位業務分析師（Business Analyst）的身分，於傳統的瀑布世界開始了她的技術職涯。在 2012 年，她以一位產品負責人的身分，第一次學到了 Scrum 和敏捷社群的概念。從那一刻起，她就一直是敏捷的熱情擁護者。她很樂意在諮詢環境中，替企業的內部團隊提供指導，無論是在企業現場、或是遠端協助；她以顧問身分指導過的企業有：AgStar、Pearson、IDEXX、Planet Fitness、Graham Media Broadcasting、Thomson Reuters、UHG WellMed、Citibank 和 PwC。Laisa 喜歡與敏捷社群保持聯繫，並以志願者、參與者和演講者的身分參加了許多會議和使用者團體活動。在業餘時間，她喜歡海灘、音樂和旅行。她最喜歡巧克力、茶和瑪格麗特調酒。

\*\*\*

**Michael de la Maza**（麥可・德拉・馬薩）是一位 Scrum Alliance CEC（Certified Enterprise Coach）。他以敏捷顧問的身分，主要協助過 Paypal、State Street、edX、Carbonite、Unum 和 Symantec 等企業。他是《*Agile Coaching: Wisdom from Practitioners*》的共同編輯，也是《*Why Agile Works: The Values*

*Behind The Results*》的共同作者。他擁有麻省理工學院（MIT）的電腦科學博士學位。他的 email：michael.delamaza@gmail.com 以及他的網站：hearthealthyscrum.com。

※ **編輯注**：Michael 也是原文書的共同編輯之一。他收錄於本書的文章，請參閱第 12 篇《虛擬實境將顛覆敏捷的教練與培訓活動》。

＊＊＊

**Paulo Dias**（CSP-SM，CSP-PO）是一位熱情的敏捷實踐者，正朝向成為 Scrum Alliance 的 CTC ／ CEC 以及 International Coach Federation 的 ACC ／ PCC 而努力。他從 1995 年開始擔任軟體工程師，在軟體開發領域擁有 23 年的經驗。在過去的 10 年中，Paulo 擔任了各種不同的角色，包括企業敏捷教練、顧問、培訓師和導師。作為一名教練，Paulo 與客戶們合作無間，透過主動傾聽、提出轉型問題、同理心以及激勵客戶等技巧，幫助他們縮小「自己」與「最想成為的人」之間的差距。身為一位領導顧問，Paulo 一直在幫助組織獲得戰略的一致性，讓組織能夠更加適應瞬息萬變的市場環境、縮短訂貨至交貨的時間，並提高流程效率。他大部分的經驗都來自大型金融機構，他也曾在航空、電信與汽車產業工作。Paulo 的 email：paulorcd@gmail.com，以及他的 LinkedIn：https://www.linkedin.com/in/paulo-dias-uk/。

＊＊＊

**Alexander (Sasha) Frumkin**（CSP-SM，CAL-1）是 一 位 充 滿熱忱的敏捷教練和培訓師。高中時，他在 Algol-60 中撰寫他的第一個程式，且至今仍以編寫程式碼為樂。Sasha 在 Autodesk 工作了 18 年，從初級開發人員成長為系統架構師和團隊負責人。後來，他領導了多家太陽能產業工程公司的軟體開發團隊，並共同創立了一家太陽能軟體新創公司。Sasha 於 2007 年發現了《敏捷宣言》，此後敏捷和 Scrum 就成為他生活中不可

或缺的一部分。他認為「心理安全感」是 Scrum 房屋（House of Scrum）的基礎。Sasha 與他的客戶合作，創造了一種「直截了當的透明度與實驗性」的文化，也就是一種「從做中學」的文化。目前 Sasha 是 Bank of the West 的首席敏捷教練。他正朝向獲得 Scrum Alliance 的 CTC ／ CST 認證而努力。他還協助了 Agile Practitioner Online Special Interest Group 的運作（https://www.meetup.com/San-Francisco-Scrum-Meetup-Group/）。Sasha 的 email：frumkia@yahoo.com 以 及 他 的 LinkedIn：https://www.linkedin.com/in/alexander-frumkin-8770141/。

＊＊＊

**Gary Hansen** 從 2009 年起便開始採用敏捷方法。他最著名的客戶有 Target、3M、Best Buy、Thrivent Financial 和 TCF Bank。他與企業的所有層級一起工作，以確保轉型工作保持一致。Gary 是一位熱情的學習者，他不斷地尋找挑戰自身思想的新想法。他擁有 13 項有效的認證，並正攻讀 Scrum Alliance Certified Team Coach Certification 與 International Coaching Federation Associate Coaching Certification。

Gary 擁有 University of Minnesota 人力資源開發的醫學博士學位（M.Ed.）。他的 email：hansengaryw@gmail.com。

＊＊＊

**Chester Jackson** 是 一 位 敏 捷 教 練 和 ICF PCC（Professional Certified Coach）；他在組織的各個層級當中，教學、輔導和指導過許許多多的團隊及個人，在這方面擁有超過 6 年的經驗。他熱衷於透過培養「覺察力」，帶領他人進入新的行動，以幫助他們在世界上樹立自己的聲響。他目前關注的是指導團體，以幫助他們更有效地協作，並提高周圍其他人的教練技能，以增強教

練對組織的影響。Chester 的 email：chester.lynn.jackson@gmail.com 以及他的 LinkedIn：www.linkedin.com/in/chester-jackson。

***

**Oleksii Khodakivskyi** 藉由協作來實現有效的產品開發，進而幫助公司在當今瞬息萬變的世界中保持競爭力。他是一位 Scrum Alliance Certified Scrum Professional（CSP-SM, CSP-PO），也是 Large-Scale Scrum (LeSS) Practitioner；他擁有資訊技術工程學位，且在 IT 領域擁有超過 15 年的工作經驗。身為一位法國巴黎的敏捷教練和培訓師，他喜歡採用「敏捷的工作方式」和「精實思考模式」來支援各種組織、部門和計畫。Oleksii 的 email：oleksii.khodakivskyi@gmail.com 以 及 他 的 LinkedIn：https://www.linkedin.com/in/khodakivskyi-oleksii/

***

**Matt Kirilov** 的熱忱在於「敏捷相關的原則」之間的交互作用；他的興趣在「專業／系統的指導」與「團隊合作（團隊發展）的素養」之中得到了精進。他是美國 Omaha 和保加利亞舉行的幾次敏捷和教練聚會的主辦者或共同主辦者。Matt 目前是一名 Enterprise Agile Coach，他也是《*From Scrum Master to Coach*》訓練系列的共同創立者。他以出版「敏捷」和「精實」內容的電子書為嗜好。Matt 的 email：mattdkirilov@gmail.com。

***

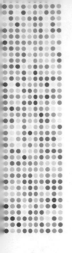

**Andrew Lin（安竹林）**自 2008 年以來，在敏捷開發當中擔任過許多不同的角色：團隊成員、Scrum 主管、產品負責人，以及敏捷教練。現在他很高興能以一位教練的身分，來幫助「自己」、「台灣的組織」以及「美國的團隊」進行轉型。到目前為止，他敏捷之旅的亮點是 2017 年他與**傑夫‧薩瑟蘭**（Jeff Sutherland）的專訪。他的使命是成為台灣和美國之間的敏捷橋樑。Andrew 建立了一個敏捷大師平台：www.agilegrandmaster.com，該平台翻譯了許多敏捷大師的文章，包括 Scrum Guide 的眾多版本。他相信每個人都可以是大師。他也是 Scrum Alliance 和 Agile Alliance 的台灣小組的社群主持人。

＊＊＊

**Christine (Christie) Murray** 身為一名 Enterprise Agile Coach，致力於幫助人們進行組織文化、思考模式和實踐方式的轉型，進而在敏捷之旅中，獲得永續的和連續的成長。她將「敏捷心理安全文化」與「溝通框架指南」（Communication Framework guides）商標化，來建立一個擁有信任（Trust）的心理安全環境，如此一來，就能實現敏捷實踐的好處。她的工作遍布全球，協助了 CISCO、美國運通、美光和埃克森美孚等財富 500 強（Fortune 500）公司進行了敏捷轉型。她以志願者的身分回饋敏捷社群，為世界各地正在崛起的敏捷專家們提供教練和輔導。

當她沒有在指導或回饋敏捷社群的時候，她致力於協助塑造 DataOps，這是將「數據敏捷力」（Data Agility）融入「敏捷生態系統」（Agile EcoSystem）的下一個突破性創新。她的 email：cmurray@enterprisedataagility.com；想知道更多關於「數據敏捷力」（Data Agility）與「DataOps 宣言」（DataOps Manifesto）的詳情，請至：https://dataopscoachinginstitute.com/。

＊＊＊

**Pelumi Olajide** 是一位敏捷教練，也是一位引導者（facilitator）和培訓師；在團隊合作中使用「敏捷方法」實作「資訊科技解決方案」這方面，她有 10 年的經驗。她是一位 CSP（certified scrum professional）、CSPO（certified product owner）、CAL1（certified agile leader），也是一位 certified Back of the room trainer。她也是一位 PMP（Project Management Professional）、經認證的 ICAgile 專業教練（certified ICAgile professional coach）和引導者（ICP-ACC，ICP-ACF）。Pelumi 藉由不斷改進，來指導敏捷團隊、產品負責人和管理高層。Pelumi 非常熱衷於幫助個人和團隊自我組織、不斷提升，且她喜歡與團隊和客戶合作，並透過有效溝通、嚴謹分析和定量技術，來解決複雜的商業問題。她的專業經驗遍及北美洲、歐洲和非洲，協助了許許多多跨功能團隊和多地點專案。她的 LinkedIn：https://www.linkedin.com/in/pmppelumi/。

\*\*\*

**Allison Pollard** 幫助人們發現他們的敏捷本能，並協助他們開發教練能力。身為 Improving in Dallas 的敏捷教練，Allison 樂於指導他人成為出色的 Scrum Master，並持續培育能為「敏捷轉型」提供續航力（sustainability）的社群人才。根據她的經驗，應用敏捷方法可以改善交付、加強關係並建立企業與 IT 之間的信任。Allison 還是一位 Certified Professional Co-Active Coach、一位美食家，更是一位自豪的眼鏡配戴者。她的部落格：www.allisonpollard.com。

※ **編輯注**：Allison 收錄於本書的文章，請參閱第 52 篇《運動教練方法和敏捷教練方法》。

\*\*\*

533

**Albert Arul Prakash** 是一位敏捷教練，也是一位即將出版的作者，他與許多團隊合作，在其日常軟體開發的活動當中，實作敏捷的價值和原則。他也是 Mindtree 的高級工程經理，負責實作不同的工程實踐。Albert 是一位 certified scrum professional（CSP-SM 和 CSP-PO），他也是一位 CSPO（certified product owner）和 CSM（certified scrum master）。作為參與工作的一部分，他在整個組織中指導敏捷團隊、產品負責人和 Scrum Master。Albert 非常樂於幫助團隊不斷取得進步，每一天都比昨天還要更棒。他的 LinkedIn：http://www.linkedin.com/in/albertarulprakash。

＊＊＊

**Mohammed Rowther** 是一位現居英國的 CSP（Scrum Alliance Certified Scrum ProfessionalScrum）、Certified Agile Leader 1 和 Scrum@Scale Practitioner。他擁有資訊科技工程學位，在 IT 產業擁有超過 17 年的經驗。目前，透過 MSquare Elite & Efficient Agile，他為英國各地的許多客戶提供「敏捷顧問／教練」的服務，並為每個組織帶來了巨大的價值。他是一位積極進取的敏捷實踐者；他的主要特質之一，就是保持**謙遜**（Humble）並放開**自我**（Ego）。耐心是人生成功的關鍵，而無論我們同意或是不同意人們所說的話，都要保持開放的心態來聆聽。**尊重**（Respect）周圍的每一個人，並保持思路清晰。他相信無論您正在做什麼樣的事，您都要付出超過 100% 的努力，而他對這樣的付出深表贊同。他喜歡烹飪和打板球。他的 LinkedIn：https://www.linkedin.com/in/mohammedrowther/；他的網站：www.msquare-elite.com。

＊＊＊

**Cherie Silas**（雪莉．西拉斯）是一位 Scrum Alliance CEC（Certified Enterprise Coach） 和 ICF PCC（ICF Professional Certified Coach）。她強烈希望自己能夠幫助人們抵達「人生與職涯的成功境界」。經過了多年的學習和努力，她想要回饋自己的經驗與才能，來幫助那些她希望能夠變得「比她夢想中還要更加美好」的人們。

她主要專注在「敏捷身分人才」的文化轉型與開發。在沒有指導敏捷組織的時候，Cherie 會指導個人、高階主管、員工和非營利組織的新興領導人。對於那些從事敏捷行業、想要獲得 ICF 證書並將教練方法加到技能專長之中的人們，她也提供了專業的教練課程。Cherie 有 CTI 和 ORSC 培訓的背景，並熱衷於將專業的教練方法引入敏捷世界。

Cherie 的人生理念很簡單，而正是這個理念推動了「她」與「相遇的每個人」的每一次互動：**每次互動後，你都變得更好。**

Cherie 的網站：https://tandemcoachingllc.com

\*\*\*

**Sourav Singla** 是一位擁有 TCS 的 enterprise Agile Ninja Coach；他利用「敏捷的基礎知識」，來為財富 500 強的企業提供敏捷實踐，進而實現了「持續交付」的最高價值。他是 1000 Strong TCS Agile Coach Community 的一分子，這個社群是 TCS Enterprise Agile 的一部分。他是一位 CTC（Certified Team Coach）。他指導了許多大型企業進行敏捷轉型，並透過與團隊、計畫及領導高層的密切合作，了解他們的潛力、挑戰及戰略目標，幫助他們不斷提升產品開發能力。

Sourav 致力於透過建立「高效率的團隊」和實施「有效的敏捷方法」來幫助團隊交付「即時價值」並超越期望。作為一名教練，他致力於明確目標、共同的願景及價值觀，以實現成就、創新和永續發展。他重視變動的人性，並致力於將「有意義的變革」引入可以改善人們生活的組織之中。在敏捷實踐、領導力教學、組織發展及敏捷擴展等方面，擁有豐富的經驗。他堅信分散式敏捷模型，並在建立與領導分散式設置的敏捷團隊方面，擁有豐富的經驗。現居印度孟買，他的 LinkedIn：https://www.linkedin.com/in/sourav-singla-safe-agilist-csp-icp-acc-csm-cspo-ssm-lssg-35b65924/。

※ **編輯注**：Sourav 收錄於本書的文章，請參閱第 62 篇《敏捷力的 2 個 T：透明度與信任》。

＊＊＊

**Ashwani Kumar Sinha** 是一位擁有成長心態（growth mindset）的熱情敏捷實踐者；他也是一位敏銳的問題解決者。他是一位稱職的 PMP（Project Management Professional），擁有 10 多年的經驗，管理了許多「歷時多年、花費數百萬美元的專案」，特別專注於「風險管理和品質控制」。在數位行銷、電子商務、醫療保健、房地產與法律等領域，成功規劃並交付了許多端對端「以雲端為基礎的技術專案」，這些跨功能的團隊遍布世界各地。

Ashwani 的 email：ashwani_sinha84@yahoo.com。 他 的 LinkedIn：https://www.linkedin.com/in/ashwani-kumar-sinha/。

＊＊＊

**Ted Wallace** 是 一 位 Scrum Alliance 的 CSP（Certified Scrum Professional），正 努 力 成 為 一 名 CTC（Certified Team Coach）。無論是在新創還是企業的環境當中，Ted 都致力於開發其組織與技術結構，好讓敏捷的思考模式能夠融入其中。他喜歡看到人們、團隊和公司都獲得成長，並藉由「提高敏捷力」而受益。Ted 擁有 Maharishi University of Management 的電腦科學和心理學雙碩士學位。Ted 的 email：tedtalktoday@gmail.com。 他 的 LinkedIn：https://www. linkedin.com/in/ted-wallace-9299757，及他的部落格：www.Iloveagilelife.com。

✳✳✳

# 原文書的共同編輯

**Cherie Silas**（雪莉・西拉斯）是一位 Scrum Alliance CEC（Certified Enterprise Coach）和 ICF PCC（ICF Professional Certified Coach）。她強烈希望自己能夠幫助人們抵達「人生與職涯的成功境界」。經過了多年的學習和努力，她想要回饋自己的經驗與才能，來幫助那些她希望能夠變得「比她夢想中還要更加美好」的人們。

她主要專注在「敏捷身分人才」的文化轉型與開發。在沒有指導敏捷組織的時候，Cherie 會指導個人、高階主管、員工和非營利組織的新興領導人。對於那些從事敏捷行業、想要獲得 ICF 證書並將教練方法加到技能專長之中的人們，她也提供了專業的教練課程。Cherie 有 CTI 和 ORSC 培訓的背景，並熱衷於將專業的教練方法引入敏捷世界。

Cherie 的人生理念很簡單，而正是這個理念推動了「她」與「相遇的每個人」的每一次互動：**每次互動後，你都變得更好。**

Cherie 的網站：https://tandemcoachingllc.com

***

**Michael de la Maza**（麥可‧德拉‧馬薩）是一位 Scrum Alliance CEC（Certified Enterprise Coach）。他以敏捷顧問的身分，主要協助過 Paypal、State Street、edX、Carbonite、Unum 和 Symantec 等企業。他是《*Agile Coaching: Wisdom from Practitioners*》的共同編輯，也是《*Why Agile Works: The Values Behind The Results*》的共同作者。他擁有麻省理工學院（MIT）的電腦科學博士學位。

他的 email：michael.delamaza@gmail.com 以及他的網站：hearthealthyscrum.com。

\*\*\*

博碩文化

博碩文化